『十二五』高职高专体验互动式创新规划教材

Visual Basic CHENGXU SHEJI

Visual Basic 程序设计

主　编 苏　刚
副主编 刘锁仁　迟　松　贺丽萍
编　者 王晓芳　张　笑

哈尔滨工业大学出版社

图书在版编目 (CIP) 数据

Visual Basic 程序设计 / 苏刚主编. —哈尔滨：
哈尔滨工业大学出版社，2012.7
ISBN 978-7-5603-3626-8

Ⅰ.①V… Ⅱ.①苏… Ⅲ.①BASIC 语言—程序设计—高等职业
教育—教材 Ⅳ.①TP312

中国版本图书馆 CIP 数据核字 (2012) 第 149490 号

责任编辑 刘 瑶
封面设计 唐韵设计
出版发行 哈尔滨工业大学出版社
社 址 哈尔滨市南岗区复华四道街 10 号 邮编 150006
传 真 0451-86414749
网 址 http: // hitpress.hit.edu.cn
印 刷 天津市蓟县宏图印务有限公司
开 本 850mm × 1168mm 1/16 印张 20 字数 602 千字
版 次 2012 年 8 月第 1 版 2012 年 8 月第 1 次印刷
书 号 ISBN 978-7-5603-3626-8
定 价 39.80 元

PREFACE

前言

根据程序开发领域求职的人员反映，在许多热门的软件开发以及程序员的招聘岗位中，都对基础语言提出了越来越高的要求。其中，网络工程师、媒体开发工程师、ERP二次开发工程师等热门招聘岗位，几乎都要求应聘者有 Visual Basic 的实际开发经验。而在外包和软件管理职位中，80%的职位也要求应聘者有 Visual Basic 的相关开发经验。这种趋势表明，作为一种成熟的程序开发语言，Visual Basic 在实际开发中应用十分广泛，需求量依然强大。作为一个有志于从事软件开发的人员或者程序爱好者，了解和掌握Visual Basic 是非常有必要的。

Visual Basic 是一种功能强大的程序设计语言，简单易学，是高职高专计算机类专业及相关专业学生必修的一门课程。

本教材根据Visual Basic国家二级考试大纲的要求编排知识结构，并依照知识点的难易程度进行整合与划分。采用阶梯式由简至难的编排思路，帮助学生循序渐进地有效掌握所学知识，并将其应用到实际的操作中，学以致用。同时在理解基本知识、基本实践操作方法以外，着重培养学生的想象能力及创新意识，掌握自主研发的入门技巧。

本教材不但在表达方式上紧密结合现行标准，契合于标准的条文内容，在内容的编排过程中也严格遵照标准执行。同时，结合一线教学的经验，注重前后知识点的连贯性，由浅入深，环环相扣，配合容易理解的例题，深化基础知识的理解，尽量避免复杂的数学问题干扰学生对Visual Basic知识的掌握。兼顾当今学生基础知识水平和领悟能力，安排知识结构和编写顺序，真正达到“先培训、后就业”的教学原则，加强学历证书与职业资格认证之间的联系。

全书共分12个模块。简介如下：

模块1：重点介绍Visual Basic集成开发环境组成。先通过一个小程序的讲解，让学生充分体会Visual Basic 6.0易学易用的特点，并快速掌握程序设计的一般步骤，为后续模块知识的学习奠定基础。

模块2：此模块是本书的重点模块之一，该模块对Visual Basic中的对象和事件驱动的编程机制进行讲解，从理论上为编程打下基础。另外，本模块对窗体的属性、方法和事件进行了详细的讲解，把多窗体应用程序的设计作为必须掌握的技能。

模块3和模块4：这两个模块讲解Visual Basic 6.0的基本数据类型、常量和变量的概念、常用运算符和表达式、主要内部函数、程序控制结构语句等。

模块5：主要讲解Visual Basic常用的标准控件。

模块6：主要讲解数组和过程。

模块7：主要讲解鼠标和键盘事件。

模块8：主要讲解文件处理，是本书的重点模块之一，通过文件的处理方法、大量与文件系统有关的控件、语句和函数的学习，可以编写出功能强大的文件处理程序。

模块9：主要讲解菜单栏、工具栏和对话框的设计和使用。通过对菜单、工具栏和对话框的学习，读者能为自己的应用程序设计出具有标准Windows应用程序风格的图形界面，达到美化程序界面、方便用户操作，以实现用户与应用程序的信息交互。

模块10：此模块选取了开发多媒体应用程序过程中接触最多的Flash 动画文件和MP3 音频文件，重点讲解了它们的操作方法，对实际编写多媒体程序有很强的指导意义。在Visual Basic 的应用领域中，以数据库的应用最为广泛。采用Visual Basic 6.0开发数据库应用程序，易于上手且功能强大。

模块11：此模块是本书的重点模块之一，此模块言简意赅地讲解Visual Basic 6.0 内置的“可视化数据管理器”创建Access 数据库，利用ADO 数据控件和数据绑定控件对数据进行操作，并形成数据报表。同时，还完整、具体地介绍了开发信息管理系统的思路、步骤及一般规律，有很强的借鉴意义。

模块12：主要讲解程序的调试和发布。

12个模块计划讲授72个理论课时，另附活页实训手册，其中，计划安排上机实训18课时。实际教学可根据需要进行删减。附录部分收录了全国计算机等级考试二级Visual Basic考试大纲、两套国家二级Visual Basic考试笔试题和答案、上机考试题目和答案等供读者参考。

本书可作为高职高专学校的教材，也可作为成人教育应用型专业及等级技术培训教材和自学参考书。

本书由苏刚主编，由刘锁仁、迟松、贺丽萍、王晓芳、张笑等参加编写。在本书统稿阶段，刘锁仁、迟松、贺丽萍老师做了大量工作，在此表示衷心的感谢。由于时间仓促及编者的水平有限，书中难免有不当之处，敬请广大读者不吝指正。

编 者

本书学习导航

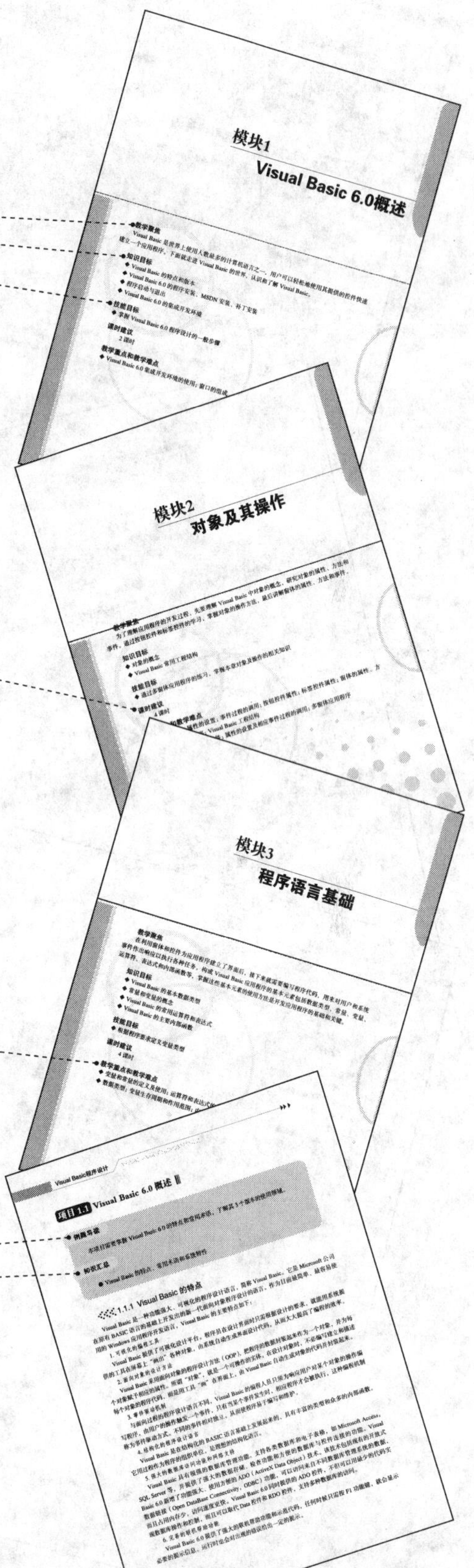

学习目标

包括教学聚焦、知识目标和技能目标，列出了学生应了解和掌握的知识点。

课时建议

建议课时，供教师参考。

重点和难点

方便学生在学习知识时抓住学习的重点和难点。

项目引言

在每一个项目的开篇设计例题导读和知识汇总版块，使学生对本项目的内容有一个整体性的把握。

模块1

Visual Basic 6.0概述

教学聚焦

Visual Basic 是世界上使用人数最多的计算机语言之一，用户可以轻松地使用其提供的控件快速建立一个应用程序。下面就走进 Visual Basic 的世界，认识和了解 Visual Basic。

知识目标

◆ Visual Basic 的特点和版本

◆ Visual Basic 6.0 的程序安装、MSDN 安装、补丁安装

◆ 程序启动与退出

◆ Visual Basic 6.0 的集成开发环境

技能目标

◆ 掌握 Visual Basic 6.0 程序设计的一般步骤

课时建议

2 课时

教学重点和教学难点

◆ Visual Basic 6.0 集成开发环境的使用；窗口的组成

模块2

对象及其操作

教学聚焦

为了理解应用程序的开发过程，先要理解 Visual Basic 中对象的概念，研究对象的属性、方法和事件。通过按钮控件和标签控件的学习，掌握对象的操作方法，最后讲解窗体的属性、方法和事件。

知识目标

◆ 对象的概念

◆ Visual Basic 常用工程结构

技能目标

◆ 通过多窗体应用程序的练习，掌握本章对象及操作的相关知识

课时建议

4 课时

教学重点和教学难点

[illegible]属性的设置；事件过程的调用；按钮控件属性；标签控件属性；窗体的属性、方[illegible]

[illegible]Visual Basic 工程结构

[illegible]属性的设置及相应事件过程的调用；多窗体应用程序

模块3

程序语言基础

教学聚焦

在利用窗体和控件为应用程序建立了界面后，接下来就需要编写程序代码，用来对用户和系统事件作出响应以执行各种任务。构成 Visual Basic 应用程序的基本元素包括数据类型、常量、变量、运算符、表达式和内部函数等，掌握这些基本元素的使用方法是开发应用程序的基础和关键。

知识目标

◆ Visual Basic 的基本数据类型

◆ 常量和变量的概念

◆ Visual Basic 的常用运算符和表达式

◆ Visual Basic 的主要内部函数

技能目标

◆ 根据程序要求定义变量类型

课时建议

4 课时

教学重点和教学难点

◆ 变量和常量的定义及使用；运算符和表达式[illegible]

◆ 数据类型；变量生存周期和作用范围；[illegible]

Visual Basic程序设计

Visual Basic 6.0 概述

项目 1.1 Visual Basic 6.0 概述

例题导读

本项目需要掌握 Visual Basic 6.0 的特点和常用术语，了解其 3 个版本的使用领域。

知识汇总

● Visual Basic 的特点、常用术语和系统特性

1.1.1 Visual Basic 的特点

Visual Basic 是一种功能强大、可视化的程序设计语言，简称 Visual Basic。它是 Microsoft 公司在原有 BASIC 语言的基础上开发出的新一代面向对象程序设计的语言，作为目前最简单、最容易使用的 Windows 应用程序开发语言，Visual Basic 的主要特点如下：

1. 可视化的编程工具

Visual Basic 提供了可视化设计平台。程序员在设计界面时只需根据设计的要求，就能用系统提供的工具在屏幕上“画出”各种对象，由系统自动生成界面设计代码，从而大大提高了编程的效率。

2. 面向对象的设计方法

Visual Basic 采用面向对象的程序设计方法（OOP），把程序的数据封装起来作为一个对象，并为每个对象赋予相应的属性。所谓“对象”，就是一个可操作的实体。在设计对象时，不必编写建立和描述每个对象的程序代码，而是用工具“画”在界面上，由 Visual Basic 自动生成对象的代码并封装起来。

3. 事件驱动机制

与面向过程的程序设计语言不同，Visual Basic 的编程人员只须为响应用户对某个对象的操作编写程序，由用户的操作触发一个事件，只有当某个事件发生时，相应程序才会被执行，这种编程机制称为事件驱动方式。不同的事件相对独立，从而使程序易于编写和维护。

4. 结构化的程序设计语言

Visual Basic 是在结构化的 BASIC 语言基础上发展起来的，具有丰富的类型和众多的内部函数。它用过程作为程序的组织单位，是理想的结构化语言。

5. 强大的数据库访问功能和网络支持

Visual Basic 具有很强的数据库管理功能，支持各类数据库和电子表格，如 Microsoft Access、SQL Server 等，并提供了强大的数据存储、检查功能和方便的数据库与控件连接的功能。Visual Basic 6.0 新增了功能强大、使用方便的 ADO（ActiveX Data Object）技术。该技术包括现有的开放式数据链接（Open DataBase Connectivity，ODBC）功能，可以访问来自不同数据库管理系统的数据，而且占用内存少，访问速度更快。Visual Basic 6.0 同时提供的 ADO 控件，不但可以用最少的代码实现数据库操作和控制，而且可以取代 Data 控件和 RDO 控件，支持多种数据库的访问。

6. 完善的联机帮助功能

Visual Basic 6.0 提供了强大的联机帮助功能和示范代码，任何时候只需按 F1 功能键，就会[illegible]必要的提示信息，运行时也会对出现的错误给出一定的提示。

Visual Basic程序设计

技术提示：我们知道把苹果放在果盘中，果盘移动时苹果也随着一起移动位置。把控件放置在容器对象中也要实现同样的效果。那么，如何把控件放置在框架容器中？

方法很简单，先把框架添加到窗体中，然后在工具箱中选择要放置在框架中的控件，单击该控件后，把鼠标移到框架容器内，画出该控件。试试看，完成操作后，移动框架容器，框架容器中的控件是否一起移动？

项目5.3 单选按钮和复选框控件

在使用计算机操作时，经常会用到单选按钮、复选框控件。单选按钮只能在一组选项中选择一项，而复选框可以在一组选项中选择多项。本项目主要介绍单选按钮和复选框的主要属性、方法和事件。

例题导读

例5.3是综合练习程序，包括单选按钮、复选框、框架、文本框等控件的属性设置，单选按钮和复选框常用事件的调用等知识。

知识汇总

●单选按钮和复选框的常用属性：Value、Style；常用事件：Click

5.3.1 单选按钮

单选按钮（OptionButton）用于建立一系列选项，用户一次只能选中其中的一个选项。

……属性 ……Value 属性设置单选按钮是否被选中。有 True 和 False 两个值，默认值为……在一组单选按钮中，只能有一个单选按钮的 Value 值被设置为 True。……用于指定单选按钮的显示方式。有 0-Standard（标准方式）和……为0。显示效果如图5.7所示。

被选中

未被选中

模块1 | Visual Basic 6.0概述

图1.23 生成可执行文件

完成以上操作后，出现一个名为"第一个 Visual Basic 应用程序"文件夹中保存的 Visual Basic 6.0 应用程序文件，如图1.24所示。

图1.24 第一个Visual Basic应用程序包含的文件

至此，一个简单的 Visual Basic 6.0 应用程序制作完成。

技术提示：

一个Visual Basic工程包括多个文件，在保存时先要建立一个文件夹，然后再把多个文件逐一保存在该文件夹内。

重点串联

Visual Basic 6.0 基础知……

主程序安装、MSDN安装、程序的……

Visual Basic程序设计

拓展与实训

基础训练

一、填空题

1. Visual Basic 6.0 有_____、_____、_____3种版本，其中_____功能最强。

2. 一个 Visual Basic 工程文件包含_____文件、_____模块文件和_____模块文件。

3. 在设计时用于设置控件属性的窗口是_____，用于列出一个程序所包含的所有文件的窗口是_____窗口。

4. Visual Basic 采用_____驱动的编程机制，程序员只需要编写相应的用户动作的程序，而不必考虑按精确次序执行的每一个步骤。

5. 通过_____窗口可以在程序设计时直观地调整窗体在屏幕上的位置。

6. 窗体的属性可以在属性窗口中设置，也可以在_____窗口的程序中设置。

7. 当对窗体中的对象进行_____操作时，Visual Basic 就会显示该对象的代码窗口。

8. 属性窗口显示方式分为两种，即按_____顺序和按_____顺序显示，分别通过单击相应的按钮实现。

二、单项选择

1. 在 Visual Basic 中窗体文件的扩展名是（ ）。

A. .res B. .frm C. .vbp D. .bas

2. 在 Visual Basic 中工程文件的扩展名是（ ）。

A. .res B. .frm C. .vbp D. .bas

3. 提供控件的窗口是（ ）。

A. 对象窗口 B. 对象浏览器 C. 工具箱 D. 工具栏

4. Visual Basic 主要用于开发（ ）系统下的文件。

A. DOS B. Windows

C. DOS 和 Windows D. UNIX

5. 以下叙述中错误的是（ ）。

A. 工程文件中除了窗体是可选的外，其他文件都是必须的

B. 以 .bas 为扩展名的文件是标准模块文件

C. 一个工程中可以包含多个标准模块文件

D. 一个工程中可以包含多种类型的文件

6. 在下列选项中，不属于 Visual Basic 特点的是（ ）。

A. 可视化程序设计

B. 面向图形对象

C. Visual Basic 窗口中包含菜单栏和工具栏

D. 事件驱动编程机制

三、简答题

1. Visual Basic 6.0 有哪些特点？

2. Visual Basic 6.0 集成开发环境中有哪些常用窗口？它们的主要功能是什么？

言简意赅地总结实际工作中容易犯的错误或者难点、要点等。

重点串联

以结构图的形式，对本模块内容进行梳理，便于学生对本模块的主要知识进行回顾。

拓展与实训

以填空题、选择题、简答题为主，技能实训项目为辅，考核学生对基础知识和技能的掌握程度。

目录 Contents

模块1 Visual Basic 6.0概述

模块2 对象及其操作

模块3 程序语言基础

模块4 程序设计基础

模块5 常用标准控件

模块11 数据库编程初步

模块12 程序的调试与发布

附 录

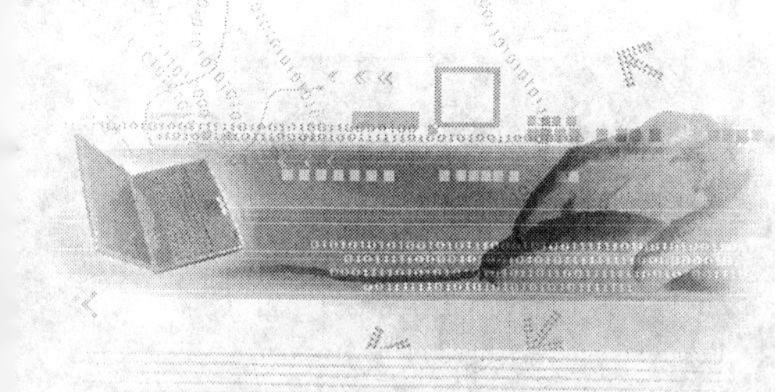

模块1 Visual Basic 6.0概述

教学聚焦

Visual Basic 是世界上使用人数最多的计算机语言之一，用户可以轻松地使用其提供的控件快速建立一个应用程序。下面就走进 Visual Basic 的世界，认识和了解 Visual Basic。

知识目标

◆ Visual Basic 的特点和版本

◆ Visual Basic 6.0 的程序安装、MSDN 安装、补丁安装

◆ 程序启动与退出

◆ Visual Basic 6.0 的集成开发环境

技能目标

◆ 掌握 Visual Basic 6.0 程序设计的一般步骤

课时建议

2 课时

教学重点和教学难点

◆ Visual Basic 6.0 集成开发环境的使用；窗口的组成

项目 1.1 Visual Basic 6.0 概述

例题导读

本项目需要掌握 Visual Basic 6.0 的特点和常用术语，了解其 3 个版本的使用领域。

知识汇总

● Visual Basic 的特点、常用术语和系统特性

1.1.1 Visual Basic 的特点

Visual Basic 是一种功能强大、可视化的程序设计语言，简称 Visual Basic。它是 Microsoft 公司在原有 BASIC 语言的基础上开发出的新一代面向对象程序设计的语言。作为目前最简单、最容易使用的 Windows 应用程序开发语言，Visual Basic 的主要特点如下：

1. 可视化的编程工具

Visual Basic 提供了可视化设计平台。程序员在设计界面时只需根据设计的要求，就能用系统提供的工具在屏幕上“画出”各种对象，由系统自动生成界面设计代码，从而大大提高了编程的效率。

2. 面向对象的设计方法

Visual Basic 采用面向对象的程序设计方法（OOP），把程序的数据封装起来作为一个对象，并为每个对象赋予相应的属性。所谓“对象”，就是一个可操作的实体。在设计对象时，不必编写建立和描述每个对象的程序代码，而是用工具“画”在界面上，由 Visual Basic 自动生成对象的代码并封装起来。

3. 事件驱动机制

与面向过程的程序设计语言不同，Visual Basic 的编程人员只须为响应用户对某个对象的操作编写程序，由用户的操作触发一个事件，只有当某个事件发生时，相应程序才会被执行，这种编程机制称为事件驱动方式。不同的事件相对独立，从而使程序易于编写和维护。

4. 结构化的程序设计语言

Visual Basic 是在结构化的 BASIC 语言基础上发展起来的，具有丰富的类型和众多的内部函数。它用过程作为程序的组织单位，是理想的结构化语言。

5. 强大的数据库访问功能和网络支持

Visual Basic 具有很强的数据库管理功能。支持各类数据库和电子表格，如 Microsoft Access，SQL Server 等，并提供了强大的数据存储、检查功能和方便的数据库与控件连接的功能。Visual Basic 6.0 新增了功能强大、使用方便的 ADO（ActiveX Data Object）技术。该技术包括现有的开放式数据链接（Open DataBase Connectivity，ODBC）功能，可以访问来自不同数据库管理系统的数据，而且占用内存少，访问速度更快。Visual Basic 6.0 同时提供的 ADO 控件，不但可以用最少的代码实现数据库操作和控制，而且可以取代 Data 控件和 RDO 控件，支持多种数据库的访问。

6. 完善的联机帮助功能

Visual Basic 6.0 提供了强大的联机帮助功能和示范代码，任何时候只需按 F1 功能键，就会显示必要的提示信息，运行时也会对出现的错误给出一定的提示。

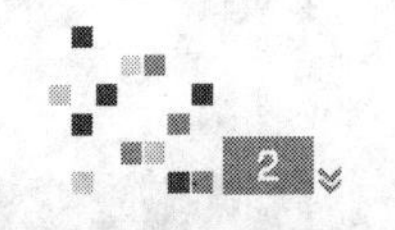

1.1.2 Visual Basic 的常用术语和系统特性

1.Visual Basic 的常用术语

（1）工程（Project）：是用户创建的文件集合，这个集合包括用户的 Windows 应用程序。

（2）控件（Control）：是 Toolbox 窗口中用户置于窗体上的工具，用于配合用户控制程序流程。

（3）代码（Code）：是所写的编程语句的另一个名字。

（4）像素（Pixel）：代表图形元素，表示监视器上最小的可寻址的图形点。

（5）全局变量（Global Variable）：是在整个模块内或整个应用程序内均可使用的变量。

（6）函数（Function）：是一个例程，接受零个、一个或多个参数并根据这些参数返回一个结果。

（7）死循环（Infinite Loop）：是一个永不终止的循环。

（8）语法错误（Syntax Error）：是由于拼错一条命令或使用不正确的语法引起的一种错误。

（9）消息框（Message Box）：是为向用户提供信息而显示的对话框。

（10）循环（Loop）：是一组重复执行的程序指令集。

（11）赋值语句（Assignment Statement）：是用来给控件、变量或其他对象赋值的程序语句。

（12）结构化程序设计（Structured Programming）：是一种程序设计方法，用它来把长程序分成几个小过程，尽可能分得详细一些。

（13）对象（Object）：是对具有某些特性的具体事件的抽象，每个对象都具有描述其特征的属性及附属于它的行为。Visual Basic 主要有两类对象：窗体和控件。

（14）窗体（Form）：是可用做定制应用程序界面的窗口，或用做从用户处收集信息的对话框。Visual Basic 工程中的每一个窗体都是一个独立的对象。

（15）方法（Method）：是与对象相关的过程，是指对象为实现一定功能而编写的一段代码，如果对象已创建，便可以在应用程序中的任何一个地方调用这个对象的方法。

（16）事件（Event）：是对象触发的行为描述，“事件”是预先定义的动作，由用户或者系统激活。

（17）过程（Process）：在程序设计中，为各个相对独立的功能模块所编写的一段程序称之为过程。

（18）ActiveX：是基于 Component Object Model（COM）的可视化控件结构的商标名称。它是一种封装技术，提供封装 COM 组件并将其置入应用程序（如 Web 浏览器）的一种方法。

2. Visual Basic 的系统特性

（1）工程限制。

①代码限制：可被加载到窗体、类或标准模块的代码总数限于 65534 行。一行代码限于 1023 个字节。在一行中的实际文本之前最多只能有 256 个空格的前导，在一个逻辑行中最多只能有 25 个续行符（_）。

②过程、类型和变量：对每个模块的过程数没有限制。每个过程可包含至多 64 K 的代码。如果过程或模块超过这一限制，Visual Basic 便产生编译时间错误。如果遇到这种错误，可将特别大的过程分割成若干个较小的过程，或将模块级声明移到另一模块，来避免此类错误发生。

Visual Basic 用表来保存代码中的标识符名（如变量、过程、常量等），每个表限于 64 K。

③动态链接库声明表：每个窗体和代码模块使用一个描述动态链接库入口点的结构的表。每个结构约 40 个字节，表的大小限于 64 K，形成每个模块大约有 1500 个声明。

④工程名表：整个应用程序用一张包含所有名称的表。这些名称包括：常量名、变量名、自定义的类型定义名、模块名、DLL 过程声明名。

对工程名表总大小没有限制，但是区分大小写的条目不得超过 32 K。如果超过了 32 K 的限制，可以在不同的模块中重新使用 private 标识符以限制区分大小写的条目数达到 32 K。

⑤输入表：在不同的模块中每引用一个标识符，便在输入表中创建一个条目。每一个这样的入口最小是 24 字节，但限于 64 K，这样每个模块大约可以有 2000 个引用。

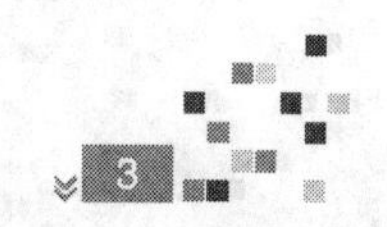

⑥模块条目表：该表中每个模块最多达125个字节，但有64 K的总限制，这样每个工程大约可以产生400个模块。

Visual Basic中的变量名不多于255个字符，而窗体、控件、模块和类名不多于40个字符。

（2）工程文件格式。

Visual Basic在创建和编译工程时要产生许多文件，包括：设计时文件、其他杂项文件和运行时文件。

①设计时文件是工程的建造块，如基本模块（.bas）和窗体模块（.frm）。

②杂项文件由Visual Basic开发环境中的各种不同的进程和函数产生，如打包和展开向导从属文件（.dep）。

开发应用程序时会产生各种设计时文件、其他杂项文件和运行时文件，如表1.1所示。

表1.1　开发应用程序时产生的各种设计时文件、其他杂项文件和运行时文件

扩展名	描　述	扩展名	描　述
.bas	基本模块	.frm	窗体文件
.cls	类模块	.frx	二进制窗体文件
.res	资源文件	.vbp	Visual Basic 工程文件
.pag	属性页文件	.ctl	用户控件文件
.ddf	打包和展开向导 CAB 信息文件	.vbw	Visual Basic 工程工作空间文件
.dep	打包和展开向导从属文件	.vbg	Visual Basic 组工程文件
.dob	ActiveX 文档窗体文件	.vbl	控件许可文件
.dll	运行中的 ActiveX 部件	.exe	可执行文件或 ActiveX 部件
.ocx	ActiveX 控件	.wct	WebClass HTML 模板

技术提示：

Visual Basic 6.0有3个版本：学习版、专业版和企业版。不同的版本满足不同的开发需要。

学习版是Visual Basic 6.0的基础版本，是针对初学者进行学习和使用的。它包括所有的内部控件、数据绑定控件等。

专业版为专业编程人员提供了一整套软件开发的功能完备工具。该版本包括学习版的全部功能，以及ActiveX控件、Internet控件等开发工具。

企业版除包括专业版全部的内容外，还增加了自动化管理器、部件管理器、数据库管理等工具。

项目1.2 Visual Basic 6.0的安装与启动

知识汇总

- 主程序安装、MSDN的安装、补丁安装
- 程序的启动

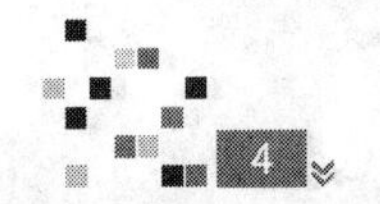

1.2.1 主程序安装和 MSDN 的安装

下面以安装 Visual Basic 6.0 中文企业版为例介绍安装过程。

1. 主程序安装

双击 Setup.exe，打开 Visual Basic 6.0 中文企业版安装向导，如图 1.1 所示。根据提示，依次接受许可协议，输入用户序列号，并在图 1.2 所示界面中设置安装 Visual Basic 的路径后，再选择安装的类型（如典型安装或自定义安装），然后按照提示完成主程序的安装，最后按要求重新启动计算机。

2. MSDN 的安装

MSDN（Microsoft Developer Network）实际上是一个以 Visual Studio 和 Windows 平台为核心整合的开发虚拟社区，其包含大量的编程技巧信息，如示例代码、知识库、技术文章等，是学习和开发应用程序珍贵的参考资料。

重新启动计算机后，会出现 MSDN 安装向导，如图 1.3 所示。如果单击“下一步”，将进入 MSDN 安装向导，如图 1.4 所示。也可以选择“退出”，不安装 MSDN，那么在使用 Visual Basic 程序时，将无法使用帮助功能。

3. 补丁安装

为了使安装的 Visual Basic 6.0 更加完整和全面，还需安装补丁程序。目前，微软为 Visual Basic 6.0 提供的最新补丁程序是 SP6，可以从微软的官方网站上下载。

图1.1　安装向导初始界面

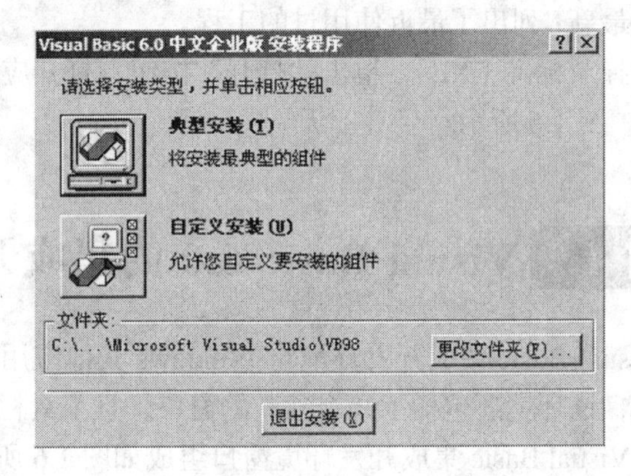

图1.2　设置Visual Basic安装路径界面

图1.3　安装MSDN初始界面

图1.4　设置MSDN安装路径界面

1.2.2 程序的启动

Visual Basic 程序的启动通常有以下几种方法：

（1）在“开始”菜单中选择“程序”→“Microsoft Visual Basic 6.0 中文版”工具包→“Microsoft Visual Basic 6.0 中文版”（软件）。

（2）双击桌面上的快捷方式。

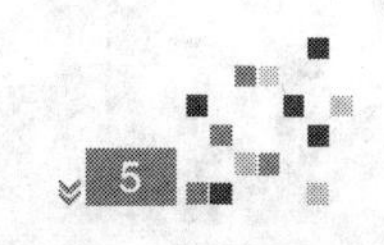

（3）使用“运行”对话框，在其中输入“C:\Program Files\Microsoft Visual Studio\Visual Basic98\Visual Basic6.EXE”。

启动 Visual Basic 后，屏幕出现“新建工程”对话框，如图 1.5 所示，列出了 Visual Basic 6.0 能够建立的应用程序的类型，初学者只要选择默认的“标准 EXE”即可。在该窗口中还有 3 个选项卡：“新建”、“现存”和“最新”，其含义如下：

①新建：用于建立新工程。

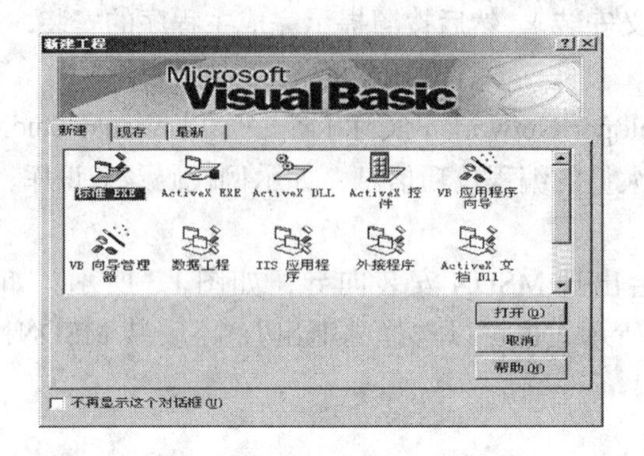

图1.5　启动Visual Basic后“新建工程”对话框

②现存：选择和打开现有的工程。

③最新：列出了最近使用过的工程。

选择“标准 EXE”，单击“打开”按钮，打开应用程序界面——Visual Basic 6.0 集成开发环境如项 1.3 中图 1.6 所示。

项目 1.3 Visual Basic 6.0 的集成开发环境

Visual Basic 集成开发环境与 Windows 其他应用程序相类似，包括标题栏、菜单栏及工具栏。除此之外，该环境还包括了几个独立的窗口，且工具栏按钮有提示功能，单击鼠标右键可以显示快捷菜单等。Visual Basic 集成开发环境窗口组成如图 1.6 所示。

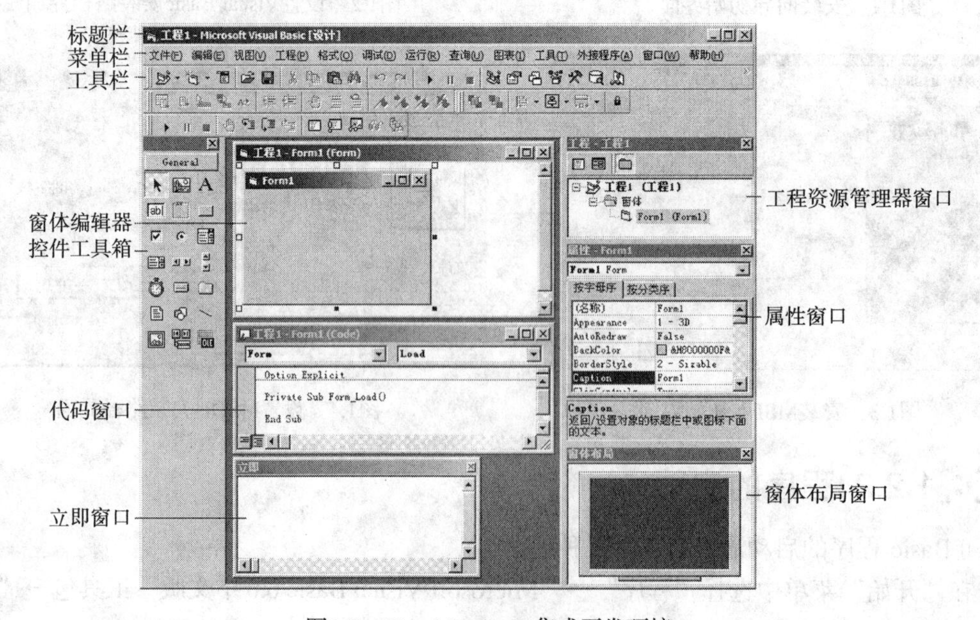

图1.6　Visual Basic 6.0集成开发环境

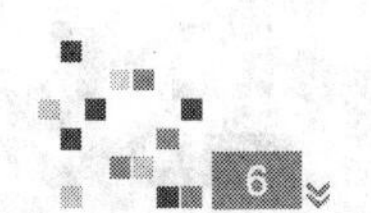

例题导读

Visual Basic 的程序界面——集成开发环境（图 1.6）是一个集设计、运行和测试应用程序为一体的环境。通过本项目的学习，掌握集成开发环境各个组成部分的作用和使用方法。

知识汇总

●菜单栏、工具栏、控件工具箱、窗体编辑器、工程资源管理器窗口、属性窗口、窗体布局窗口、代码窗口、立即窗口

1.3.1 菜单栏

菜单栏集合了所有可使用的操作命令。Visual Basic 6.0 的菜单栏，既包括标准的“文件”、“视图”、“窗口”和“帮助”等菜单，又包括编程专用的功能菜单，如“工程”、“调试”和“运行”等，菜单栏共有 13 项，其功能如下：

（1）文件：用于新建、打开、保存工程等操作，也显示最近打开的工程。

（2）编辑：用于对源代码程序的编辑和处理，也可用于对控件的操作，如“复制”、“删除”等。

（3）视图：用于打开或隐藏各窗口。

（4）工程：用于对窗体、模块和控件的处理。

（5）格式：用于设计时调整窗体中对象的布局。

（6）调试：用于对程序的调试。

（7）运行：用于对程序的运行控制，包括“启动”、“中断”和“结束”等。

（8）查询：用于设计数据库应用程序的 SQL 属性。

（9）图表：用于设计数据库应用程序的编辑数据库命令。

（10）工具：用于添加过程、设置过程属性、设置系统选项、启动菜单编辑器等命令。

（11）外接程序：用于对外接程序的操作。

（12）窗口：用于对窗口的处理，如平铺、排列图标，也列出了当前打开的窗口。

（13）帮助：用于为用户学习 Visual Basic 提供帮助信息。

1.3.2 工具栏

工具栏集合了菜单栏中的常用命令。它可以以水平条状紧贴在菜单栏下方，也可以以垂直条状紧贴在窗口左或右边框上，还可以以窗口形式浮动在集成开发环境中。启动 Visual Basic 后，默认只有标准工具栏，另外还有编辑、窗体、设计和调试工具栏，可以使用菜单“视图”→“工具栏”选择。用户还可以按照操作的需要自定义工具栏，方法为选择菜单“视图”→“工具栏”→“自定义”。标准工具栏按钮的作用如图 1.7 所示。

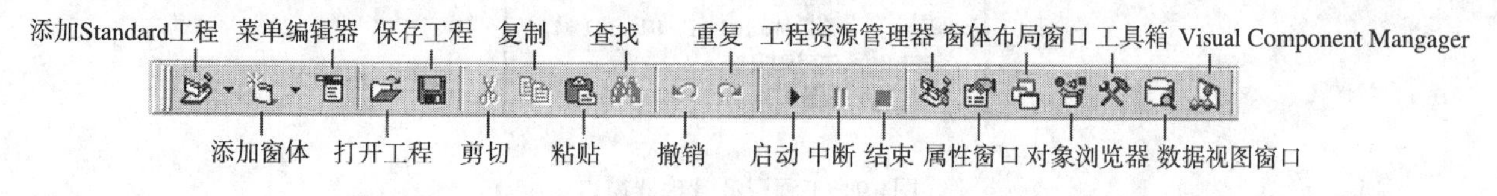

图1.7　标准工具栏

1.3.3 控件工具箱

控件工具箱提供了一组可以添加到窗体上的控件。在设计窗体时，可以把工具箱中的控件直接添加到窗体中。启动 Visual Basic 后，控件工具箱中有 1 个指针和 20 个标准（内部）控件，用户可

以通过选择菜单“工程”→“部件”的方法，装入其他控件。在一般情况下，工具箱位于窗体左侧，如果工具箱窗口被关闭，则可通过选择菜单“视图”→“工具箱”命令，或在工具栏中点击“工具箱”命令按钮显示。控件工具箱中的各控件名称如图1.8所示。

1.3.4 窗体编辑器

窗体编辑器简称窗体，用来设计应用程序的界面。在窗体窗口中，可以直接编辑程序的外观。每个窗体都有唯一的名字，默认为Formx（x=1，2，3，…），通过“（名称）”属性修改。在设计过程中，窗体是可见的，如果窗体被关闭，打开方法有两种：一种是使用菜单“视图”→“对象”命令；另一种是单击工程资源管理器的“查看对象”按钮。

General
Point（指针）
PictureBOX（图片框）
Label（标签）
TextBox（文本框）
Frame（框架）
CommandButton（命令按钮）
CheckBox（复选框）
OptionButton（选项按钮）
ComboBox（组合框）
ListBOX（列表框）
HscrollBar（水平滚动条）
VScrollBar（垂直滚动条）
Timer（定时器）
DriveListBOX（驱动器列表框）
DirListBox（目录列表框）
fileListBOX（文件列表框）
Shape（形状）
Line（直线）
Image（图像）
Data（数据）

图1.8 控件工具箱

1.3.5 工程资源管理器窗口

工程资源管理器用于浏览和管理工程的资源。工程资源管理器窗口如图1.9所示。该窗口可以通过使用菜单“视图”→“工程资源管理器”命令，或单击工具栏中的“工程资源管理器”按钮打开。

工程资源管理器窗口有3个按钮，其功能如下：

（1）“查看代码”按钮：用于切换到所选窗体对象、模块或类模块的代码窗口，显示和编辑代码。

（2）“查看对象”按钮：用于切换到所选对象所在的窗口，显示和编辑对象。

（3）“切换文件夹”按钮：切换文件夹显示方式。

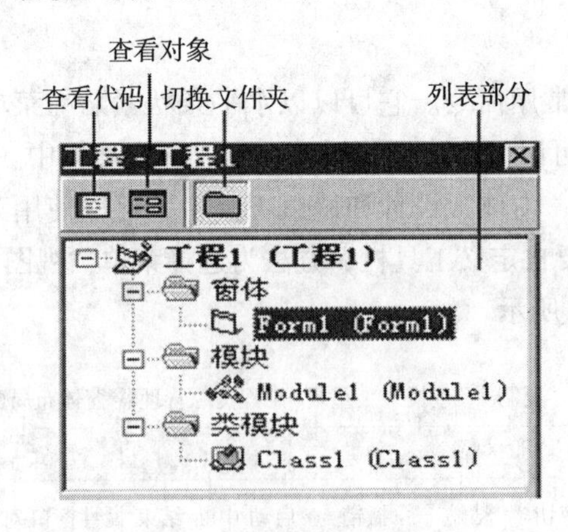

图1.9 工程资源管理器窗口

1.3.6 属性窗口

属性窗口用来设置和修改对象的属性。属性指对象的特征包括对象的名称、大小、标题等。属性窗口的组成如图1.10所示。如果属性窗口被关闭，则可通过使用菜单“视图”→“属性窗口”命令，或在工具栏中点击“属性窗口”按钮，也可直接按F4打开。

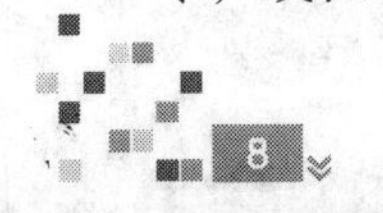

属性窗口各部分含义如下：

（1）对象列表框：单击对象列表框的右侧下拉箭头，则列出当前窗体及窗体中所有对象。

（2）属性显示排列方式：属性排列方式有“按字母序”和“按分类序”两种，图1.10中为“按字母序”。

（3）属性列表框：列出了所选对象在设计时所有可修改的属性。属性列表框分两列：左侧为属性名，右侧为属性值。

（4）属性说明：显示选取属性的含义。

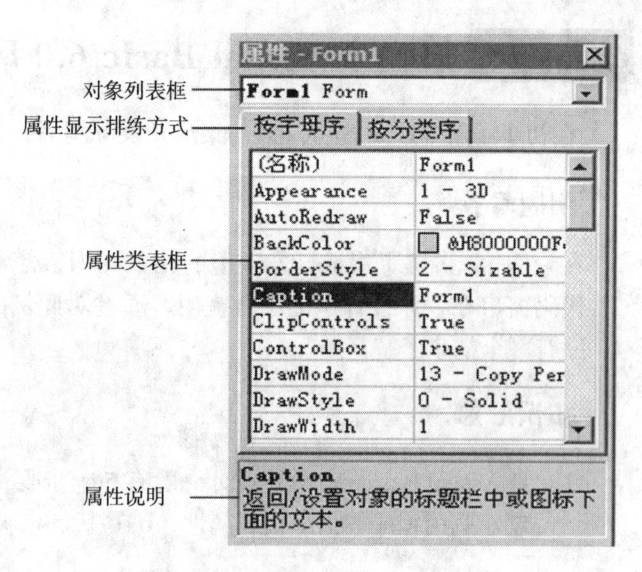

图1.10　属性窗口

1.3.7 窗体布局窗口

窗体布局窗口用于预览运行时各个窗体在屏幕中的位置，同时，也可通过拖动窗体布局中的窗体改变其位置。如果窗体布局窗口被关闭，则可通过使用菜单“视图”→“窗体布局窗口”命令，或单击工具栏上的“窗体布局”按钮显示。

1.3.8 代码窗口

代码窗口的组成如图1.11所示。如果代码窗口被关闭，可以通过使用菜单“视图”→“代码窗口”命令，或单击工程资源管理器的“查看代码”显示，或双击窗体中的对象，或按F7打开。代码窗口各部分含义如下：

（1）对象列表框：显示所选对象的名称。单击右侧的下拉箭头，则列出窗体及窗体中所有对象。“通用”表示与具体对象无关，一般设置模块级变量或用户编写自定义过程。

（2）事件/过程列表框：显示对所选对象编写的过程。单击右侧的下拉箭头，列出所选对象所有的事件和过程。

（3）代码编辑区：用于显示和编辑代码。

（4）“过程查看”按钮和“全模块查看”按钮：用于切换代码编辑区显示代码的内容。

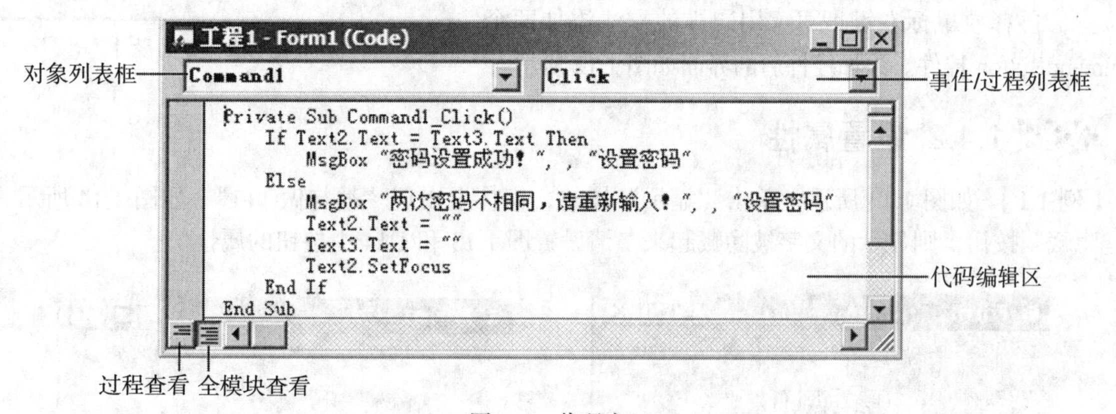

图1.11　代码窗口

1.3.9 立即窗口

立即窗口的作用有两个：一是编制程序时可在立即窗口中运行命令或函数，通常是为了验证某个计算的结果或测试一些不熟悉的命令或函数的用法；另一个是用于测试程序，通常在程序代码中将程序的中间运行结果输出到立即窗口中，用于对程序的测试或帮助找出程序中的错误。

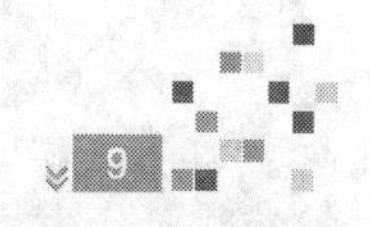

项目 1.4 第一个 Visual Basic 6.0 应用程序

在初步了解 Visual Basic 6.0 的集成开发环境后，即可开始实现一个简单的 Visual Basic 6.0 程序。

例题导读

例 1.1 讲解了集成开发环境的相关知识，使学生掌握控件工具箱、窗体编辑、属性窗口、代码窗口在程序设计中的综合应用。通过对此例的讲解，可以对如何使用 Visual Basic 设计程序有一个初步了解。

知识汇总

● Visual Basic 6.0 程序设计一般有 5 个步骤：
创建应用程序界面、设置属性、编写代码、调试运行程序和保存工程及生成可执行文件

1.4.1 创建程序界面

创建应用程序界面，即设计一个程序运行的窗体。窗体上包含实现程序功能的控件，如果需要，还可以对窗体进行美观设计。程序界面的设计通过如下几个步骤实现。

1. 新建工程

启动 Visual Basic 6.0 程序，在“新建工程”对话框中选择“标准 .EXE”工程类型，创建一个标准 Visual Basic 6.0 工程。此时工程默认文件名为“工程 1”，窗体默认文件名为 Form1。

2. 添加控件

本程序使用 Label 和 CommandButton 两种控件，首先，双击“控件工具箱”中的 Label 控件按钮，此时窗体中央出现 Label 控件，用鼠标左键抓取并拖到窗体的中上位置，再释放鼠标左键即可。用同样的方法添加两个 CommandButton 控件。添加控件后的界面如图 1.12 所示。

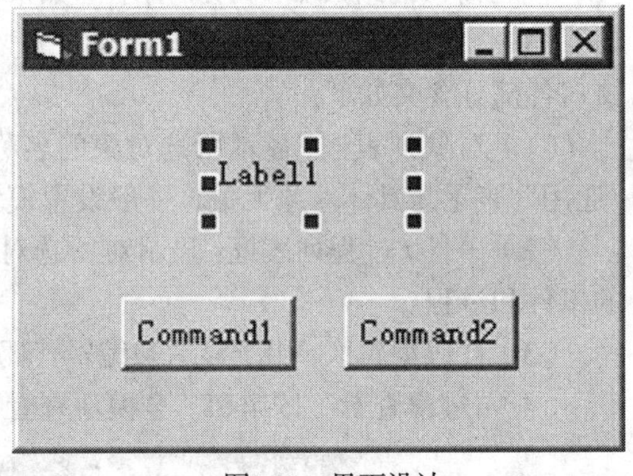

图1.12 界面设计

1.4.2 设置属性

【例 1.1】 如图 1.13 所示，单击“显示”按钮，窗体上出现“教与做 1+1”；如图 1.14 所示，单击“隐藏”按钮，则显示的文字被隐藏起来。请设置图 1.13 和 1.14 中按钮的属性值。

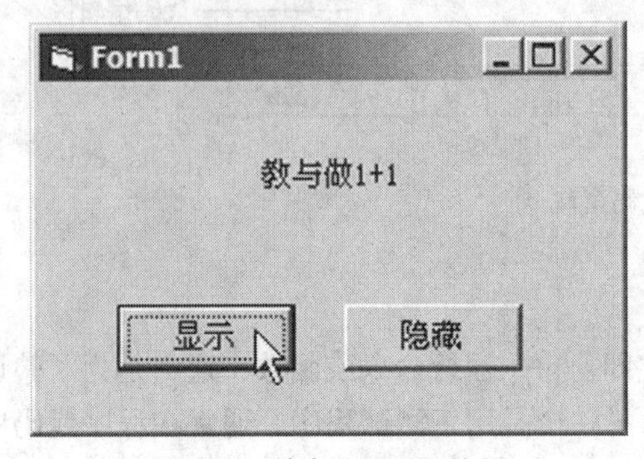

图 1.13 单击“显示”按钮

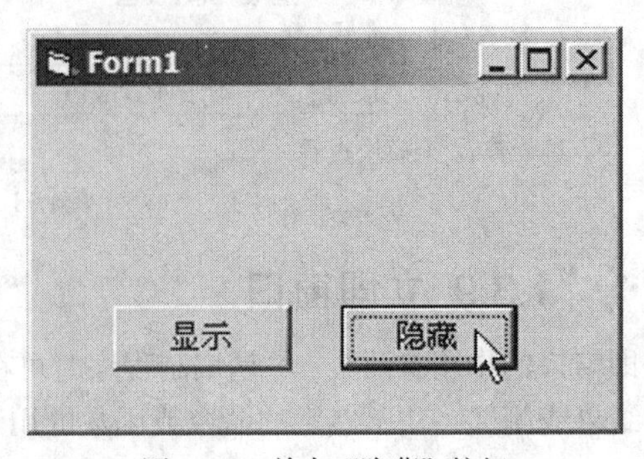

图 1.14 单击“隐藏”按钮

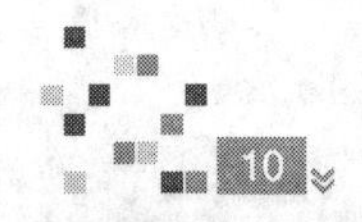

创建完成应用程序界面之后，就开始通过属性面板来设置窗体和窗体上已添加控件的属性。表 1.2 列出了【例 1.1】所要设置属性的控件及其属性值。

表 1.2　控件及属性值

控　件	属　性	属 性 值
标签 Label1 Label	Caption	教与做 1+1
按钮 Command1 CommandButton	Caption	显示
按钮 Command2 CommandButton	Caption	隐藏

根据表 1.2 中所列内容，首先选中窗体中的标签（Label1）控件，通过属性窗口设置标签控件的属性值为“教与做 1+1”，如图 1.15 所示；然后选中窗体中的按钮（Command1）控件，通过属性窗口设置按钮控件的 Caption 属性值为“显示”，如图 1.16 所示；同理，设置另外一个按钮的属性值为“隐藏”，如图 1.17 所示。

图1.15　Label控件属性设置

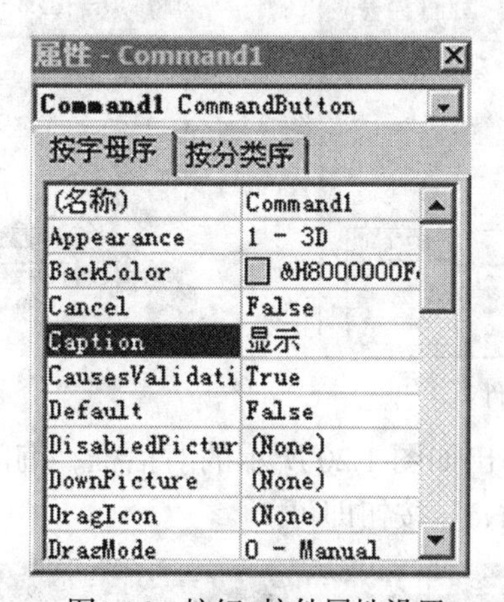

图1.16　按钮1控件属性设置

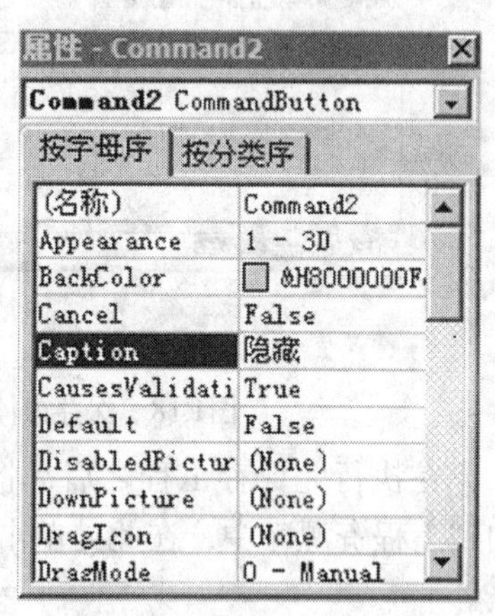

图1.17　按钮2控件属性设置

1.4.3 编写代码

编写代码是 Visual Basic 6.0 程序设计中一个重要的步骤，通过代码编辑器窗口编写代码。

双击“显示”按钮，打开窗体 Form1 的代码编辑器窗口，在 Command1_Click（）过程体中添加如下代码：

```
Label1.Visible = True
```

双击“隐藏”按钮，打开窗体 Form1 的代码编辑器窗口，在 Command2_Click（）过程体中添加如下代码：

```
Label1.Visible =False
```

代码窗口中完整的程序如下：

```
Private Sub Command1_Click（）    ' 显示按钮
    Label1.Visible = True
End Sub
Private Sub Command2_Click（）    ' 隐藏按钮
Label1.Visible = False
End Sub
```

技术提示：

从上述代码书写过程中可以看出，Visual Basic已经为我们设定好了书写程序代码的框架（事件过程），我们需要做的是调用这个框架（本例是通过双击按钮控件的方法），并在其中书写代码。

1.4.4 调试运行程序

编辑完代码后，可以通过各种调试手段来调试程

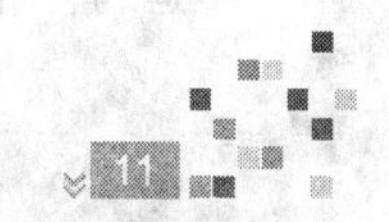

序，发现和解决程序中存在的错误和问题。

单击工具栏上的启动按钮，或通过菜单“运行”→“启动”命令，或按F5键，运行程序显示效果如图1.12和图1.13所示。

1.4.5 保存工程及生成可执行文件

1. 保存工程

代码调试运行成功后，通常将设计好的工程保存起来，在Visual Basic 6.0中，用户为工程设计的每一个窗体，都以扩展名为.frm（窗体文件）的独立文件保存，而所有窗体中执行的程序代码都保存在以.vbp（工程文件）为扩展名的文件中。为此，在保存工程文件时，我们一定先要建立一个文件夹，然后再把窗体文件、工程文件等保存在该文件夹内。在本例中需要保存一个窗体文件（图1.18）和一个工程文件（图1.19），即按“保存”按钮两次。

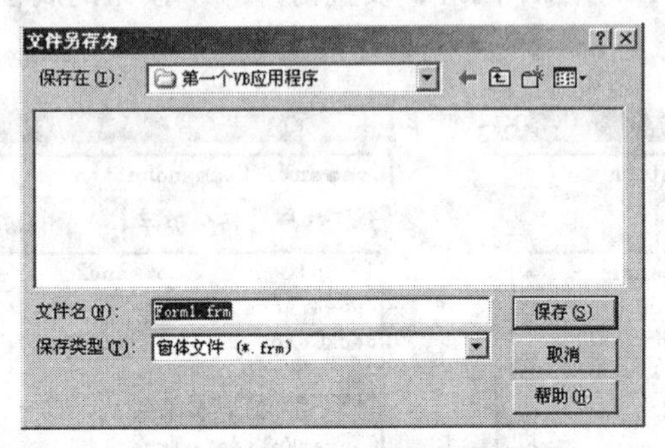

图1.18　保存窗体文件

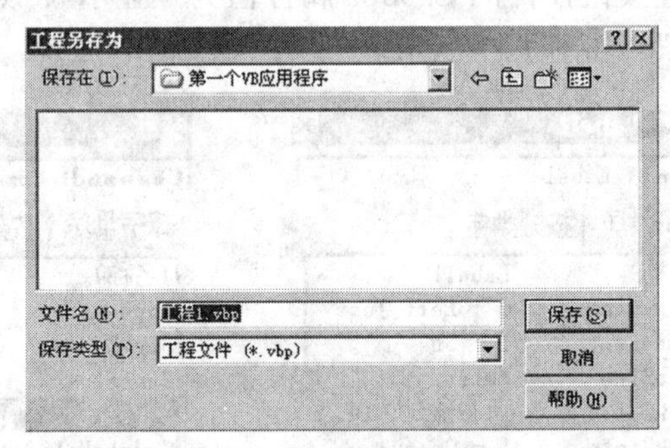

图1.19　保存工程文件

在执行完保存工程之后，将弹出如图1.20所示的对话框，询问用户是否要将保存的工程文件添加到工程资源库中，在此处单击“No”按钮即可。

图1.20　是否将工程添加到资源库

技术提示：

工程文件在保存之前，在资源管理器窗口内不显示窗体的扩展名和工程的扩展名，如图1.21所示。当保存工程之后，在资源管理器窗口内显示窗体的扩展名和工程的扩展名，如图1.22所示。

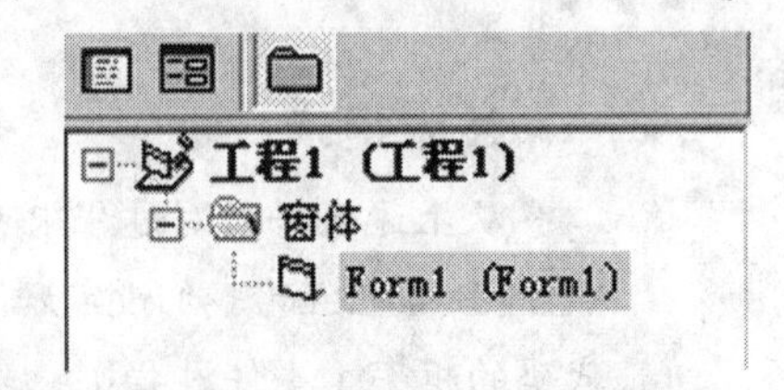

图1.21　工程文件保存之前

图1.22　工程文件保存之后

2. 生成可执行文件

生成可执行文件，即是生成扩展名为.exe文件，这个文件可以脱离Visual Basic 6.0集成开发环境运行。生成可执行文件的方法为：单击“文件”菜单，选择“生成工程1.exe”，如图1.23所示。

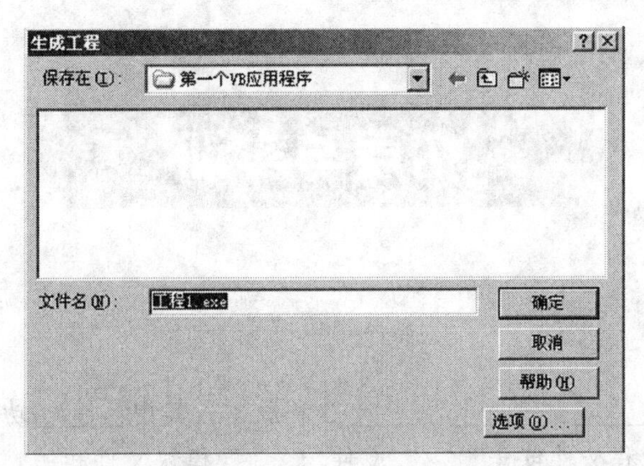

图1.23　生成可执行文件

完成以上操作后，出现一个名为“第一个 Visual Basic 应用程序”文件夹中保存的 Visual Basic 6.0 应用程序文件，如图 1.24 所示。

图1.24　第一个Visual Basic应用程序包含的文件

至此，一个简单的 Visual Basic 6.0 应用程序制作完成。

技术提示：

一个Visual Basic工程包括多个文件，在保存时先要建立一个文件夹，然后再把多个文件逐一保存在该文件夹内。

重点串联

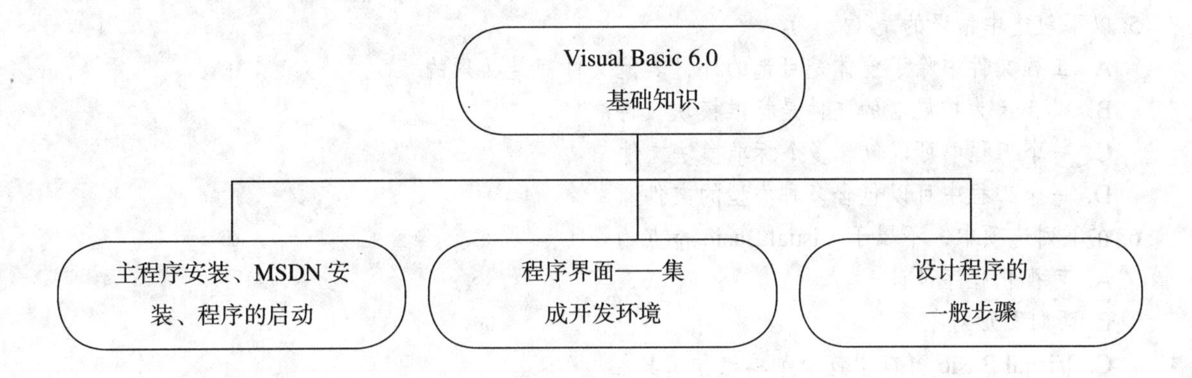

拓展与实训

基础训练

一、填空题

1. Visual Basic 6.0 有 ______、______、______3 种版本，其中 ______功能最强。

2. 一个 Visual Basic 工程文件包含 ______文件、______模块文件和 ______模块文件。

3. 在设计时用于设置控件属性的窗口是 ______，用于列出一个程序所包含的所有文件的窗口是 ______窗口。

4. Visual Basic 采用 ______驱动的编程机制，程序员只需要编写相应的用户动作的程序，而不必考虑按精确次序执行的每一个步骤。

5. 通过 ______窗口可以在程序设计时直观地调整窗体在屏幕上的位置。

6. 窗体的属性可以在属性窗口中设置，也可以在 ______窗口的程序中设置。

7. 当对窗体中的对象进行 ______操作时，Visual Basic 就会显示该对象的代码窗口。

8. 属性窗口显示方式分为两种，即按 ______顺序和按 ______顺序显示，分别通过单击相应的按钮实现。

二、单项选择

1. 在 Visual Basic 中窗体文件的扩展名是（　　）。

A. . res　　B. .frm　　C. .vbp　　D. .bas

2. 在 Visual Basic 中工程文件的扩展名是（　　）。

A. . res　　B. .frm　　C. .vbp　　D. .bas

3. 提供控件的窗口是（　　）。

A. 对象窗口　　B. 对象浏览器　　C. 工具箱　　D. 工具栏

4. Visual Basic 主要用于开发（　　）系统下的文件。

A. DOS　　B. Windows

C. DOS 和 Windows　　D. UNIX

5. 以下叙述中错误的是（　　）。

A. 工程文件中除了窗体是可选的外，其他文件都是必须的

B. 以 .bas 为扩展名的文件是标准模块文件

C. 一个工程中可以包含多个标准模块文件

D. 一个工程中可以包含多种类型的文件

6. 在下列选项中，不属于 Visual Basic 特点的是（　　）。

A. 可视化程序设计

B. 面向图形对象

C. Visual Basic 窗口中包含菜单栏和工具栏

D. 事件驱动编程机制

三、简答题

1. Visual Basic 6.0 有哪些特点？

2. Visual Basic 6.0 集成开发环境中有哪些常用窗口？它们的主要功能是什么？

▶ 技能实训

在名称为 Form1 的窗体上画一个名称为 Labell、标题为“欢迎使用 Visual Basic 开发程序”的标签，字号设置为 18，通过属性窗口把标签大小设置为自动调整。画两个命令按钮：Command1 和 Command2，分别显示“放大字体”和“缩小字体”。单击“缩小字体”，标签上的文字字号缩小到 12，单击“放大字体”，字号再还原到 18，且同一时刻只有 1 个按钮可用。程序运行后的窗体如图 1.25 所示。

图1.25　程序运行后的窗口

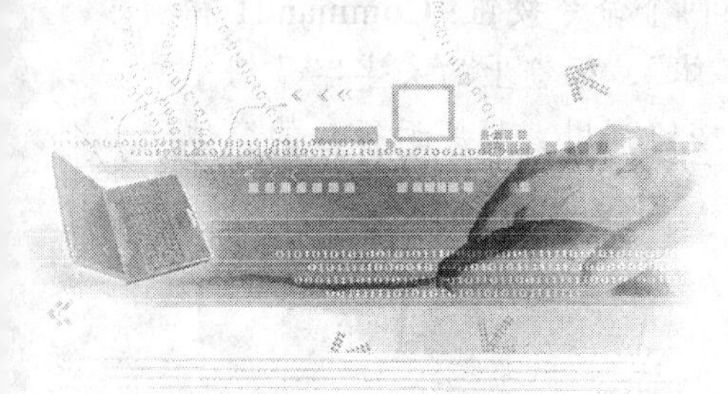

模块2 对象及其操作

教学聚焦

为了理解应用程序的开发过程，先要理解 Visual Basic 中对象的概念，研究对象的属性、方法和事件。通过按钮控件和标签控件的学习，掌握对象的操作方法，最后讲解窗体的属性、方法和事件。

知识目标

◆ 对象的概念
◆ 对象属性、方法和事件
◆ 对象属性设置的两种方式
◆ 事件过程调用方法
◆ 事件驱动机制概念
◆ 对象的操作方法
◆ 按钮控件和标签控件的常用属性、事件
◆ 窗体的属性、方法和事件
◆ Visual Basic 常用工程结构

技能目标

◆ 通过多窗体应用程序的练习，掌握本章对象及操作的相关知识

课时建议

4 课时

教学重点和教学难点

◆ 对象的操作；属性的设置；事件过程的调用；按钮控件属性；标签控件属性；窗体的属性、方法和事件；多窗体应用程序；Visual Basic 工程结构

◆ 对象的属性、方法和事件；属性的设置及相应事件过程的调用；多窗体应用程序

项目 2.1 对象的概念

例题导读

本项目引入了 Visual Basic 中一个重要的概念——对象。围绕“对象”这个概念，进一步研究对象的属性、方法和事件，掌握对象属性的设置与读取。对象的事件过程代码编写框架的形式及对象方法的语法格式是今后学习的基础。

知识汇总

- Visual Basic 中的对象和类
- 对象属性的设置与读取
- 对象事件过程代码编写框架的形式
- 对象的方法

2.1.1 对象和类

对象（Object）和类（Class）是面向对象中的基本组成部分，对象是现实世界中的具体事物，而类是为所有对象定义的抽象的属性与行为。

1. 对象

在现实世界中，对象性别、年龄、身高、体重等特征，同时具有吃饭、走路、睡觉等行为。在面向对象的概念中，将对象的特征称为属性，将对象的行为称为方法或事件。

在 Visual Basic 中整个应用程序可以是一个对象，对象也可以是应用程序的一个部分，如窗体、控件、菜单、文件和数据库等。这些对象都具有属性（特征）和方法（行为）。简单地说，属性用于描述对象的一组特征，方法为对象实施一些动作，对象的动作常常会触发事件，而触发事件又可以修改属性。

例如，一辆汽车有品牌型号、外观颜色、发动机功率等属性，有启动、加速、停止等方法，方法的实现需要一定的触发事件（如踩油门导致加速），方法也可以改变对象的某些属性（如踩油门加速过快导致交通肇事、改变车辆外形等）。

“属性”、“方法”和“事件”是对象的基本元素。在 Visual Basic 程序设计中，可以通过这 3 个元素来操作和控制对象。

Visual Basic 是采用面向对象事件驱动编程机制，程序员只需要编写响应用户动作（事件）的程序。如鼠标单击或双击等“事件”，而不必考虑按精确次序执行的每个步骤，编写代码相对较少。这样就可以快速创建强大的应用程序，而无需考虑过多的细节。

2. 类

类指的是具有相似内部状态和行为实体的集合。类的概念来自于人们认识自然、认识社会的过程，在这一过程中，从一个个具体的事物中把共同的特征抽取出来，形成一个一般的概念，即“归类”。例如，人、大象、老鹰等，都归类为动物。在演绎的过程中，又可以将同类的事物根据不同的特征分成不同的小类，即“分类”。例如，动物＞猫科动物＞虎＞东北虎等。一个具体的类包含许多具体的个体，这就是前面所提到的“对象”，如东北虎就是动物类中一个具体的对象。

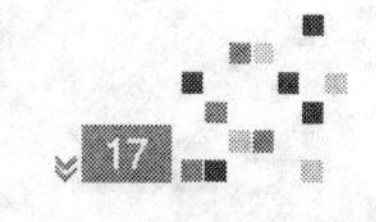

由此可以看出，对象是类的一个具体的个体，而类是具有相似特征的对象的集合。类中包含的属性和方法定义了类的界面，它们封装于类的内部，当应用程序中由类创建一个对象时，用户只要使用对象的属性和方法进行相应的操作即可，而完全不必关心其内部是如何实现的。

在 Visual Basic 中，工具箱上的图标是系统设计好的标准控件类，通过它可以得到真正的控件对象。当程序员在窗体上添加一个控件时，就自动将标准控件类转化为对象了（创建一个控件对象，简称控件）。窗体是一个特例，它既是类，也是一个对象。当向一个工程添加一个新窗体时，实际上就是由窗体类创建了一个窗体对象。窗体是控件的容器，也是应用程序的界面。

2.1.2 对象的属性

属性是指对象的各种特征，如对象的外观、颜色、大小等。不同的对象所具有的属性有的是相同的，有的是不同的。Visual Basic 中的窗体和控件都具有颜色、大小等属性，我们在学习这些相同属性的同时，应重点掌握它们具有个性的属性。

1. 设置属性值

改变对象的属性就可以改变对象的特征。设置对象的属性有两种方法：

（1）在设计阶段，通过属性窗口设置对象属性的值。

（2）在运行阶段，通过程序代码设置对象属性的值。其一般形式为：

对象名 . 属性名 = 属性值

例如，通过程序代码设置按钮的标题属性为“确定”，代码为：

Command1.Caption = " 确定 "

在 Visual Basic 中，每个对象的每种属性都有一个缺省值，在实际应用中，大多数属性都采用系统提供的缺省值。用户一般不必一一设置对象各种属性的值，只有在缺省值不满足要求时，才需要用户指定所需的值。

技术提示：

对象的属性有的只能在设计阶段设置，有的只能在运行阶段设置，有的属性既能在设计阶段设置又能在运行阶段设置。在今后的学习过程中，请特别留意区分。

2. 读取属性值

在代码中不仅能设置属性的值，还能读取属性的值。在程序运行时可以设置，同时还可以获得其值的属性称为读写属性（通常写作“返回 / 设置……”）；在运行时只能读取的属性称为只读属性。语法格式为：

变量 = 对象名 . 属性名

例如，下列程序代码就是将按钮的标题值赋给变量 MyS，其格式为：

MyS = Command1.Caption

2.1.3 对象的事件

事件就是对象上所发生的事情。例如，用脚踩油门，就是发生在对象（车）上的一件事情。在 Visual Basic 中，事件是由系统事先设定的、能被对象识别和响应的动作。例如，在程序运行时，单击窗体中的按钮，则程序会按照程序员编写的代码执行相应的操作，这种情况就称为按钮响应了鼠标的单击事件。

事件可分为系统事件和用户事件两种。系统事件由计算机系统自动产生，如定时闹钟等；用户事

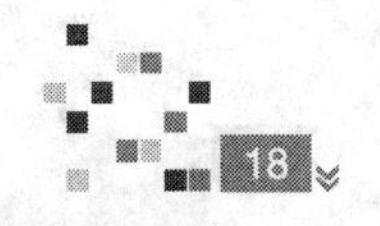

件由用户产生，如鼠标的单击、双击等。鼠标单击或双击是 Windows 应用程序的常见事件。

Windows 属于“事件驱动程序”，也就是说，只有在事件发生时，程序才会执行。在没有事件发生时，程序处于等待状态。这时程序唯一要做的事就是等待事件的发生。如果事件发生了，程序就处理该事件过程中由我们编写的处理方案（执行该事件过程中的程序代码）。如果没有处理方案，程序仍就处于等待状态。因此，程序的执行是由相应的“事件”触发的。

各事件的发生顺序完全由用户的操作决定，这样就使编程的工作变得比较简单，人们不再需要考虑程序的执行顺序，只需要针对对象的事件编写出相应的事件过程处理代码即可。我们称这些应用程序为事件驱动应用程序。

在事件驱动应用程序中，由对象来识别事件。事件可以由一个用户动作产生，如单击鼠标或按下键盘中的一个按键；也可以由程序代码或系统产生，如计时器等。使用 Visual Basic 创建应用程序，其实就是为每个对象（如窗体、按钮、菜单等）编写处理事件过程的代码。

触发对象事件最常见的方式是通过鼠标或键盘的操作。我们将通过鼠标触发的事件称为鼠标事件，将通过键盘触发的事件称为键盘事件。将在后续模块中对鼠标事件和键盘事件进行详细介绍。

事件过程是指对象对发生在其上的某一事件作出的反应。事件过程的框架是由 Visual Basic 事先设定好的，我们只需要找到相应的事件框架，并在框架内编写响应事件时执行的程序代码。对象事件过程代码编写框架的形式如下：

```
Private Sub 对象名 _ 事件名（ ）
…
…   响应事件时执行的程序代码
…
End Sub
```

其中　Private Sub 对象名 _ 事件名（ ）——事件过程的开头；

End Sub——事件过程的结尾；

对象名——用户在属性窗口中为对象的“名称”属性所设置的值；

事件名——该对象响应的事件名称，如鼠标的单击（Click）。

在建立了对象之后，如果希望某个对象在收到某个事件之后作出预期的反应，就要在该对象的事件过程中编写相应的程序代码。所以，Visual Basic 开发应用程序的重点是在编写事件过程上。

2.1.4 对象的方法

方法是指控制对象动作行为的方式。我们需要掌握的是对象有哪些方法，能控制哪些行为方式。如果用对象的方法类比汽车的驾驶，汽车就是对象，踩油门和踩刹车就是开车的方法。我们只需要掌握踩油门能让车启动前行，踩刹车能让车减速或停止，至于其中的原因就是另一门高深的学问，在此不作研究。

方法是与对象相关的，所以在调用方法时一定要指明该方法属于哪个对象。对象方法的语法格式为：

对象名 . 方法名

例如，在窗体 Form1 中使用 Print 方法显示字符串“创新规划教材”，代码如下：

```
Form1.Print " 创新规划教材 "
```

有些方法还带有参数，参数是对方法所执行动作的进一步描述。在调用这类方法时要在方法名的后面写上参数。例如，窗体 Form1 对象的 Move 方法就有参数，下面的示例表示窗体向左移动 100 缇，向上移动 100 缇，其中，“缇”是距离单位。

```
Form1.Move 100, 100
```

有的方法还有返回值，如果要保存方法的返回值，就必需把参数用括号括起来。

项目 2.2 对象的操作

例题导读

项目 2.1 中讲述了对象的概念，在理解这些概念的基础上，本节介绍对象的操作。通过图 2.1~ 图 2.4 重点讲解如何在窗体上布置控件，通过图 2.5、图 2.6 讲解在属性窗口设置对象属性的方法，通过图 2.7~ 图 2.11 讲解调用相应的事件过程的方法。

知识汇总

- Visual Basic 的特点、常用术语和系统特性
- 控件对象的添加、调整、删除、复制、锁定、命名
- 设置对象的属性
- 调用对象事件过程的具体方法

2.2.1 在窗体中布置控件

设计应用程序界面最重要的工作就是在窗体上布置控件，如添加控件、调整控件、删除控件、复制控件、锁定控件、控件命名等。

1. 添加控件

向窗体上添加控件的方法很简单，主要有以下两种：

（1）双击工具箱中要添加的控件，直接将其添加到窗体的中间位置。

（2）在工具箱中单击要添加到窗体中的控件，将光标移动到窗体的适当位置后，按下鼠标左键拖动到合适大小，然后再释放鼠标。

工具箱中的任何控件都可以采用这两种方法添加到窗体上。只是采用第一种方法添加控件后，需要在窗体上重新调整控件的大小和位置。

如果想在窗体上添加多个同类型控件，可按住 Ctrl 键，单击工具箱中的控件，然后将光标移动到窗体上，当光标指针变成十字形时，按住鼠标左键拖动鼠标画出控件，重复此操作直到添加完所需的控件为止。

2. 调整控件大小和位置

当控件添加到窗体上后，可以对其大小进行调整，以达到美观的效果。下面是两种调整方法：

（1）选择控件，将光标移动到该控件周边的 8 个小方块上，当鼠标指针变为双箭头时，按住鼠标左键不放，然后拖动到合适大小，释放鼠标。

（2）选择控件，按住 Shift 键，同时按方向键，即可调整大小。

技术提示：

在调整多个同类控件大小时，先调整一个作为样板，然后再同时选中其他同类控件，这时应使得样板控件周围8个小方块是实心的，通过选择“格式”菜单中的对齐、统一尺寸、水平间距、垂直间距等项完成多个控件的调整工作。调整工作如图2.1、图2.2和图2.3所示。

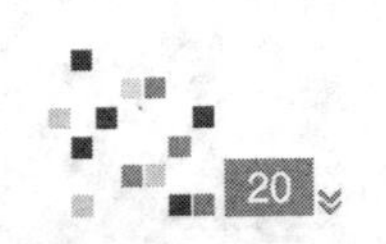

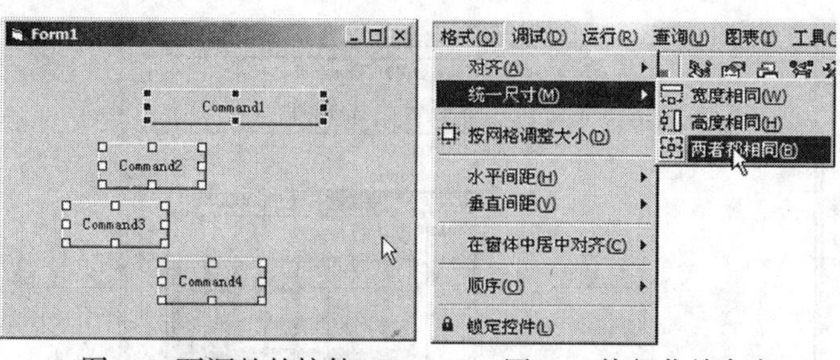

图2.1　要调整的控件

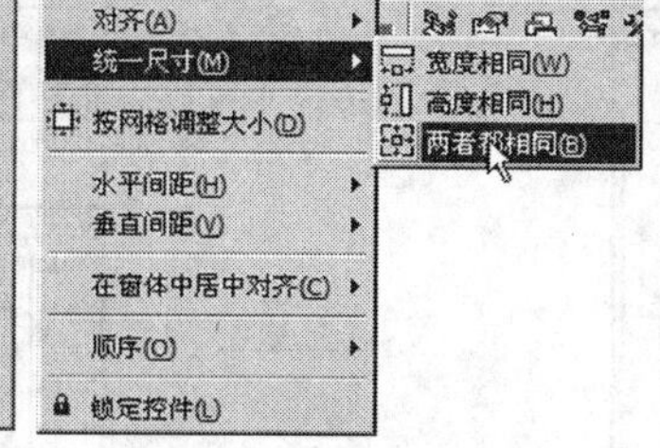

图2.2　执行菜单命令

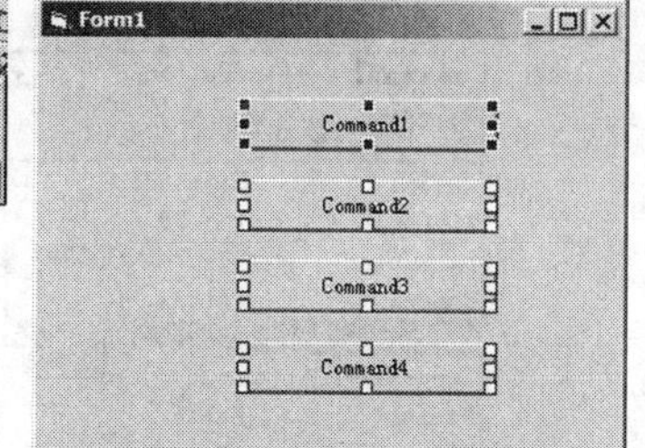

图2.3　调整后的效果

3. 删除控件

删除窗体上控件的方法很简单，用鼠标选择要删除的控件，直接按 Delete 键，或在要删除的控件上直接单击鼠标右键，在弹出的快捷菜单中选择“删除”命令。

如果误删了某个控件，还可以将其恢复回来。单击工具栏中的“撤销”按钮，或使用快捷键 Ctrl+Z 来恢复所删除的控件。

4. 复制控件

当一个控件大小和属性设置好后，我们通常选择复制该控件的方法，在窗体上再添加多个控件。用这种办法添加的控件，具有相同的外观和属性。具体的操作将在模块 6 中的控件数组部分作有关介绍。

5. 锁定控件

在调整完控件的大小及位置后，为避免改变原来的位置，应选择锁定控件。锁定控件简单实用的方法是在窗体的空白（没有控件）位置单击鼠标右键，在弹出的右键菜单中选择“锁定控件”，如图 2.4 所示。

图2.4　选择“锁定控件”命令

6. 控件命名

在进行程序设计时，有时会使用很多控件，为了方便代码编写和增强代码的可读性，按照一定的规则给控件命名是非常必要的。就像每个人都有自己的名字一样，程序中的控件也应该具有一个唯一的并且能够显示控件功能的名字以方便使用。在学习之初，我们应有意识地培养这种良好的编程习惯。

除了遵守对象的命名基本规则外，控件的命名也有一些常用的规则：

（1）以字母开头，可由字母、汉字、数字和下划线组成。

（2）长度不能超过 40 个字符。

（3）不区分大小写。

（4）名称前缀或后缀能显示控件的类别，如按钮使用 Cmd、窗体使用 Frm 等。

2.2.2 在属性窗口中设置对象的属性

在属性窗口中设置对象的属性，我们需要选中某一对象（如窗体或控件），该对象的属性就在属性窗口中显示出来。

通过属性窗口设置对象的属性，其设置方式大致可分为以下 3 种情况：

1. 直接输入属性值

有些属性，当使用鼠标单击它的值时，光标就出现在输入框中，此时可通过键盘修改默认值或输入新的属性值。Caption，Text 等属性就属于该类，如图 2.5 所示。

2. 在下拉列表中选择属性值

有些属性，当使用鼠标单击它时，其右边会出现一个向下箭头的按钮，单击该按钮则出现一个包含可选属性值的下拉列表，用户可从该列表中选择所需要的属性值。BackColor 等属性属于该类型，如图 2.6 所示。

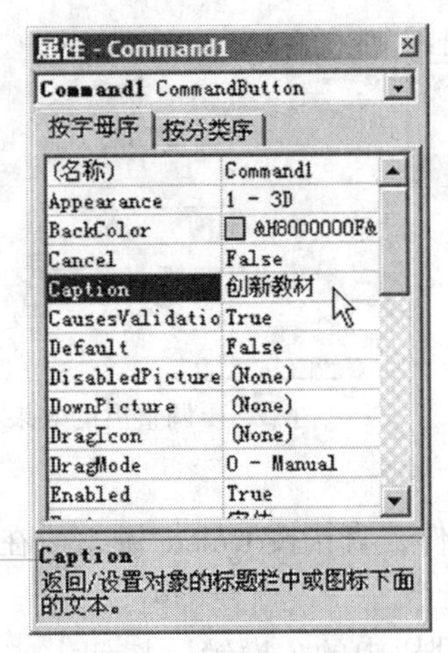

图2.5 直接输入属性值

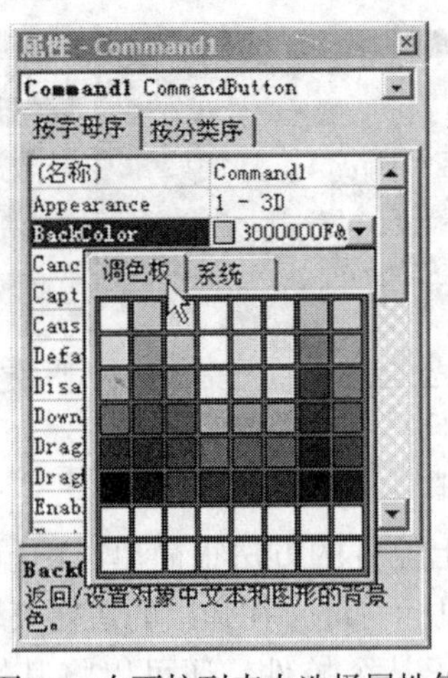

图2.6 在下拉列表中选择属性值

3. 在对话框中选择属性值

还有一些属性，当使用鼠标单击它时，其右边出现一个带省略号的按钮，单击该按钮时，会出现一个对话框，用户可从该对话框中选择属性值。Picture，Font 等属性就属于这种类型。

2.2.3 调用对象的事件过程

调用对象最简单的方法就是双击对象。此时在打开的代码窗口中，就会出现该对象默认事件过程代码编写框架。例如，双击窗体，打开的代码窗口就会出现如图 2.7 所示的页面，其中，显示窗体默认的 Load（装载）事件过程代码编写框架。

如果代码窗口中出现的事件过程不是用户所需的，可以通过事件列表框选择所要调用的事件过程。选择完毕后，在代码窗口中出现了一个该对象新的事件过程。如图 2.8 所示，选择窗体的 Click（单击）事件过程；如图 2.9 所示，从代码窗口的对象列表中选择一个对象；如图 2.10 所示，再从过程列表中选择一个过程，这时代码窗口中就会自动出现事件过程，如图 2.11 所示，在中间加上自己的代码即可。

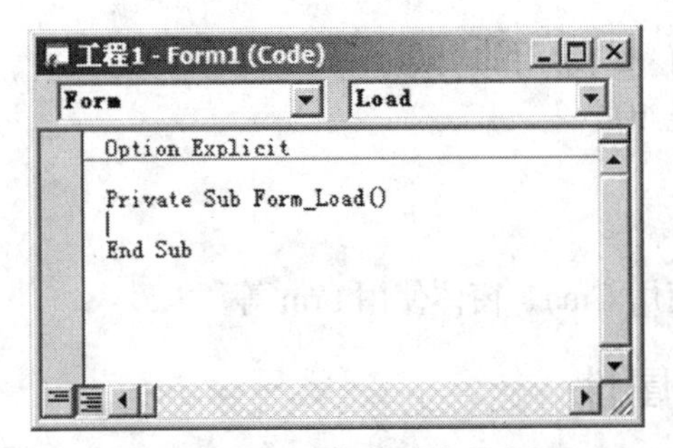

图2.7 双击窗体打开的代码窗口

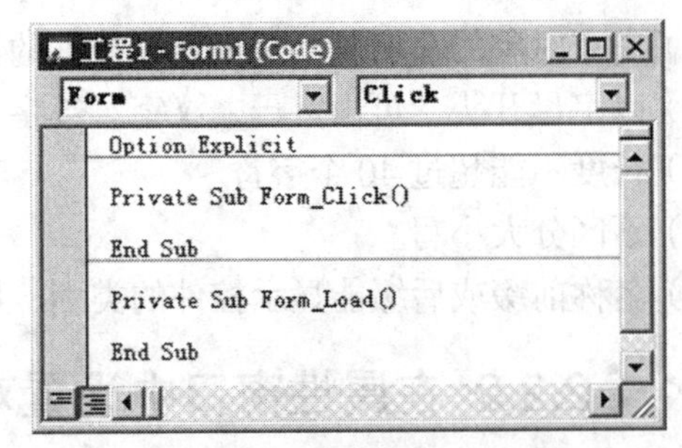

图2.8 选择Click事件后代码窗口

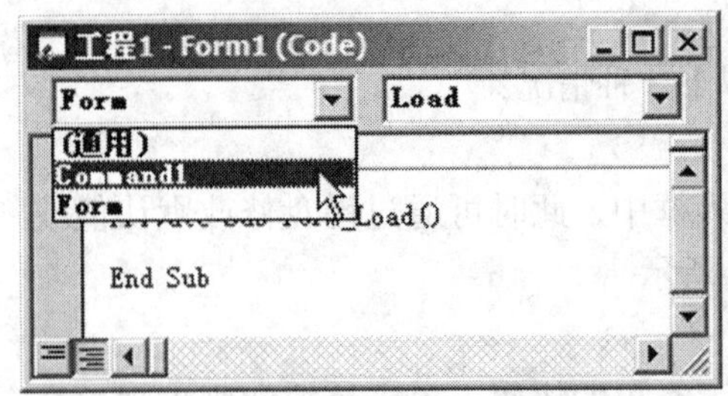

图2.9 对象列表

图2.10 事件列表

图2.11 按钮的鼠标移动事件过程

项目 2.3 按钮控件

按钮（Command Button）控件是编程中最常应用的控件之一，其使用方法简单，用户可以通过单击按钮来执行操作。通过编写按钮的 Click 事件过程，可以指定按钮的功能。

例题导读

例 2.1 通过模拟播放器中的“播放”键和“暂停”键，练习对象的操作，掌握在程序设计时和程序运行时设置对象属性的两种方法。

知识汇总

- 常用属性：名称，Caption，Enabled，Default，Cancel，Visible，Picture
- 常用事件：Click

2.3.1 常用属性

1. 名称属性

属性窗口中的第一项，所有对象都有该属性，添加到窗体上时都有默认的属性名称。按钮控件根据添加的顺序，在名称属性中分别显示 Command1，Command2 等。

在程序开发设计时，通常根据按钮的用途，修改名称属性中的默认值。如 PlayCmd，用在代码的编写中时，相对于默认名称来说，我们很容易辨认它是播放按钮。

2. Caption 属性

按钮的 Caption 属性用于返回或设置按钮的显示标题文字，通常被设置为显示按钮的功能，如“确定”、“退出”等。按钮的 Caption 属性可用代码设置，一般写在窗体的 Load 事件过程中。例如：

Command1.Caption =" 确定 "

可以通过 Caption 属性创建按钮的访问快捷键。创建快捷方式时，只需在访问快捷键字母前添加一个连接符（&）即可。例如，要在字母“P”前加上“&”符号，在程序运行时，按钮上的字母“P”将带下划线，当同时按下“Alt+P”键时，就相当于用鼠标单击了该按钮。

3. Enabled 属性

返回或设置按钮是否有效。当值为 True 时，按钮可用；当值为 False 时，按钮不可用，且以浅灰色显示。

4.Default 属性和 Cancel 属性

Default 和 Cancel 属性分别用于设置使用键盘上的 Enter 键和 Esc 键触发窗体上相应按钮单击事件。当按钮的 Default 属性设置为 True 时，在默认情况下，运行程序时按下键盘上的 Enter 键，就等于用鼠标左键单击了该按钮；当 Cancel 属性设置为 True 时，运行程序时按下键盘上的 Esc 键，就等于用鼠标左键单击了该按钮。

在程序设计时，将“确定”、“是”等按钮的 Default 属性设置为 True，将“取消”、“否”等按钮的 Cancel 属性设置为 False，既符合 Windows 操作系统的使用风格，又方便用户的使用。

5. Visible 属性

Visible 属性用于返回或设置按钮是否可见。当值为 True 时，按钮可见；当值为 False 时，按钮被隐藏。

6. Picture 属性

Picture 属性用于返回或设置按钮上显示的图片。

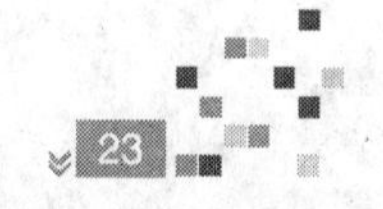

加载图片有两种方法；一是可以通过属性窗口属性值设置对话框加载图片；二是可以通过代码实现为按钮加载图片，代码为：

Command1.Picture = LoadPicture（"D:\001.jpg"）

其中，LoadPicture 是图片调用函数，括号中的内容是要调用图片的路径。

>>> **技术提示：**

需要特别指出的是，只有在按钮的Style属性值设置为1时，命令按钮才能显示加载的图片。

2.3.2 常用事件

按钮控件最常用的事件就是 Click（单击）事件。程序运行时，用户单击按钮触发该事件，执行该事件下的代码，实现相应的功能。需要指出的是，按钮控件没有 DblClick（双击）事件。

【例 2.1】 利用按钮的 Enabled 属性，模拟播放器中的“播放”键和“暂停”键。具体描述：在窗体上添加两个按钮控件，一个命名为“播放”，另一个命名为“暂停”。程序运行前设置“暂停”按钮不可用。当程序运行时，单击“播放”按钮，该按钮变为不可用，而“暂停”按钮变为可用。

创建程序界面，如图 2.12、图 2.13 所示。

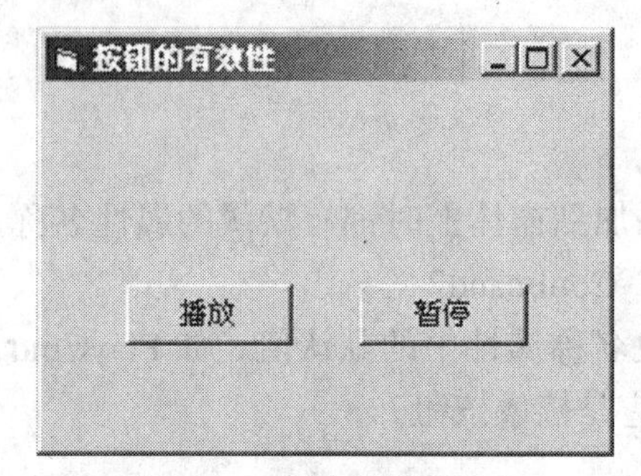

图2.12　程序运行前界面

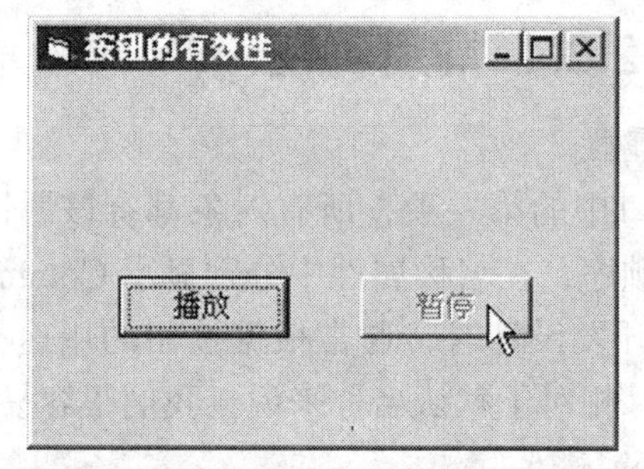

图2.13　单击“暂停”按钮的运行效果

设置窗体和按钮控件的属性。各个对象的属性及属性值如表 2.1 所示。

表 2.1　窗体和按钮控件属性设置

对　象	属　性	属性值
窗体	Caption	按钮的有效性
按钮	（名称）	PlayCmd
	Caption	播放
	Enabled	True
按钮	（名称）	PauseCmd
	Caption	暂停
	Enabled	False

程序代码如下：

```
Private Sub PauseCmd_Click（）
    PlayCmd.Enabled = True
    PauseCmd.Enabled = False
End Sub
Private Sub PlayCmd_Click（）
    PauseCmd.Enabled = True
```

```
    PlayCmd.Enabled = False
End Sub
```

运行程序。当单击“播放”按钮时，该按钮不可用，而“暂停”按钮由不可用变成可用；当单击“暂停”按钮时，该按钮由可用变成不可用，而“播放”按钮由不可用变成可用。

项目 2.4 标签控件

标签（Label）控件主要用来显示文本提示信息，通常用于在窗口显示各种操作提示和文字说明。按照在窗体上添加的顺序，默认名称是 Label1，Label2 等。

例题导读

例 2.2 讲解在不同对象的事件过程中进行属性设置。

知识汇总

- 常用属性：Caption，AutoSize，BackStyle，BorderStyle，MousePointer
- 常用事件：Click，MouseMove

2.4.1 常用属性

1. Caption 属性

Caption 属性是标签控件重要的属性，该属性的值决定了标签控件内显示的文本内容。

2. AutoSize 属性

AutoSize 属性用于决定标签控件能否自动调整自身大小来显示全部内容。当属性值为 True 时，标签控件会根据 Caption 属性中的内容自动调整自身大小；当属性值为 False（默认值）时，控件将保持设计时定义的大小，超出控件区域的内容不能显示。

3. BackStyle 属性

BackStyle 属性用于返回或设置一个值，决定标签控件的背景透明还是不透明。当属性值为 1（默认值）时，标签控件的背景不透明；当属性值为 0 时，标签控件的背景透明。在有背景色或背景图片的窗体上添加标签控件时，该属性就显得非常有用。

4. BorderStyle 属性

BorderStyle 属性用于返回或设置控件的边框样式。当属性值设置为 0（默认值）时，该控件以平面形式呈现，没有立体效果；当属性值设置为 1 时，该控件有立体效果。

5. MousePointer 属性

MousePointer 属性用于返回或设置当鼠标经过该控件某一部分时鼠标指针形状。该属性预设了多种鼠标指针形状和一个序号是 99 的自定义类型。当通过 MouseIcon 属性加载一个鼠标图标文件时，MousePointer 属性必须设置为 99。

2.4.2 常用事件

标签控件的常用事件有 Click 和 MouseMove 事件等。

【例 2.2】 程序运行后，当鼠标移动到标签上时，标签控件的边框样式变成立体效果；当鼠标在窗体上移动时，边框样式恢复默认值。

创建程序界面，如图 2.14 所示。

图2.14　程序界面

设置对象属性，如表 2.2 所示。

表 2.2　窗体和标签控件的属性设置

对　　象	属　　性	属性值
窗体	Caption	利用标签控件实现鼠标交互
标签控件	BackColor	白色

程序代码如下：

```
Private Sub Form_MouseMove（Button As Integer, Shift As Integer, X As Single, Y As Single）
    Label1.Caption = " 鼠标在窗体上 "
    Label1.BorderStyle = 0
End Sub
Private Sub Label1_MouseMove（Button As Integer, Shift As Integer, X As Single, Y As Single）
    Label1.Caption = " 鼠标在标签控件上 "
    Label1.BorderStyle = 1
End Sub
```

运行程序，效果如图 2.15 和图 2.16 所示。

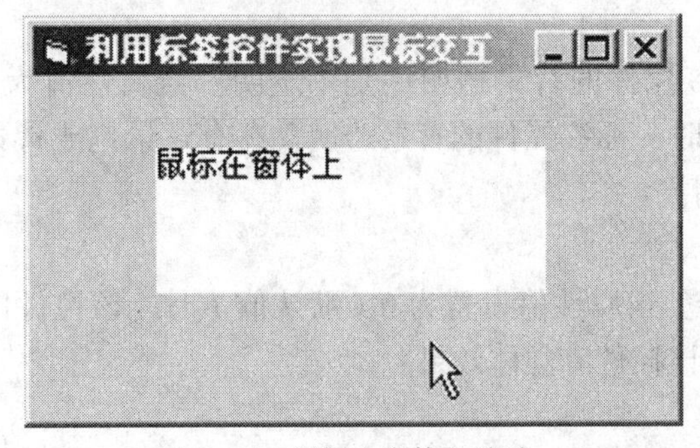

图2.15　鼠标在窗体上移动

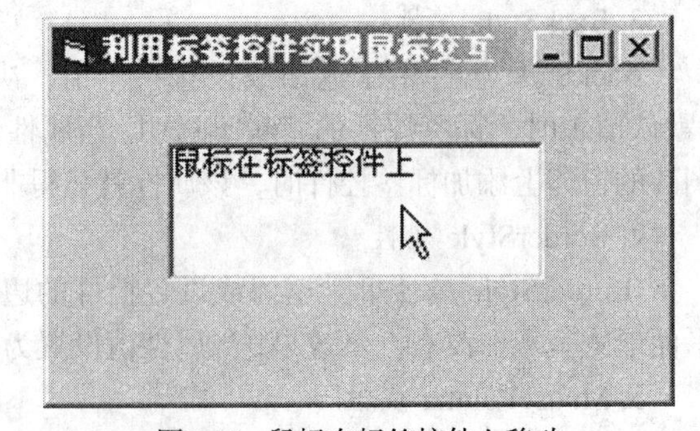

图2.16　鼠标在标签控件上移动

项目 2.5 窗体

窗体是创建 Visual Basic 应用程序的用户界面，用户界面是应用程序的重要组成部分。作为与用户交互的界面，各种控件对象必须建立在窗体之上。以下介绍窗体的主要属性、方法和事件。

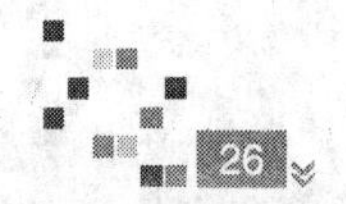

例题导读

例 2.3 讲解窗体的属性设置、按钮单击事件的调用及 Print 方法和 Cls 方法的应用。特别留意 AutoRedraw 属性的取值对 Print 方法输出文字的影响。

知识汇总

● 窗体的常用属性：Caption，AutoRedraw，BackColor，ForeColor，BorderStyle，Icon，Font，Picture，Enabled，Visible，ControlBox，MaxButton，MinButton，Height，Width，Left，Top，StartUpPosition，WindowState

● 窗体的常用事件：Click，DblClick，Load，Unload，Activate，Deactivate，GotFocus，LostFocus，Resize，Paint

●窗体的常用方法：Print，Cls，Show，Hide，Move

2.5.1 窗体的常用属性

窗体的属性决定了窗体的外观，可以在程序设计时和程序运行时改变窗体。下面是窗体的常用属性。

1. 名称属性

窗体的名称属性是工程中窗体的唯一标识。在创建窗体时，会默认创建一个名称为 Form1 的窗体。在程序开发过程中，添加一个窗体之后，通过（名称）属性给窗体设置一个有意义的名字，如 MainFrm，表示程序的主窗体。

2. Caption 属性

Caption 属性返回或设置本窗体标题栏中的文本内容。

3. AutoRedraw 属性

AutoRedraw 属性控制用图形方法在窗体上输出图形的重绘。该属性的默认值是 False。当 AutoRedraw 属性值为 True 时，在窗体从最小化恢复原大小或隐藏在另一个对象后又重新显示的情况下，Visual Basic 才能通过 Print，Circle 等方法自动重绘窗体内输出的图形。

4. BackColor 属性和 ForeColor 属性

BackColor 属性返回或设置窗体中文字和图形的背景色。

ForeColor 属性返回或设置窗体中文字和图形的前景色，具体是指用 Print，Circle 等方法输出文字或图形的颜色。

5. BorderStyle 属性

返回或设置窗体的边框样式，该属性共有 6 种属性值。

6. Icon 属性

窗体标题栏中的图标可通过该属性进行修改。

7. Font 属性

该属性设置窗体上文字的样式、大小等。设置 Font 属性时，单击右边的按钮将弹出“字体”对话框，在该对话框中设置字体的相关属性。

8. Picture 属性

该属性返回或设置在窗体中显示的图片。为窗体添加图片的方法有两种：

（1）在程序设计时，通过属性窗口调用图片加载对话框，为窗体添加图片。如果要删除已加载的图片，只需选中 Picture 属性值栏中的内容，按 Delete 键。该方法直观，在程序运行前就能看到图片

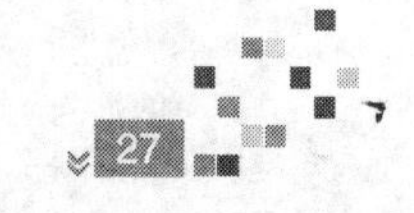

添加到窗体上的效果。

（2）在程序运行时，通过 LoadPicture 函数调用图片。该方法可以根据需要变换不同的背景图片。语法格式为：

Me.Picture =LoadPicture（FileName）

其中，Me 代表当前窗体；FileName 是包含路径的文件名字符串。如果要删除该方法加载的图片，代码为：

Me.Picture = LoadPicture（""）

Picture 属性能识别的图片类型有：位图（*.bmp，*.dib）、GIF 图像（*.gif）、JPEG 图像（*.jpg）、元文件（*.wmf,*.emf）、图标光标（*.ico,*.cur）文件。

9. Enabled 属性

返回或设置一个值，决定窗体是否响应用户生成的事件（如鼠标或键盘事件）。当属性值为 True（默认值）时，窗体能够对用户产生的事件作出反应；当属性值为 False 时，窗体不响应鼠标或键盘事件。

10. Visible 属性

该属性默认值为 True，表示窗体可见；属性值为 False，在程序运行时，窗体及其上的控件都将被隐藏。

11. ControlBox 属性

当该属性值为 True（默认值）时，在窗体的标题栏中显示控制栏和控制按钮；当属性值为 False 时，如图 2.17 所示，在窗体标题栏中不显示控制栏和控制按钮。

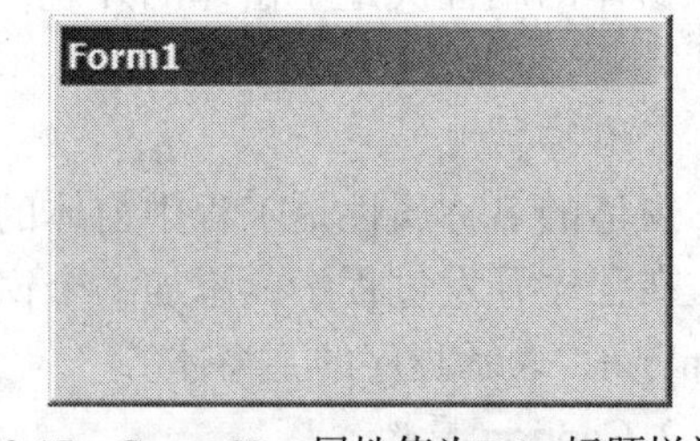

图2.17 ControlBox属性值为False标题栏效果

12. MaxButton 属性和 MinButton 属性

这两个属性用于设置窗体上的最大化和最小化按钮。

当 MaxButton 属性值为 True 时，最大化按钮可用；当值为 False 时，最大化按钮不可用。

当 MinButton 属性值为 True 时，最小化按钮可用；当值为 False 时，最小化按钮不可用。

当 MaxButton，MinButton 属性值同时设置为 False 时，不显示最大化和最小化按钮。

13. Height 属性、Width 属性、Left 属性和 Top 属性

这 4 个属性是位置属性，决定窗体在屏幕上的位置及窗体的大小。

Height：窗体高度。

Width：窗体宽度。

Left：窗体左边框距屏幕左边界的距离。

Top：窗体顶边距屏幕顶端的距离。

其单位是 Twip（缇）。1 像素 =15 缇。

14. StartUpPosition 属性

该属性指定窗体首次显示的位置。其有 4 个属性值共选择：

0——手动：没指定初始位置。窗体的启动位置由其位置属性决定。

1——所有者中心：UserForm 所属的项目中央。

2——屏幕中心：窗体显示在屏幕中央。

3——窗口缺省：默认设置，窗体显示在屏幕的左上角。

15. WindowState 属性

该属性设置窗体运行时的大小状态。其中有 3 个属性值可供选择：

0——Normal：窗体启动时的默认值，以正常大小启动。

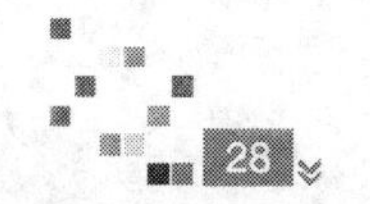

1——Minimized：窗体启动时最小化一个图标。

2——Maximized：窗体启动时最大化。

2.5.2 窗体的常用事件

窗体作为对象，能够对鼠标、键盘等事件作出响应。这里主要介绍窗体的常用事件。

1. Click（单击）事件

程序运行时，当用户单击窗体一个空白区域或一个无效控件时触发窗体单击事件。

2. DblClick（双击）事件

程序运行时，当用户双击窗体一个空白区域或一个无效控件时触发窗体双击事件。

3. Load（载入）事件

窗体被装入内存时触发该事件。Load 事件通常用来在程序启动时对属性和变量进行初始化。

4. Unload（卸载）事件

当窗体从屏幕上删除时发生。如果该窗体被重新加载，其上的所有内容均被重新初始化。当使用 Unload 语句关闭窗体时，触发 Unload 事件。

5. Activate（活动）事件和 Deactivate（非活动）事件

显示多个窗体时，可以从一个窗体切换到另一个窗体。当激活一个窗体时，发生 Activate 事件，而前一个窗体发生 Deactivate 事件。

6. GotFocus（获得焦点）事件

当对象获得焦点时触发该事件。获得焦点可以通过 Tab 键切换、单击或在代码中用 SetFocus 方法改变焦点。

7. LostFocus（失去焦点）事件

当对象失去焦点时触发该事件。焦点的丢失是由于 Tab 键的移动或单击另一个对象的结果，或是在代码中使用 SetFocus 方法改变焦点的结果。

8. Resize（调整大小）事件

在窗体改变大小时触发该事件。例如，一个窗体被最大化、最小化或还原将发生窗体的 Resize 事件。

9. Paint（重绘）事件

在一个窗体被移动、放大或在被另一个窗体覆盖后又移开，该窗体部分或全部暴露时，Paint 事件发生。

当用图形方法在窗体上输出图形时，Paint 事件可以确保这样的输出在必要时能被重绘。如果 AutoRedraw 属性被设置为 True，重新绘图会自动进行，就不需要 Paint 事件。PictureBox 控件等能输出图形的对象也有 Paint 事件。

2.5.3 窗体的常用方法

窗体的常用方法有以下几种：

1. Print 方法

Print 方法用于在窗体、PictureBox 和 Pinter（打印机）上显示或打印输出文本。语法格式为：

[对象.]Print[Spc（*n*）|Tab（*n*）][表达式列表][;|,]

参数说明：

（1）默认对象是窗体。如果 Print 方法用在窗体上，对象名可省略。

（2）Spc（*n*）函数：可选参数，用来在输出中插入空白字符。其中，*n* 为要插入的空白字符数。

（3）Tab（*n*）函数：可选参数，用来将插入点定位在绝对列号上。其中，*n* 为列号。使用无参数的 Tab 函数，将插入点定位在下一个输出区的起始位置。

（4）表达式列表：可选参数，要输出的数值表达式或字符串表达式。若省略则输出一个空行。多个表达式之间用空格、逗号、分号分隔，也可使用 Spc 函数和 Tab 函数。表达式输出的位置由对象的 CurrentX 和 CurrentY 属性决定，默认输出位置在窗体的左上角，坐标为（0,0）。

（5）“；”（分号）：光标定位在上一个显示的字符后。输出为紧凑格式，此时将在每个数值后面增加一个空格。

（6）“,”（逗号）：光标定位在下一个输出区的开始处。输出为分区格式，按输出区显示数据项，每隔 14 列开始一个输出区，每列的宽度是所选字体磅值大小的所有字符的平均宽度。

（7）Print 语句结尾无分号或逗号，表示输出后换行；Print 方法后没有任何函数、表达式则表示换行。

技术提示：

1. Spc（n）函数和Tab（n）函数的区别：Tab（n）函数从对象的左端开始计数，而Spc（n）函数表示两个输出项之间的间隔。

2. 如果Print方法用在Load事件中，需要先设置窗体的AutoRedraw属性值为True。

2. Cls 方法

可以清除 Print 方法在窗体、PictureBox 和 Pinter（打印机）上输出文本。语法格式为：

[对象 .]Cls

其中，若“对象”省略，则默认为当前窗体。窗体中通过 Picture 属性添加的图片和放置在窗体上的控件不受 Cls 方法的影响。

【例 2.3】 在窗体上添加两个按钮控件，当单击 Print 按钮时，在窗体上输出两行信息；当单击 Cls 按钮时，输出显示的信息被清除。

创建程序界面如图 2.18 所示。

设置对象属性，如表 2.3 所示。

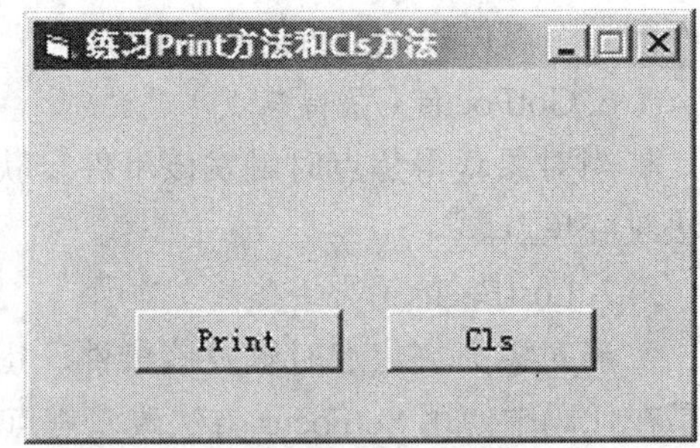

图2.18 界面设计效果

表 2.3 【例 2.3】对象属性设置

对　象	属　性	属性值
窗体	Caption	练习 Print 方法和 Cls 方法
	MaxButton	False
	AutoRedraw	True | False
按钮	（名称）	PrintCmd
	Caption	Print
按钮	（名称）	ClsCmd
	Caption	Cls

程序代码如下：

```
Private Sub ClsCmd_Click（）
    Cls
End Sub
Private Sub PrintCmd_Click（）
```

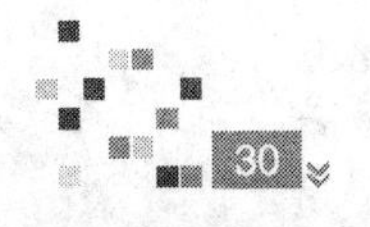

```
        Print " 姓名 ", " 性别 ", " 年龄 "
        Print " 张三 ", " 男 ", "18"
End Sub
```

运行程序，效果如图 2.19、图 2.20 和图 2.21 所示。

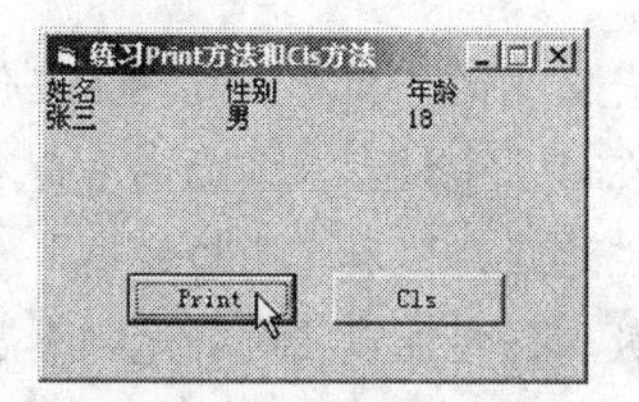

图2.19　单击Print按钮运行效果

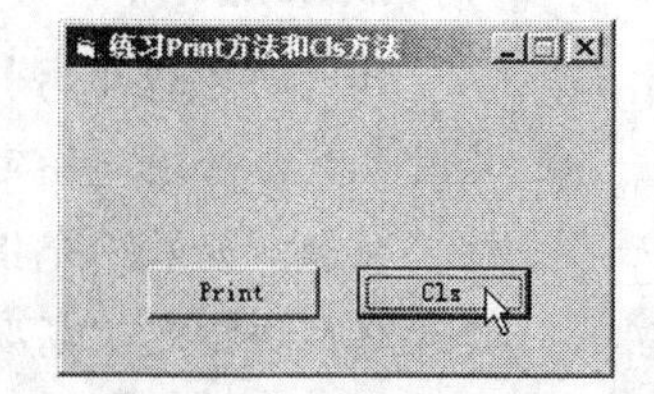

图2.20　单击Cls按钮运行效果

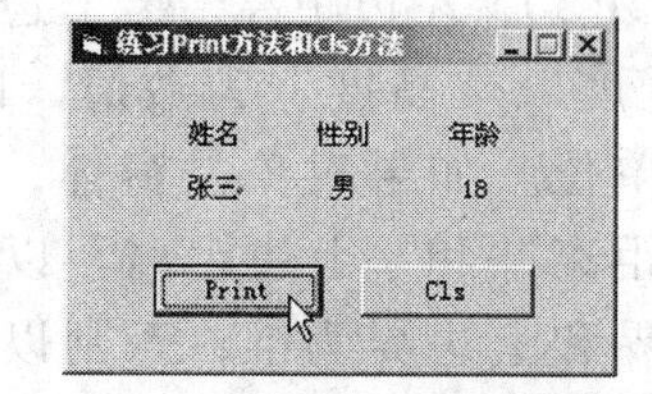

图2.21　综合运用Print方法参数项效果

技术提示：

（1）当AutoRedraw属性值分别设置为True和False时，单击Print按钮后最小化窗体又恢复，窗体上打印的文字有何变化？

（2）请尝试使用Spc，Tab等参数项，运行程序后窗体显示如图2.21所示。

3. Show 方法

Show 方法用于显示窗体对象。其语法格式为：

[对象 .]Show[模式],[容器窗体]

参数说明：

（1）“对象”指被显示的窗体。

（2）“模式”指窗体的模式，该项可省略。当参数取值为 0（默认值）时，显示的是无模式窗体，此时焦点可以在窗体之间切换；当参数取值为 1 时，显示的是模式窗体。调用模式窗体后，模式窗体获得焦点成为当前窗体，此时焦点不能切换到其他窗体，除非该模式窗体被关闭。

（3）“容器窗体”指被显示的窗体是否显示在某个容器窗体中，该项可省略。“容器窗体”选项在多媒体程序开发中是非常有用的。例如，主界面窗体（MainFrm）显示在黑背景窗体（BlackFrm）上，其代码为：

MainFrm.Show 1 , BlackFrm

4. Hide 方法

Hide 方法用于隐藏窗体对象，但是不能将其卸载。语法格式为：

[对象 .]Hide

其中，“对象”是要隐藏的窗体。隐藏窗体时，该窗体将从屏幕上删除，但是仍在内存中等待随时被显示。如果调用 Hide 方法，窗体还没有载入，那么 Hide 方法将加载该窗体到内存，但不显示它。

5. Move 方法

Move 方法用于移动窗体和控件，并可以改变其大小。语法格式为：

[对象 .]Move 左边距离 [, 上边距离 [, 宽度 [, 高度]]]

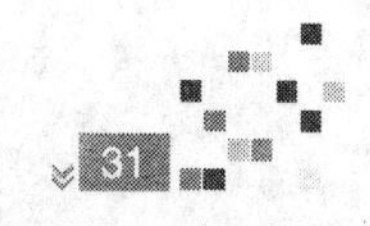

参数说明：

（1）“对象”可以是窗体以及除菜单之外的控件。若省略该项，则默认为当前窗体。

（2）“左边距离”、“上边距离”、“宽度”、“高度”为数值，以Twip为单位。如果对象是窗体，则“左边距离”和“上边距离”以屏幕左边界和上边界为准，否则以窗体等容器内部的左边界和上边界为准。“宽度”和“高度”指对象的新宽度和新高度。

技术提示：

只有“左边距离”参数是必需的。但是，要指定任何其他参数，必须先指定出现在语法中该参数前面的全部参数。例如，如果不先指定“左边距离”和“上边距离”参数，则无法指定“宽度”参数。任何没有指定的尾部参数则保持不变。

项目 2.6 多窗体应用程序

在多窗体程序中，界面由多个窗体组成。多重窗体实际上是单一窗体的集合，而单一窗体是多窗体程序设计的基础。掌握了单窗体程序设计，多窗体的程序设计是很容易的，下面介绍与多重窗体程序设计有关的知识。

例题导读

例 2.4 是多窗体应用程序设计练习。该程序共由 3 个窗体组成，分别是主界面窗体、“唐诗欣赏”窗体和“宋词欣赏”窗体，3 个窗体之间能够相互切换。通过对该程序的练习，复习对象的操作、窗体属性的设置、窗体方法的使用和启动窗体的指定等操作技能。

知识汇总

- 多窗体应用程序：窗体的添加、保存、删除和设置启动窗体等操作方法
- 与窗体调用有关的语句：Load 语句和 Unload 语句
- Visual Basic 常用工程结构：窗体模块、标准模块、类模块

2.6.1 多窗体应用程序操作

多窗体应用程序不再是一个窗体，而是涉及多个窗体。多窗体应用程序的操作包括窗体的添加、保存、删除和设置启动窗体等。

1. 添加窗体

要建立一个多重窗体工程，需要在一个工程中添加多个窗体，而所有窗体将共用一个工程文件。添加窗体通常用以下两种方法：

（1）在“工程”菜单中选择“添加窗体”命令。

（2）在“工程资源管理器”中单击鼠标右键，在弹出的菜单中选择“添加窗体”命令。

2. 保存窗体、删除窗体

当保存工程文件时，每个窗体都要作为一个窗体文件分别保存。当然，我们也可以单独保存某

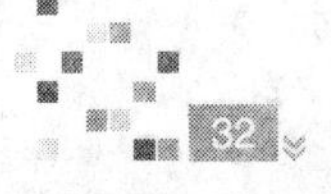

一个窗体文件。例如，要另外保存 Form3 窗体，首先在工程资源管理器中右键单击 Form3，在弹出的右键菜单中选择“另存为”菜单命令保存该窗体。如果要删除 Form3 窗体，用同样的操作选择“移除 Form3”菜单命令。

3. 设置启动窗体

对于包含多个窗体的应用程序来说，运行后首先显示的是哪个窗体呢？系统默认将第一个建立的窗体作为首先显示的窗体，该窗体即为启动窗体。

只有启动窗体才能在运行程序时自动显示出来，其他窗体只有通过 Show 方法才能看到。如果要改变窗体的默认启动顺序，必须重新设定一个启动窗体。

设置启动窗体的步骤为：选择“工程”菜单中的“工程属性”命令，在弹出的对话框中选择“通用”选项卡，单击“启动对象”下拉列表框，将显示窗体模块的窗体名列表，如图 2.22 所示。选择作为启动窗体的窗体名，单击“确定”按钮完成设置。

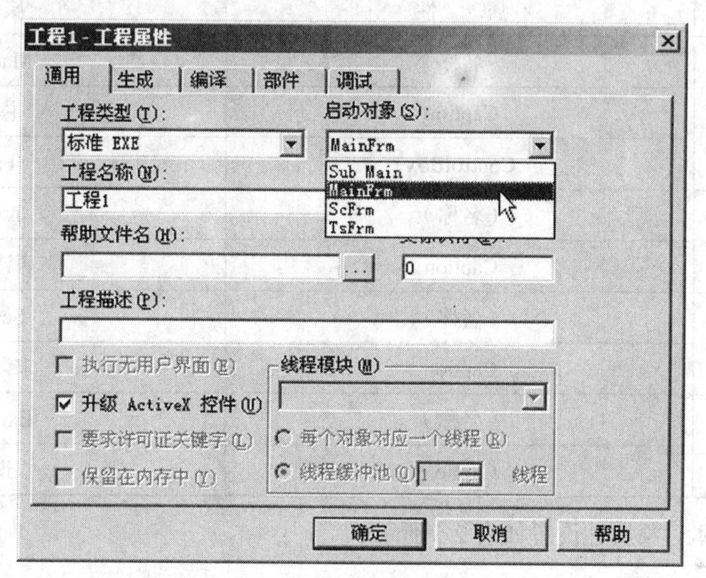

图2.22 设置启动窗体

运行程序，窗体 MainFrm 将作为启动窗体显示运行。

4. Load 和 UnLoad 语句

Load 语句把一个窗体装入内存，但不显示窗体。执行 Load 语句后，可以引用窗体中的控件及各种属性。语法格式为：

Load 窗体名称

Unload 语句与 Load 语句的功能相反，它清除内存中指定的窗体，不管窗体是隐藏在内存中还是显示在屏幕上。语法格式为：

Unload 窗体名称

【例 2.4】 多窗体应用程序设计。该程序共由 3 个窗体组成：一是主界面窗体，窗体上有“唐诗欣赏”、“宋词欣赏”、“退出” 3 个按钮；二是“唐诗欣赏”窗体，窗体上只有 1 个“返回”按钮；三是“宋词欣赏”窗体，窗体上也只有 1 个“返回”按钮。通过“唐诗欣赏”、“宋词欣赏”和“返回” 3 个按钮，可以在 3 个窗体间进行界面切换，单击“退出”按钮程序结束。

创建程序界面：界面效果如图 2.23、图 2.24 和图 2.25 所示。

图2.23 主界面窗体

图2.24 “唐诗欣赏”窗体

图2.25 “宋词欣赏”窗体

主界面对象属性设置如表 2.4 所示。

表 2.4 主界面对象属性设置

对　象	属　性	属性值
窗体	（名称）	Mainfrm
	Caption	主界面
	ControlBox	False
按钮	（名称）	TsCmd
	Caption	唐诗欣赏
按钮	（名称）	ScCmd
	Caption	宋词欣赏
按钮	（名称）	ExitCmd
	Caption	退出

“唐诗欣赏”窗体对象属性设置如表 2.5 所示。

表 2.5 “唐诗欣赏”窗体对象属性设置

对　象	属　性	属性值
窗体	（名称）	Tsfrm
	Caption	唐诗欣赏——Ts
	ControlBox	False
按钮	（名称）	ExitCmd
	Caption	返回

“宋词欣赏”窗体对象属性设置如表 2.6 所示。

表 2.6 “宋词欣赏”窗体对象属性设置

对　象	属　性	属性值
窗体	（名称）	Scfrm
	Caption	宋词欣赏——Sc
窗体	ControlBox	False
按钮	（名称）	ExitCmd
	Caption	返回

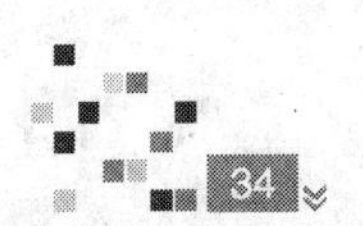

主界面代码：

```
Private Sub ExitCmd_Click ( )
    End
End Sub
Private Sub ScCmd_Click ( )
    ScFrm.Showv
    Me.Hide
End Sub
Private Sub TsCmd_Click ( )
    TsFrm.Show
    Me.Hide
End Sub
```

“唐诗欣赏”和“宋词欣赏”窗体代码：

```
Private Sub BackCmd_Click ( )
    MainFrm.Show
    Me.Hide
End Sub
```

2.6.2 Visual Basic 的特点

在 Visual Basic 中，应用程序（或工程）都是由一个一个的对象组成，这些对象的具体表现为各种模块。模块（Module）是相对独立的程序单元。事实上，Visual Basic 应用程序由 3 种模块组成，即窗体模块、标准模块和类模块。

1. 窗体模块

每个窗体对应一个窗体模块。通常，窗体模块中保存的是与本窗体有关的事件、自定义过程。窗体模块保存的扩展名为 .frm 的文件中。

窗体模块包括 3 部分内容，即声明部分、通用过程部分和事件过程部分。在声明部分中，用 Dim 语句声明窗体模块的变量，其作用域为整个窗体模块。

在窗体模块代码中，声明部分一般放在最前面，而通用过程和事件过程部分的位置没有严格的限制。窗体模块中的通用过程可以被本模块或其他窗体模块中的事件过程调用。

在窗体模块中，可以调用标准模块中的过程，也可以调用其他窗体模块中的过程，被调用的过程必须用 Public 定义为公用过程。标准模块中的过程可以直接被调用（当过程名唯一时），而对于其他窗体模块中的过程则必须加上过程所在的窗体的名字，格式为：

窗体名 . 过程名（参数列表）

2. 标准模块

标准模块只有代码书写窗口，没有放置控件的窗体。标准模块作为独立的文件存盘，其扩展名为 . Bas。

标准模块也称为全局模块，是由通用过程组成的模块，这些通用过程可以为不同的窗体所公用。这样可以避免在不同的窗体中重复键入代码。

一般情况下，任何窗体模块都可以调用标准模块。在大型应用程序中，操作在标准模块中完成，窗体模块用来与用户交互。

在过程中添加标准模块的步骤为：

（1）从“工程”菜单中选择“添加模块”命令，打开“添加模块”对话框。

（2）选择“新建”选项卡（也可把已有模块添加到当前工程中，选择“现存”选项卡，选择要打

开的模块），单击“打开”按钮，打开标准模块代码窗口。

（3）在该窗口内输入代码或修改代码。

当一个工程中含有多个标准模块时，各模块中的过程不能重名，当然，一个标准模块内的过程也不能重名。

3. 类模块

类模块用来创建对象和建立 ActiveX 组件。标准模块只包含代码，而类模块既包含代码又包含数据，可视作没有物理表示的控件。本书不涉及与类模块有关的内容。

4. Sub Main 过程

在一个含有多个窗体的应用程序中，有时需要在显示窗体之前进行初始化操作，这就需要在启动程序时执行一个特定操作。在 Visual Basic 中，这样的过程称为启动过程，并命名为 Sub Main。

Sub Main 过程是在标准模块窗口中建立，其步骤如下：

（1）执行“工程”菜单中的“添加模块”命令，打开标准模块窗口。

（2）在该标准模块窗口中键入“Sub Main”，然后按 Enter 键。

（3）在显示的该过程的开头和结束语句之间输入程序代码。

在标准模块中建立的 Sub Main 过程，如图 2.26 所示。

Sub Main 过程位于标准模块中。一个工程可以包含多个标准模块，但是 Sub Main 过程只有一个。Sub Main 过程通常作为启动过程编写的，因此在程序运行时必须指定它为启动过程，其操作步骤为：

（1）选择“工程”菜单中的“工程属性”命令，在弹出的对话框中选择“通用”选项卡，单击“启动对象”下拉列表框，将显示窗体模块的窗体名列表，Sub Main 过程也出现在列表中，如图 2.27 所示。

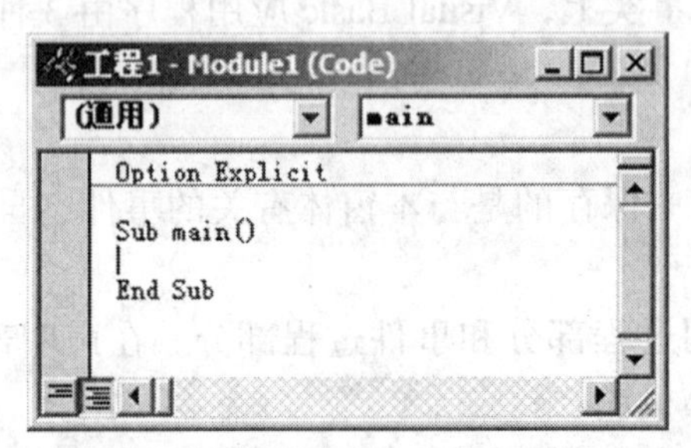

图2.26 标准模块中的Sub Main过程

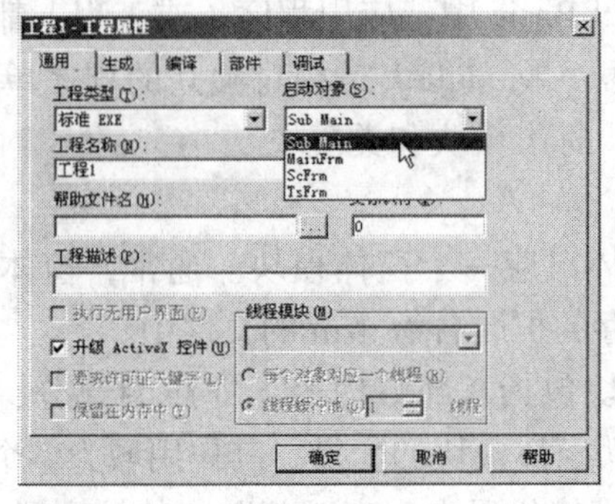

图2.27 指定Sub Main过程为启动对象

（2）选择 Sub Main。

（3）单击“确定”按钮，即可把 Sub Main 指定为启动过程。

综上所述，一个完整的 Visual Basic 应用程序由工程文件（.vbp）组成。在工程文件中包含标准模块（.bas）、窗体模块（.frm）和类模块（.cls）。它们在工程资源管理器中的树状结构如图 2.28 所示，它们之间的关系如表 2.7 所示。

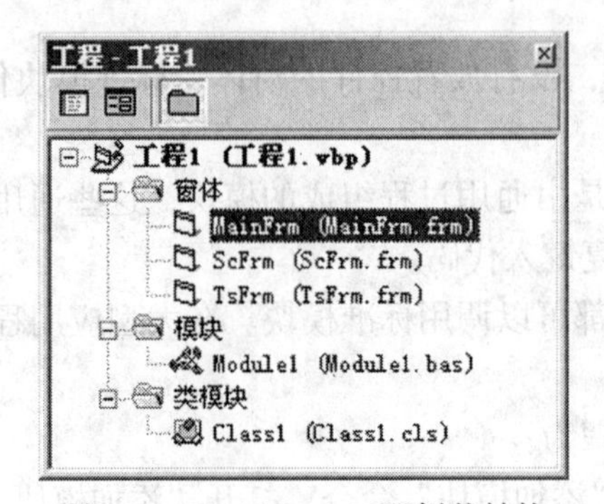

图2.28 Visual Basic工程树状结构

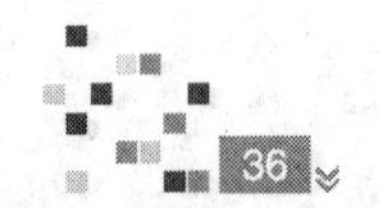

表 2.7　Visual Basic 工程结构关系

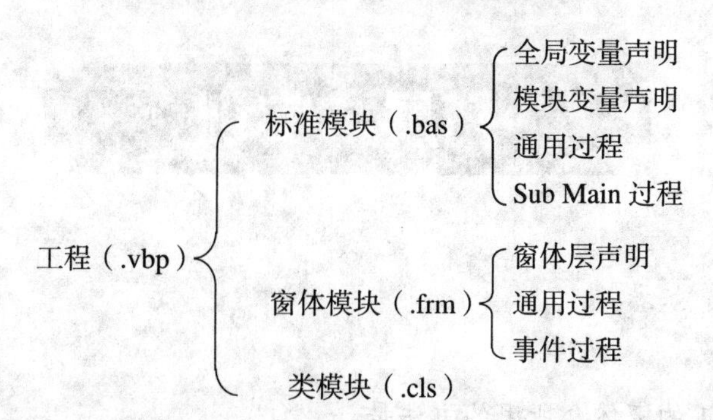

重点串联

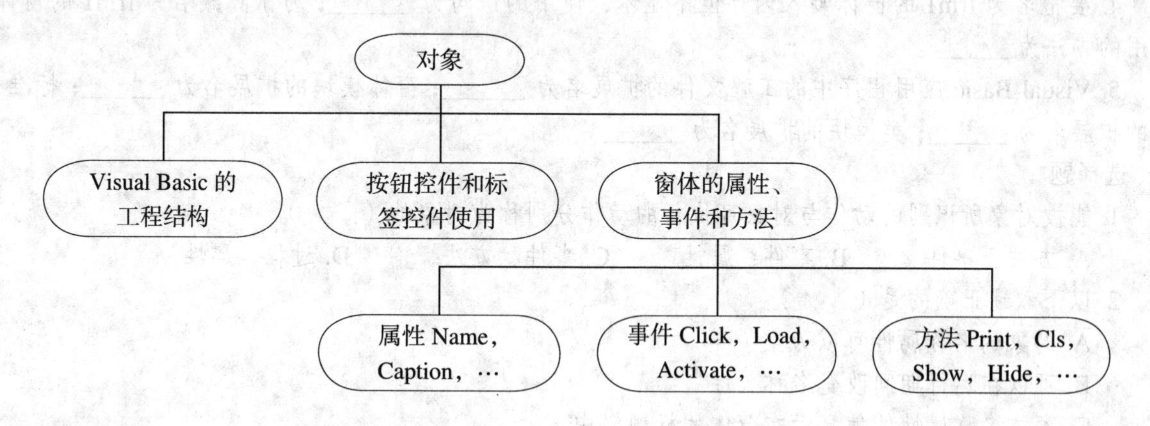

拓展与实训

基础训练

一、填空题

1. 若要显示名为 frm1 的窗体，所用的方法是 ______。

2. 当前窗体上有一个按钮，单击该按钮后要把名为 myfrm1 的窗体显示出来，并且系统只能响应该窗体的操作，在 Command1_Click 事件中应输入的代码为 ______。

3. Sub Main 过程可以在 ______模块中定义。

4. 要把名为 frm1 的窗体装入内存但不显示，使用的语句为 ______；为了隐藏名为 frm1 的窗体，使用的方法为 ______。

5. Visual Basic 应用程序中的工程文件的扩展名为 ______；窗体模块的扩展名为 ______；标准模块的扩展名为 ______；类模块的扩展名为 ______。

二、选择题

1. 能被对象所识别的动作与对象可执行的动作分别称为对象的（　　）。

A. 方法、事件　　B. 事件、属性　　C. 事件、方法　　D. 过程、属性

2. 以下叙述正确的是（　　）。

A. 对象的名称属性可以为空

B. 可以在运行期间改变名称属性

C. 窗体名称属性的值显示在窗体的标题栏中

D. 窗体名称属性是窗体在代码编写中的唯一标识

3. 以下（　　）属性中必须有属性值。

A. Picture　　B. Caption　　C. Name　　D. Icon

4. 在程序的设计阶段，当双击窗体上的某个控件时，所打开的窗口是（　　）。

A. 工程资源管理器窗口　　B. 代码窗口

C. 属性窗口　　D. 立即窗口

5. 要使窗体以最大化方式显示，应设置窗体的（　　）属性。

A. BorderStyle　　B. MaxButton

C. ControlBox　　D. WindowState

6. 一个窗体从屏幕上消失但仍在内存中，所使用的方法或语句是（　　）。

A.Show　　B.Hide　　C.Load　　D.Unload

7. 当一个工程含有多个窗体时，其中的启动窗体是（　　）。

A. 启动 Visual Basic 时建立的窗体　　B. 第一个添加的窗体

C. 最后一个添加的窗体　　D. 在“工程属性”对话框中指定的窗体

8. 确定一个控件在窗体上的位置的属性是（　　）。

A.Width 和 Heigh　　B.Width 或 Height

C.Top 或 Left　　D.Top 和 Left

9. 确定一个窗体或控件的大小的属性是（　　）。

A.Width 和 Height　　B.Width 或 Height

C.Top 或 Left　　D.Top 和 Left

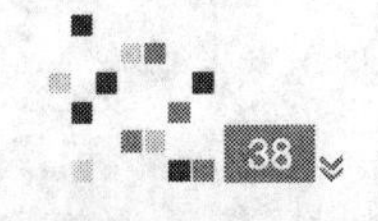

10. 假定在窗体上添加了多个控件，并且有一个控件被选中，为了在属性窗口中设置窗体的属性，应执行的操作是（　　）。

A. 单击窗体上没有控件的地方　　B. 单击任何一个控件

C. 不执行任何操作　　D. 在属性窗口中选中窗体对象

11. 事件的名称（　　）。

A. 都是由用户来定义的　　B. 由用户或系统定义

C. 都是由系统预先定义的　　D. 是不固定的

12. 事件过程是指（　　）所执行的程序代码。

A. 运行程序　　B. 设置属性时

C. 使用控件时　　D. 响应某个事件

三、简答题

1. 什么是对象的属性、事件和方法?

2. 简述事件和方法的区别。

技能实训

1. 建立一个窗体，在窗体上显示两行文字。具体要求：在窗体的坐标（600,600）处显示第一行文字“对象及操作”（楷体、16 号字）；在窗体坐标（1 000,1 500）处显示第二行文字“多窗体程序”（楷体、18 号字）。请用窗体的单击事件实现。

2. 在窗体上添加一个按钮，当单击该按钮时，按钮向右侧水平移动 100 缇；当单击窗体时，按钮向上垂直移动 100 缇。请编写程序实现要求。

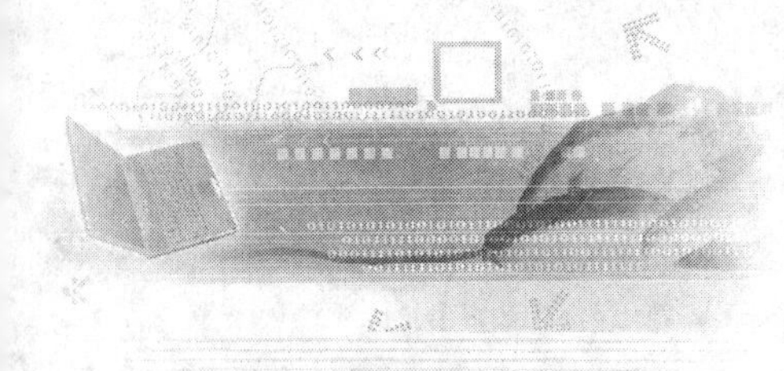

模块3 程序语言基础

教学聚焦

在利用窗体和控件为应用程序建立了界面后，接下来就需要编写程序代码，用来对用户和系统事件作出响应以执行各种任务。构成 Visual Basic 应用程序的基本元素包括数据类型、常量、变量、运算符、表达式和内部函数等，掌握这些基本元素的使用方法是开发应用程序的基础和关键。

知识目标

◆ Visual Basic 的基本数据类型

◆ 常量和变量的概念

◆ Visual Basic 的常用运算符和表达式

◆ Visual Basic 的主要内部函数

技能目标

◆ 根据程序要求定义变量类型

课时建议

4 课时

教学重点和教学难点

◆ 变量和常量的定义及使用；运算符和表达式的使用；常用内部函数的使用

◆ 数据类型；变量生存周期和作用范围；内部函数

项目 3.1 数据类型

数据是程序处理的对象，也是程序的必要组成部分，为了更好地处理各种各样的数据，Visual Basic 预定义了丰富的数据类型，且不同数据类型体现了不同数据结构的特点。

例题导读

Visual Basic 的基本数据类型如表 3.1 所示。此外，还可以通过 Type 语句自定义数据类型。

知识汇总

- 数值型、字符型、布尔型及日期型数据的表示方法
- 不同数据类型的标识符及所占存储空间
- 自定义数据类型

3.1.1 基本数据类型

基本数据类型是系统定义的数据类型。Visual Basic 提供的基本数据类型主要有数值型、字符型、布尔型、日期型、变体型和对象型。不同类型的数据有不同的表示方法、操作方式和取值范围。Visual Basic 中各种基本数据类型所占存储空间大小与取值范围的说明如表 3.1 所示。

表 3.1 Visual Basic 的基本数据类型表

<table>
<tr><th colspan="2">数据类型</th><th>关键字</th><th>字节数</th><th>类型符</th><th>范　围</th></tr>
<tr><td rowspan="6">数值型</td><td>整型</td><td>Integer</td><td>2</td><td>%</td><td>-32768 ~ 32767</td></tr>
<tr><td>长整型</td><td>Long</td><td>4</td><td>&</td><td>-2147483648 ~ 2147483647</td></tr>
<tr><td>单精度型</td><td>Single</td><td>4</td><td>!</td><td>-3.402823E38~-1.4011298E-45
1.401298E-45~3.402823E38</td></tr>
<tr><td>双精度型</td><td>Double</td><td>8</td><td>#</td><td>± 4.94D-324~ ± 1.79D308</td></tr>
<tr><td>货币型</td><td>Currency</td><td>8</td><td>@</td><td>-922337203685477.5808~
922337203685 477.5807</td></tr>
<tr><td>字节型</td><td>Byte</td><td>1</td><td></td><td>0~255</td></tr>
<tr><td colspan="2" rowspan="2">字符型</td><td rowspan="2">String</td><td rowspan="2">与字符串长度有关</td><td rowspan="2">$</td><td>定长：0~ 约 65535 个字符</td></tr>
<tr><td>变长：0~ 约 20 亿个字符</td></tr>
<tr><td colspan="2">布尔型</td><td>Boolean</td><td>2</td><td colspan="2">True 或 False</td></tr>
<tr><td colspan="2">日期型</td><td>Date</td><td>8</td><td colspan="2">100 年 1 月 1 日 ~9999 年 12 月 31 日</td></tr>
<tr><td colspan="2">对象型</td><td>Object</td><td>4</td><td colspan="2">任何对象的引用</td></tr>
<tr><td colspan="2">变体型</td><td>Variant</td><td>按需分配</td><td colspan="2">通用类型，是上述有效范围之一</td></tr>
</table>

1. 数值型数据

Visual Basic 支持 6 种数值型数据类型，分别是整型、长整型、单精度浮点型、双精度浮点型、

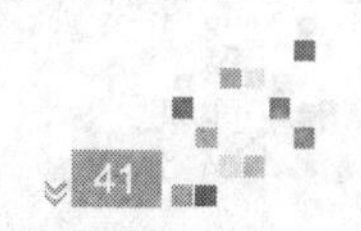

字节型和货币型。

（1）整型（Integer）和长整型（Long）。整型数据和长整型数据都是指不带有小数部分的数，它们可以表示正整数、负整数和零。长整型数据表示的数值范围大于整型数据。例如，127 和 65536& 分别表示整型和长整型数据。

（2）字节型（Byte）。字节型数据可以表示无符号的整数，主要用于存储二进制数。

技术提示：

类型符置于数据之后用于标识数据所属的数据类型。其中整型的类型符"%"可省略。例如，435.22@ 表示了一个货币型数据。

（3）单精度浮点型（Single）和双精度浮点型（Double）。单精度型数据和双精度型数据都可以表示带有小数部分的数，单精度型数据可以精确到 7 位有效数字，双精度型数据可以精确到 15 位有效数字。例如，3.14153！，25.36578#。

（4）货币型（Currency）。货币型数据是一种专门为处理货币设计的数据类型，用于表示定点实数或整数，最多保留小数点左边 15 位数字和小数点右边 4 位数字。

2. 字符型数据

字符型（String）数据是指用双引号""""括起来的一串字符，字符可以包括所有西文字符和汉字。字符型数据也称为字符串。如果字符串中有双引号，如 ABC"XYZ，则用连续两个双引号表示，即 "ABC""XYZ"。

字符串中包含的字符个数称为字符串的长度。不含任何字符（长度为 0）的字符串称为空字符串。例如，"" 表示空字符串，而 " □ " 表示有一个空格的字符串（□代表空格）。

3. 布尔型数据

布尔型数据（Boolean）只有 True 与 False 两个值，常用于表示逻辑判断的结果。当布尔型数据转换成数值型数据时，True 转换为 -1，False 转换为 0。当数值型数据转换成布尔型数据时，非 0 转换为 True，0 转换为 False。

4. 日期型数据

日期型（Date）数据通常采用两个"#"符号把表示日期和时间的值括起来。赋值时如果输入的日期或时间是非法的或不存在的，系统将提示出错。

例如，以下日期数据描述都是正确的：#10/30/2011#，#2011.10-30#，#10/30/2011 10:47:29 pm#。

5. 变体型数据

变体型数据（Variant）是一种可变的数据类型，可以存放任何类型的数据。它为 Visual Basic 的数据处理增加了智能性，是所有未定义的变量的默认数据类型。它对数据的处理取决于程序的需要。

6. 对象型数据

对象型数据（Object）可用来引用应用程序中的对象。使用 Set 语句指定一个被声明为 Object 的变量，去引用应用程序所识别的任何实际对象。

3.1.2 用户定义的数据类型

自定义类型数据也称记录类型数据，它由若干个标准数据类型组成。自定义数据类型通过 Type 语句来实现。

定义格式为：

```
[Private|Public] Type 类型名
    数据类型元素名 As 数据类型
    数据类型元素名 As 数据类型
    …
End Type
```

说明：Private|Public 是两个可选项，它们表示自定义的数据类型的作用范围，如果省略，默认为 Public。

例如：

```
Private Type Student
    Sno As Integer          '学号
    Sname As String * 10    '姓名
    Ssex As String * 2      '性别
    Sage As Integer         '年龄
End Type
```

该例定义了一个名为 Student 的数据类型，该类型有 Sno，Sname，Ssex 和 Sage 4 个元素。其中，Sno 和 Sage 存储整型数据，Sname 存储固定长度为 10 的字符型数据，Ssex 存储固定长度为 2 的字符型数据。定义了 Student 类型之后，就可以定义该类型的变量。

用户自定义类型经常用来表示数据记录，该数据记录一般由多个不同数据类型的元素组成。在文件操作模块中，我们将用到该 Student 自定义数据类型。

项目 3.2 常量和变量

常量和变量都是用于存储各种不同类型的数据，而且它们都是程序操作的对象。本节主要描述常量、变量的定义和使用方法，同时了解变量的声明方法及掌握变量的作用范围，为今后编写严谨的程序语句打下良好的语言基础。

例题导读

例 3.1 和例 3.2 讲解使用关键字 Dim 定义过程级变量和模块级变量，并且介绍变量的赋值；例 3.3 使用关键字 Static 定义变量。

知识汇总

- 常量的定义及使用；变量的命名规则
- 变量的声明、生存周期及作用范围

3.2.1 常量

常量就是在程序运行过程中，其值不会发生改变的量。Visual Basic 6.0 中有两种常量：直接常量和符号常量。

1. 直接常量

直接常量是在程序代码中直接给出的数据，可以分为数值常量、字符串常量、布尔常量和日期常量等。

（1）数值常量：即数学中的常数。例如，6.214!，129&，25E-2 等都是数值常量。

（2）字符串常量：用双引号括起来的字符序列。例如，"Hello World!"，" 程序 "。

（3）布尔常量：只有两个值 True（真）和 False（假）。

（4）日期常量：用于表示某一具体的日期和时间。可以有多种表示形式，但必须把日期和时间用符号 "#" 括起来。

2. 符号常量

符号常量是用符号来表示一个固定不变的量，通常分为两种：系统内部定义和用户自定义。

系统内部定义的符号常量是由控件或应用程序提供的，在“对象浏览器”窗口可以查到它们。例如，vbMaximized（将窗口最大化），vbOKOnly（仅有确定按钮），vbMinimized（将窗口最小化）就是系统内部定义的符号常量。

用户自定义符号常量格式如下：

Const 符号常量名 [As <数据类型>]= 表达式

例如，Const PI = 3.14159265 定义PI为符号常量，它的值为3.14159265，后续程序中要使用3.14159265的地方，可以用PI来代替。

>>>

技术提示：

等号“=”右侧的表达式不能使用函数调用，通常是由数值、字符串常量及运算符组成。常量一旦声明，只能引用而不能改变，即不能对符号常量赋新值。

3.2.2 变量

1. 变量的命名规则

在Visual Basic 6.0中变量的命名要遵循以下的规则：

（1）必须以字母或汉字开头，由字母、汉字、数字或下划线组成，不得含有+，-，*，/，$，&，%，！，#，？，小数点或逗号等特殊字符。

（2）变量名的长度不得超过255个字符。

（3）不能与Visual Basic 6.0中的关键字重名，如Dim，Print，For等都是非法变量名。

（4）Visual Basic中的变量不区分大小写。

（5）变量名在变量的有效范围内必须是唯一的。

（6）为了增加程序的可读性，以及养成良好的编程习惯，可以在变量名前加前缀或后缀来表明该变量的数据类型。

例如，strName表示字符串变量，iCount表示整型变量，dbLx表示双精度变量，sngYz表示单精度变量。

2. 显式变量的声明

声明变量的语句格式如下：

Public | Dim | Static | Private 变量名 [As <数据类型>][, 变量名 As <数据类型>]…

或者：

Public | Dim | Static | Private 变量名 <类型符>[, 变量名 <类型符>…]

例如：

```
Dim iAge As Integer , strName As String
```

声明了两个变量iAge和strName，分别为整型和字符型。上述语句等价于：

```
Dim iAge% , strName$
```

使用Dim语句声明一个变量后，Visual Basic系统会自动为该变量赋初值。如果变量是数值类型，则初值是0；如果变量是字符类型，则初值是空字符串。

3. 强制显式声明变量

Visual Basic允许用户在编写应用程序时，不声明变量而直接使用，系统临时为新变量分配存储空间并使用，这就是隐式声明。所有隐式声明的变量都是Variant数据类型。Visual Basic根据程序中赋予变量的值来自动调整变量的类型。但是，在程序代码编写过程中，如果变量名或对象名拼写错误，系统就会认为它是另一个新的变量，从而引起潜在的错误。这时如果设置了要求变量强制声明，就不会出现这种情况了。

要求程序使用变量前必须声明，可以通过两种方式：

（1）可以在模块的声明中加入“Option Explicit”语句来强制编译器发现所有未声明的变量。

（2）如图 3.1 所示，用户可以通过“工具”菜单选择“选项”菜单项，在弹出的对话框中选择“编辑器”选项卡，再将其中的“要求变量声明”选项前的复选框选中，单击“确定”按钮。

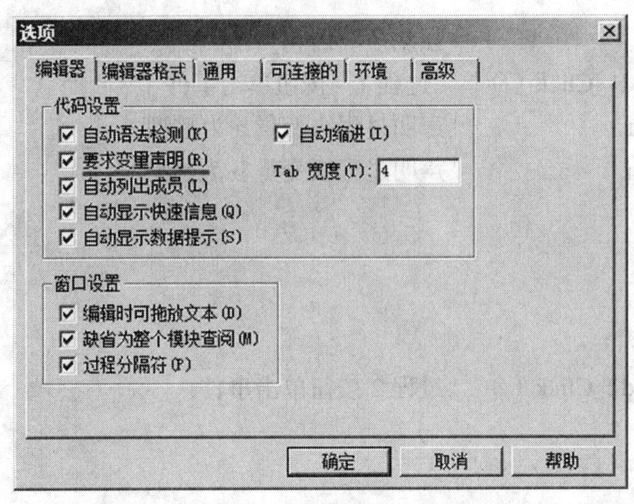

图3.1　强制变量声明

进行如图 3.1 的设置之后，建立新工程文件时，Visual Basic 将把语句 Option Explicit 自动加到窗体的通用声明部分。在这种情况下，如果程序运行中含有未显示声明的变量或者变量名以及对象名拼写错误等情况，Visual Basic 将显示一个信息框，提示“变量未定义”。

4. 变量的生存周期与作用范围

变量的作用范围又称作用域。根据变量声明的位置和声明符的不同，Visual Basic 将变量分为过程级变量（或称局部变量）、模块级变量和全局变量，如表 3.2 所示。

表 3.2　变量的生存周期和作用范围

作用范围	声明位置	声明符	生存周期
过程级	事件过程、通用过程或函数过程	Dim，Static	在声明变量的过程或函数中
模块级	窗体 / 模块的“通用 - 声明”部分	Dim，Private	在声明变量的整个窗体或模块中
全局	模块的“通用 - 声明”部分	Public	在整个工程中

【例 3.1】使用关键字 Dim 定义过程级变量和模块级变量。首先，在“过程 1”按钮的单击事件过程中定义过程级变量，观察分析程序运行效果；然后在窗体的通用声明部分定义模块级变量，同样观察分析程序运行效果。注意：本程序要求变量强制声明。

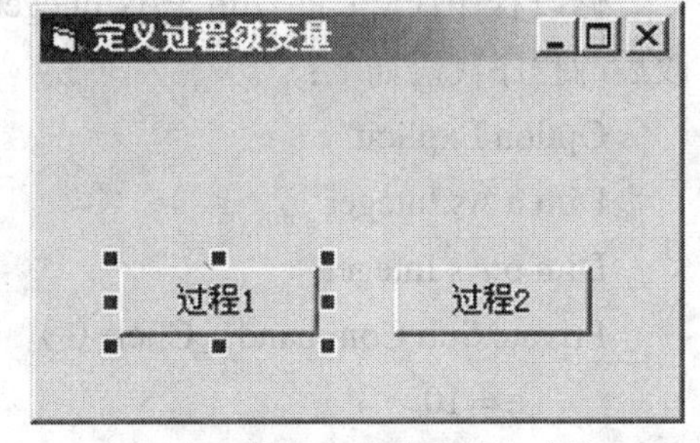

图3.2　使用Dim关键字定义变量

创建程序界面，如图 3.2 所示。

设置对象属性，如表 3.3 所示。

表 3.3　窗体、标签、命令按钮控件的属性设置

对　　象	属　　性	属性值
窗体	Caption	定义过程级变量
命令按钮1	Caption	过程1

续表 3.3

对　象	属　性	属性值
命令按钮2	Caption	过程2

程序代码如下：

```
Option Explicit                        '强制声明语句
Private Sub Command1_Click（）          '“过程 1”按钮单击事件
    Dim a As Integer                   '声明过程级变量 a 为整型
    Dim b As Integer                   '声明过程级变量 b 为整型
    a = 10
    b = 20
    Print a , b
End Sub
Private Sub Command2_Click（）          '过程 2 按钮单击事件
    Print a , b
End Sub
```

运行程序，当单击“过程 1”按钮时，运行效果如图 3.3 所示；单击“过程 2”按钮时，程序提示编译错误，如图 3.4 所示。

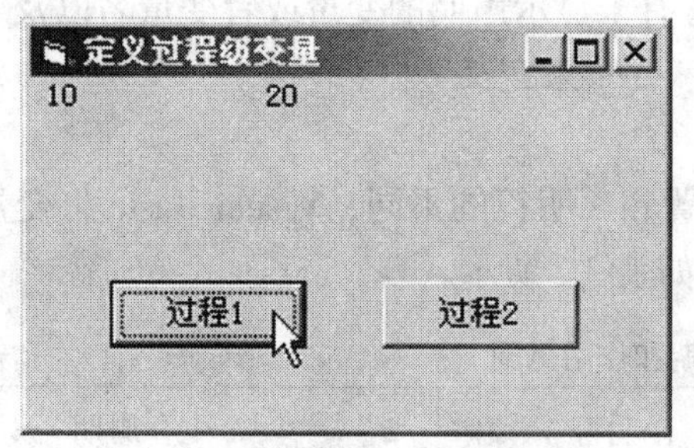

图3.3　单击“过程1”按钮

图3.4　单击“过程2”按钮错误提示

在“过程 1”按钮的单击事件中用 Dim 关键字定义的变量是过程级变量，作用范围是该按钮的单击事件过程。当该过程执行完成后，其生存周期结束，变量不复存在。因此，在“过程 2”按钮的单击事件中再次使用变量时，系统提示“变量未定义”。

修改程序代码：将 Dim a As Integer 和 Dim b As Integer 两行语句写到代码窗口通用声明部分。修改后的程序代码如下：

```
Option Explicit                        '强制声明语句
Dim a As Integer                       '声明模块级变量 a 为整型
Dim b As Integer                       '声明模块级变量 b 为整型
Private Sub Command1_Click（）          '过程 1 按钮
    a = 10
    b = 20
    Print a, b
End Sub
Private Sub Command2_Click（）          '过程 2 按钮
    Print a, b
End Sub
```

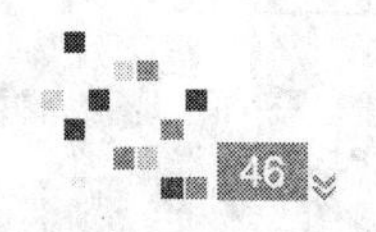

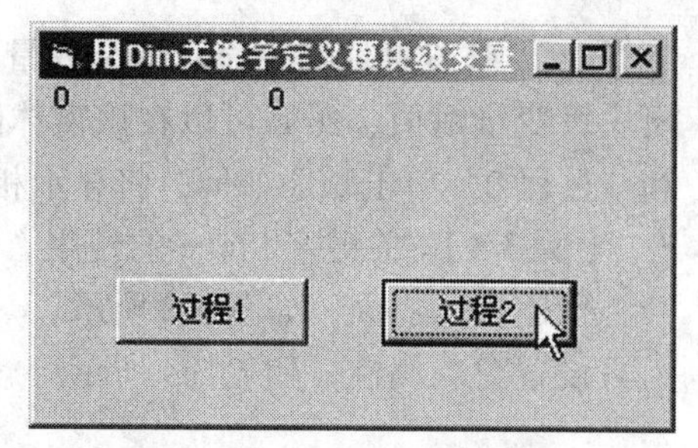

图3.5　单击“过程2”按钮

再次运行程序。首先单击“过程 2”按钮程序不再出错，运行结果如图 3.5 所示。修改变量的定义位置后，原来的过程级变量“升格”为模块级变量，其作用范围是该窗体内的所有事件过程。在该窗体卸载之前，该变量一直存在。因此，系统不再提示“变量未定义”。

细心的读者会发现一个问题，如果先单击“过程 2”按钮，将显示 0；如果先单击“过程 1”按钮，再单击“过程 2”按钮，才能显示同样结果。如图 3.6 和图 3.7 所示，为什么两个按钮的单击顺序不同显示的结果也不同呢？

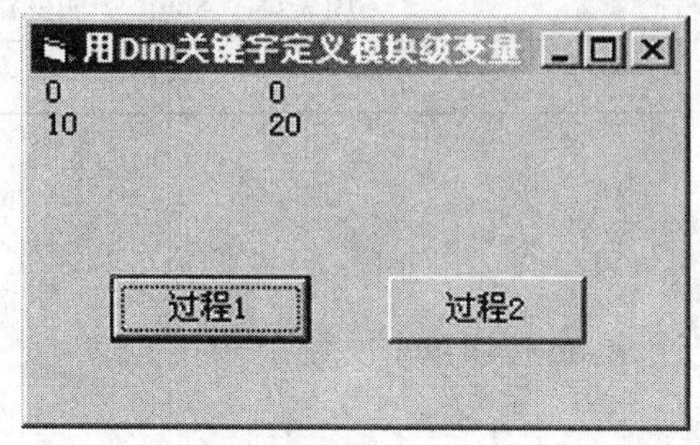

图3.6　先单击“过程2”再单击“过程1”

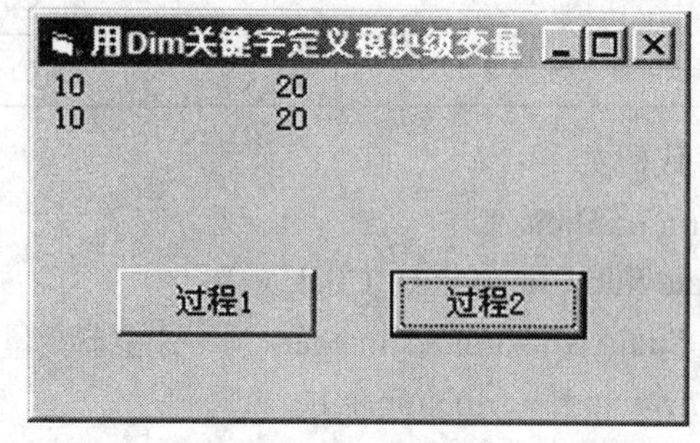

图3.7　先单击“过程1”再单击“过程2”

【例 3.2】 进一步完善【例 3.1】程序。用 Dim 关键字定义模块级变量，在窗体的 Load 事件中赋值，然后在“过程 1”按钮和“过程 2”按钮中使用。

程序代码如下：

```
Option Explicit
Dim a As Integer    '定义模块级变量
Dim b As Integer    '定义模块级变量
Private Sub Form_Load ( ) '在窗体的 Load 事件中为模块级变量 a，b 赋值
    a = 10
    b = 20
End Sub
Private Sub Command1_Click ( ) '过程 1 按钮
    Print a, b
End Sub
Private Sub Command2_Click ( ) '过程 2 按钮
    Print a, b
End Sub
```

运行程序：单击“过程 1”按钮和“过程 2”按钮，虽然顺序不同，但是却显示同样的运行结果。

通过这个例题我们不难发现，【例 3.1】中使用 Dim 关键字在窗体的通用声明部分定义模块级变量后，其生存周期和作用范围是整个窗体模块，定义的变量类型为整型，初始值是 0。如果先单击“过程 1”，那么变量将被赋予新的数值（a=10，b=20），该数值在单击“过程 2”时仍然有效。因此，出现如图 3.7 所示的结果；相反，如果先单击“过程 2”，因在该事件过程中没有对变量赋予新的数值，所以

技术提示：

1. 通常在窗体的Load事件中设置控件的属性和为模块级变量赋值。

2. 在多窗体应用程序中，如果使用Public关键字声明变量，那么该变量的生存周期与作用范围将是整个工程各个窗体和模块。

“过程 2”单击事件结果显示的是变量的初始值（a=0 b=0）；【例 3.2】中在窗体的 Load 事件过程中为模块级变量赋值，然后可以在该窗体两个按钮的单击事件过程中使用变量的值，因此不管“过程 1”和“过程 2”单击顺序如何，将显示相同的结果。

【例 3.3】 关键字 Static 的使用。

创建程序界面，如图 3.8 所示。

设置对象属性，如表 3.4 所示。

表 3.4 控件属性设置

对　　象	属　　性	属性值
窗体	Caption	用关键字 Static 声明变量
命令按钮 2	Caption	Static

程序代码如下：

```
Option Explicit
Private Sub Command1_Click ( )
    Static frmNum As Integer  '声明静态变量，统计 Static 按钮单击次数
    frmNum = frmNum + 1
    Print " 你已经单击“Static”按钮 " & frmNum & " 次 "
End Sub
```

运行程序，效果如图 3.9 所示。

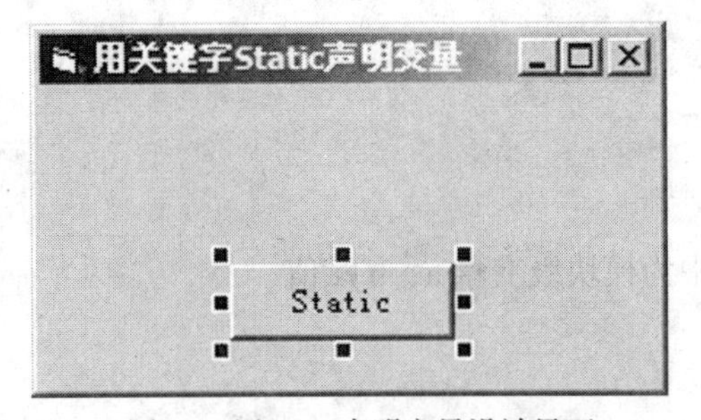

图3.8　用Static声明变量设计界面

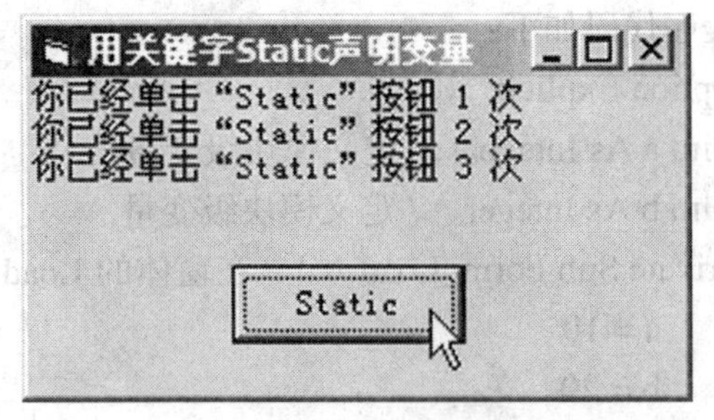

图3.9　用Static声明变量运行界面

项目 3.3 运算符与表达式

在进行程序设计时，经常会进行各种运算，那么就会涉及一些运算符，而表达式是运算符和数据连接而成的式子。本项目介绍运算符和表达式在程序中的应用。

例题导读

在进行程序设计时，经常会进行各种运算，那么就会涉及一些运算符，而表达式是运算符和数据连接而成的式子。本项目介绍运算符和表达式在程序中的应用。

知识汇总

- 运算符：算术运算符、连接运算符、关系运算符、逻辑运算符、运算符的优先级
- 表达式：表达式书写规则、字符串表达式、日期表达式

3.3.1 运算符

Visual Basic 中的运算符包括算术运算符、字符串连接运算符、关系运算符和逻辑运算符等几种类型。

1. 算术运算符

Visual Basic 提供了完备的算术运算符，可以进行复杂的数学运算。当表达式中含有多个运算符时，各运算符执行的优先顺序称为优先级。同一表达式中若有两个同优先级的运算符，运算按从左至右顺序进行。表 3.5 按优先级从高到低的顺序列出了 Visual Basic 的算术运算符。

表 3.5 Visual Basic 中的算术运算符

运算符	说　明	例　子	运算结果
^	幂运算	2^3	8
−	取负数	−5	−5
* /	乘法和除法	2*5，20/4	10，5
\	整除	20\3	6
Mod	取余	10 Mod 3	1
+ −	加法和减法	4+5，10−3	9，7

技术提示：

整除（\）或模（Mod）运算两端的操作数一般均为整型数，若有小数的操作数，应先四舍五入成整数后再参与整除（\）或模（Mod）运算。另外，布尔型数据True，False参与算术运算时，True转换为-1，False转换为0。

例如：

3^3=27,10/3=3.3333

26.63\6.28=4，25.32 Mod 6.78=4

30-True=31　'True 自动转换成 -1

False+10+"4"=14　'False 自动转换成 0，"4" 自动转换成数值 4。

2. 连接运算符

连接运算符有“&”和“+”两种，其中“&”专门用做字符串连接符，“+”既可以用做加法运算符，也可以用做字符串连接符。在有些情况下，用“&”比用“+”可能更安全。例如：

" 欢迎 " & " 光临 "　　'结果为：" 欢迎光临 "

"Visual Basic" + " 程序设计 "　　'结果为："Visual Basic 程序设计 "

"Visual Basic" & "Program design"　'结果为："Visual Basic Program design"

3. 关系运算符

关系运算符又称比较运算符。关系运算是对两个数据进行比较，运算结果是布尔型的值。当关系成立时，结果为 True；当关系不成立时，结果为 False。

Visual Basic 6.0 中的关系运算符如表 3.6 所示。

表 3.6 Visual Basic 中的关系运算符

运算符	说　明	例　子	运算结果
=	等于	"abc"="abd"	False
<>	不等于	"abc"<>"abd"	True
>	大于	3>5	False

续表 3.6

运算符	说　明	例　子	运算结果
<	小于	3<5	True
>=	大于或者等于	4>=6	False
<=	小于或者等于	7<=12	True
Like	字符串模式匹配	"abcde" like "abc*"	True

关系运算的规则如下：

（1）对于运算符两端均为数值型，则按数值大小比较。

（2）对于运算符两端均为字符型，则按字符的 ASCII 码值从左到右一一比较，直到出现不同的字符为止。

（3）对于运算符一端是数值型另一端是可转换为数值型的数据，则按数值大小比较。

（4）中文字符大于西文字符。

（5）“Like” 运算符与通配符 “*”，“?”，“#” 结合使用，用于进行模糊比较。其中 “*” 表示零个或多个字符；“?” 表示任何单个字符；“#” 表示任何一个数字（0~9）。

例如：

129>"177"，按数值比较，结果为 False。

" 男 " > " 女 "，按汉字的拼音字母比较，靠前的大，结果为 True。

127>"sdcd"，不能比较，系统出错。

"DATA99" Like "DATA##"，结果为 True。

4. 逻辑运算符

逻辑运算符用于逻辑运算，结果是布尔值 True 或 False。表 3.7 按优先级从高到低列出了 Visual Basic 中的逻辑运算符。

表 3.7　Visual Basic 中的逻辑运算符

运算符	说　明
Not	逻辑非（操作数为假时，结果为真，反之结果为假）
And	与（操作数均为真时，结果才为真）
Or	或（操作数中有一个为真时，结果为真）
Xor	异或（操作数相反时，结果才为真）
Eqv	等价（操作数相同时才为真，其余结果均为假）
Imp	蕴含（第一个操作数为真，第二个操作数为假时，结果才为真，其余结果均为假）

说明：关系表达式与逻辑表达式常常用在条件语句与循环语句中，作为条件控制程序的流程走向。例如：

数学表达式：$0 \leqslant X<50$，在 Visual Basic 中应写成：X>=0 And X<50。

5. 运算符的优先级

Visual Basic 对各种不同种类的运算符规定了运算的优先次序。在表达式的所有运算符中，Visual Basic 先按照运算符种类的不同确定优先级，再根据同一种类运算符的优先级进行计算。表达式中不同类型的运算符的优先级如下：

括号（）> 算术运算符 > 字符串连接运算符 > 关系运算符 > 逻辑运算符

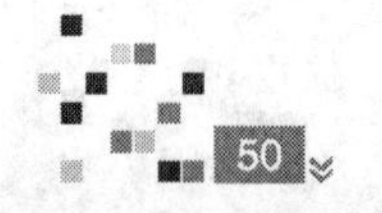

在表达式中，可以用括号改变优先顺序，强制表达式的某些部分优先运行。括号内的运算总是优先于括号外的运算。这里要注意的是，Visual Basic 中只有小括号，没有中括号和大括号。

3.3.2 表达式

表达式由常量、变量、各种运算符、函数和圆括号按一定的规则组成。表达式通过运算后有一个结果，运算结果的类型由数据和运算符共同决定。

1. 表达式书写规则

（1）表达式从左至右在同一基准上书写，不能出现上下标。

（2）乘号不能省略。例如，a 乘以 b 应写成：a*b。

（3）数学表达式中的 {}，[]，( ) 符号，在程序中均使用圆括号“( )”，且圆括号必须成对出现。

（4）运算符不能相邻。例如，a+*b 是错误的。

例如：

数学表达式 3 × {2a ÷ [5b（65+c）]}，写成 Visual Basic 表达式为 3*（2*a/（5*b*（65+c）））。

数学表达式 $\frac{a+b}{a-b}$，写成 Visual Basic 表达式为（a+b）/（a−b）。

数学表达式 2πr，写成 Visual Basic 表达式为 2*3.1415926*r，或声明一个常量代替 π 值。

2. 字符串表达式

字符串连接运算符有两个：“&” 和 “+”，用来把两个字符串连接起来，合并成一个新字符串。在字符串变量后使用 “&” 时，应在变量与运算符 “&” 之间加一个空格。因为 “&” 是长整型的类型符，当变量与符号 “&” 连接在一起时，Visual Basic 先把它作为类型符处理。

连接符 “&” 和 “+” 的区别：

“+” 连接符两旁应为字符型数据。若连接符两旁是数值型数据，则进行算术加运算；若一个是数字字符，另一个是数值型，则自动将数字字符转换为数值，再进行算术加；若一个是非数字字符，另一个是数值型，则出错。

“&” 连接符两旁不管是字符型还是数值型数据，系统自动将非字符型数据转换成字符型，再连接。

例如：

```
"100"+200            '结果为 300
"1500"+"2000"        '结果为 "15002000"
"Today"+20           '系统报错
"Today"+ "2000"      '结果为 "Today2000"
"1000" & "2000"      '结果为 "10002000"
1000 & 2000          '结果为 "10002000"
1000+"500" & 2000'   结果为 "15002000"
```

技术提示：

三角函数中的自变量以弧度为单位。例如：sin 45° 应写成sin（3.14159/180*45）。

3. 日期表达式

日期表达式是用运算符（+ 或 -）将算术表达式、日期型常量、日期型变量和函数连接起来的式子。日期型数据是一种特殊的数值型数据，有下面 3 种运算方式：

（1）日期 - 日期：结果是一个数值型整数（两个日期相差的天数）。

（2）日期 + 整数（天数）：结果仍是一个日期型数据。

（3）日期 - 整数（天数）：结果仍是一个日期型数据。

例如：

```
#1/20/2012# + 5               '结果为 1/25/2012
#1/20/2012# - 15              '结果为 1/5/2012
#1/20/2012# - #1/10/2012#     '结果为 10
```

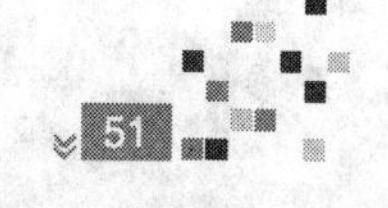

项目 3.4 常用内部函数

Visual Basic 提供了大量的内部函数供用户在编程时调用，每个函数完成某个特定的功能。

例题导读

例 3.4 练习字符串函数 Len（），Left（），Right（）和 Mid（）的使用方法；例 3.5 介绍日期表达式和时间函数表示方法；例 3.6 练习随机函数的用法。

知识汇总

●常用的数学函数、转换函数、字符串函数、日期与时间函数、随机函数

3.4.1 常用的数学函数

Visual Basic 中提供了许多与数学中定义一致的数学函数，表 3.8 列出了常用的数学函数。

表 3.8 常用的数学函数

函数名	功能	例子	结果
Abs（N）	取绝对值	Abs（-3）	3
Cos（N）	余弦函数	Cos（0）	1
Exp（N）	以 e 为底的指数函数	Exp（2）	7.389
Log（N）	以 e 为底的对数函数	Log（10）	2.3
Sin（N）	正弦函数	Sin（30*3.14/180）	0.499
Sgn（N）	符号函数	Sgn（2） Sgn（0） Sgn（-2）	1 0 -1
Sqr（N）	平方根函数	Sqr（16）	4
Tan（N）	正切函数	Tan（60*3.14/180）	1.729

3.4.2 常用的转换函数

表 3.9 列出了 Visual Basic 中常用的转换函数。

表 3.9 常用的转换函数

函数名	功能	例子	结果
Asc（C）	C 的首字符转换成 ASCII 码值	Asc（"Bye"）	66
Chr（N）	ASCII 码值转换成字符	Chr$（65）	"A"

续表 3.9

函数名	功　能	例　子	结果
Round（N）	四舍五入取整	Round（6.8） Round（-6.8）	7 -7
Fix（N）	截去小数取整	Fix（5.7）	5
Int（N）	取小于或等于N的最大整数	Int（6.8） Int（-7.8）	6 -8
Hex（N）	十进制数转换成十六进制数	Hex（100）	64
Oct（N）	十进制数转换成八进制数	Oct（100）	144
LCse（C）	大写字母转换为小写字母	LCase（"ABC"）	"abc"
UCase（C）	小写字母转换为大写字母	UCase（"abc"）	"ABC"
Str（N）	数值转换成字符串	Str（127.456）	"□127.456"
Val（C）	数字字符串转换为数值	Val（"127A12BC"）	127

3.4.3 常用的字符串函数

Visual Basic 中字符串函数非常丰富，字符串函数给字符型变量的处理带来了方便。表 3.10 列出了常用的字符串函数。

表 3.10　常用的字符串函数

函数名及格式	功　能	例　子	结　果
Len（C）	字符串长度	Len（"中国"）	2
LenB（C）	字符串占用字节数	LenB（"Visual Basic 计算机二级"）	14
Left（C,N）	取左边N个字符	Left（"计算机等级考试",2）	"计算"
Right（C,N）	取右边N个字符	Right（"计算机等级考试",4）	"等级考试"
Mid（C,N1,[,N2]）	取子串，在C中从N1位开始向右取N2个字符，默认到N2结束	Mid（"Welcome",4,4）	"come"
Trim（C）	去掉左、右两边连续的空格	Trim（"□□A□BC□□"）	"A□BC"
Ltrim（C）	去掉左边连续空格	Ltrim（"□□A□BC"）	"A□BC"
Rtrim（C）	去掉右边连续空格	Rtrim（"A□BC□□"）	"A□BC"
String（N,C）	生成N个字符，字符为C中首字符	String（2,"计算机"）	"计计"
InStr（[N1,]C1,C2）	在C1中从N1开始找C2，省略N1从头开始找，找不到为0	InStr（3,"ABCDEFG", "DE"）	4
StrReverse（C）	字符串逆序	StrReverse（"BCDE"）	"EDCB"
Space（N）	产生N个空格	Space（3）	"□□□"

>>>

技术提示：

1. 表格中"□"代表空格。

2. 由于Visual Basic 6.0中采用了Unicode字符编码方式，所以英文字符和中文字符都占用两个字节，且长度都是1。

图3.10 字符串函数程序设计界面

【例 3.4】 编程实现将给定的字符串“20120303 张三”按空格分离成两个字符串。

分析：通过字符串函数 InStr（ ）查找给定字符串中空格的位置，通过 Left（ ）函数、Right（ ）和 Len（ ）函数分离字符串。

创建界面，如图 3.10 所示。

设置属性：按照表 3.11 设置控件属性。

表 3.11 控件属性设置

对　象	属　性	属性值
窗体	Caption	字符串函数
标签 1	Caption	20120302 张三
标签 2	Caption	默认
标签 3	Caption	默认
命令按钮	Caption	分离

程序代码如下：

```
Option Explicit
Private Sub Command1_Click（ ）
    Dim s As String, s1 As String, s2 As String
    Dim n As Integer
  s = Label1.Caption
  n = InStr（s, " "）               ' 找出变量 s 中空格的位置
  s1 = Left（s, n - 1）             ' 用 Left 函数将变量 s 空格前的字符串“20120303”分离出来
  s2 = Right（s, Len（s）- n - 1）   ' 用 Right 和 Len 函数将空格后的字符串“张三”分离出来
  Label2.Caption = s1
  Label3.Caption = s2
End Sub
```

运行程序：单击“分离”按钮，运行结果如图 3.11 所示。

图 3.11 字符串函数程序运行结果

3.4.4 常用的日期与时间函数

Visual Basic 中常用日期与时间函数如表 3.12 所示。

表 3.12 常用的日期 / 时间函数

函数名与格式	功　能	例　子	结　果
Now	返回系统日期和时间	Now	2012.2-1 11:34:56

续表 3.12

函数名与格式	功　能	例　子	结　果
Date[（ ）]	返回系统日期	Date（ ）	2012-2-1
Year（C|N）	返回年代号	Year（"2012-1-1"）	2012
Month（C|N）	返回月份代号（1~12）	Month（"2011-12-31"）	12
MonthName（N）	返回月份名	MonthName（2）	二月
Day（C|N）	返回日期代号（1~31）	Day（"2012-1-21"）	21
Time[（ ）]	返回系统时间	Time	12:08:52
Hour（C|N）	返回小时（0~23）	Hour（#20:30:45PM #）	20
Minute（C|N）	返回分钟（0~59）	Minute（#20:30:45PM #）	30
Second（C|N）	返回秒（0~59）	Second（#20:30:45PM #）	45
WeekDay（C|N）	返回星期代号（1~7） 星期日为 1，星期一为 2	WeekDay（"2012-2-1"）	4

【例 3.5】 返回当前系统时间，并根据当前日期判断距离 2013 年国庆节还有多少天。

分析：通过使用日期函数 Hour，Minute 和 Second 得到系统时、分、秒的信息；通过两个日期相减判断相差的天数。

在窗体单击事件中编写代码如下：

```
Option Explicit
Private Sub Form_Click（）
  Cls
  Print "当前时间："& Hour（Now）& "时" & Minute（Now）& "分" & Second（Now）& "秒"
  Print "还有" & #10/1/2013# - Date & "天是 2013 年国庆节"
End Sub
```

运行程序，结果如图 3.12 所示。

图3.12　时间日期函数

3.4.5 随机函数

1. Randomize 语句

该语句的功能是初始化随机函数发生器。语句格式为：

Randomize [number]

number 参数是任何有效的数值表达式。

说明：

（1）Randomize 用 number 将 Rnd 函数的随机数生成器初始化，该随机数生成器给 number 一个新的种子值。如果省略 number，则用系统计时器返回的值作为新的种子值。

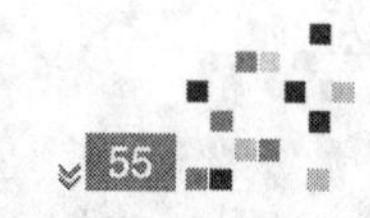

（2）如果没有使用 Randomize，则无参数的 Rnd 函数使用第一次调用 Rnd 函数的种子值。

2. Rnd 函数

返回一个小于 1 但大于或等于 0 的随机数。语法格式为：

Rnd（[number]）

其中 number 的取值决定了随机数的取值方式，详见表 3.14。

表 3.14 Rnd 函数取值方式

Number 取值	Rnd 生成
省略	序列中的下一个随机数
小于 0	每次都使用 number 作为随机数种子得到的相同结果
大于 0	序列中的下一个随机数
等于 0	最近生成的数

说明：

（1）对最初给定的种子都会生成相同的数列，因为每一次调用 Rnd 函数都用数列中的前一个数作为下一个数的种子。

（2）在调用 Rnd 之前，先使用无参数的 Randomize 语句初始化随机数生成器，该生成器具有根据系统计时器得到的种子，从而产生不同的随机数序列。

3. 生成某个范围内的随机整数

生成某个范围内的随机整数可采用以下公式：

Int（（upperbound - lowerbound + 1）* Rnd + lowerbound）

其中，upperbound 是随机数范围的上限；lowerbound 则是随机数范围的下限。

【例 3.6】 在窗体上输出 1~100 的随机整数。

分析：随机生成某一范围内的整数，采用 Int（（upperbound - lowerbound + 1）* Rnd +lowerbound）公式即可生成。

在窗体的单击事件中编写代码如下：

```
Option Explicit
Private Sub Form_Click ( )
    Randomize
    Print Int (( 100 - 1 + 1 ) * Rnd + 1 )
End Sub
```

运行程序。每单击一次窗体，将在窗体中显示一个介于 1~100 的随机整数。

技术提示：

若想得到重复的随机数序列，在使用具有数值参数的Randomize之前直接调用具有负参数值的 Rnd。使用具有同样 number 值的Randomize 是不会得到重复的随机数序列的。

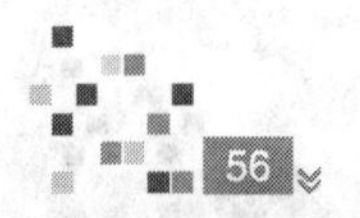

重点串联

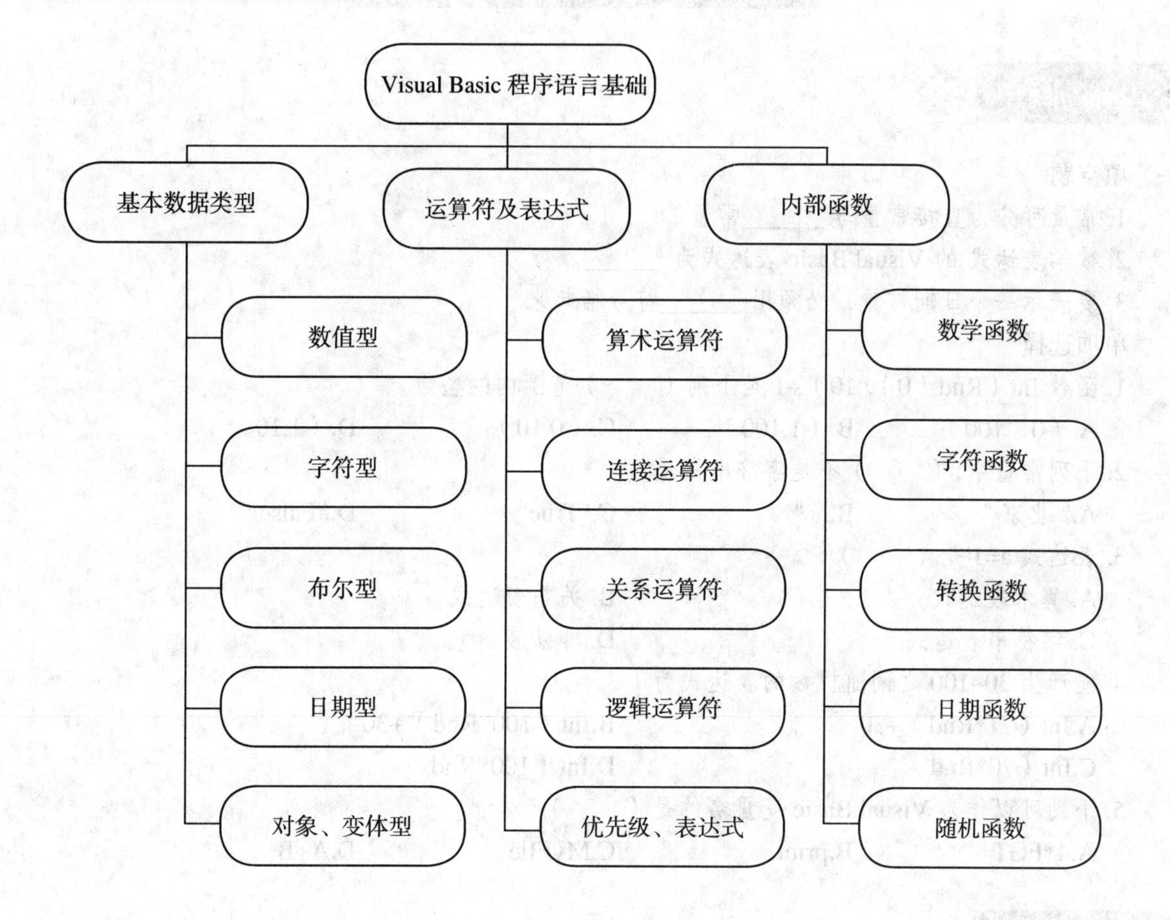

Visual Basic 程序语言基础
基本数据类型
运算符及表达式
内部函数
数值型
字符型
布尔型
日期型
对象、变体型
算术运算符
连接运算符
关系运算符
逻辑运算符
优先级、表达式
数学函数
字符函数
转换函数
日期函数
随机函数

拓展与实训

基础训练

一、填空题

1. 常量可分为直接常量与 ______常量。
2. 数学表达式 的 Visual Basic 表达式为 ______。
3. 要表示一个日期常量，必须用 ______符号括起来。

二、单项选择

1. 函数 Int（Rnd（0）*10）+1 是下列（　　）范围内的整数。
   A.（0，100）　B.（1,100）　C.（0,10）　D.（1,10）
2. 下列常量中，（　　）不是字符串常量。
   A." 北京 "　B." "　C."True"　D.#False#
3. 表达式 a=1 是（　　）。
   A. 算术表达式　B. 关系表达式
   C. 字符串表达式　D. 非法表达式
4. 能产生 30~100 之间随机数的表达式为（　　）。
   A.Int（71*Rnd）+30　B.Int（100*Rnd）+30
   C.Int（70*Rnd）　D.Int（100*Rnd
5. 下列可以作为 Visual Basic 变量名的是（　　）。
   A.4*FGT　B.print　C.MyFIle　D.A+B

技能实训

分别用 Public，Dim，Static 关键字，编程实现记录单击窗体的次数。

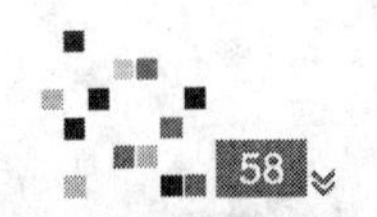

模块4 程序设计基础

教学聚焦

程序的控制结构主要是指流程控制语句，不论是哪一种程序设计语言，都有其自己的流程控制语句。一般来说，程序的结构主要有顺序结构、选择结构和循环结构 3 种。下面分别介绍 Visual Basic 中这 3 种结构的实现。

知识目标

◆ Visual Basic 代码编写规则

◆ InputBox 函数、MsgBox 函数和 Format 函数的使用

◆ Visual Basic 程序设计的三种结构：顺序结构、选择结构、循环结构

技能目标

◆ 熟练应用选择结构中的单行条件语句、块状条件语句、多分支语句

◆ 熟练应用循环结构中的 FOR 循环和 DO 循环

◆ 掌握 MsgBox 函数和 MsgBox 语句使用

课时建议

10 课时

教学重点和教学难点

◆ 代码编写规则、函数使用（InputBox，MsgBox，Format）、选择结构、循环结构、语句使用（MsgBox，GoTo，Exit，With）

◆ 多分支选择结构、循环嵌套

项目 4.1 Visual Basic 代码编写规则

例题导读

本项目主要讲解了代码缩进的设置方法和利用工具栏设置或取消注释语句（或语句块）的方法。

知识汇总

●代码书写规则和代码注释规则

4.1.1 代码书写规则

Visual Basic 和其他高级语言一样，编写代码都有一定的书写规则，主要规定如下：

（1）Visual Basic 代码中不区分字母的大小写，如 Ab 与 AB 等效。

（2）Visual Basic 的关键字一般自动将首字母转换成大写，其余字母小写。用户自定义的变量名等以第一次输入为准。

（3）Visual Basic 程序中的一行代码称为一条程序语句，是执行具体操作的指令，是程序的基本功能单位。每个语句占一行，以回车结束。语句书写自由，多个语句写在同一行时，各语句之间用冒号“:”隔开。

（4）若一个语句行不能写下全部语句，或在特别需要时，可以换行。换行时需在本行后加入续行符，即 1 个空格加下划线“_”。语句的续行一般在语句的运算符处断开，不要在对象名、属性名、方法名、变量名、常量名以及关键字的中间断开。同一条语句被续行后，各行之间不能有空行。

（5）一行最多为 255 个字符。

（6）要注意代码的缩进。缩进代码后，代码阅读更直观，可读性更强。代码要缩进一个 TAB 制表位（一般一个制表位为 4 个字符）。以下为示例代码：

```
If i = vbYes Then
    End
End If
```

通常，调用“缩进”命令一次，缩进 4 个字符的宽度，也可根据个人习惯进行设置。选择“工具”↗“选项”命令，打开“选项”对话框，单击“编辑器”选项卡，首先选中“自动缩进”复选框，然后在“Tab 宽度”文本框中输入数字，单击“确定”按钮就改变缩进的宽度了，如图 4.1 所示。

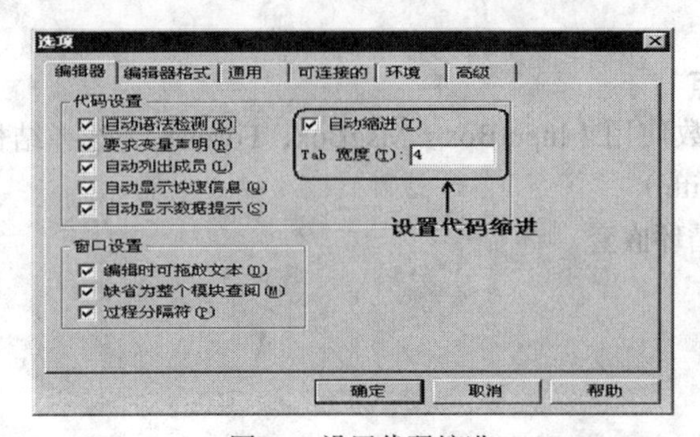

图4.1　设置代码缩进

4.1.2 代码注释规则

注释是一种非执行语句，代码注释规则如下：

（1）程序功能模块部分要有代码注释，简洁明了地阐述该模块实现的功能。

（2）程序或模块开头部分一般要有模块名、创建人、日期、功能描述等注释。

（3）以半角的英文单引号“'”或者“Rem”开头的语句是注释语句。在程序运行过程中，注释内容不被执行。注释内容可放在过程、模块的开头作为标题用，也可直接出现在语句的后面，但不能放在续行符的后面。以注释符“'”引导注释，可以放在一行语句的后面，也可以单独占据一行。例如：

```
'为窗体标题栏设置文字
Form1.Caption = "代码注释规则"
Rem 在窗体中显示文字
Print "代码注释规则"
或者：
Form1.Caption = "代码注释规则"  '为窗体标题栏设置文字
Print "代码注释规则":       Rem 在窗体中显示文字
```

> **技术提示：**
>
> “Rem”放在语句后时，其前面必须有“:”符号。

（4）利用“编辑”工具栏为代码添加或解除注释。在工具栏上单击鼠标右键，在弹出的右键菜单中选择“编辑”命令，将“编辑”工具栏添加到窗体工具栏中，如同4.2所示。

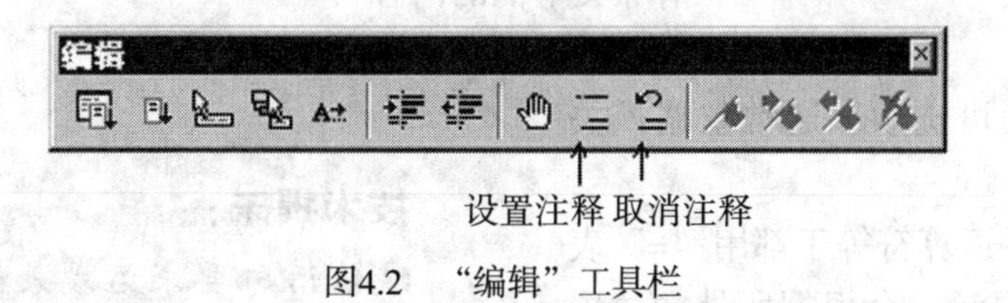

图4.2 “编辑”工具栏

项目4.2 顺序结构

简单来说，顺序结构就是按照代码书写顺序执行的程序语句。顺序结构是最简单、最基本的一种程序结构。

例题导读

将本节的知识点总结成3道操作例题，其中，例4.1讲解InputBox函数的用法，例4.2讲解用于输出信息的MsgBox函数用法，例4.3讲解Format格式输出函数。

知识汇总

●赋值语句、InputBox函数、MsgBox函数与MsgBox语句、Format函数

各种编程语言都提供了若干基本的控制结构，每一种控制结构中的程序执行流向有所不同。可以把程序看成是由若干个基本控制结构组成的实体，每一个基本结构又包含一个或多个语句，能够控制局部范围内的程序流向，那么若干个控制结构组合起来就会促使程序的流程向着完成其功能的方向发展。

Visual Basic 提供了 3 种基本结构：顺序结构、选择结构和循环结构。顺序结构是使用最普遍的一种基本控制结构，这种控制结构按照语句的先后排列顺序逐条执行。顺序结构的流程图如图 4.3 所示，先执行程序段 A，接着执行下面相邻的程序段 B。程序段由一条或多条语句组成。顺序结构可以看成是系统默认的控制结构，不需要专门的语句来控制。下面我们介绍几种基本顺序结构的语句。

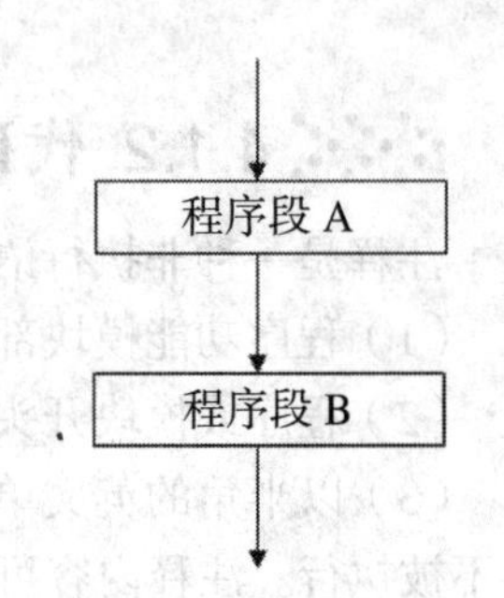

图4.3 顺序结构的流程图

4.2.1 赋值语句

赋值语句在前面变量讨论中介绍过，赋值语句是程序设计中最基本的语句，它是最简单的顺序结构，其使用语法形式如下：

格式 1：[Let] 变量名 = 表达式

格式 2：对象名 . 属性 = 表达式

赋值语句的作用：计算右边表达式的值，然后赋给左边的变量或控件属性。表达式可以是任何类型的表达式，一般应与变量名的类型一致，当表达式的类型与变量的类型不一致时，需强制转换成左边的类型。否则，就会在编译时出现错误。例如：

```
Total = 1000                     ' 把数值常量 1000 赋给变量 Total
T=T+2                            ' 将变量 T 的值加 2 后再赋给 T
Text1.Text =" Hello World! "     ' 为文本框显示字符串
Text1.Text=" "                   ' 清除文本框的内容
```

说明：

（1）关键字 Let 为可选项，通常省略该关键字。

（2）赋值号与关系运算符等于都用“=”表示，但系统不会产生混淆，会根据所处的位置自动判断是何种意义的符号。也就是在条件表达式中出现的是等号，否则是赋值号。

（3）赋值号左边只能是变量，不能是常量、常数符号或表达式。

技术提示：

赋值语句要求右端表达式的类型与左端变量的类型相容。例如，不能将字符串表达式的值赋给数值变量，也不能将数值表达式的值赋给字符串变量，否则，将会在编译时出现错误。但数据类型相容时可以赋值。

4.2.2 InputBox 函数

数据的输入与输出是程序设计不可缺少的重要组成部分，是与用户进行交互的基本途径。下面介绍输入函数 InputBox 的使用方法。InputBox 函数的语法格式如下：

InputBox（< 提示信息 >[,< 对话框标题 >][,< 输入区的默认值 >][,< 对话框坐标 >]）

说明：

（1）该函数的返回值默认为字符串。如果要把返回值进行其他类型的处理，需事先声明返回值的类型，否则，对返回的字符串需要进行类型转换才能使用。一个 InputBox 函数只接受一个值的输入。

（2）< 提示信息 >：必选参数，一个字符串表达式，用于提示用户输入的信息内容，长度不能超过 1024 个字节，否则会被删掉。该参数可以显示单行文字，也可以显示多行文字。在显示多行文字时，必须在行末尾加上回车符 Chr（13）和换行符 Chr（10），或使用 vbCrlf 语句换行。

（3）< 对话框标题 >：在对话框的标题栏显示的标题信息。该参数是可选项，省略时，将使用工程名的标题。

（4）< 输入区的默认值 >：可选参数，指用户在输入框输入信息之前在其中显示的内容。无论是否输入新的信息，单击“确定”按钮后，返回输入框的当前值；单击“取消”按钮，则返回长度为零

的字符串。

（5）<对话框坐标>：确定对话框的位置，分别表示对话框的左上角到屏幕左边界和上边界的距离，必须成对出现。如果省略此参数，则对话框出现在屏幕中央。

【例 4.1】 通过输入对话框输入信息，将输入的信息显示在窗体上。运行效果如图 4.4 和图 4.5 所示。

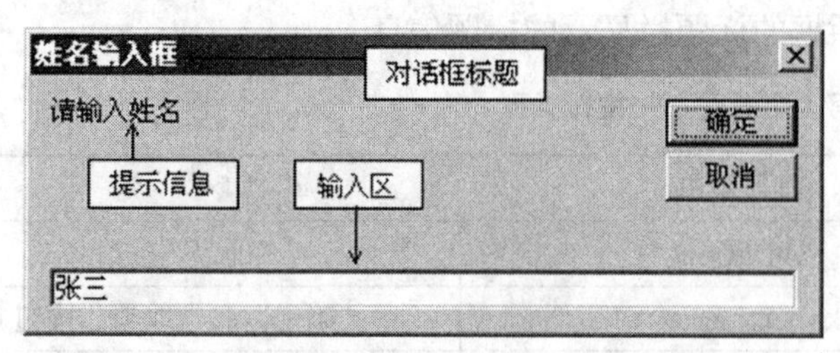

图4.4 使用InputBox函数输入信息

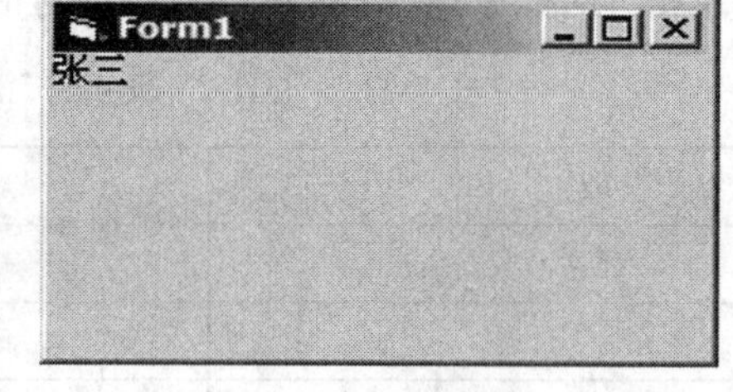

图4.5 显示InputBox函数输入的信息

程序代码如下：

```
Option Explicit
Private Sub Form_Click（）
    Dim str As String                        '定义字符型变量
    Dim sts As String                        '定义字符型变量
    str = " 请输入姓名 "                      '设置提示信息
    sts = InputBox（str, " 姓名输入框 "）     '返回输入值
    Print sts                                '打印输入值
End Sub
```

技术提示：

函数在线提示。在键入函数名后只要再键入“（”，系统自动会给出该函数（仅限于系统函数）的格式提示，方便用户使用系统函数，如图4.6所示。

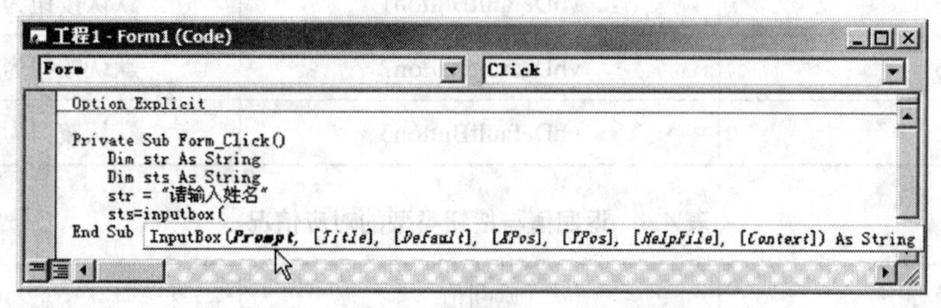

图4.6 InputBox函数输入参数时的在线提示

4.2.3 MsgBox 函数

在 Visual Basic 中，除了有上述用于接受信息的 InputBox 函数，还有一个用于输出信息的 MsgBox 函数。该函数主要作为消息框使用，用于显示提示信息。待用户单击按钮后返回一个值，并根据返回值判断接下来的操作。MsgBox 函数的语法格式如下：

MsgBox（<提示信息>[,<对话框类型>][,<对话框标题>]）

说明：

（1）<提示信息>：必选参数，提示用户在输入框中输入信息，长度不能超过 1024 个字节。

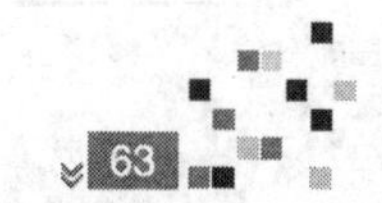

（2）<对话框类型>：可选参数，为整数或符号常量，用于指定对话框中出现的控制按钮的数量和形式、图标的种类和数量。一般有3个参数，用连接符“+”相连，参数的取值可以是数字形式和符号常量形式。第1个参数表示对消息框中按钮组合的选择；第2个参数表示对消息框中显示图标的选择；第3个参数表示对消息框中默认按钮的选择。参数的取值和含义分别如表4.1、表4.2和表4.3所示。

（3）<对话框标题>：可选参数，在对话框的标题栏显示的标题信息。

表4.1　第1个参数——按钮类型

取　值	符号常量	意　义
0	vbOkOnly	“确定”按钮
1	vbOkCancel	“确定”和“取消”按钮
2	vbAbortRetryIgnore	“终止”、“重试”和“忽略”按钮
3	vbYesNoCancel	“是”、“否”和“取消”按钮
4	vbYesNo	“是”和“否”按钮
5	vbRetryCancel	“重试“和“取消”按钮

表4.2　第2个参数——图标类型

取　值	符号常量	意　义
16	vbCritical	停止图标
32	vbQuestion	问号图标
48	vbExclamation	感叹号图标
64	vbInformation	消息图标

表4.3　第3个参数——默认按钮

取　值	符号常量	意　义
0	vbDefaultButton1	默认按钮为第一个按钮
256	vbDefaultButton2	默认按钮为第二个按钮
512	vbDefaultButton3	默认按钮为第三个按钮

表4.4　返回值与按钮类型的对应情况

符号常量	返回值	意　义
vbOk	1	“确定”按钮
vbCancel	2	“取消”按钮
vbAbort	3	“终止”按钮
vbRetry	4	“重试”按钮
vbIgnore	5	“忽略”按钮
vbYes	6	“是”按钮
vbNo	7	“否”按钮

【例 4.2】 显示如图 4.7 所示的消息框，提示信息“数据已经修改，是否保存？”，有“是（Y）”、“否（N）”两个命令按钮，默认按钮为“是（Y）”按钮，图标为“问号图标”。

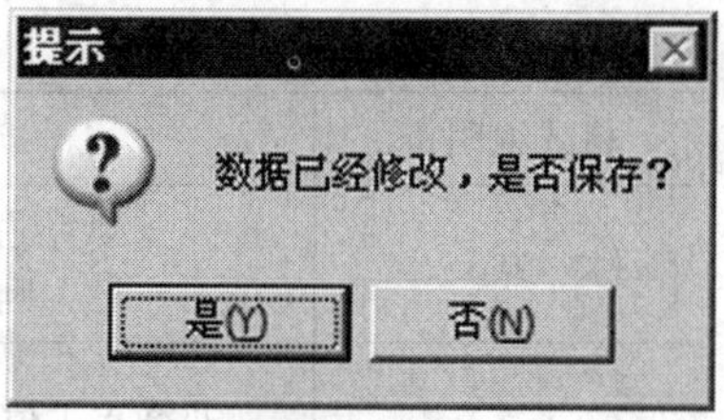

图4.7 消息框

打开代码编辑器窗口，在窗体的单击事件中编写代码如下：

```
Option Explicit
Private Sub Form_Click ( )
    Dim i As Integer
    i = MsgBox (" 数据已经修改，是否保存？ ", vbYesNo + vbQuestion + vbDefaultButton1, " 提示 ")
End Sub
```

系统常量“vbYesNo”代表“是（Y）”和“否（N）”两个按钮，vbQuestion 代表问号图标，vbDefaultButton1 指出默认按钮为第一个按钮“是（Y）”。

MsgBox 函数还有另外一种表达方式，即不带返回值的形式，通常称作 MsgBox 语句。其格式如下：

MsgBox < 提示信息 > [,< 对话框类型 >][,< 对话框标题 >]

说明：

（1）执行 MsgBox 语句后，打开一个对话框，用户必须按下 Enter 键或单击对话框中的某个按钮，才能继续进行后面的操作。

（2）MsgBox 语句与 MsgBox 函数的作用相似，各参数的含义与 MsgBox 函数相同。

（3）MsgBox 语句与 MsgBox 函数的区别是：MsgBox 语句没有返回值，也不用圆括号“( )”，所以常用于较简单的信息显示。例如：

```
Private Sub Form_Click ( )
    MsgBox " 文件保存完毕，可以退出系统！ "    '没有返回值
End Sub
```

其执行效果如图 4.8 所示。

图4.8 MsgBox语句对话框

4.2.4 Format 函数

为了使信息按指定的格式输出，除了常用的 Tab，Spc 定位函数外，Visual Basic 还提供了与 Print 配合使用的格式输出函数 Format。Format 函数的作用是把表达式的值按指定的格式输出。其语法格式如下：

Format（< 表达式 >,< 格式字符串 >）

说明：

（1）“表达式”是必要参数，可以是任何有效的表达式。

（2）“格式字符串”是一个字符串常量或变量，由专门的格式说明符组成，指定输出数据的显示格式和长度。当“格式字符串”是字符串常量的时候，必须放在双引号中。常用的格式说明符如表 4.5 所示。

技术提示：

顺序结构是普遍使用的一种基本结构，按照命令从前到后的排列顺序逐条执行。

表 4.5 常用的格式说明符

格式说明符	功　能	举　例
#	数字占位符，实际数值少于符号位数，则数值前后不加 0；若整数部分的位数多于符号字符串的位数，按实际值显示，若小数部分的位数多于符号字符串的位数，按四舍五入显示	Format（31.45,"###.###"） 返回 31.45 Format（234.56, "##.#"） 返回 234.6

续表 4.5

格式说明符	功　能	举　例
0	数字占位符，实际数字少于符号位数，则数字前后加 0；其余同 # 号	Format（234.56, "0000.000"）返回 0234.560
.	小数点占位符，与其他字符结合表示小数点位置	Format（31.45, "###.#"）返回 31.5
,	指定千位分隔符的位置	Format（314 567, "#,###"）返回 314,567
%	百分号占位符，以百分比形式显示	Format（0.314, "0.00%"）返回 0.31%
$	在数值前加 $	Format（234.56, "$##.#"）返回 $234.6
–、+	指定正号和负号的位置	Format（314567, "+#,###"）返回 +314,567
E+、E	指定指数符号的位置	Format（314567, "#.###E+"）返回 3.146E+5
@	字符占位符，有则显示，无则左补空格	Format（"ABC","@@@@"）返回 " ABC"
&	字符占位符，有则显示，无则不补空格	Format（"ABC","&&&&&&"）返回 "ABC"
!	强制右补空格	Format（"ABC","!@@@@@"）返回 "ABC "
dddddd	以完整的日期格式显示	Format（Date, "dddddd"）返回 2012 年 3 月 11 日
yyyy	显示 4 位年份	Format（Date, "yyyy"）返回 2012
ttttt	以完整的时间格式显示	Format（Time, "ttttt"）返回 13:27:30

【例 4.3】Format 函数的示例，运行结果如图 4.9 所示。

```
Private Sub Form_Click（ ）
    Print Format（2.71828, "#####.##"）
    Print Format（2.71828, "00000.00"）
    Print Format（271828, "$##,###,###.##"）
    Print Format（0.18, "###.##%"）
    Print Format（0.18, "0.000E+00"）
    Print Format（Time, "ttttt"）
    Print Format（Date, "dddddd"）
End Sub
```

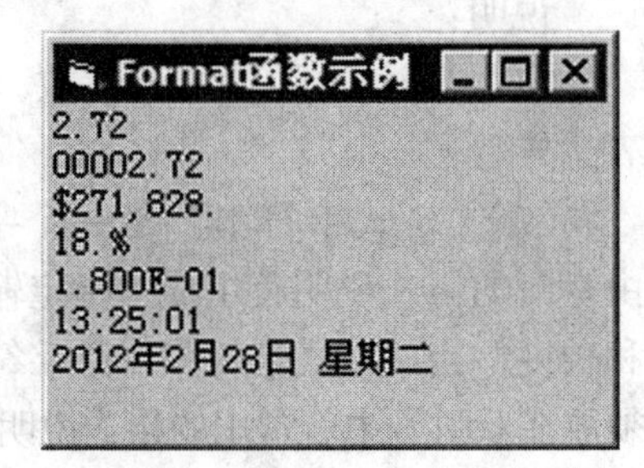

图4.9　例4.3Format函数示例

项目 4.3 选择结构

所谓选择结构，表示根据不同的情况作出不同的选择，执行不同的操作。此时就需要对某个条

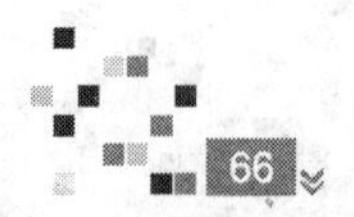

件作出判断，根据这个条件的具体取值情况，决定该执行何种操作。Visual Basic 中的选择结构语句分为 If 语句和 Select Case 语句两种。

例题导读

将本项目的知识点总结共用 6 道例题，其中例 4.4 利用 MsgBox 函数讲解单分支 If 语句；例 4.5 通过任意输入两个整数比较大小来讲解双分支选择结构；通过例 4.6 学习成绩分段案例和例 4.7 求解一元二次方程的根这两个例题讲解多分支 If 语句；例 4.8 针对例 4.6 用 Select Case 语句实现；例 4.9 也是 Select Case 语句的应用，讲解任意输入一个年份和月份，输出该月份对应的天数。

知识汇总

●单分支 If 语句、双分支 If… Then… Else 语句、多分支 If 语句、Select Case 语句

4.3.1 单分支 If 语句

If 语句分为单分支 If 语句、双分支 If 语句和多分支 If 语句。单分支 If 语句的语法格式如下：

格式 1：If 条件 Then 语句

格式 2：If 条件 Then 语句 End If

说明：

（1）If 语句中的条件为关系表达式、逻辑表达式和数值表达式。若数值表达式的值非 0，则 If 语句中的条件为 True；若数值表达式的值为 0，则 If 语句中的条件为 False。

（2）若 Then 后面有多个语句，则语句之间用冒号分隔（或并列多行）。例如：

```
If a > 10  Then  a = a + 1 : b = b + a : c = c + b
```

或

```
If a > 10  Then                      If a > 10  Then
    a = a + 1                            a = a + 1
    b = b + a                            b = b + a
    c = c + b                            c = c + b
  End If                               End If
```

（3）计算机执行 If 语句的过程：首先判断条件，得到一个逻辑值（True 或 False）。当条件成立（即逻辑值为 True）时，执行 Then 后面的语句体中的全部语句，执行完后跳出整个 If 语句体，执行 If 语句体后的语句；当条件不成立（即逻辑值为 False）时，直接执行整个 If 语句体后的语句。If 语句的流程图如图 4.10 所示。

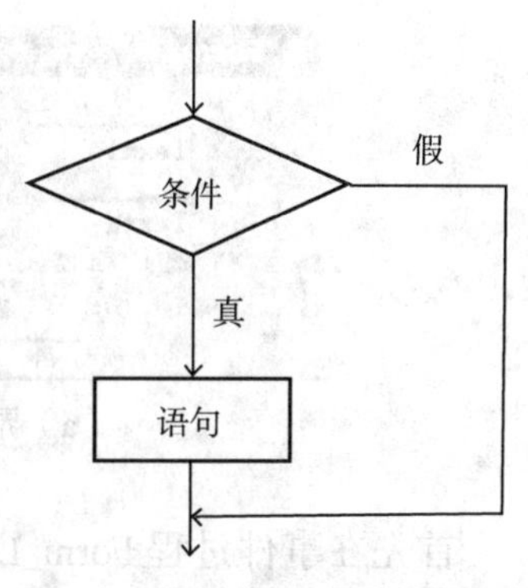

图4.10　单分支选择结构流程图

【例 4.4】 用 Msgbox 函数在程序退出时作出提示，如图 4.11 所示。

程序代码如下：

```
Option Explicit
Private Sub Form_Click（）
    Dim i As Integer
    i = MsgBox（" 是否退出程序？ ", vbYesNo + vbQuestion +
vbDefaultButton2, " 提示 "）
    If i = vbYes Then End
End Sub
```

图4.11 用Msgbox函数提示程序退出

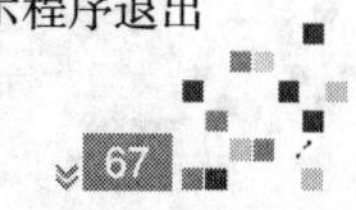

或者：

```
Private Sub Form_Click ( )
   Dim i As Integer
   i = MsgBox ( " 是否退出程序？ ", vbYesNo + vbQuestion + vbDefaultButton2, " 提示 " )
   If i = vbYes Then
        End
   End If
End Sub
```

运行程序：只有单击“是”按钮时，程序结束。

4.3.2 双分支 If…Then…Else 语句

单分支选择结构相对简单，适用于简单的判断和操作，而双分支结构条件语句则提供了更强的结构化与适应性。双分支 If 语句语法格式如下：

```
If 条件 Then
  语句块 1
Else
  语句块 2
End If
```

此种格式在针对条件进行判断后，根据所得的不同结果进行不同的操作。即当条件成立时，执行 Then 后面的语句块 1，执行完后再执行整个 If 语句后的语句；当条件不成立时，则执行 Else 后的语句块 2，再执行整个 If 语句后的语句。

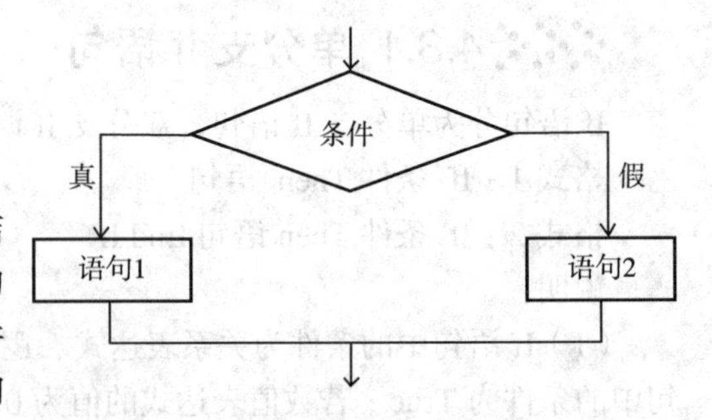

图4.12　双分支选择结构流程图

双分支 If 语句的流程图如图 4.12 所示。

【例 4.5】任意输入两个整数，比较大小，输出其中最大值。需要在界面中设置 4 个标签、4 个文本框和 1 个命令按钮。

创建程序界面，如图 4.13（a）所示。

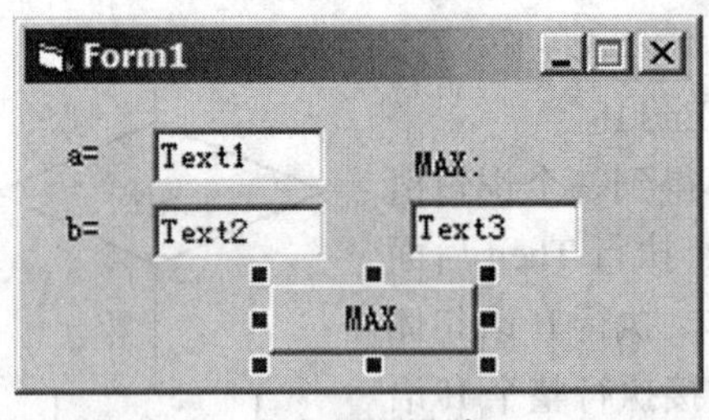

（a）界面设计

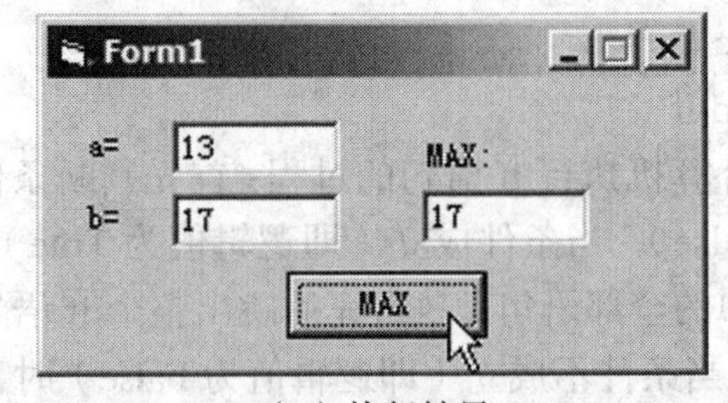

（b）执行结果

图4.13　【例4.5】界面设计和执行结果

首先在事件过程 Form_Load（ ）中让 4 个文本框显示空字符串，然后在事件过程 Command1_Click（ ）中编写程序，比较两个数的大小。

程序代码如下：

```
Option Explicit
Private Sub Command1_Click ( )
  Dim a As Integer, b As Integer, max As Integer
   a = Val ( Text1.Text )
   b = Val ( Text2.Text )
   If a >= b Then
```

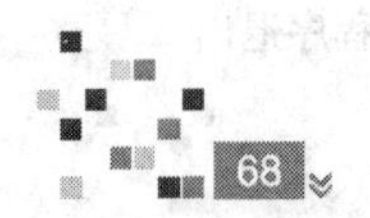

```
        max = a
    Else
        max = b
    End If
    Text3.Text = max
End Sub
Private Sub Form_Load ( )
    Text1.Text = ""
    Text2.Text = ""
    Text3.Text = ""
End Sub
```

运行程序，执行结果如图 4.13（b）所示。

4.3.3 多分支 If 语句

当面临多种不同的情况，需要根据情况作多种处理时，就需使用多分支结构。多分支 If 语句的语法格式如下：

```
If 条件 1 Then        语句块 1
[ElseIf  条件 2 Then        语句块 2]
[ElseIf  条件 3 Then        语句块 3]        ……
[ElseIf  条件 n Then        语句块 n]
[Else
语句块 n+1]
End If
```

首先计算 If 和 Then 之间的表达式（条件 1），得到一个逻辑值（True 或 False）。若值是 True（满足条件），则执行 Then 后面的语句块 1，接着执行 If 语句的后继语句；若值是 False（不满足条件），则计算 ElseIf 后面的条件 2，得到一个逻辑值（True 或 False）；若值是 True（满足条件），则执行语句块 2；若值是 False（不满足条件），则继续后面的 ElseIf 的条件 3……依此不断计算判断，直到所有的条件均不满足，执行语句 n+1 。

在多分支结构中，要注意语句的完整性，多层嵌套时更要注意分清层次，应采用分层递进的书写格式，使层次清晰，避免错误。多分支 If 语句的流程图如图 4.14 所示。

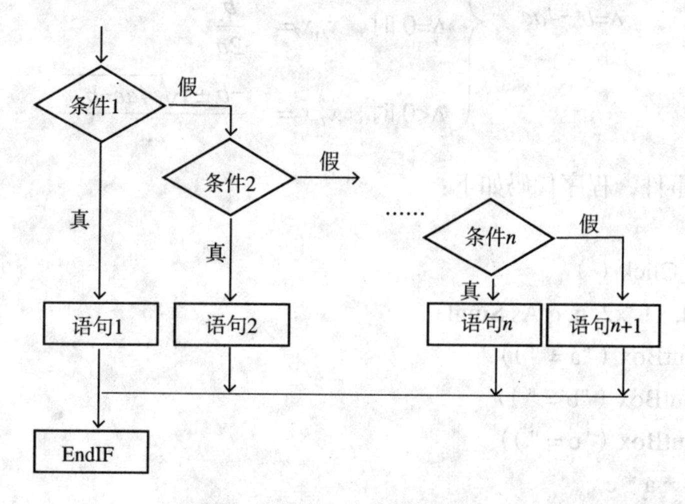

图4.14　多分支选择结构流程图

【例 4.6】任意输入一个百分制成绩，输出该分数对应的级别：90 ≤分数≤ 100，输出“优”；80 ≤分数 <90，输出“良”；70 ≤分数 <80，输出“中”；60 ≤分数 <70，输出“差”；分数 <60，输出“不及格”；分数< 0 或分数> 100，则输出“输入有误”。

分析：该题目是一个典型的多路分支的选择问题。将分数段分成了 5 个区间，实际加上超出范围的区间，就是 6 个区间，分数的值在不同的区间，则输出不同的结果信息，因此每路分支重点在于对分支的条件进行描述，然后把要执行的语句对应起来。

打开代码编辑器窗口，程序代码如下：

```
Option Explicit
Private Sub Form_Click ( )
    Dim score As Integer
    score = InputBox ( " 请输入成绩：", " 提示 " )
    If score < 0 Or score > 100 Then
        MsgBox ( " 输入有误 " )
    ElseIf score < 60 Then
        MsgBox ( " 不及格 " )
    ElseIf score < 70 Then
        MsgBox ( " 及格 " )
    ElseIf score < 80 Then
        MsgBox ( " 中 " )
    ElseIf score < 90 Then
        MsgBox ( " 良 " )
  Else
        MsgBox ( " 优 " )
  End If
End Sub
```

技术提示：

虽然有多路分支，但是对于一个分支来讲，只可能满足其中一路分支的条件，去执行该分支条件后的语句，然后退出多分支结构。

【例 4.7】输入一个一元二次方程 $ax^2+bx+c=0$ 的 3 个系数，求该方程的两个根。根的计算公式如下：

$$\Delta=b^2-4ac\begin{cases}\Delta>0\text{ 时，}x_1,x_2=\dfrac{-b\pm\sqrt{b^2-4ac}}{2a}\\ \Delta=0\text{ 时，}x_1,x_2=\dfrac{b}{2a}\\ \Delta<0\text{ 时，}x_1,x_2=\dfrac{-b\pm \mathrm{i}\sqrt{4ac-b^2}}{2a}\end{cases}$$

编写窗体的单击事件，程序代码如下：

```
Option Explicit
Private Sub Form_Click ( )
    Dim a, b, c, d, x1, x2, p, q As Single
    a = Val ( InputBox ( "a = " ))
    b = Val ( InputBox ( "b = " ))
    c = Val ( InputBox ( "c = " ))
    d = b * b  - 4 * a * c
    If d >= 0 Then
```

```
        If d > 0 Then
            x1 =(-b + Sqr (d))/ 2 * a
            x2 =(-b - Sqr (d))/ 2 * a
            Print " 方程有两个不同的实根: "
            Print "x1 = "; x1
            Print "x2 = "; x2
        Else
            x1 =(-b)/ 2 * a
            Print " 方程有两个相同的实根: "
            Print "x1 = x2 = "; x1
        End If
    Else
        p =(-b)/ 2 * a
        q = Sqr (-d)/ 2 * a
        Print " 方程有两个不同的虚根: "
        Print "x1 = "; p; "+"; q; "i"
        Print "x2 = "; p; "-"; q; "i"
        End If
    End Sub
```

技术提示：

在对If语句嵌套的表达中，最好采用分层递进的书写方式。即同一层的If…Then…Else…End If应该从同一列开始输入，其内部两个分支的程序段各往右缩进几个字符，这样便于做到层次清晰，对应正确，增加程序的可读性。

4.3.4 Select Case 语句

当选择的情况较多时，使用 If 语句实现就会很麻烦而且不直观。Visual Basic 提供了专门的处理这种多分支结构的情况语句——Select Case 语句。在这种结构中，只有一个用于判断表达式，根据此表达式的不同计算结果，执行不同的语句体部分。Select Case 语句的语法格式如下：

```
Select Case < 数值 | 字符串表达式 >
    Case < 值的列表 1>
        [< 语句块 1>]
    Case < 值的列表 2>
        [< 语句块 2>]
        ……
    Case < 值的列表 n>
        [< 语句块 n>]
    Case Else
        < 语句块 n+1>
End Select
```

针对多种不同的情况，在对条件进行判断后，根据所得的不同结果进行不同的操作。该语句的多分支结构流程图如图 4.15 所示。

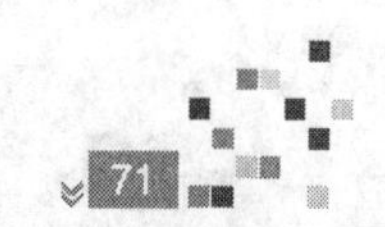

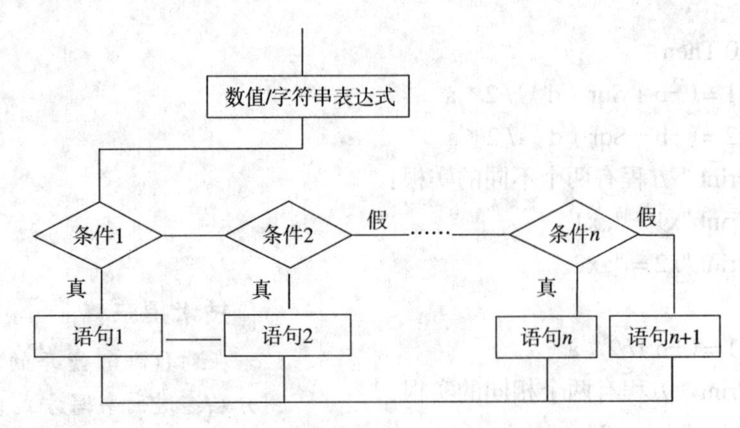

图4.15 多分支Select Case语句结构流程图

说明：

（1）进入 Select Case 语句后，先计算 < 数值 | 字符串表达式 > 的值，然后将该值与第 1 个 Case 子句后的 < 值的列表 1> 中的值比较，不相等则再往下比较，如果与某一个 Case 子句中列表的值相等，那么就去执行该子句下的程序段，执行完毕后跳出 Select Case 语句子句，而不管下面的 Case 子句中是否还有匹配的值。

（2）表达式必须是数值表达式或者字符串表达式，其值为数字或者字符串。与此对应，Case 子句后面列表中值的类型也必须与表达式结果的类型一致。列表有 3 种形式。

①只含一个值，如 Case 5。

②含多个值，则用逗号相隔，如 Case 5,6,7。

③以 < 下界 >To< 上界 > 的形式描述一个范围，只要表达式的值在这个范围之内，也算匹配，如 Case 1 To 10，20 To 30 。注意；< 下界 > 的值应该小于 < 上界 > 的值。

（3）Case 子句后还可以使用"Is < 关系表达式 >"，Is 后面可以跟关系运算符，包括 <, <=, >, >=, < >, = 等关系运算符，表示把 Select Case 后的表达式的值与 Is 表达式后的值进行指定的关系运算。例如，Is >10，表示当 Select Case 后表达式的值大于 10 时，将进入该分支执行。

（4）如果 Case Else 子句不省略，表示当表达式的值与所有 Case 子句后面列表中的值都不匹配，即条件都不满足时，就会进入 Case Else 子句后的程序段执行，最后跳出 Select Case 语句。

【例 4.8】 把【例 4.6】中对不同的分数段输出不同提示信息，用 Select Case 语句来表达。

程序代码如下：

```
Option Explicit
Private Sub Form_Load（）
    Dim score As Integer
    score = InputBox（"score = ", "input"）
    Select Case score
    Case 0 To 59
        MsgBox（" 不及格 "）
    Case 60 To 69
        MsgBox（" 及格 "）
    Case 70 To 79
        MsgBox（" 中 "）
    Case 80 To 89
        MsgBox（" 良 "）
    Case 90 To 100
```

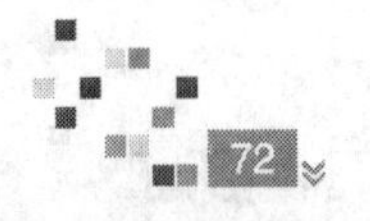

```
            MsgBox（"优"）
        Case Else
            MsgBox（"输入有误"）
        End Select
    End Sub
```

显然，用 Select Case 语句取代多分支 If 语句完成该题目，从结构和层次上都显得相对清晰一些。Case Else 子句表示当 score 的取值不满足以上所有 Case 分支的条件时，应该去执行什么语句。在该题中，这个分支的范围就包含了小于 0 和大于 100 这两个越界区间。

【例 4.9】 任意输入一个年份和月份，输出该月份对应的天数。

分析：在一年的 12 个月中，1，3，5，7，8，10，12 月有 31 天，4，6，9，11 月有 30 天，2 月比较特殊，闰年的 2 月有 29 天，平年的 2 月有 28 天。因此，将 1，3，5，7，8，10，12 月份的分支组合为一组；将 4，6，9，11 月份的分支组合为一组；在 2 月份的分支中，进行闰年的判断。

编写窗体的单击事件，程序代码如下：

```
Option Explicit
Private Sub Form_Click（）
    Dim Myear, Mmonth, Mday As Integer
    Myear = Val（InputBox（"输入年份：", , ""））
    Mmonth = Val（InputBox（"输入月份：", , ""））
    Select Case Mmonth
        Case 1, 3, 5, 7, 8, 10, 12
            Mday = 31
        Case 4, 6, 9, 11
            Mday = 30
        Case 2:
            If Myear Mod 400 = 0 Or Myear Mod 4 = 0 And Myear Mod 100 <> 0 Then
                Mday = 29
            Else
                Mday = 28
            End If
        Case Else
            Print "输入有误！ "
    End Select
    MsgBox Str（Myear）+ "年" + Str（Mmonth）+ "月有" + Str（Mday）+ "天！ ", , "判断结果"
End Sub
```

本例中，Case 分支中又出现 If 语句，可见选择语句之间可以相互嵌套。注意：要把一个结构控制语句完整地包含在另一个结构控制语句中。

项目 4.4 循环结构

在实际应用中，经常遇到一些操作并不复杂，但需要反复多次处理的问题，如果用顺序结构的程序处理，将十分繁琐，有时候是难以实现的。通常使用循环结构描述这种类型问题的操作。

循环就是即从某处开始规律地反复执行某一程序块的现象，重复执行的程序块称为“循环体”。

Visual Basic 提供了多种不同风格的循环结构语句，包括 For … Next，Do … Loop，While … Wend，For Each … Next 等，其中最常用的是 For … Next 语句和 Do … Loop 语句。

例题导读

将本节的知识点总结成 4 道操作例题，其中例【4.10】讲解用 For…Next 循环语句计算 1~100 之和;【例 4.11】讲解用 Do…Loop 循环语句计算 1~100 之和;【例 4.12】使用 While…Wend 循环语句计算 1~100 之和;【例 4.13】通过输出“九九乘法表”介绍循环嵌套。

知识汇总

- For…Next 语句、Do…Loop 语句、While…Wend 语句、循环嵌套

4.4.1 For…Next 语句

For…Next 循环也称计数循环，常常用于循环次数已知的场合。其语法格式如下：

```
For <循环变量> = <初值> To <终值> [Step <步长>]
    <循环体>
Next [<循环变量>]
```

参数说明：

（1）<循环变量>：用做循环计数器的变量，必须为数值型。

（2）<初值>、<终值>、<步长>：数值型，也可以是数值表达式。步长不能为 0。如果步长是 1，则 Step 1 可以省略不写。当步长为正数时，初值应小于或等于终值；当步长为负数时，初值应大于终值。

（3）<循环体>：在 For 和 Next 之间的一条或多条语句，它们将被执行指定的次数。在循环体中可以有 Exit For 语句，当遇到该语句时，退出循环。

（4）Next 后面的循环变量与 For 语句中的循环变量必须相同。Next 后面的循环变量可以省略。

（5）For 语句的执行过程：把“初值”赋给“循环变量”，检查循环变量的值是否超过终值，如果超过就直接跳出循环结构，否则执行一次循环体。当执行 Next 子句时，循环变量的值增加一个步长，同时与终值比较，如果不超过终值，则继续执行循环体，否则跳出循环结构。如此反复执行，直到循环变量的值超越终值，则循环结束，执行下一条语句。

（6）For…Next 语句循环流程图如图 4.16 所示。

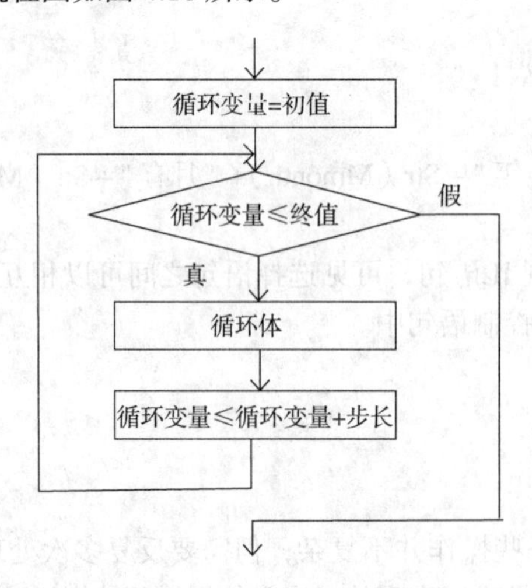

图4.16 For…Next循环流程图

【例 4.10】 利用 For…Next 循环语句编写程序，计算 1+2+3+…+100 的值。

程序代码如下：

```
Option Explicit
Private Sub Form_Click ( )
    Dim i, sum As Integer
    sum = 0
    For i = 1 To 100
        sum = sum + i
    Next i
    Print sum
End Sub
```

运行程序，循环条件是 i ≤ 100。省略步长，则默认步长为 1，表示每循环 1 次，i 值增加 1。当 i 值为 101 时，不满足循环条件，循环退出。

如果把步长改为 2，则每循环 1 次，循环变量增加 2，程序变成将 1 ~ 100 之间的奇数之和。

```
For i = 1 To 100 Step 2
    sum = sum + i
Next i
```

可见，For 循环适合于循环次数已知的循环，特别是某些有规律的公式的计算。其中循环变量不仅作为控制循环次数的关键点，同时也经常成为循环体中参与运算的对象，从而发挥双重作用。

4.4.2 Do…Loop 语句

Do 循环结构也是根据条件决定循环的次数，使用比较灵活，既能指定循环条件，也能指定循环结束条件；既可构成先判断条件形式，也可构成后判断条件的形式。

1. 先判断条件的 Do…Loop 循环

先判断条件的循环有两种格式，习惯上分别称为“当型循环”和“直到型循环”。

格式 1：

```
Do While < 循环条件 >
< 循环体 >
Loop
```

这种形式的循环，语句执行过程是：先检测“循环条件”，如果条件为 True，则执行循环体中语句，否则，退出循环结构。

格式 2：

```
Do Until < 循环条件 >
< 循环体 >
Loop
```

格式 2 的执行过程和格式 1 基本相同，唯一不同的是，它在“循环条件”为假时重复执行循环体，直到条件为真时退出循环结构。

2. 后判断条件的 Do…Loop 循环

后判断条件的循环同样有“当型循环”和“直到型循环”两种形式。

格式 1：

```
Do
< 循环体 >
Loop While < 循环条件 >
```

语句的执行过程是：首先执行循环体中语句，然后判断"循环条件"，如果条件为True，则继续执行循环体，否则，退出循环结构。

格式2：

Do

<循环体>

Loop Until <循环条件>

格式2的执行过程和格式1基本一样，也是先执行后判断。唯一不同的是，它在"循环条件"为假时重复执行循环体，直到条件为真时退出循环结构。

While和Until的区别：While属于"当型循环"，与循环条件相结合表示当循环条件成立，才进行循环体的执行；Until属于"直到型循环"，与循环条件结合表示直到条件成立时才退出循环。While引出继续循环的条件，而Until引出退出循环的条件。

【例4.11】 利用Do型循环语句编写程序，计算1+2+3+…+100的值。

在窗体的加载事件中编写代码如下：

```
Option Explicit
Private Sub Form_Load ( )
    Dim i As Integer
    Dim sum As Integer
    i = 1
    sum = 0
    Do While i <= 100
      sum = sum + i
      i = i + 1
    Loop
    MsgBox ( "sum = " + Str ( sum ))
End Sub
```

如果改为在后判断循环条件，则循环部分的代码为：

```
Do
    sum = sum + i
    i = i + 1
Loop While i <= 100
```

如果用Until来描述条件，则其后的条件是退出循环的条件。因此，While后的循环条件是i ≤ 100，而在Until后的退出循环的条件应该改为i > 100。程序如下：

```
Do Until i > 100
    sum = sum + i
    i = i + 1
Loop
```

技术提示：

区别While和Until时，也不要忽视将条件前置和后置的不同。在以上程序中，循环条件或退出循环的条件放在循环体的前面和后面的效果是相同的，但在某些程序的执行过程中，如果第1次测试循环条件就不满足时，则条件前置和后置的结果就会有所不同。

再改写成Until出现在循环语句的后面，程序如下：

```
Do
  sum = sum + i
  i = i + 1
Loop Until i > 100
```

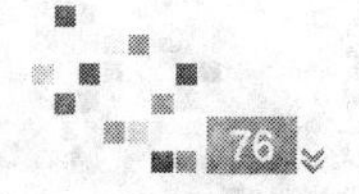

4.4.3 While…Wend 语句

While…Wend 循环语句语法格式如下：

While <循环条件>

<循环体>

Wend

说明：

（1）<循环条件>可以是关系表达式、布尔表达式或数值表达式，Visual Basic 将这个表达式的值解释为 True 或 False。如果以数值表达式作为条件，则一个为 0 的数值被作为 False，其他非 0 数值都为 True。

（2）语句的执行过程：检测“条件”，如果为 True，则执行循环体中语句，否则退出循环结构。重复执行上述操作，在“条件”为 True 时重复执行循环体，一直到条件为 False 时退出循环语句。

（3）如果条件一开始就不成立，则循环体一次也不会被执行。

（4）该语句也属于“当型循环”，类似于 Do While…Loop 型循环语句。

【例 4.12】 利用 While…Wend 循环语句编写程序，计算 1+2+3+…+100 的值。

程序代码如下：

```
Option Explicit
Private Sub Form_Load ( )
    Dim i As Integer
    Dim sum As Integer
    i = 1
    sum = 0
    While i <= 100
        sum = sum + i
        i = i + 1
    Wend
    MsgBox ( "sum = " + Str ( sum ) )
End Sub
```

>>>

技术提示：

累加和连乘（如求某数的阶乘 n!）是程序设计中的常用算法，均可采用循环结构实现。在进入循环之前，应当设置累加和变量或乘积变量初始值（如本例中的 fact），通常将累加变量设置为 0，连乘变量设置为 1。

4.4.4 循环控制结构的嵌套

循环控制结构的嵌套又称为多重循环，是指某一个循环控制结构内又出现另一个或多个循环控制结构。不过要注意语句的完整，多层嵌套时更要注意分清层次，不能出现相互交叉的情况，即内层的控制语句一定要被完整地包含在外层的控制语句中。最好采用分层递进的书写格式。对于 For…Next 语句内外嵌套的情况，内外层的控制变量一定不能同名。

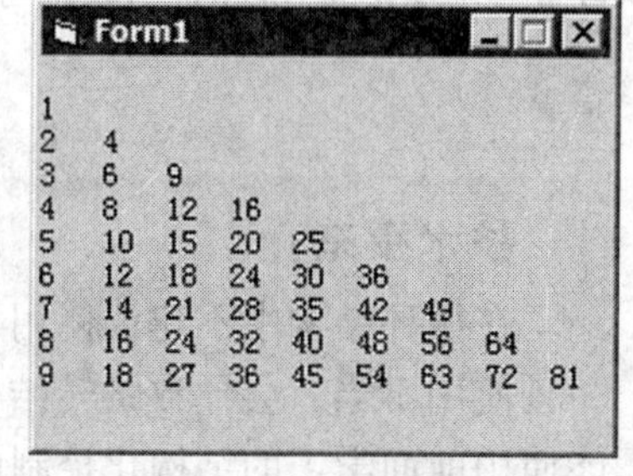

图4.17 九九乘法表

【例 4.13】 在窗体中打印九九乘法表，如图 4.17 所示。

分析：“九九乘法表”由 9 行 9 列等式组成，若以变量 i 代表行号，变量 j 代表列号，则所有等式均可表示为：$i * j$ = 乘积。对这种具有明显行列规律的问题，通常采用 For…Next 双重循环解决。设外循环的循环变量为行号，内循环的循环变量为列号，在内循环中输出一行中的各列，退出内循环后行号加 1，输出下一行。

程序代码如下：

```
Option Explicit
Private Sub Form_Click ( )
```

```
    Dim i, j As Integer
    Print
    For i = 1 To 9
        For j = 1 To i
            Print Left（CStr（i * j）& Space（5）, 4）; '使上下两列数据对齐
        Next j
        Print
    Next i
End Sub
```

技术提示：

在循环结构中可以嵌套任何循环结构，也可以嵌套选择结构。

项目 4.5 其他控制结构

除了上面提到的几种语句外，Visual Basic 还提供了其他一些流程控制语句。

例题导读

将本节的知识点总结成两道操作例题，其中例 4.14 讲解利用 Goto 语句实现累加；例 4.15 讲解循环、选择和 Exit 语句的混合使用。

知识汇总

- Goto 语句、Exit 语句、With…End With 语句

4.5.1 Goto 语句

Goto 语句可以改变程序执行的顺序，跳过程序的某一部分去执行另一部分，或者返回已经执行过的某语句使之重复执行。其语法格式如下：

Goto ＜语句标号＞

其中，＜语句标号＞参数可以是任意的行标签或行号。行标签可以是任何字符的组合，以字母开头，以冒号 “:” 结尾。行标签与大小写无关，必须从第一列开始；行号可以是任何数值的组合，是唯一的。

技术提示：

在循环结构中不建议使用 Goto 语句，特别是在多重循环中，Goto 语句可以跳出多层循环，一旦使用不当，会导致跳转结构的混乱，可读性也差，使程序代码不易阅读及调试。应该尽可能使用前面学习的结构化控制语句。Goto 语句常用在程序调试中，及可能发生遇到不可预知错误程序的自动跳转。关于程序的跳转将在后续模块中作介绍。

【例 4.14】 利用 Goto 语句编写程序，计算 1+2+3+…+100 的值。

程序代码如下：

```
Option Explicit
Private Sub Form_Click（）
```

```
    Dim i, sum As Integer
    sum = 0
    i = 1
S:  sum = sum + i
    i = i + 1
    If i <= 100 Then
        GoTo S:
    End If
    Print "1+2+3+…+100 = "; sum
End Sub
```

4.5.2 Exit 语句

Exit 语句的作用是在循环体执行的过程中强制终止循环，退出循环结构语句。与循环语句相配合，在 For 型循环中，为 Exit For；在 Do 型循环中，为 Exit Do。Exit 语句常用于在循环过程中因为一个特殊的条件而退出循环，往往出现在 If 语句中。Exit 语句与循环结构相配合的程序流程如图 4.18 所示。

在 Visual Basic 中，有如下几种中途跳出语句：

（1）Exit For：用于中途跳出 For 循环，可以直接使用，也可以用条件判断语句加以限制。在满足某个条件时才能执行此语句，跳出 For 循环。例如，在 For 循环内部添加语句"If 条件 Then Exit For"。

（2）Exit Do：用于中途跳出 Do 循环，既可以直接使用，也可以用条件判断语句限制使用。

（3）Exit Sub：用于中途跳出 Sub 过程，既可以直接使用，也可以用条件判断语句限制使用。

（4）Exit Function：用于中途跳出 Function 过程，可以直接使用，也可以用条件判断语句限制使用。

使用上述几种中途跳出语句，可以为某些循环体或过程设置明显的出口，能够增强程序的可读性。

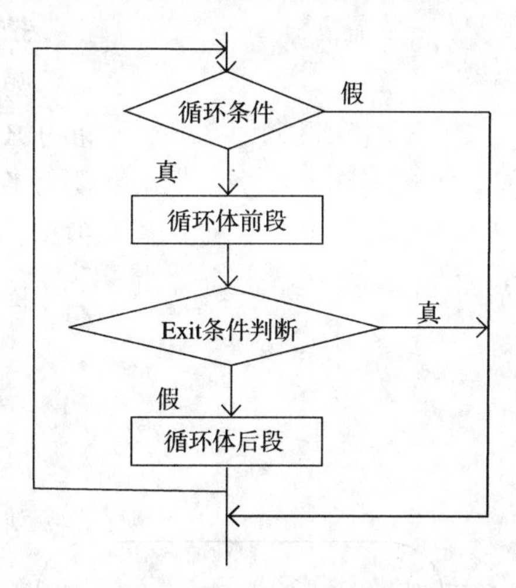

图4.18 Exit语句与循环结构相配合的程序流程图

【例 4.15】 任意输入若干非零整数，进行大小判断，找出其中的最大数，直到输入 0，表示输入结束，把所有输入数中的最大数显示出来。

在窗体的单击事件过程中编写代码如下：

```
Option Explicit
Private Sub Form_Click ( )
    Dim max, n As Integer
    max = 0
    Do While True
```

> **技术提示：**
>
> 当程序一旦进入 With 结构，对象就不能改变。因此不能用一个 With 结构来设置多个不同的对象。

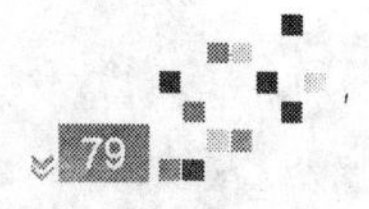

```
        n = InputBox ("n = ", "input")
        If n = 0 Then
            Exit Do
        ElseIf n > max Then
            max = n
        End If
    Loop
    MsgBox "输入的最大数是：" & Str (max) , , "比较结果"
End Sub
```

例 4.16 是循环过程，但是循环多少次在编程时无法确定。能确定的是直到输入一个 0 为止，表示循环结束。所以把循环条件设置为 True，即循环条件永远为真。一旦判断到输入变量 n 的值等于 0，则通过执行 Exit Do 语句强制退出循环。可见，在这个程序里，实质上是把退出循环的条件内置到了循环体中。这种循环结构称为“永真型循环”，即表面上循环条件永远为真，但实质上通过与 Exit 语句结合，将退出循环的条件内置到循环体中，避免循环成为真正的“死循环”。

4.5.3 With…End With 语句

With…End With 语句的作用是可以对某个对象执行一系列的语句，而不用重复指出对象的名称。例如，要改变一个对象的多个属性，可以在 With 结构中添加为该对象的多个属性赋值的语句，此时只需引用对象一次而不是在每个属性赋值时都要引用它。下面的示例说明了如何使用 With 结构来给同一个对象的几个属性赋值。属性前面需要带点号“.”。其语法格式如下：

```
With 对象名
  语句块
End With
```

例如：

```
With Form1
    .Height=3000
    .Width=4000
    .BackColor=RGB (255,0,0)
End With
```

> **技术提示：**
>
> 如果遇到循环嵌套的情况，Exit 语句只会使程序流程跳出包含它的最内层的循环结构，即只跳出一层循环。

重点串联

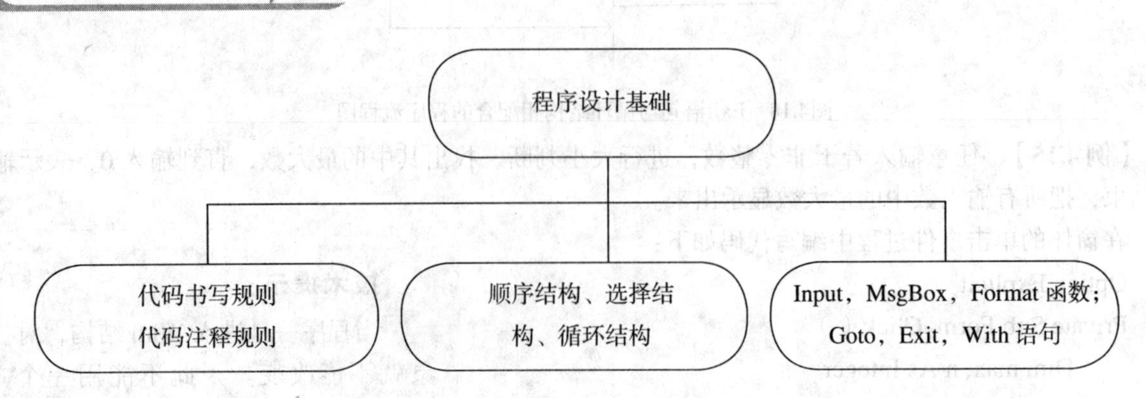

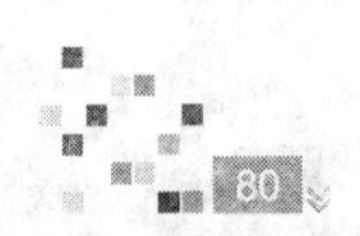

拓展与实训

▶基础训练

一、选择题

1. 当 MsgBox 函数返回值为 1，对应的符号常量是 VbOk，表示用户做的操作是（　　）。

A. 用户单击了对话框中的“确定”按钮

B. 用户单击了对话框中的“取消”按钮

C. 用户单击了对话框中的“是”按钮

D. 用户单击了对话框中的“否”按钮

2. 在 Visual Basic 中，InputBox 函数的默认返回值类型为字符串，当用 InputBox 函数作为数值型数据输入时，下列操作中可以有效防止程序出错的操作是（　　）。

A. 事先把要接收的变量定义为数值型

B. 在函数 InputBox 前面使用 Str 函数进行类型转换

C. 在函数 InputBox 前面使用 Val 函数进行类型转换

D. 在函数 InputBox 前面使用 String 函数进行类型转换

3. 下列语句中，可以在当前窗体上输出 123456.789 的语句是（　　）。

A.Print Format（123456.789, "000,000.00"）

B.Print Format（123456.789, "00,000.00"）

C.Print Format（123456.789, "######.###"）

D.Print Left（"123456.789", 9）

4. 设 a=1，b=2，c=3，d=4，则表达式 If（a < b, a, If（c < d, a, d））的值为（　　）。

A.4　　B.3　　C.2　　D.1

5. 设有如下程序段：

```
x=2
For i=1 To 10 Step 2
  x=x+I
Next
```

运行以上程序后，x 的值是（　　）。

A.26　　B.27　　C.38　　D.57

6. 在窗体上创建一个名称为 Command1 的命令按钮，然后编写如下事件过程：

```
Private Sub Command1_Click ( )
  Dim a As Integer, s As Integer
    a = 8
    s = 1
  Do
    s = s + a
    a = a -1
  Loop While a <= 0
```

```
    Print s; a
End Sub
```

程序运行后，单击命令按钮，则窗体上显示的内容是（　　）。

A.7 9　　B.34 0　　C.9 7　　D. 死循环

二、填空题

1. 执行如下语句：

a = inputBox（"Today"，"TomorroW"，"Yesterday",,,"Day before yesterday"，5）

将显示一个输入对话框，在对话框的输入区中显示的信息是 ______。

2. 利用 ______函数，可将 InputBox 函数的函数返回值转化为数值类型。

3. 假定有如下的窗体事件过程：

```
Private Sub Form_Click（ ）
    a$ = "Microsoft Visual Basic"
    b$ = Right（a$, 5）
    c$ = Mid（a$, 1, 9）
    MsgBox a$, 34, b$, c$, 5
End Sub
```

程序运行后单击窗体，则在弹出的信息框的标题栏中显示的信息是 ______。

三、编程题

熟悉 InputBox 函数和 MsgBox 函数的使用。使用 InputBox 函数输入 x 和 y，使用 MsgBox 函数让用户选择“是”和“否”。如果选择“是”，则用 MsgBox 语句显示两数中数值大的数；选择“否”，则用 MsgBox 语句显示两数中的数值小的数。

▶ 技能实训

编程实现计算两个自然数的最大公因数和最小公倍数。计算两个数的最大公因数和最小公倍数是初等数学问题，在程序中可通过如下算法实现：

（1）已知两个自然数 m 和 n，使 $m>n$。

（2）m 除以 n 得余数 r。

（3）判断，若 $r=0$，则 n 是最大公因数，算法结束；否则执行下一步。

（4）将 n 值赋给 m、r 值赋给 n，重复执行第（2）步。

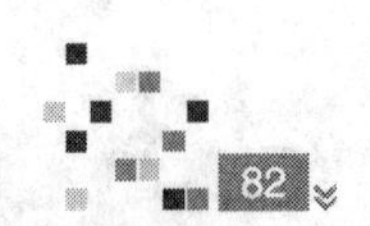

模块5 常用标准控件

教学聚焦

在前面的讲解中，已经涉及了一些控件的应用，可以说控件是构成 Visual Basic 应用程序最基本的组成部分。本模块将系统地介绍控件的相关知识。在面向对象程序设计的概念中，控件也是一个对象，对于每一种控件，需掌握其属性、方法和事件。

知识目标

◆ 文本框、单选按钮、复选框、列表框、组合框、图像框、图片框、滚动条、定时器控件的常用属性和事件

◆ 控件的焦点

技能目标

◆ 在程序设计时，通过属性窗口设置控件的属性熟练应用循环结构中的 FOR 循环和 DO 循环

◆ 通过代码窗口编写代码，在程序运行时设置控件的属性

课时建议

12 课时

教学重点和教学难点

◆ 各种控件特殊属性、方法和事件

项目 5.1 文本框控件

文本框（TextBox）是一个文本编辑区域，可以输入、输出和显示文本。

例题导读

例 5.1 是检测密码输入练习，教学重点在文本框属性的设置；例 5.2 讲解文本框的触发焦点事件。

知识汇总

●常用属性：Text，Locked，ScrollBars，Maxlength，Multiline，PasswordChar，SelLength，SelStart，SelText

●常用事件：Change，GotFocus，LostFocus

5.1.1 常用属性

1. Text 属性

Text 属性用来指定或返回文本框的文本内容。它的内容可以在属性窗口设置，也可在程序运行时由用户输入。例如，Text1.Text=""，表示清空 Text1 中的内容。

2.Locked 属性

Locked 属性决定文本框可否被编辑。它有 True 和 False 两个值，默认值为 False，表示可以被编辑。

3.ScrollBars 属性

ScrollBars 属性用来确定文本框是否有滚动条。有 0，1，2 和 3 四个值，默认值为 0，表示无滚动条。若使 ScrollBars 属性起作用，Multiline 必须为 True。该属性为只读属性，只能在属性窗口设置。

4.Maxlength 属性

Maxlength 属性指定文本框能够输入字符的最大数量，取值范围 0~65535，默认值为 0，表示不限定文本框的字符数。

5.Multiline 属性

Multiline 属性设置文本框是否可以多行显示文本。它有 True 和 False 两个值，默认值为 False，表示单行显示；为 True，则在属性窗口设置 Text 属性时，用 Ctrl+Enter 表示换行，Enter 表示设置结束。该属性为只读属性，只能在属性窗口设置。

6.PasswordChar 属性

PasswordChar 属性设置文本框中显示的字符。若使 PasswordChar 属性起作用，Multiline 必须为 False。

7. SelLength 属性

SelLength 属性指当前选中的字符数。当在文本框中选择文本时，该属性会随着选择字符的多少而变化；也可以在程序代码中把该属性设置一个整数值，由程序来改变选择。如果 SelLength 属性值为 0，则表示未选中任何字符。该属性及下面的 SelStart，SelText 属性，只有在运行期间才能设置。

8. SelStart 属性

SelStart 属性定义当前选择文本的起始位置。0 表示选择的起始位置在第 1 个字符之前，1 表示从

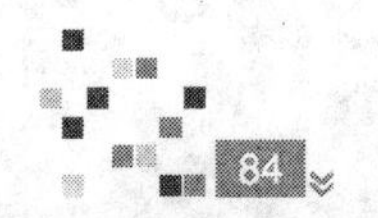

第 2 个字符之前开始选择，以此类推。

9. SelText 属性

SelText 属性返回或设置当前所选择的文本字符串，如果没有选择文本，则该属性返回一个空字符串。

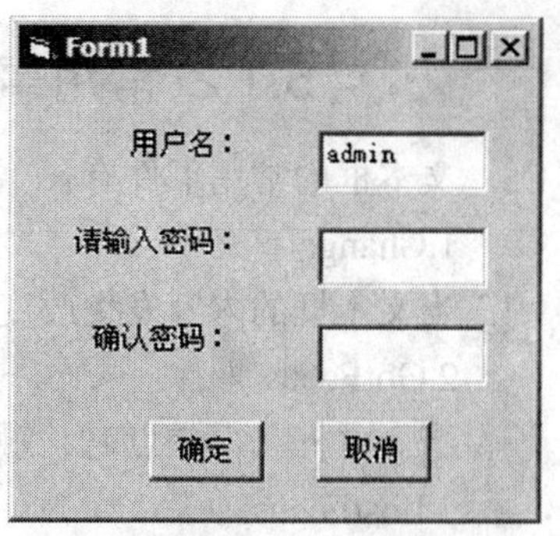

图5.1 【例 5.1】程序初始界面

【例 5.1】 利用文本框设计一个密码演示程序。假设用户名已定为“admin”，不可改变，两次密码相同设置成功，密码最多为 10 位。

设计程序界面，如图 5.1 所示。

设置对象属性，如表 5.1 所示。

表 5.1 例 5.1 程序控件及属性值

控　件	属　性	属性值
标签 Label1 Label	Caption	用户名:
标签 Label2 Label	Caption	请输入密码:
标签 Label3 Label	Caption	确认密码:
文本框 Text1 TextBox	Text	admin
	Locked	True
文本框 Text2 TextBox 文本框 Text3 TextBox	Text	空值
	PasswordChar	*
	Maxlength	10
按钮 Command1 CommandButton	Caption	确定
按钮 Command2 CommandButton	Caption	取消

程序代码如下：

```
'“确定”按钮的事件过程
Private Sub Command1_Click（）
    If Text2.Text = Text3.Text Then
        MsgBox " 密码设置成功！ ", , " 设置密码 "
    Else
        MsgBox " 两次密码不相同，请重新输入！ ", , " 设置密码 "
        Text2.Text = ""
        Text3.Text = ""
        Text2.SetFocus
    End If
End Sub
'“取消”按钮的事件过程
Private Sub Command2_Click（）
    Unload Me
End Sub
```

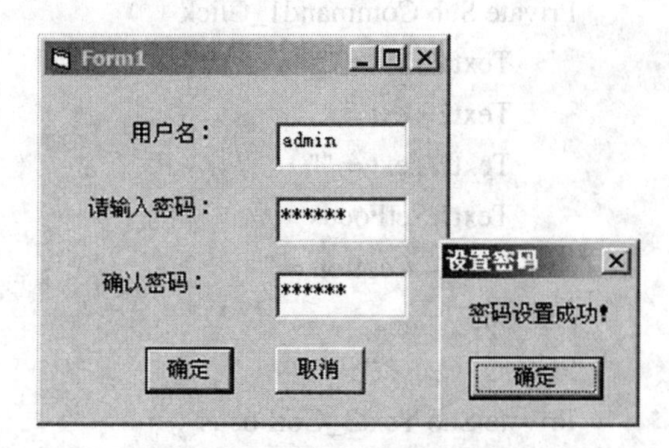

图5.2 密码设置成功

运行程序，效果如图 5.2 所示。

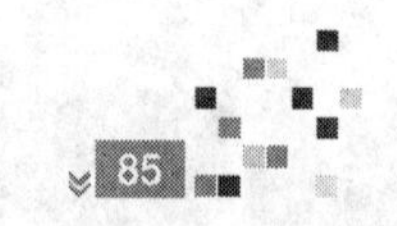

5.1.2 常用事件

文本框的常用事件有：

1.Change 事件

当文本框的内容发生改变时，触发 Change 事件。

2.GotFocus 事件

当文本框获得焦点时，触发 GotFocus 事件。

3.LostFocus 事件

当文本框失去焦点时，触发 LostFocus 事件。

【例 5.2】 编写程序，输入总金额和付款金额，并自动计算找零。要求当光标离开输入付款金额的文本框时，若付款金额小于总金额时，则在标签中出现提示信息。

设计程序界面，如图 5.3 所示。

设置对象属性，如表 5.2 所示。

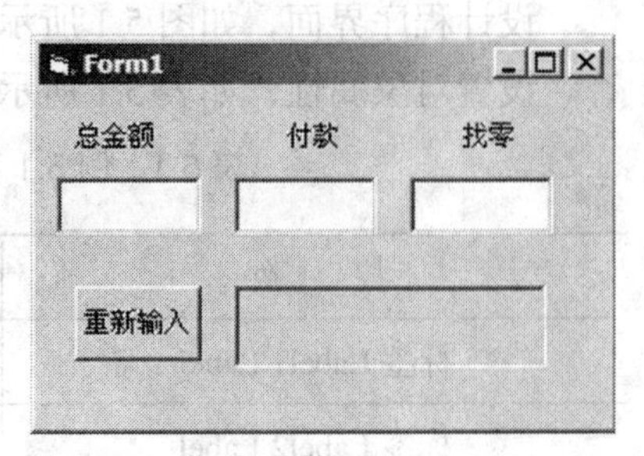

图5.3 【例 5.1】程序初始界面

表 5.2 【例 5.2】程序控件及属性值

控　件	属　性	属性值
标签 Label1 Label	Caption	总金额
标签 Label2 Label	Caption	付款
标签 Label3 Label	Caption	找零
标签 Label4 Label	Caption	空值
	BorderStyle	1
文本框 Text1 TextBox 文本框 Text2 TextBox	Text	空值
文本框 Text3 TextBox	Text	空值
	Locked	True
按钮 Command1 CommandButton	Caption	重新输入

程序代码如下：

```
'重新输入所有金额
Private Sub Command1_Click ( )
    Text1.Text = ""
    Text2.Text = ""
    Text2.Text = ""
    Text1.SetFocus
    Label4.Caption = ""
End Sub
'计算并显示找零
Private Sub Text3_GotFocus ( )
    If Val ( Text2.Text ) < Val ( Text1.Text ) Then
        Label4.Caption = " 付款金额小于商品金额，请重新输入！ "
```

```
        Text3.Text = ""
    Else
        Text3.Text = Val（Text2.Text）- Val（Text1.Text）
        Label4.Caption = ""
    End If
End Sub
```

运行程序，效果如图 5.4 和图 5.5 所示。

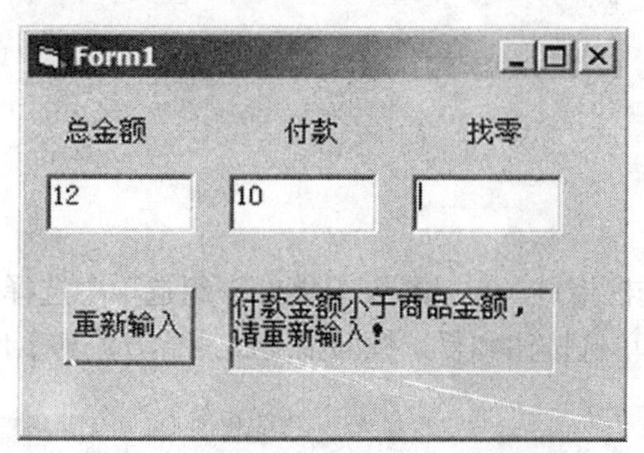

图5.4　付款小于总金额情况

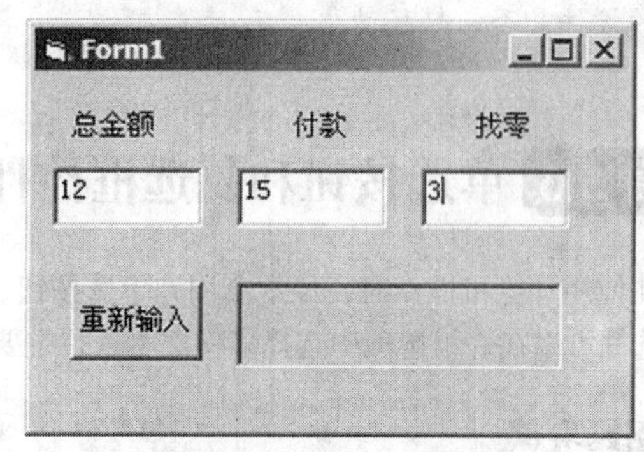

图5.5　付款大于总金额情况

项目 5.2 框架控件

框架（Frame）是一个容器控件，用于对屏幕上的对象分组，被分组的对象可以是相同的控件，也可以是不同的控件。

例题导读

图 5.6 是用框架为其他框架提供可标识的分组。单独使用没有什么实际意义。

知识汇总

●框架的常用属性：Caption，BorderStyle，Enabled

分组后每组控件都是独立的。如图 5.6 所示，3 组单选按钮，在同一时间每组都可以选择 1 个单选按钮；如果不用框架分组，9 个单选按钮在同一时间只能有 1 个被选中。

框架的常用属性：

1.Caption 属性

Caption 属性用来设定框架上的标题名称。如果为空字符，则框架为一个封闭的矩形。

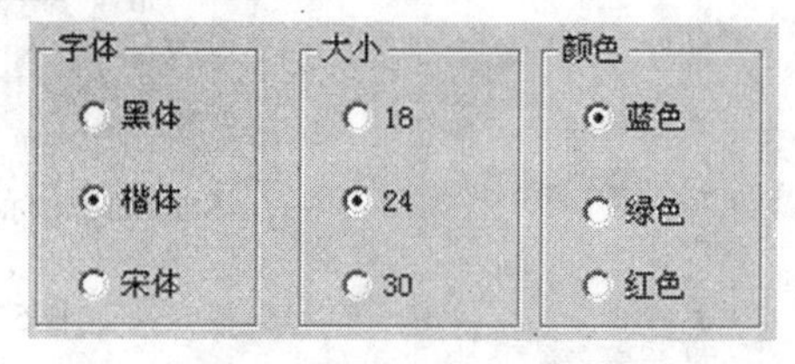

图5.6　用框架分组示意图

2.BorderStyle 属性

BorderStyle 属性用来设置框架显示的风格。它有 0 和 1 两个值，默认值为 1；若为 0，表示框架不显示。

3.Enabled 属性

Enabled 属性指框架在执行程序过程中是否可被编辑。

技术提示：

我们知道把苹果放在果盘中，果盘移动时苹果也随着一起移动位置。把控件放置在容器对象中也要实现同样的效果。那么，如何把控件放置在框架容器中？

方法很简单，先把框架添加到窗体中，然后在工具箱中选择要放置在框架中的控件，单击该控件后，把鼠标移到框架容器内，画出该控件。试试看，完成操作后，移动框架容器，框架容器中的控件是否一起移动？

项目 5.3 单选按钮和复选框控件

在使用计算机操作时，经常会用到单选按钮、复选框控件。单选按钮只能在一组选项中选择一项，而复选框可以在一组选项中选择多项。本项目主要介绍单选按钮和复选框的主要属性、方法和事件。

例题导读

例 5.3 是综合练习程序，包括单选按钮、复选框、框架、文本框等控件的属性设置，单选按钮和复选框常用事件的调用等知识。

知识汇总

●单选按钮和复选框的常用属性：Value，Style；常用事件：Click

5.3.1 单选按钮

单选按钮（OptionButton）用于建立一系列选项，用户一次只能选中其中的一个选项。

1. 常用属性

（1）Value 属性。Value 属性设置单选按钮是否被选中。有 True 和 False 两个值，默认值为 False，表示没有被选中。在一组单选按钮中，只能有一个单选按钮的 Value 值被设置为 True。

（2）Style 属性。Style 属性用于指定单选按钮的显示方式。有 0-Standard（标准方式）和 1-Graphical（图形方式）两个值，默认为 0。显示效果如图 5.7 所示。

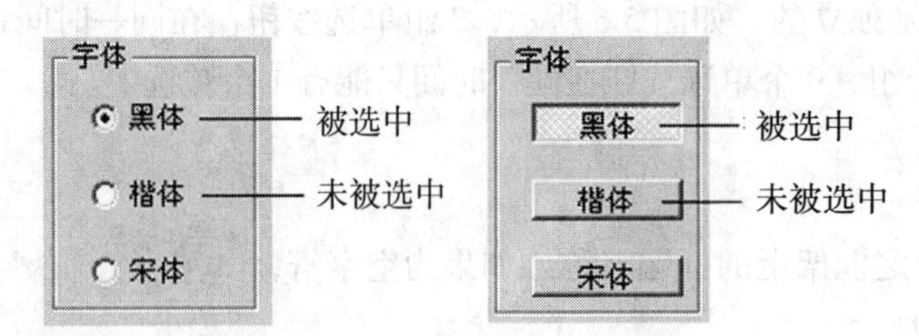

图5.7 单选按钮Style属性的两种样式

⑶ Alignment 属性。Alignment 属性用于设置单选按钮标题的位置。有 0 和 1 两个值，默认值为 0，表示标题显示在右边。

2. 常用事件

Click 事件是单选按钮的常用事件，在运行时，单击单选按钮，触发 Click 事件。

5.3.2 复选框

复选框（CheckBox）用于建立一系列的选项，用户一次可以选中其中多个选项。

1. 常用属性

（1）Value 属性。Value 属性设置复选框是否被选中。有 0-Unchecked，1-Checked 和 2-Grayed 3 个值，默认值为 0，表示没有被选中；若为 1，表示处于被选中状态；若为 2，则使复选框为灰色。

（2）Style 属性。Style 属性与单选按钮一样，用来设置复选框的显示方式。

2. 常用事件

与单选按钮一样，Click 是复选框的常用事件，在复选框被单击时，发生 Click 事件。

【例 5.3】 设计窗体，如图 5.8 所示。当对字体、大小、颜色或风格作出相应的选择时，文本框内的文字作出相应的改变。

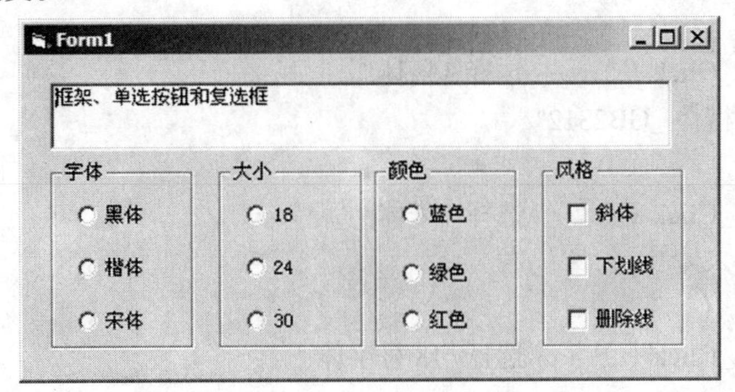

图5.8 【例5.3】程序初始界面

设置对象属性，如表 5.3 所示。

表 5.3 【例 5.3】程序控件及属性值

控　　件	属　　性	属性值
文本框 Text1 TextBox	Text	框架、单选按钮和复选框
框架 Frame1 Frame	Caption	字体
单选按钮 Option1 OptionButton	Caption	黑体
单选按钮 Option2 OptionButton	Caption	楷体
单选按钮 Option3 OptionButton	Caption	宋体
框架 Frame2 Frame	Caption	大小
单选按钮 Option4 OptionButton	Caption	18
单选按钮 Option5 OptionButton	Caption	24
单选按钮 Option6 OptionButton	Caption	30
框架 Frame3 Frame	Caption	颜色
单选按钮 Option7 OptionButton	Caption	蓝色
单选按钮 Option8 OptionButton	Caption	绿色
单选按钮 Option9 OptionButton	Caption	红色
框架 Frame4 Frame	Caption	风格

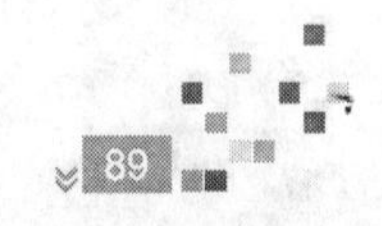

续表 5.3

控　件	属　性	属性值
复选框 Check1 CheckBox	Caption	斜体
复选框 Check2 CheckBox	Caption	下划线
复选框 Check3 CheckBox	Caption	删除线

程序代码如下：

```
'单击单选按钮，其触发 Click 事件
Private Sub Option1_Click（）
    Text1.FontName = " 黑体 "      ' 选择 " 黑体
End Sub
Private Sub Option2_Click（）      ' 选择 " 楷体 "
    Text1.Font = " 楷体 _GB2312"
End Sub
Private Sub Option3_Click（）      ' 选择 " 宋体 "
    Text1.Font = " 宋体 "
End Sub
Private Sub Option4_Click（）      ' 选择 "18 号字体 "
    Text1.FontSize = 18
End Sub
Private Sub Option5_Click（）
    Text1.FontSize = 24          ' 选择 "24 号字体 "
End Sub
Private Sub Option6_Click（）
    Text1.FontSize = 30          ' 选择 "30 号字体 "
End Sub
Private Sub Option7_Click（）
    Text1.ForeColor = QBColor（9）' 选择 " 蓝色 "
End Sub
Private Sub Option8_Click（）
    Text1.ForeColor = QBColor（10）' 选择 " 绿色 "
End Sub
Private Sub Option9_Click（）
    Text1.ForeColor = QBColor（12）' 选择 " 红色 "
End Sub
'实现复选框功能代码如下：
Private Sub Check1_Click（）      '" 斜体 " 复选框被选择
    If Check1.Value = 1 Then
        Text1.FontItalic = True
    Else
        Text1.FontItalic = False
    End If
```

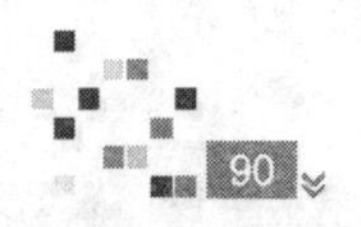

```
End Sub
Private Sub Check2_Click（ ）        '"下划线"复选框被选择
    If Check2.Value = 1 Then
        Text1.FontUnderline = True
    Else
        Text1.FontUnderline = False
    End If
End Sub
Private Sub Check3_Click（ ）        '"删除线"复选框被选择
    If Check3.Value = 1 Then
        Text1.FontStrikethru = True
    Else
        Text1.FontStrikethru = False
    End If
End Sub
```

运行程序，效果如图 5.9 所示。

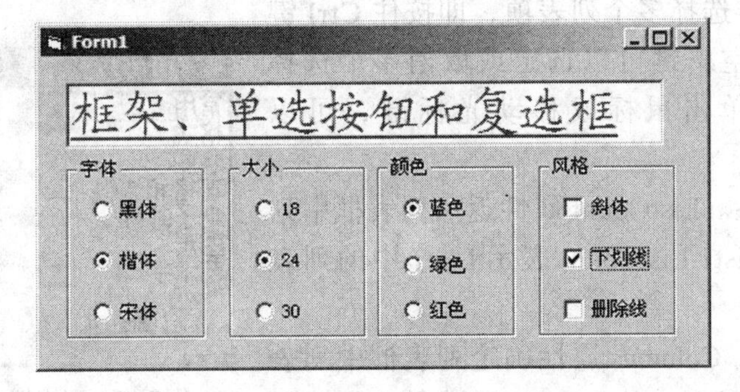

图5.9 文本框中文字改变成相应设置

技术提示：

当复选框的Value值为2时，使复选框变灰，仅仅是对复选框颜色的改变，不代表不能使用。在程序运行时，仍然可以进行选择，这与Enable属性设置为False是有区别的。

项目 5.4 列表框和组合框

列表框和组合框的作用都是提供已知的选项供用户选择，两者之间有很多相似的地方。

例题导读

通过例 5.4 的练习，掌握列表框的属性设置及触发事件的过程。通过例 5.5 的练习，掌握组合框的属性设置及触发事件的过程。

知识汇总

●列表框和组合框有许多相同的属性、方法和事件，在学习过程中应注重它们之间的异同

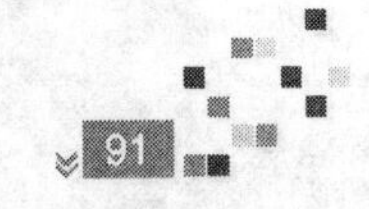

5.4.1 列表框

列表框（ListBox）是以列表形式显示数据，并接收用户在其中进行选择的控件。

1. 常用属性

（1）List 属性。List 属性用于设置列表框中的列表项目。与普通属性不同，设置该属性，需要打开 List 属性的下拉列表才能设置。项目与项目之间用换行分隔（需按 Ctrl+ 回车键，才能换行）。List 属性是一个字符串数组，每个列表项目对应数组中的一个元素，第一个项目的索引值为 0。例如，List1.List（0）表示列表中的第一项。

（2）ListIndex 属性。ListIndex 属性设置或返回列表框当前选择项目的索引位置。该属性仅在程序运行时使用，默认值为 -1，即没有被选择的项目。例如，List1.List（List1.ListIndex）为取得当前选择项目的内容。

（3）MultiSelect 属性。MultiSelect 属性设置或返回一个值，决定用户是否可以在该控件中作多重选择。它有 0-None，1-Simple 和 2-Extended 3 个值，默认为 0，表示不允许同时选择多个列表项；1 表示允许同时选择多个列表项，用户可以单击鼠标或按空格键的方法对列表项进行选择和释放；2 为扩展多选择方式，允许用户像在 Windows 资源管理器中选择多个文件的操作一样选择多个列表项，即按住 Ctrl 键同时用鼠标单击或按空格键可以选定或取消多个选择项；按住 Shift 键同时单击鼠标或移动光标键，可以选定多个连续项。

（4）ListCount 属性。ListCount 属性返回列表框中列表项的数量。例如，List1.ListCount 表示 List1 中的列表项数量。

（5）Columns 属性。Columns 属性确定列表框中列表项目显示的列数。默认为 0，表示单列显示；若为一正整数，则会出现水平滚动条，如图 5.10 所示。

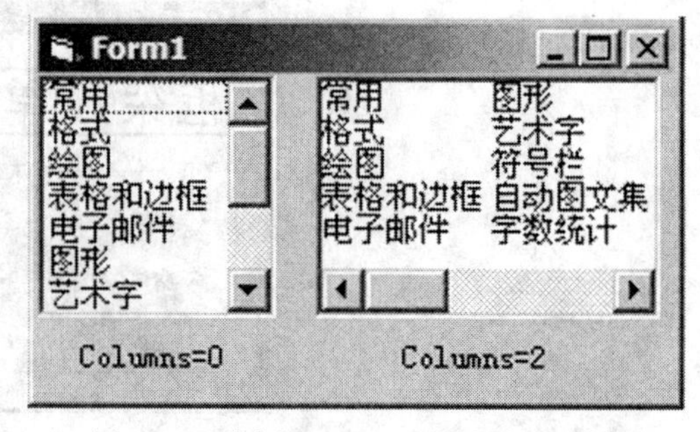

图5.10　列表框Columns属性的两种样式

（6）Selected 属性。Selected 属性设置或返回控件的选定状态，用于列表项目是否被选中，常用于多项选择。该属性仅在程序运行时使用。Selected 属性是一个逻辑数组，每个元素代表列表中相应列表项的状态。例如，List1.Selected（0）的值为 True，表示第一个列表项被选中。

（7）Style 属性。Style 属性列表框中列表项目的样式。它有 0-Standard 和 1-Checkbox 两个值，默认为 0-Standard，标准样式；若为 1-Checkbox，则各列表项目以复选框样式显示。

2. 常用事件

列表框可接收 Click 和 DblClick 事件。但一般不用编写 Click 事件过程代码，而当单击一个命令按钮或发生 DblClick 事件时，读取 List 属性。如果对某个列表框同时编写 Click 和 DblClick 事件，则 DblClick 事件永远不会响应。

3. 常用方法

（1）AddItem 方法：在列表框最后或某个指定的位置添加列表项目。语法格式为：

对象名 .AddItem Item [,Index]

其中 Item 是一个添加到列表框的字符串，Index 是可选的一个整数，表示新项目插入的位置，第一个位置为 Index=0。例如：

①在列表项末尾加入“其他格式”列表项语句代码：List1.AddItem " 其他格式 "；

②在列表项最前面加入“自定义工具栏”列表项语句代码：

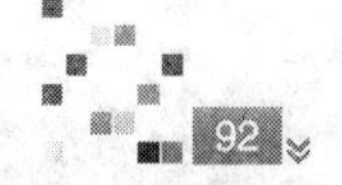

List1.AddItem " 自定义工具栏 "，0

（2）RemoveItem 方法：从列表框中删除项目。语法格式为：

对象名 . RemoveItem Index

例如，删除列表框第 4 个列表项：List1.RemoveItem 3

（3）Clear 方法：清空列表框中所有项目。语法格式为：

对象名 . Clear

例如，清空图 5.11 中左侧列表框项目：List1.Clear

【例 5.4】 模拟一个 Word 显示工具栏窗口，设计程序界面如图 5.11 所示。

设置对象属性，如表 5.4 所示。

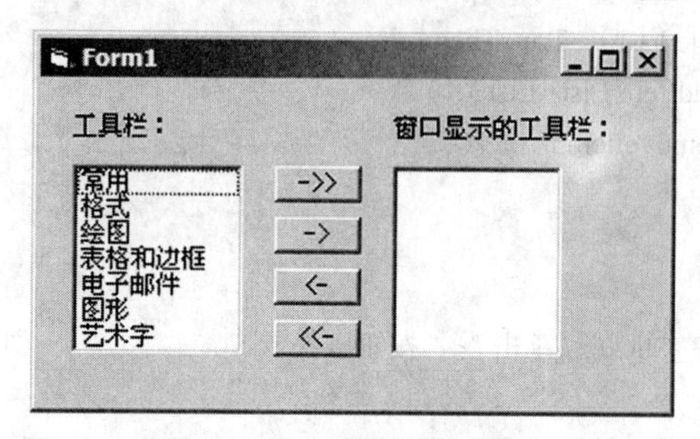

图5.11 【例5.4】程序初始界面

表 5.4 【例 5.4】程序控件及属性值

控　件	属　性	属性值
标签 Label1 Label	Caption	工具栏：
标签 Label2 Label	Caption	窗口显示的工具栏：
列表框 List1 ListBox	List	常用 格式 绘图 表格和边框
列表框 List1 ListBox	List	电子邮件 图片 艺术字
	MultiSelect	2
列表框 List2 ListBox	List	空
	MultiSelect	2
按钮 Command1 CommandButton	Caption	->>
按钮 Command2 CommandButton	Caption	->
按钮 Command3 CommandButton	Caption	<-
按钮 Command4 CommandButton	Caption	<<-

程序代码如下：

```
Private Sub Command1_Click ( ) ' 单击 "->>" 按钮事件
```

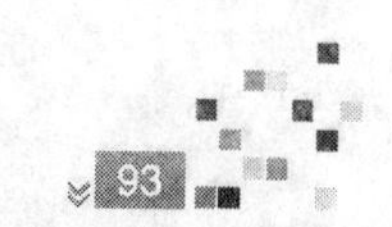

```
        Dim i As Integer
        For i = 0 To List1.ListCount - 1
            List2.AddItem List1.List（i）
        Next
        List1.Clear
    End Sub
    Private Sub Command2_Click（）' 单击 "->" 按钮事件
        Dim i As Integer
        For i = List1.ListCount - 1 To 0 Step -1
            If List1.Selected（i）= True Then
                List2.AddItem List1.List（i）
                List1.RemoveItem i
            End If
        Next
    End Sub
    Private Sub Command3_Click()  ' 单击 "<-" 按钮事件
        Dim i As Integer
        For i = List2.ListCount - 1 To 0 Step -1
            If List2.Selected(i) = True Then
                List1.AddItem List2.List(i)
                List2.RemoveItem i
            End If
        Next
    End Sub
    Private Sub Command4_Click()  ' 单击 "<<-" 按钮事件
        Dim i As Integer
        For i = 0 To List2.ListCount - 1
            List1.AddItem List2.List(i)
        Next
        List2.Clear
    End Sub
    Private Sub List1_DblClick()      ' 双击左侧 " 工具栏 " 列表框
        List2.AddItem List1.List(List1.ListIndex)
        List1.RemoveItem List1.ListIndex
    End Sub
    Private Sub List2_Click()         ' 双击右侧 " 窗口显示的工具栏 " 列表框
        List1.AddItem List2.List(List2.ListIndex)
        List2.RemoveItem List2.ListIndex
    End Sub
```

运行程序，效果如图 5.12 所示。

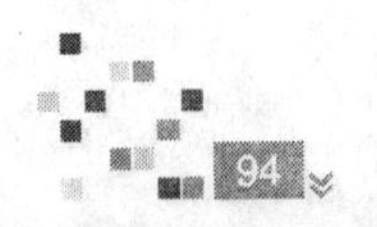

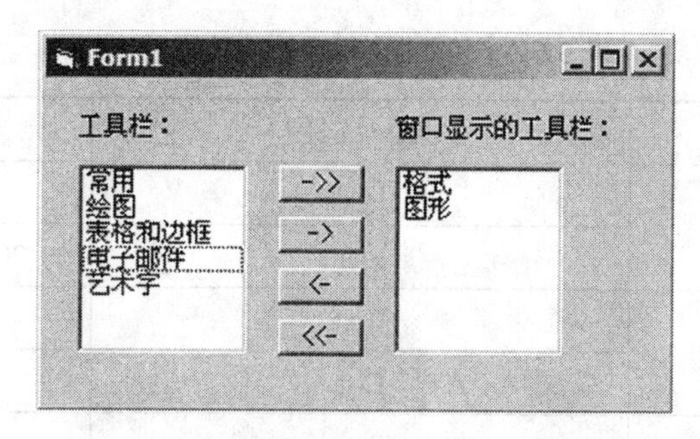

图5.12　左侧列表框内容加到右侧列表框中

5.4.2 组合框

组合框（ComboBox）是文本框和列表框组成的控件，具有文本框和列表框的功能特性。

1. 常用属性

（1）Style 属性。组合框与列表框的属性大部分相同，但组合框的 Style 属性与列表框的 Style 属性是不同的。组合框的 Style 属性有 3 个值：0-Dropdown 下拉式组合框、1-Simple 简单组合框和 2-Dropdown List 下拉式列表框。3 种样式如图 5.13 所示。

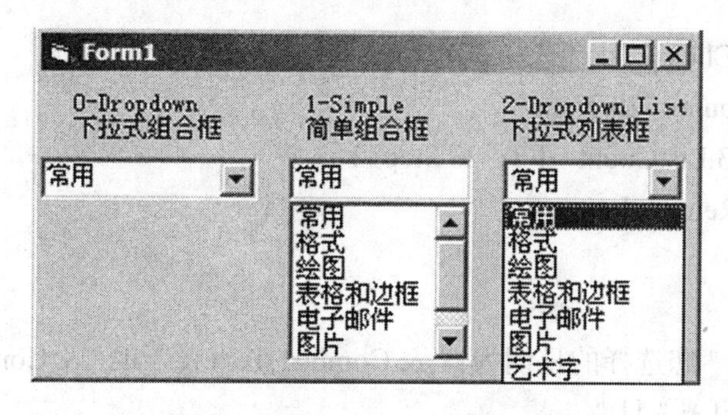

图5.13　组合框Style 3种属性值

对于下拉式组合框和简单组合框这两种样式来说，在使用时组合框既可以从列表框已存在的项目中选择，也可以直接在文本框中输入列表框存在或不存在的项目；如果是下拉式列表框，在使用时只能在列表中选择列表项。

（2）Text 属性。组合框的值是通过组合框的 Text 属性提取的，它是组合框的文本属性。

2. 常用方法

组合框可识别 AddItem，RemoveItem 和 Clear 方法，其使用方法与列表框相同。

【例 5.5】 设计一个选择日期的窗口，并用一个标签显示所选择的日期。

程序界面如图 5.14 所示。

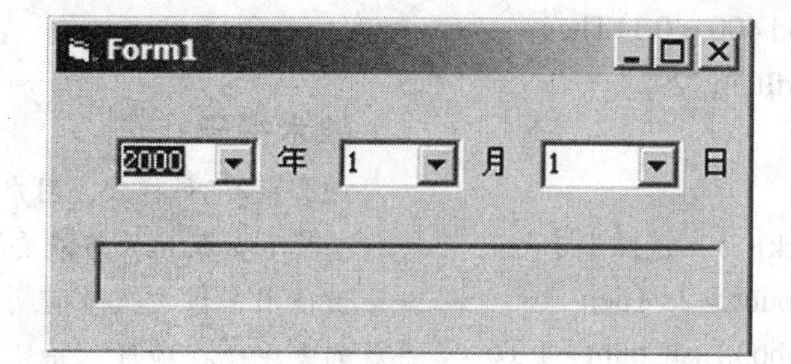

图5.14 【例5.5】程序初始界面

设置对象属性如表 5.5 所示。

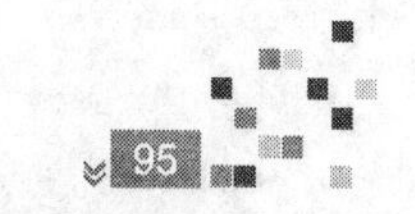

表 5.5 【例 5.5】程序控件及属性值

控　件	属　性	属性值
组合框 Combo1 ComboBox	Text	2000
	List	2000，2001，2002，…，2030
组合框 Combo2 ComboBox	Text	1
	List	1，2，3，…，12
组合框 Combo3 ComboBox	Text	1
	List	1，2，3，…，28
标签 Label1 Label	Caption	年
标签 Label2 Label	Caption	月
标签 Label3 Label	Caption	日
标签 Label4 Label	Caption	空值
	BorderSytle	1

程序代码如下：

```
Private Sub Combo1_Click ( )  '选择"年"
    If Combo3.ListCount > 28 Then
      For i = Combo3.ListCount - 1 To 28 Step -1
          Combo3.RemoveItem i
      Next
    End If
    Label4.Caption = "您选择的日期为：" & Combo1.Text & "年" & Combo2.Text & "月" & _
        Combo3.Text & "日"
    If Combo2.Text = 1 Or Combo2.Text = 3 Or Combo2.Text = 5 Or Combo2.Text = 7 Or _
        Combo2.Text = 8 Or Combo2.Text = 10 Or Combo2.Text = 12 Then
        Combo3.AddItem "29"
        Combo3.AddItem "30"
        Combo3.AddItem "31"
    ElseIf Combo2.Text = 4 Or Combo2.Text = 6 Or Combo2.Text = 9 Or Combo2.Text = 11 Then
        Combo3.AddItem "29"
        Combo3.AddItem "30"
    ElseIf Combo2.Text = 2 And ( Combo1 Mod 4 = 0 Or ( Combo1 Mod 100 = 0 And _
        Combo1 Mod 400 = 0 ) ) Then
        Combo3.AddItem "29"
    End If
End Sub
Private Sub Combo2_Click ( )  '选择"月"
    If Combo3.ListCount > 28 Then
        For i = Combo3.ListCount - 1 To
28 Step -1
            Combo3.RemoveItem i
        Next
```

技术提示：

组合框有3种样式，用户可以根据界面设计需求进行选择。如果用户可能要输入列表框以外的值，就应该使用下拉式组合框或者简单组合框；如果只是从列表中选择项目，并且有足够的窗体空间时，应使用列表框；当窗体上的空间较少时，最好使用下拉式列表框。

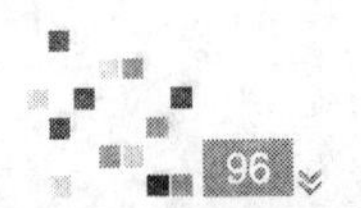

```
End If
Label4.Caption = " 您选择的日期为：" &
    Combo1.Text & " 年 " & Combo2.Text & " 月 " & _
    Combo3.Text & " 日 "
If Combo2.Text = 1 Or Combo2.Text = 3 Or Combo2.Text = 5 Or Combo2.Text = 7 Or _
        Combo2.Text = 8 Or Combo2.Text = 10 Or Combo2.Text = 12 Then
        Combo3.AddItem "29"
        Combo3.AddItem "30"
        Combo3.AddItem "31"
    ElseIf Combo2.Text = 4 Or Combo2.Text = 6 Or Combo2.Text = 9 Or Combo2.Text = 11 Then
        Combo3.AddItem "29"
        Combo3.AddItem "30"
    ElseIf Combo2.Text = 2 And ( Combo1 Mod 4 = 0 Or ( Combo1 Mod 100 = 0 And _
        Combo1 Mod 400 = 0 ) ) Then
        Combo3.AddItem "29"
    End If
End Sub
Private Sub Combo3_Click ( )  '选择 " 日 "
    Label4.Caption = " 您选择的日期为：" & Combo1.Text & " 年 " & Combo2.Text & " 月 " & _
      Combo3.Text & " 日 "
End Sub
```

运行程序，效果如图 5.15 所示。

图5.15 【例5.5】程序运行界面

项目 5.5 图形控件

例题导读

例 5.6 讲解用 Line 方法绘制直线；例 5.7 讲解图像框 Stretch 属性与图片框 AutoSize 属性分别设置不同属性值对所加载图片的影响；例 5.8 练习使用图片框的常用方法。

知识汇总

- 图形坐标系统、Line 控件和 Shape 控件、绘图方法
- 图像框和图片框控件常用属性、方法和事件；比较属性 AutoSize 和 Stretch 的区别

5.5.1 直线与形状

1. 图形的坐标系统

在 Visual Basic 中，每个对象定位于存放它的容器内，对象定位都要使用容器的坐标系。例如，窗体处于屏幕内，屏幕是窗体的容器；如果在窗体中直接绘制图形，窗体就是容器；如果在图片框（PictureBox）内绘制图形，该图片框就是容器。容器内的对象只能在容器界定的范围内移动，当容器移动时，容器内的对象也随之一起移动，而且与容器的相对位置保持不变。

每个容器都有一个坐标系统，可以定义对象存放其中的位置。构成坐标系统的 3 要素：坐标原

点、坐标度量单位和坐标轴的长度及方向。

（1）坐标原点。无论哪一种坐标度量单位，容器的缺省坐标原点（0,0）在对象的左上角。

（2）坐标度量单位。当使用图形方法或调整控件位置时，ScaleMode 属性能返回或设置一个值，指示对象坐标的度量单位。ScaleMode 属性设置和说明如表 5.6 所示。

表 5.6 ScaleMode 属性设置和说明

属性值	常量名	说 明
0	vbUser	用户自定义，若设置了 ScaleWidth，ScaleHeight，ScaleTop 或 ScaleLeft，则 ScaleMode 属性自动设为 0
1	vbTwips	Twip（缇——缺省值）
2	vbPoints	Point（点）
3	vbPixels	Pixel（像素）
4	vbCharacters	字符数
5	vbInches	in（英寸）
6	vbMillimeters	mm（毫米）
7	vbCentimeters	cm（厘米）

说明：

① ScaleMode 属性的缺省值为缇（Twip）。

②以图 5.16 为例说明对象与容器的位置及属性。对于窗体来说，Left，Top，Width 和 Height 的单位是缇；ScaleLeft 和 ScaleTop 是左上角坐标，缺省值都为 0；ScaleWidth 和 ScaleHeight 是以坐标系统长度单位计算的窗体内部的宽度和高度。

例如，窗体的默认大小为：Width=4800，Height=3600，ScaleWidth=4680，ScaleHeigh=3195，单位为缇。窗体的 Width 属性值包括了垂直边框的宽度，Height 属性包括了标题栏和水平框宽度，实际可用宽度和高度是由 ScaleWidth 属性和 ScaleHeigh 属性确定的。

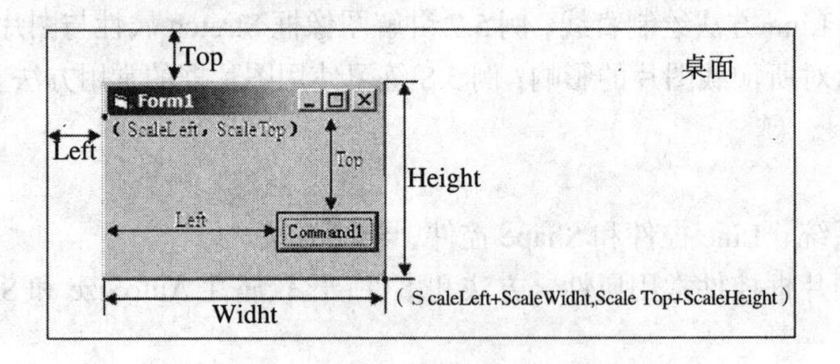

图5.16 对象与容器位置及属性

③度量单位之间的关系：1 英寸 =75 磅 =1440 缇 ≈ 25.4 毫米，1 个字符宽 120 缇、高 240 缇。

（3）坐标轴的长度和方向。坐标轴的方向缺省值为：横轴向右为 X 轴的正方向，纵向向下为 Y 轴的正方向。

用户可以自定义坐标系统，设置坐标系统的方法为：

[对象 .]Scale（x_1，y_1）-（x_2，y_2）

说明：

①对象可以是窗体、图形框或打印机，如果省略对象名，则为带有焦点的窗体对象。

②参数（x_1，y_1）和（x_2，y_2）分别指定窗体的左上角和右下角坐标。

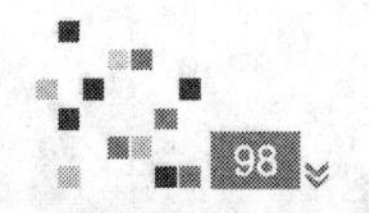

2．直线（Line）控件

Line 控件用来在窗体或其他容器控件中创建线段。它没有特殊的方法，也不产生事件，在设计和运行过程中，可以通过属性改变其位置、粗细和颜色。

直线控件的常用的属性：

（1）BorderColor 属性：设置或返回直线的颜色。

（2）BorderStyle 属性：设置或返回直线的样式。其属性的取值、含义及效果如图 5.17 所示。

图5.17　直线控件BorderStyle属性、含义及效果

（3）BorderWidth 属性：设置或返回直线的宽度。该属性受 BorderStyle 属性的影响，如表 5.7 所示。

表 5.7　直线控件 BorderStyle 属性对 BorderWidth 的影响

BorderStyle属性值	对BorderWidth的影响
0	忽略对对BorderWidth的设置
1~5	边框的宽度由中心扩大
6	边框的宽度由外向内扩大

3．Shape 控件

形状（Shape）控件可在窗体或其他容器上画出矩形、正方形、圆、椭圆、圆角矩形或圆角正方形。

除与直线控件的 BorderColor，BorderStyle 和 BorderWidth 属性相同外，形状控件的其他常用属性如下：

（1）Shape 属性：设置图形的形状。其属性的取值、含义及效果如图 5.18 所示。

（2）FillCorlor 属性：设置图形的前景颜色或填充颜色。

（3）FillStyle 属性：设置图形的填充样式。该属性值与样式的对应关系如表 5.8 所示。

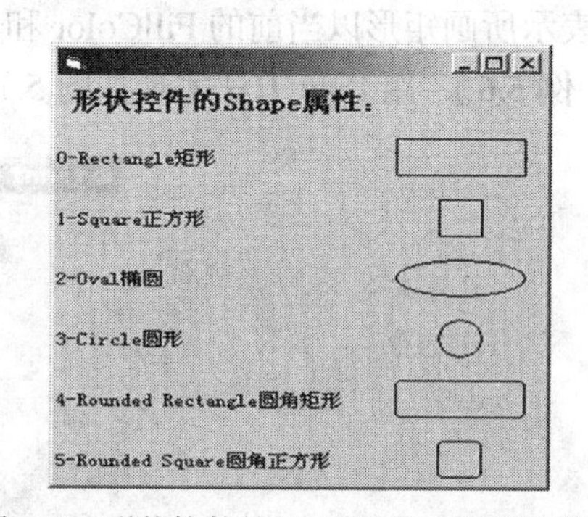

图5.18　形状控件的Shape属性、含义及效果

表 5.8　形状控件 FillStyle 属性值与样式对应关系

FillStyle属性值	对应填充样式
0-Solid	实心填充
1-Transparent	透明填充（默认值）
2-Horizontal Line	水平线填充

续表 5.8

3-Vertical Line	垂直线填充
4-Upward Diagonal	向下对角线填充
5-Downward Diagonal	向上对角线填充
6-Cross	十字线填充
7-Diagonal	交叉线填充

（4）BackColor 属性：设置图形的背景颜色。若想看到图形的背景颜色，FillStyle 应设置为非 0。

（5）BackStyle 属性：设置图形的背景样式。有 0-Transparent 透明和 1-Opaque 不透明两个值。

4．绘图方法（Line，Circle 方法）

Visual Basic 提供了绘制图形的方法，利用它们使绘制图形更加灵活。

（1）Line 方法。Line 方法的语法格式为：

[对象 .] Line[[step]（x_1，y_1）]-[step]（x_2，y_2）[，color] [，B [F]]

其中：

①对象可以是窗体，也可以是图片框，缺省时为窗体。

②（x_1，y_1）和（x_2，y_2）分别表示起始坐标和终止坐标，（x_1，y1）为可选项，缺省时为当前位置。例如，Line -（-30, 20），表示从当前位置到坐标（-30，20）画一条直线。

③ step 为可选项，第一个 step 表示坐标（x_1，y1）为相对于当前位置的偏移量，第二个 step 表示坐标（x_2，y_2）为坐标（x_1，y_1）相对位置的偏移量。例如，Line Step（0, 0）-（0, -20）。

④ color 为直线设置颜色，是可选项，可以用 RGB 函数或 QBColor 函数来指定，缺省时由所在容器的 ForeColor 属性值来确定。

⑤ B 为可选项，如果选择 B，表示所画的图形为以坐标（x_1，y_1）为左上角，坐标（x_2，y_2）为右下角的矩形。例如，Line（-30,-30）-（30, -40）, RGB（255, 255, 255）, B。

⑥ F 为可选项，但选择的前提是 B 已被选择。如果选择 F，所画矩形以矩形边框颜色进行填充，否则表示所画矩形以当前的 FillColor 和 FillSytle 进行填充。

【例 5.6】 用 Line 方法实现如图 5.19 所示的效果。

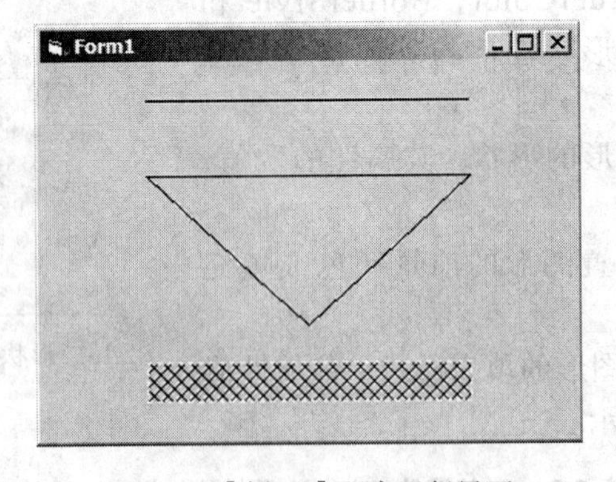

图5.19 【例5.6】程序运行界面

程序代码如下：

```
Private Sub Form_Paint（）
    Scale（-50, 50）-（50, -50）
    Line（-30, 40）-（30, 40）
    Line（-30, 20）-（30, 20）
    Line Step（0, 0）-（0, -20）
```

```
    Line -（-30, 20）
    DrawStyle = 2
    FillStyle = 7
    Line（-30, -30）-（30, -40）, RGB（255, 255, 255）, B
End Sub
```

采用Line方法画直线时，直线的宽度和样式取决于直线所在对象的DrawWidth属性和DrawStyle属性，它们的设置方法和直线控件的BorderWidth和BorderStyle属性的设置方法相同。

（2）Circle方法。方法的语法格式为：

[对象.] Circle [step]（x，y），radius [，color，start，end，aspect]

其中：

①对象可以是窗体，也可以是图片框，缺省时为窗体。

② step为可选项，用法与Line方法相同。

③ radius表示半径的长度。color表示图形的颜色。aspect为所画圆的比例，若缺省值为1，则表示所画图形为正圆；若不为1时，则表示所画图形为椭圆。

④ start和end分别表示圆弧或椭圆弧的开始和终止角度，其取值范围为 -2π~2π。Start的默认值是0，end的默认值是2π。如果绘制的图形为扇形，则在这两个参数前加上"-"号即可。

例如：

① Circle（-20, 10）, 30, , pi / 4, 3 * pi / 4, 2

② Circle（20, 10）, 30, , -pi / 4,-3 * pi / 4, 2

两条语句所绘制的图形如图5.20所示。

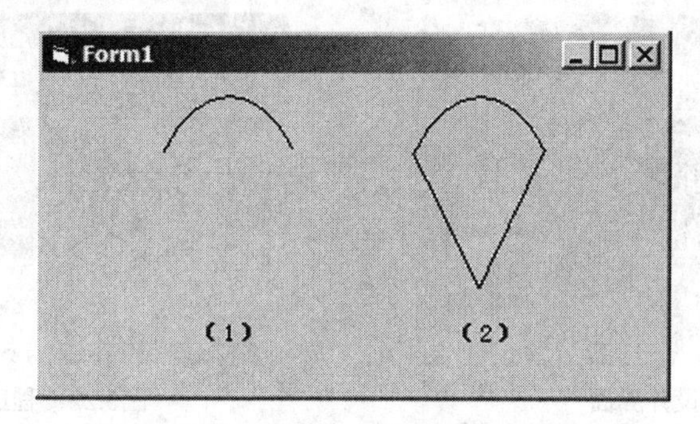

图5.20　Circle方法绘制的图形

5.5.2 图像框

图像框（Image）是用来显示图形的控件，用于在窗体的指定位置显示图形信息。

1. 常用属性

（1）Picture属性。Picture属性用于设置窗体、图片框和图像框中显示的图形文件。Picture属性能识别的图片类型有：位图（*.bmp;*.dib）、GIF图像（*.gIf）、JPEG图像（*.jpg）、元文件（*.wmf;*.emf）、图标光标（*.ico;*.cur）文件。

（2）Stretch属性。Stretch属性用于返回或设置一个值，指定一个图形是否要调整大小，以适应Image控件的大小。

该属性有True和False两个值，当取值为False（默认值）时，图像框自动改变自身大小以适应图片的尺寸；若为True，表示图像框中的图片自动调整自身尺寸以适应图像框的大小。

2. 图像加载的方法

加载图像一般有3种方法：

（1）设计时使用 Picture 属性加载图像。

（2）把要加载的图像放到剪贴板中，然后选中待加载图像的图像框，直接“粘贴”。

（3）使用加载图像函数 LoadPicture（ ）。其格式为：

对象 . Picture = LoadPicture（" 图形文件名 "）

例如，Image1.Picture = LoadPicture（"f:\vb\ 集成开发环境图标 .jpg"）。

5.5.3 图片框

与图像框一样，图片框（PictureBox）也是用来显示图形的控件，用于在窗体的指定位置显示图形信息。但与图像框不同，图片框本身还可作为容器，在其中加载其他控件。

1. 常用属性

（1）Picture 属性。Picture 属性返回或设置图片框中要显示的图形。Picture 属性能识别的图片类型同图像框。

（2）AutoSize 属性。AutoSize 属性设置图片框是否自动伸缩以适应图片的大小。它有 True 和 False 两个值，默认为 False，若为 True，表示图片框能自动调整自身大小以适应图片的尺寸。与图像框不同，图片框不能用伸缩图片来适应图片框的大小。

【例 5.7】 设置一演示程序，说明图像框的 Stretch 属性和图片框的 AutoSize 属性对加载图片的影响。

设计程序界面如图 5.21 所示，程序运行初始界面如图 5.22 所示。

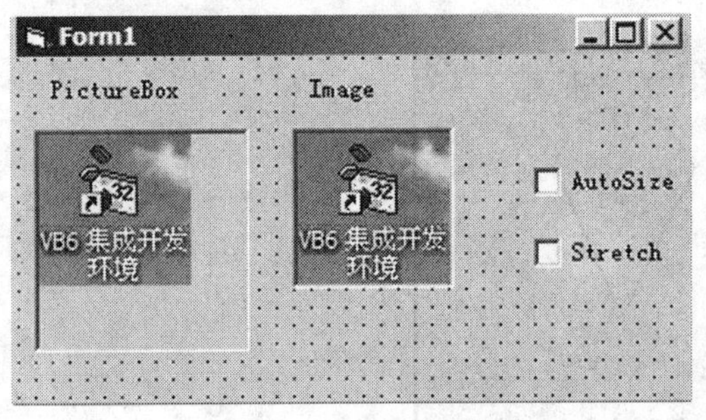

图5.21　程序设计界面

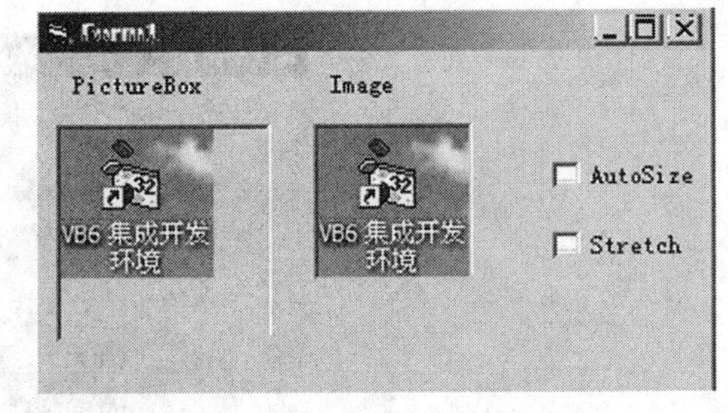

图5.22　程序运行初始界面

设置对象属性，如表 5.9 所示。

表 5.9 【例 5.7】程序控件及属性值

控　　件	属　　性	属性值
标签 Label1 Label	Capton	PictureBox
标签 Label2 Label	Capton	Image
复选框 Check1 CheckBox	Caption	AutoSize
复选框 Check2 CheckBox	Caption	Stretch
图片框 Picture1 PictureBox 图像框 Image1 Image	Picture	选择加载的图像文件
	Width	1500
	Heigth	1500

程序代码如下：

' 两个复选框的 Click 事件代码如下：

```
Private Sub Check1_Click ( )
    Picture1.Height = 1500
    Picture1.Width = 1500
    Picture1.AutoSize = Check1.Value
End Sub
Private Sub Check2_Click ( )
    Image1.Height = 1500
    Image1.Width = 1500
    Image1.Stretch = Check2.Value
End Sub
```

运行程序，效果如图 5.23 和图 5.24 所示。

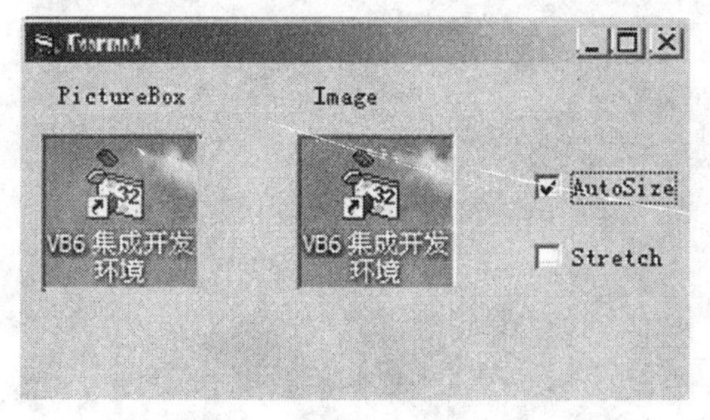

图5.23　选择“AutoSize”

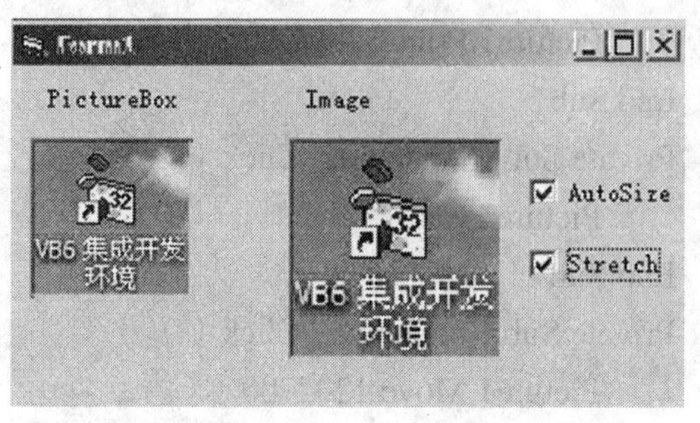

图5.24　同时选择“AutoSize”和“Stretch”

2．常用方法

（1）Print 方法。Print 方法用于动态的在图片框中输入文字。格式如下：

对象 .Print 字符串

例如，Picture1.Print " 测试 "，表示在 Picture1 中显示文本“测试”。

（2）Cls 方法。Cls 方法用于清除通过画图方法画出的图形或用 Print 方法输出的信息。格式如下：

对象 .Cls

其中，“对象”可以是窗体也可以是图片框。例如，Picture1.Cls 表示清除图片框中使用 Print 等方法输出的内容。

（3）Move 方法。Move 方法用于移动图片框。格式如下：

对象 .Move Left[，Top，Width，Height]

格式中只有 Left 是必须的，其他都是可选项。无论是在屏幕上移动窗体还是在窗体中移动控件，都是相对于坐标原点的。

例如，Picture1.Move 120, 700，表示把 Picture1 移动到相对原点 Left 为 120，Top 为 700 的位置，单位为缇。

【例 5.8】 编写一程序，测试图片框的 Print 方法、Cls 方法和 Move 方法。

设计程序界面如图 5.25 所示。

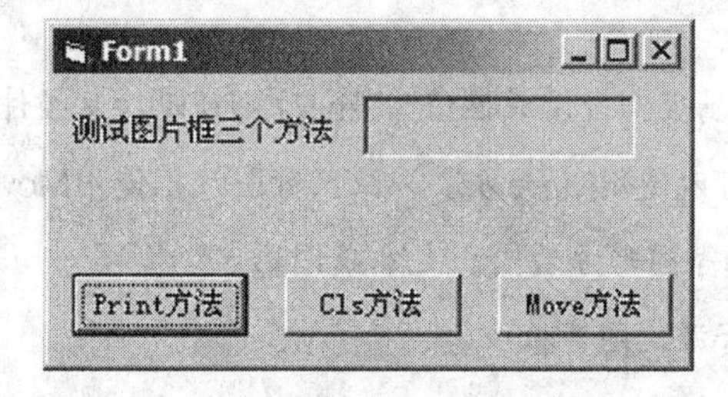

图5.25　【例5.8】程序演示界面

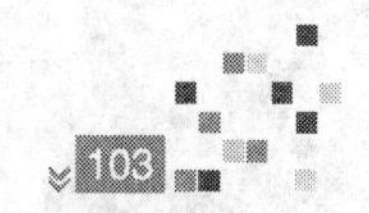

设置对象属性，如表5.10所示。

表5.10 【例5.8】程序控件及属性值

控　件	属　性	属性值
标签 Label1 Label	Caption	测试图片框3个方法
按钮 Command1 CommandButton	Caption	Print 方法
按钮 Command2 CommandButton	Caption	Cls 方法
按钮 Command3 CommandButton	Caption	Move 方法

程序代码如下：

```
Private Sub Command1_Click（）
    Picture1.Print "测试"
End Sub
Private Sub Command2_Click（）
    Picture1.Cls
End Sub
Private Sub Command3_Click（）
    Picture1.Move 120, 700
End Sub
```

运行程序，效果如图5.26和图5.27所示。

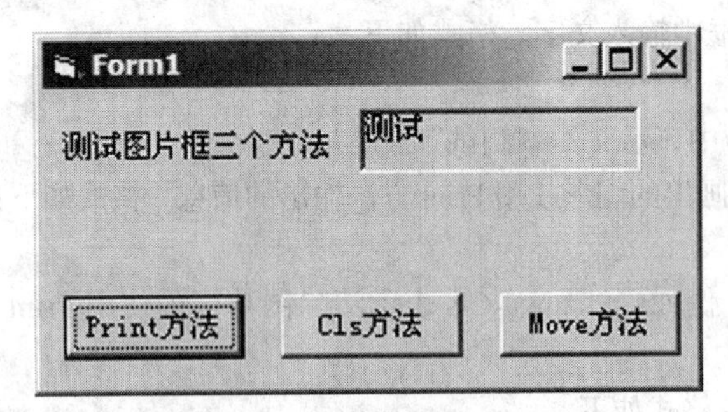

图5.26 “Print”方法演示图

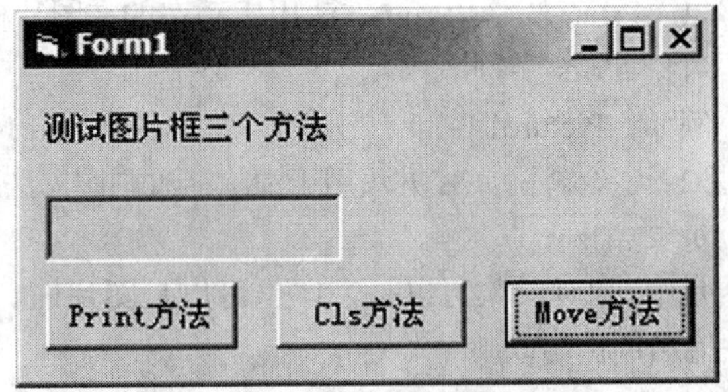

图5.27 “Move”方法演示图

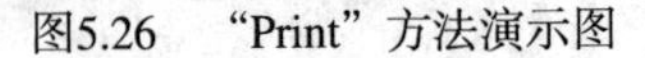

技术提示：

图像框控件和图片框控件都有Picture属性，都有显示图片的功能，但也有区别：

（1）图片框具有容器功能，而图像框则不能作为容器。

（2）图像框具有Stretch属性，当该属性值为True时，可以改变图片的尺寸来适应控件的大小。图片框没有此功能。

（3）图片框具有AutoSize属性，当该属性值为True时，可以改变控件的大小来适应图片的尺寸。

（4）图像框和图片框都可以使用Move方法。但只有图片框使用Move方法移动图片时不抖动。

（5）只有图片框可用Print等图形方法输出文本或图形。

（6）图像框占用的系统资源比图片框少。

项目 5.6 滚动条

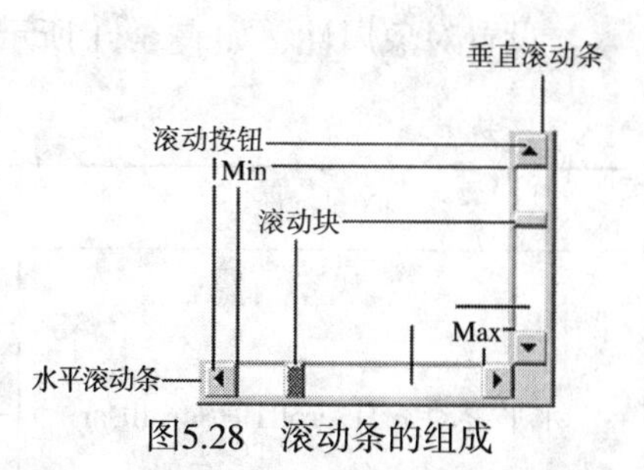

图5.28 滚动条的组成

滚动条分为水平滚动条（HScrollBar）和垂直滚动条（VScrollBar）两种，如图 5.28 所示，这两种滚动条为应用程序提供水平或垂直滚动提供了便利。在信息量很大而控件没有自动添加滚动条功能时，可以利用滚动条来提供便利的定位。

例题导读

【例 5.9】讲解滚动条 5 个常用属性设置。

知识汇总

●常用属性：Value，Max，Min，LargeChange，SmallChange
●常用事件：Change，Scroll

5.6.1 常用属性

1．Value 属性

Value 属性设置或返回滚动条中滚动块的位置。

2．Max 属性

Max 属性是水平滚动条最右侧或垂直滚动条最底端的值。

3．Min 属性

Min 属性水平滚动条最左侧或垂直滚动条最顶端的值。

4．LargeChange 属性

LargeChange 属性是用户单击滚动条空白区域时滚动块的改变值。

5．SmallChange 属性

SmallChange 属性是用户单击滚动条的滚动按钮时滚动块的改变值。

5.6.2 常用事件

1. Change 事件

当拖动滚动块后释放鼠标、单击空白区域或单击滚动按钮时，滚动条将触发 Change 事件。

2. Scroll 事件

当拖动滚动条的滑块时触发 Scroll 事件。

【例 5.9】 设计一个程序界面，如图 5.29 所示。当选择水平滚动条时，在标签中显示滚动块的值；用垂直滚动条控制标签的背景颜色。

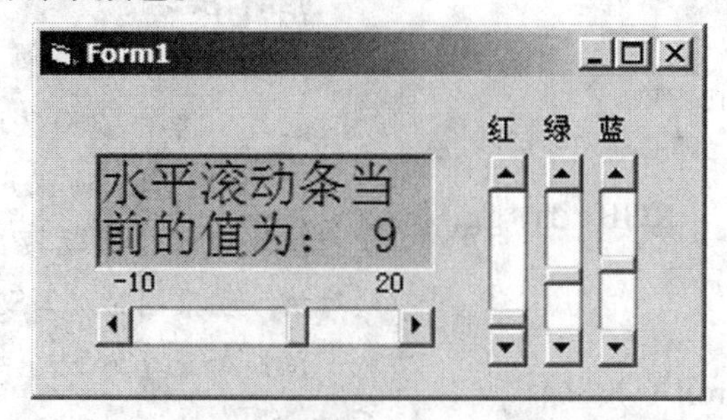

图5.29 【例5.9】程序演示界面

设置对象属性，如表 5.11 所示。

表 5.11　图 5.29 各控件的属性值

控　　件	属　　性	属性值
水平滚动条 HScroll1 HScrollBar	Max	20
	Min	-10
	LargeChange	3
	SmallCharge	1
垂直滚动条 Vscroll1 VScrollBar 垂直滚动条 Vscroll2 VScrollBar 垂直滚动条 Vscroll3 VScrollBar	Max	255
	Min	0
	LargeChange	1
	SmallCharge	1
垂直滚动条 Vscroll1 VScrollBar	Value	255
标签 Label1 Label	BorderStyle	1
	Caption	空值
	Font	三号

程序代码如下：

```
Dim rr As Integer, gg As Integer, bb As Integer
Private Sub Form_Load ( )
    Label1.Caption = " 水平滚动条当前的值为：" & Str（HScroll1.Value）
    rr = VScroll1.Value
    gg = VScroll2.Value
    bb = VScroll3.Value
    Label1.BackColor = RGB（rr, gg, bb）
End Sub
Private Sub HScroll1_Change（ ）
    Label1.Caption = " 水平滚动条当前的值为：" & Str（HScroll1.Value）
End Sub
Private Sub HScroll1_Scroll（ ）
    Label1.Caption = " 水平滚动条当前的值为：" & Str（HScroll1.Value）
End Sub
Private Sub VScroll1_Scroll（ ）' 红
    rr = VScroll1.Value
    Label1.BackColor = RGB（rr, gg, bb）
End Sub
Private Sub VScroll2_Scroll（ ）' 绿
    gg = VScroll2.Value
```

技术提示：

滚动条的Scroll事件只能在鼠标按住滚动块并拖动时触发，单击空白区域或单击滚动按钮不能触发Scroll事件。因此，如果用鼠标拖动滚动条滑块、单击空白区域或单击滚动按钮都能获取Value属性，则必须对该滚动条同时编写Scroll事件和Change事件代码。试一试：补充【例5.9】红、绿、蓝3个垂直滚动条的Change事件。

```
    Label1.BackColor = RGB（rr, gg, bb）
End Sub
Private Sub VScroll3_Scroll（）'蓝
    bb = VScroll3.Value
    Label1.BackColor = RGB（rr, gg, bb）
End Sub
```

项目 5.7 定时器

定时器（Timer）控件能够有规律地以一定的时间间隔触发 Timer 事件，从而每隔一段时间执行一次 Timer 事件下的代码。该控件在运行时不显示。

例题导读

通过例 5.10 的练习，掌握定时器属性的设置方法及触发的事件。

知识汇总

- 常用属性：Interval，Enabled
- 常用事件：Timer

5.7.1 常用属性

1．Interval 属性

用来设置计时的时间间隔，以毫秒为单位，取值范围 0~65536。例如，把定时器的 Interval 值设置为 1000，表示时间间隔为 1 秒产生一次 Timer 事件；若值为 0，表示不计时。

2．Enabled 属性

计时器开关属性。有 True 和 False 两个值，默认值为 True，表示计时器工作；若为 False，计时器停止工作。

5.7.2 常用事件

Timer 事件是定时器的重要事件，定时器每到一个间隔时间即产生一次 Timer 事件。该事件产生的前提是 Interval 属性不等于 0，且 Enabled 属性为 True。

【例 5.10】 制作一个电子表，并整点报时。

设计程序界面如图 5.30 所示。

设置对象属性，如表 5.12 所示。

图5.30 【例5.10】 效果图

表 5.12 【例 5.10】程序控件及属性值

控　件	属　性	属性值
定时器 Timer1 Timer	Interval	1000
标签 Label1 Label	Caption	当前系统的时间为：
标签 Label2 Label	Caption	空值

程序代码如下：

```
Private Sub Form_Load ( )
    Label2.Caption = Time
End Sub
Private Sub Timer1_Timer ( )
    Label2.Caption = Time
    If Minute ( Time ) = 0 And Second ( Time ) = 0 Then
        Beep
    End If
End Sub
```

技术提示：

定时器控件的最大间隔时间为65535，即64.8秒，因此如果想使应用程序的时间间隔大于64.8秒，仅用Interval属性是做不到的，就需要采取其他手段来完成。

项目 5.8 焦点和 Tab 顺序

在 Visual Basic 程序设计中，焦点（Focus）是一个重要的概念，下面介绍如何设置焦点，同时介绍窗体上控件的 Tab 顺序。

例题导读

例 5.11 介绍控件的焦点与 Tab 顺序。

知识汇总

- 设置控件焦点
- ab 顺序

5.8.1 设置控件焦点

焦点是接收用户鼠标或键盘输入的能力。当一个对象具有焦点时，它可以接收用户输入，但在某个时刻，只有一个对象具有焦点。

1．获得焦点的方法

（1）在运行程序时，单击该对象。

（2）运行程序时，用快捷键选择该对象。

（3）使用“Tab”键切换以获取焦点。

（4）在程序代码中使用 SetFocus 方法。

2．获得焦点的条件

对象的 Enabled 属性和 Visible 属性均为 True 时，它才可以获取焦点。但不是所有控件都能获取焦点，框架、标签、菜单、直线、形状、图像框和定时器等就不能接收焦点。

3．焦点的事件

（1）GotFocus 事件。当焦点从其他地方转移到此控件时，触发 GotFocus 事件。如果焦点在某个控件本身，再调用 SetFocus 方法时，不会触发 GotFocus 事件。

（2）LostFocus 事件。当焦点从控件转移开时，触发 LostFocus 事件。例如，需要对数据进行校验和合法性检查，再把代码编写在该事件中。

4．焦点的方法

通过 SetFocus 方法可以使对象获得焦点。

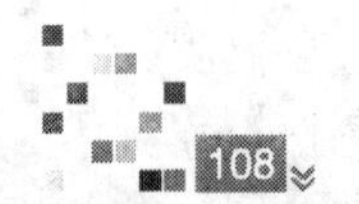

5.8.2 Tab 顺序

Tab 顺序是在按“Tab 键”时焦点在控件之间移动的顺序。

1．Tab 顺序的相关属性

（1）TabStop 属性。TabStop 属性用来控制焦点的移动。它有 True 和 False 两个值，默认为 True，表示该控件可以用 Tab 键切换的方法获取焦点；若为 False，表示用 Tab 键时，焦点跳过此对象。

（2）TabIndex 属性。TabIndex 属性设置控件的 TabIndex 可以改变 Tab 顺序。缺省时，该属性是在设计中由加入控件顺序决定的，值从 0 开始。如果某个控件的 TabIndex 的值改变了，则其他控件的 TabIndex 属性值也自动作相应的调整。即使该属性无法获得焦点，TabIndex 值仍然存在。

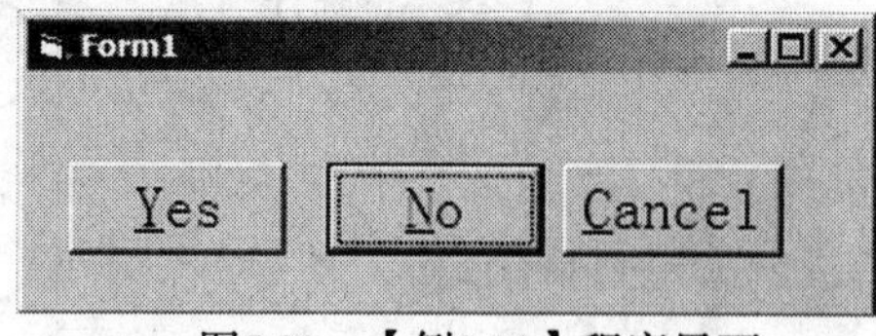

图5.31 【例5.11】程序界面

【例 5.11】 完成如图 5.31 所示的界面。要求初始加载时，焦点位于命令按钮“No”上，使用 Tab 键时，在命令按钮“No”和“Cancel”之间切换。也可用“Alt+ 键名”使按钮获取焦点，例如，“Alt+Y”使“Yes”按钮获得焦点。

设置对象属性，如表 5.13 所示。

表 5.13 【例 5.11】控件及属性值

控　件	属　性	属性值
按钮 Command1 CommandButton	Caption	&Yes
	TabStop	False
按钮 Command2 CommandButton	Caption	&No
按钮 Command3 CommandButton	Caption	&Cancel

程序代码如下：

```
Private Sub Form_Load ( )
  Form1.Show
  Command2.SetFocus
End Sub
```

技术提示：

在运行语句Command2.SetFocus之前，必须用Show方法使窗体可见，否则会出现如图5.32所示的出错信息。

图5.32 出错信息

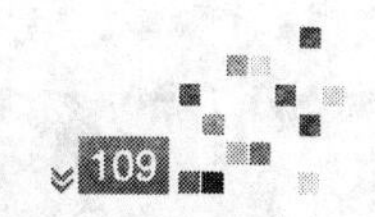

重点串联

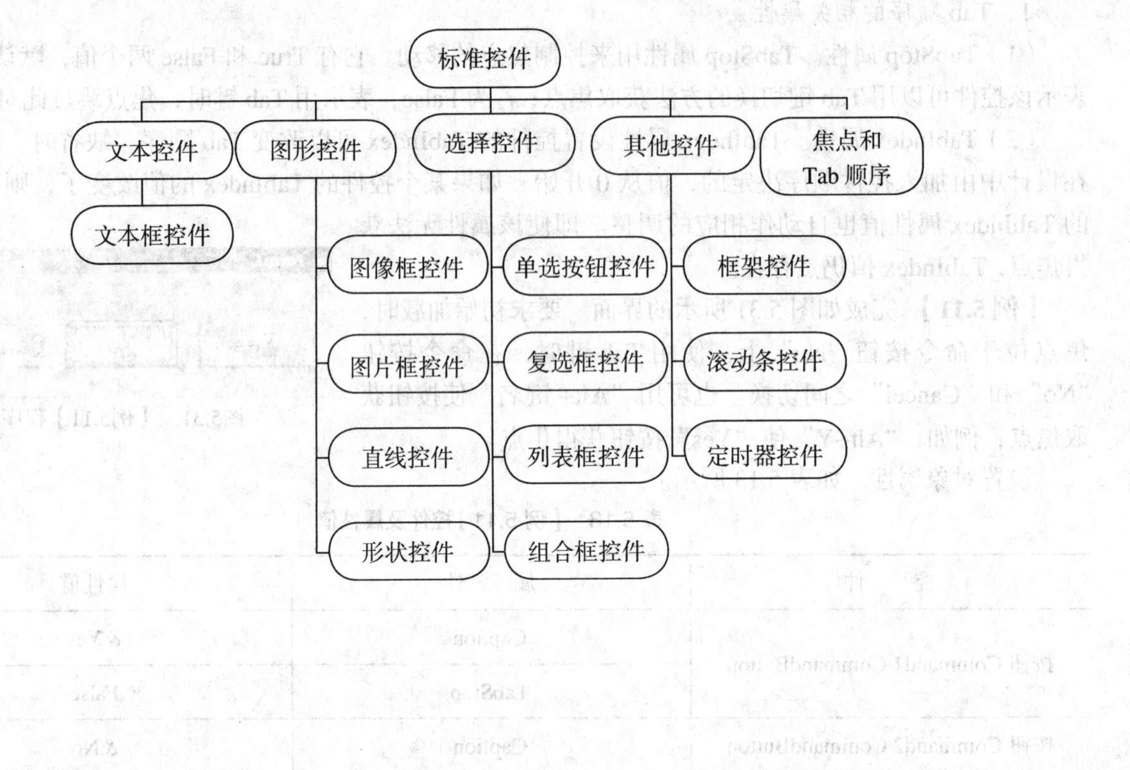
标准控件
文本控件
图形控件
选择控件
其他控件
焦点和
Tab 顺序
文本框控件
图像框控件
图片框控件
直线控件
形状控件
单选按钮控件
复选框控件
列表框控件
组合框控件
框架控件
滚动条控件
定时器控件

拓展与实训

基础训练

一、填空题

1. 为了使标签能自动调整大小以显示标题 ______属性的全部文本内容，应把该标签的 ______属性设置为 True。

2. 在单选按钮中，______属性可设置为 True 或 False。当设置为 True 时，该单选按钮是“打开”的；如果设置为 False，则该单选按钮是“关闭”的。

3. 滚动条的 Max 属性取值范围是 ______。

4. 在运行期间，可以用 ______函数把图形文件装入窗体、图片框或图像框中。

5. 如果暂时关闭计时器，可通过 ______属性来设计。

6. 在 3 种不同风格的组合框中，用户不能输入数据的组合框是______，通过______属性设置为　　。

7. 组合框是 ______和 ______控件的组合。

8. 滚动条相应的事件有 ______和 Change。

9. 计时器不同于其他控件之处是 ______。

二、单项选择

1. 下列属性肯定不是框架控件属性的是（　　）。

A.Text　　B.Caption　　C.Left　　D.Enabled

2. 设窗体中有一个文本框 Text1，若在程序中执行了 Text1.SetFoucus，则触发（　　）。

A.Text1 的 SetFocus 事件　　B.Text1 的 GotFocus 事件

C.Text1 的 LostFocus 事件　　D. 窗体的 GotFocus 事件

3. 窗体上有一个名称为 Cb1 的组合框，程序运行后，为了输出选中的列表项，应使用（　　）。

A.Print Cb1.Selected　　B.Print Cb1.List（Cb1.ListIndex）

C.Print Cb1.selected.Text　　D.Print Cb1.List（ListIndex）

4. 为了在窗体上建立 2 组单选按钮，并且当程序运行时，每组都可以有一个单选按钮被选中，则以下做法中正确的是（　　）。

A. 把这 2 组单选按钮设置为名称不同的 2 个控件数组

B. 使 2 组单选按钮的 Index 属性分别相同

C. 使 2 组单选按钮的名称分别相同

D. 把 2 组单选按钮分别画到 2 个不同的框架中

5. 如果一个直线控件在窗体上显现为一条垂直线，则可以确定的是（　　）。

A. 它的 Y1，Y2 属性的值相等

B. 它的 X1，X2 属性的值相等

C. 它的 X1，Y1 属性分别与 X2，Y2 属性的值相等

D. 它的 X1，X2 属性的值分别与 Y1，Y2 属性的值相等

6. 在窗体上画一个名称为 List1 的列表框，列表框中显示若干城市的名称，当单击列表框中的某个城市名时，该城市名消失。下列在 List1_Click 事件中能正确实现上述功能的语句是（　　）。

A.List1.RemoveItem List1.Text　　B.List1.RemoveItem List1.Clear

C.List1.RemoveItem List1.ListCount　　D.List1.RemoveItem List1.ListIndex

7. 下列控件中，没有 Caption 属性的是（　　）。

A. 复选框　　B. 单选按钮　　C. 组合框　　D. 框架

8. 设窗体上有名称为 Option1 的单选按钮，且程序中有语句：If Option2.Value = True Then 下列语句中与该语句不等价的是（　　）。

A.If Option1.Value Then　　B.If Option1 = True Then

C.If Value = True Then　　D.If Option1 Then

三、简答题

对于一个尺寸不确定的图片，如何使用 PictureBox 和 Image 以控件保证显示图片的全貌？

▶ 技能实训

设计一窗体，如图 5.33 所示。当选择绘制图形类型后，在绘图区中绘出相应的图形，如果选择绘制扇形，则可以拖动滚动块来调节扇形弧度。

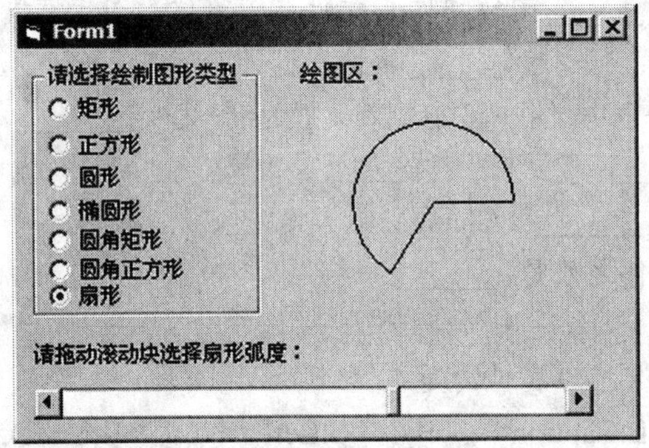

图5.33

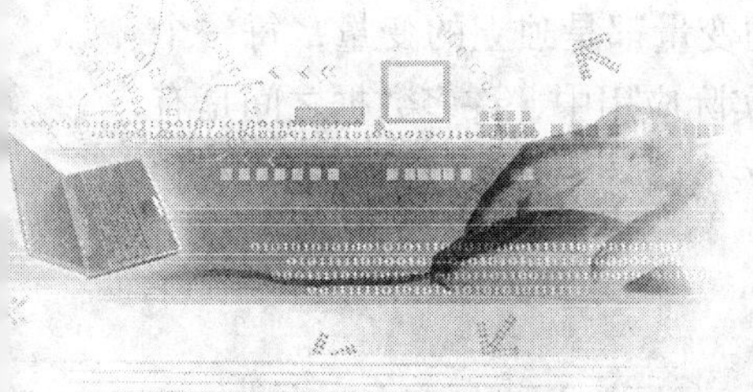

模块6 数组和过程

教学聚焦

Visual Basic 是世界上使用人数最多的计算机语言，用户可以轻松地使用其提供的控件快速建立一个应用程序。下面就走进 Visual Basic 的世界，认识和了解 Visual Basic，并能够独立编写简单的应用程序。

知识目标

◆ 事件过程与通用过程
◆ Sub 过程的建立与调用
◆ Function 过程的建立与调用

技能目标

◆ 建立 Sub Main（ ）的过程
◆ 运用 Sub 过程简化程序代码
◆ 掌握控件数组的使用

课时建议

4 课时

教学重点和教学难点

◆ 数组的定义及引用；冒泡法排序；多维数组求最值；Sub 子程序和 Function 函数过程的定义和调用方法；传址和传值两种参数传递方式的区别

项目 6.1 数组

从存储角度看，前面在介绍程序设计基础时，所有实例中用到的变量都是独立的变量，每一个变量与其他变量之间没有内在的其他联系，这称为简单变量。然而在实际应用中，许多数据之间是有联系的。在 Visual Basic 中，可以使用数组（Array）来表示一系列相关变量的集合。数组是把具有相同类型的若干变量有序地组织起来的一种形式。

例题导读

一维数组部分安排一道例题例 6.1，讲解随机生成 10 个两位数的整数，并且求出最大值、最小值和平均值；多维数组部分重点讲解二维数组，安排一道例题 6.2，讲解随机产生一个两位数的 5×5 二维数组，计算它的两条对角线上的元素之和；控件数组安排两道例题，6.3 是控件数组的基础应用；例 6.4 是控件数组的高级应用。

知识汇总

●一维数组、多维数组、控件数组

6.1.1 一维数组

如果对 10 个数字求最值问题，按照前面所学的知识，至少需要分别定义 10 个变量并分别接收输入的数值，然后对这些数值进行比较。这样做就加大了程序的复杂度，同时也降低了程序的可读性。有没有更好的方法呢？答案是肯定的。我们只要用到数组就可以了。使用数组可以把问题简单化。

1. 一维数组的概念

为了处理 10 个数字求最值的问题，可以考虑用 S（1），S（2），…，S（10）来分别代表每个数字，其中，S（1）代表第 1 个数字，S（2）代表第 2 个数字……S（10）代表第 10 个数字。像这样把一组相互关系密切的数据放在一起并用一个统一的名字作为标志，这就是数组。只用一个下标就能唯一确定数组元素，这样的数组称为一维数组。

这个统一的名字——S，称为数组名，而（1），（2），…，（*n*）就称为下标。

2. 一维数组的声明和引用

与普通变量一样，数组必须声明后使用，一维数组的声明形式如下：

Dim 数组名（下界 to 上界）[As 类型]

具体说明如图 6.1 所示。

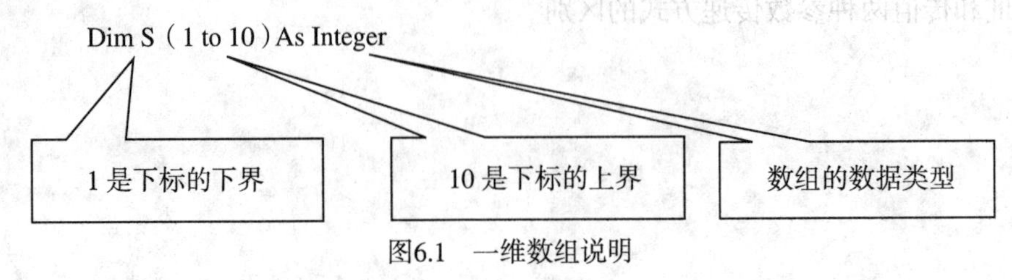

图6.1　一维数组说明

表 6.2 显示了数组名、数组下标及数组中元素值的情况。

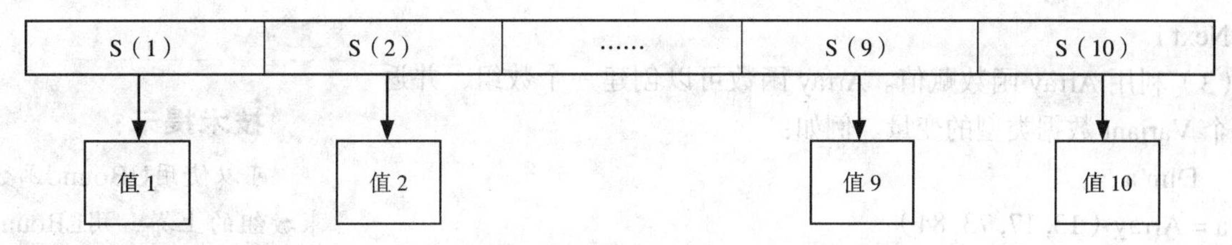

图6.2 一维数组结构表

包含 10 个数字的一维数组还可以这样声明：

Dim S（9）As Integer

该语句等同于 Dim S（0 To 9）As Integer，即下标的下界是 0，下标的上界是 9，该一维数组有 S（0），S（2），…，S（9），共 10 个变量。

在声明数组时，需要注意以下事项：

（1）下标必须为常数，不可以为表达式或者变量。

（2）下标最小下界为 -32768，最大上界为 32767。可以省略下界，那么下界默认值为 0，可以使用 Option Base 1 把默认下界设置为 1。如果用户定义了下界，则 Option Base 语句无效。

（3）一维数组的大小为：下标上界 - 下标下界 +1。

（4）在同一个过程中，数组名不能与变量名同名，否则会出错。

（5）可以通过类型说明符来指定数组的类型。例如，Dim S%（9），B！（3 To 5），C#（12）。

通过数组的声明，我们可以了解数组包含的信息。声明 3 个一维数组如下：

Dim S（9）As Integer

该语句声明了数组名为 S 一维数组，下标范围 0~9，共有 10 个整型变量。

Dim F（50）As Single

该语句声明了数组名为 F 一维数组，下标范围 0~50，共有 51 个单精度型变量。

Dim MStr（-5 to 5）As String

该语句声明了数组名为 MStr 一维数组，下标范围 -5~5，共有 11 个字符型变量。

技术提示：

数组的下标不能超过数组声明时的上、下界范围。例如，在数组a（29）中，不存在下标为30的数组元素a（30）。下标的取值范围是数组的下界到上界，省略下界时，系统默认值为0。我们也可以使用Option Base N（N只能是0或者1）自定义下界的值，如 Option Base 1，这样a（29）表示的就是从a（1）到a（29），总计29个元素的数组。

3. 一维数组的使用

对数组进行声明后，关键是如何引用数组对它进行操作。通常在数组使用前，可给数组元素赋值，为数组元素赋值的方法如下。

（1）直接赋值。直接赋值用于直接将值赋给数组中的每个元素。

```
Dim a（2）as Integer
a（0）=89：a（1）=90：a（2）=60
```

（2）使用循环结构赋值。使用循环结构赋值用于需赋值的数组元素比较多，且赋值有一定规律。

```
Dim a（9）As Integer
For i = 0 To 9
    a（i）= i * 100
```

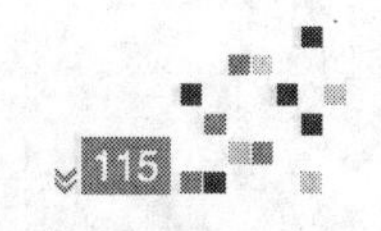

```
Next i
```

（3）利用 Array 函数赋值。Array 函数可以创建一个数组，并返回一个 Variant 数据类型的变量。例如：

```
Dim a
a = Array（13, 17, 73, 84）
```

则变量 a 包含 4 个数组元素，各元素的值为 13，17，73，84。

现在，我们通过例题讲解一维数组的使用。

技术提示：

可以使用UBound函数求数组的上界，用LBound函数求数组的下界。如：a= Array（13, 17, 73, 84），UBound（a）的值就是3，而LBound（a）的值就是0。

【例 6.1】 随机生成 10 个两位数的整数，并且求出最大值、最小值和平均值。

本程序点击按钮后，会生成 10 个两位数的随机整数。在下面会显示最大值、最小值及平均值。

运行后的效果如图 6.3 所示。

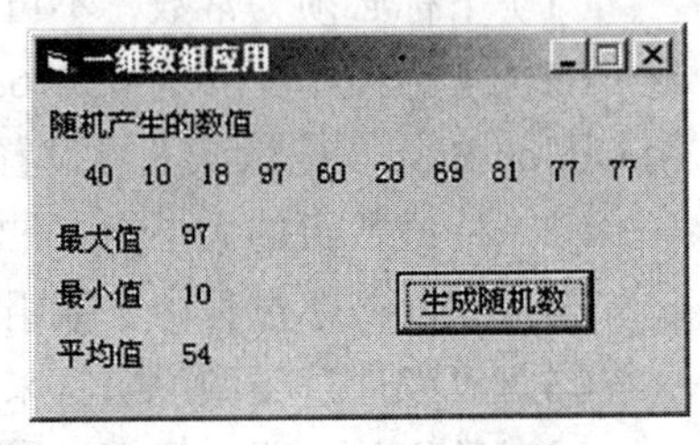

图 6.3　10个数求最值

界面和属性设置：按照图 6.3 所示设计界面，添加 8 个标签控件，其中 4 个用于显示“随机产生的数值”等提示信息，另外 4 个用于显示数值，并设置 AutoSize 属性值为 True，设置 Caption 属性值为空。CommandButton 按钮的 Caption 属性设置为“生成随机数”。

编写代码：

第一步：考虑如何生成两位数的随机数。随机生成区间 [a,b] 内的整数公式：Int（(b-a+1）*rnd（）+a。

代码编写如下：

```
Dim i As Integer                                   '循环变量
Dim a（9）As Integer                               '声明一个包含 10 个元素的数组
Randomize                                          '随机初始化
Label2.Caption = ""                                '清空标签上的内容
For i = 0 To 9                                     '循环准备给数组赋值
    a（i）= Int（Rnd *（99.10 + 1））+ 10           '数组中的每个元素进行随机赋值
    Label2.Caption = Label2.Caption & "  " & a（i）'标签上连续显示数组的值
Next i
```

第二步：考虑如何求最大值。假设数组 a（0）为最大值，然后把这个值赋给临时变量 t_max，用这个 t_max 逐个与 a（1），a（2），…，a（8），a（9）去比较，哪个值最大，就把这个值赋给 t_max。

代码编写如下：

```
Dim t_max As Integer
t_max = a（0）                                     '假设第一项为最大值
For i = 0 To 9
    If t_max < a（i）Then t_max = a（i）  '          t_max 逐个与后面的元素比较
Next i
Label6.Caption = t_max                             '输出最大值
```

第三步：求最小值。方法与求最大值相同，这里就不赘述了。

第四步：求平均值。考虑的思路是将所有元素的值累加求和，然后除以 10 即可。

```
Dim s As Integer                                   '变量 s 用来接收累加的值
For i = 0 To 9
  s = s + a（i）                                   '累加求和
Next i
```

Label8.Caption = Int (s / 10)

至此，一维数组的简单应用就做完了。

6.1.2 多维数组

多维数组是指需要多个下标来唯一确定数组元素的数组。如果数组有两个下标，称为二维数组；数组有 3 个下标，称为三维数组。依次类推，数组具有多个下标就称为多维数组。

1. 多维数组的声明

与一维数组类似，多维数组在使用前也必须首先用 Dim 语句声明数组。多维数组的声明形式如下：

Dim 数组名 (下标 1[, 下标 2…]) [As 类型]

在声明时，需要注意如下两点事项：

（1）下标个数决定数组维数，最多 60 维。

（2）每一维的大小为：上界 - 下界 +1；数组的大小为每一维大小的乘积。例如：

Dim stu(1 To 4，5) As Integer

该语句声明了一个数组名为 stu 的整型二维数组，第一维下标的范围是 1~4，第二维下标的范围是 0~5，其元素个数为 24（4 × 6=24）个。二维数组 stu 的元素如表 6.2 所示。

表 6.2　二维数组结构表

stu（1，0）	stu（1，1）	stu（1，2）	stu（1，3）	stu（1，4）	stu（1，5）
stu（2，0）	stu（2，1）	stu（2，2）	stu（2，3）	stu（2，4）	stu（2，5）
stu（3，0）	stu（3，1）	stu（3，2）	stu（3，3）	stu（3，4）	stu（3，5）
stu（4，0）	stu（4，1）	stu（4，2）	stu（4，3）	stu（4，4）	stu（4，5）

又如：

Dim stu(4，5) As Integer

该语句该语句声明了一个数组名为 stu 的整型二维数组，第一维下标的范围是 0~4，第二维下标的范围是 0~5，其元素个数为 30（5 × 6=30）个。

在多维数组中，二维数组是应用最广泛的一种，常用在矩阵的相关操作中。

2. 多维数组的使用

同样，我们通过例题讲解二维数组的使用。

【例 6.2】 随机产生一个两位数的 5 × 5 二维数组，计算它的两条对角线上的元素之和。

本程序点击按钮后，会在窗体上生成一个 5 × 5 的二维数组，下方分别打印出左右对角线上各元素之和，如图 6.2 所示。

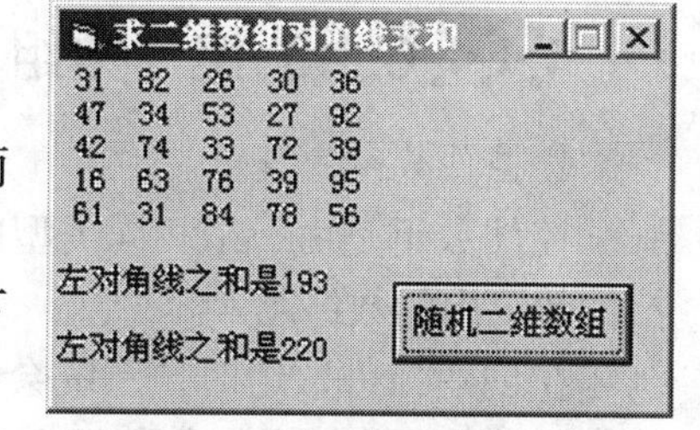

图6.2　二维数组对角线求和

界面和属性设置：

在窗体上添加一个 CommandButton 按钮。它的 Caption 属性设置为“随机二维数组”。

编写代码：

第一步：考虑如何生成二维随机数组，我们前面已经学习过了随机赋值一维数组的方法，二维随机数组的赋值方法具体如下：

```
Cls                                   '每次显示数组前先清屏
Dim a (4, 4) As Integer               '声明 5×5 的二维数组
Dim i As Integer, j As Integer        '循环变量
Dim s1 As Integer, s2 As Integer      '用来接收对角线之和的变量
Randomize                             '随机初始化
```

```
For i = 0 To 4
    For j = 0 To 4
        a（i, j）= Int（Rnd *（99 - 10 + 1））+ 10      '二维数组的赋值
    Next j
Next i
```

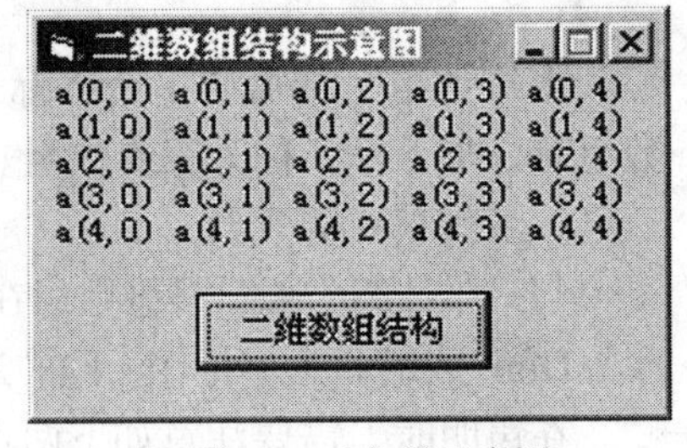

图6.3　对角线示意图

第二步：对已生成的二维数组求它的对角线元素之和。二维数组对角线的特点是数组一维下标与二维下标的值相同，如 a（0，0），a（1，1），a（2，2）等；还有一种情况是数组一维下标与二维下标的值相加等于 4，如 a（0，4），a（1，3），a（2，2）等，如图 6.3 所示。

根据上述分析，我们只需再做累加求和就可以了，具体代码如下：

```
For i = 0 To 4
    For j = 0 To 4
        If i = j Then s1 = s1 + a（i, i）         '左对角线第一维下标与第二维下标相同
        If i = 4 - j Then s2 = s2 + a（i, j）     '右第一维下标与第二维下标之和等于 4
    Next j
Next i
```

第三步：输出打印数组，并且把累加求和的值打印出来。

```
For i = 0 To 4
    For j = 0 To 4
        Print a（i, j）;                '循环输出数组
    Next j
    Print
Next i
Print
Print "左对角线之和是" & s1             '打印左对角线之和
Print
Print "右对角线之和是" & s2             '打印右对角线之和
```

6.1.3 控件数组

1. 控件数组的概念

控件数组是由一组相同类型的控件组成，它们具有相同的名称，其中每一个控件都可以称为该控件数组中的数组元素。

在创建控件数组时，系统会给该控件数组中的每一个控件唯一的索引（Index），即下标。索引的作用就是用来区分控件数组中的控件。例如，窗体上有 2 个 Label 标签控件，可将其定义为一个控件数组，数组名为“Label1”，其元素分别为 Label1（0），Label1（1），这几个元素共用一个控件名“Label1”，如图 6.4 和图 6.5 所示。

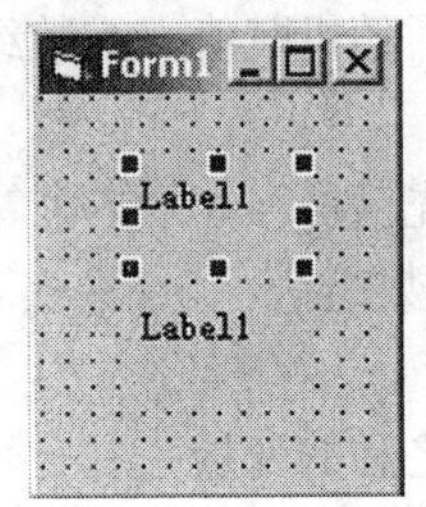

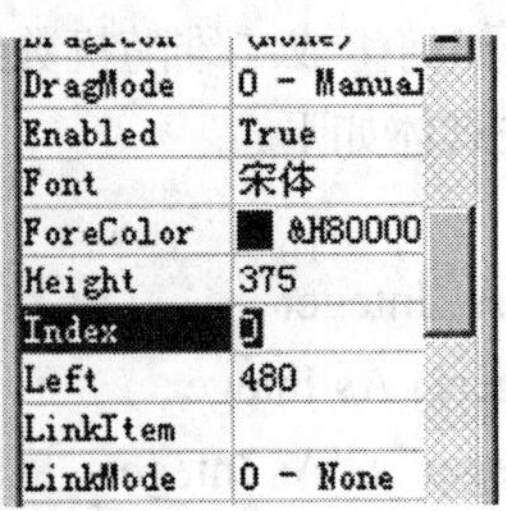

图6.4　控件数组中第1个元素，Index值为0

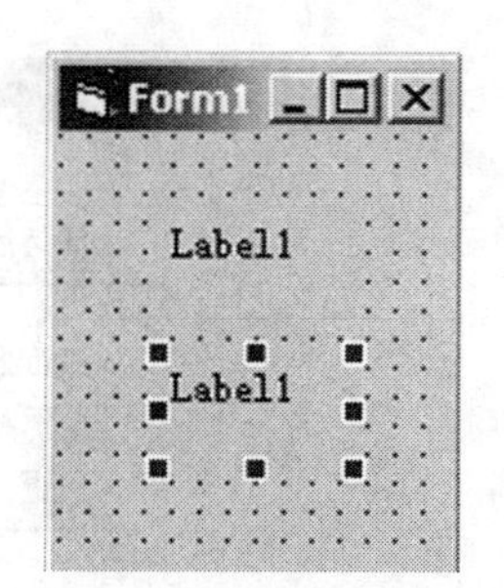

图6.5 控件数组中第2个元素，Index值为1

从两个图中可以看出，控件数组通过索引来表示各控件，第 1 个下标是 0，第 2 个下标是 1，第 3 个下标是 2，以此类推。在程序代码中表示控件数组各个元素为 Label1（0），Label1（1），Label1（2），…，Label1（*n*）。

2. 控件数组的建立和使用

在程序设计时，可使用创建同名控件及复制现有控件两种方法创建控件数组。

（1）复制粘贴法。先在窗体上添加一个控件，并设置好该控件的相关属性，然后选中该控件，进行“复制”和“粘贴”操作，系统提示“是否建立控件数组”，选择“是”即可。多次粘贴就可以创建多个控件元素。如图 6.6 所示是对一个 Label 标签控件进行“复制”和“粘贴”操作得到的提示。

图6.6 创建控件数组提示

（2）设置控件 Name 属性。在属性设置窗口中，将需要定义成控件数组的同类型控件的 Name 属性依次设置成同一个名称即可。

（3）控件数组的使用。在创建完控件数组后，就可以进行事件的编程了。控件数组与非控件数组事件代码框是不同的，如图 6.7 所示，Label1 控件不是控件数组，其单击事件过程括号内没有参数；Label2 控件是控件数组，其事件过程参数列表中添加了一个索引参数 Index，并可以在程序代码中使用。

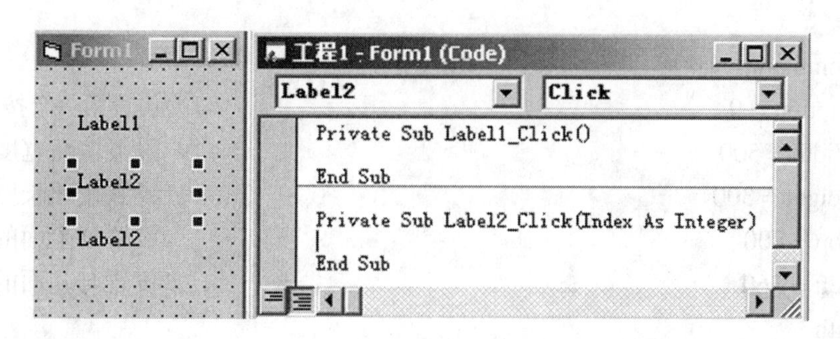

图6.7 控件数组的事件过程

控件数组共享同样的事件过程，并可以使用 Select…Case 语句，对发生在不同索引值控件数组元素上的事件进行区分。

【例 6.3】 利用控件数组实现在模块 2 中【例 2.4】主界面的 3 个按钮功能。

创建程序界面：

在窗体上添加一个 CommandButton 按钮控件，调整大小后再将其复制两个，创建含有 3 个元素的按钮控件数组，各控件数组 Caption 属性设置如图 6.8 所示。

程序代码如下：

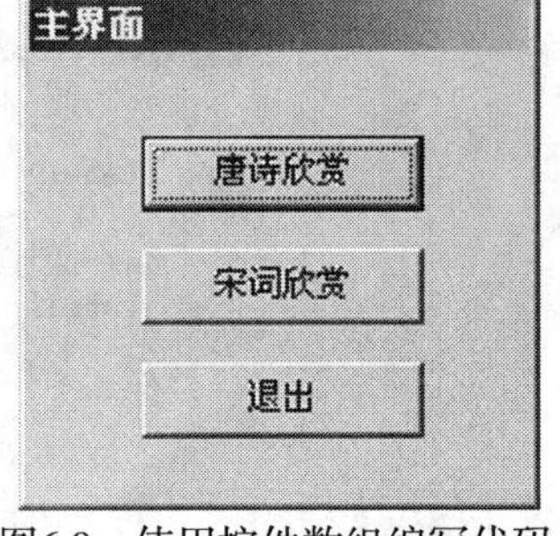

图6.8 使用控件数组编写代码

```
Private Sub Command1_Click（Index As Integer）
    Select Case Index
        Case 0
            MsgBox "唐诗欣赏"
        Case 1
            MsgBox "宋词欣赏"
        Case 2
            End
    End Selec
End Sub
```

【例 6.4】 下面的实例演示了如何使用控件数组动态添加控件的方法。

它的功能是在窗体加载时动态添加数组控件。运行时点击动态添加的 Command 控件，在文本框内增加该数组控件的 Caption 值。运行效果如图 6.9 所示。

创建程序界面并设置对象属性设置：

在窗体上添加一个 CommandButton 按钮控件，其属性 Index 设为 0，该控件即为控件数组。再添加一个 Text，如图 6.10 所示。

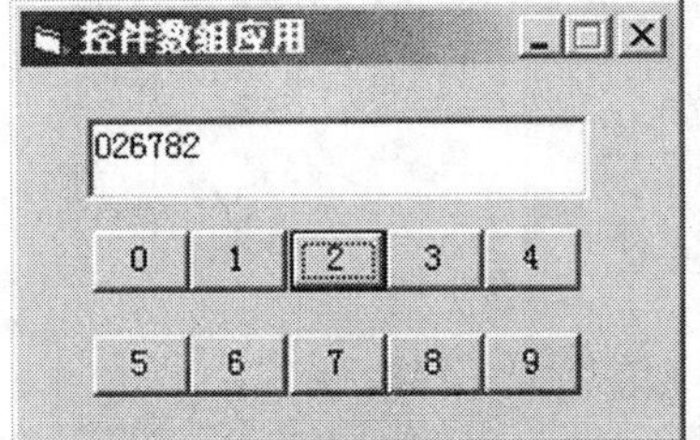

图6.9 控件数组应用

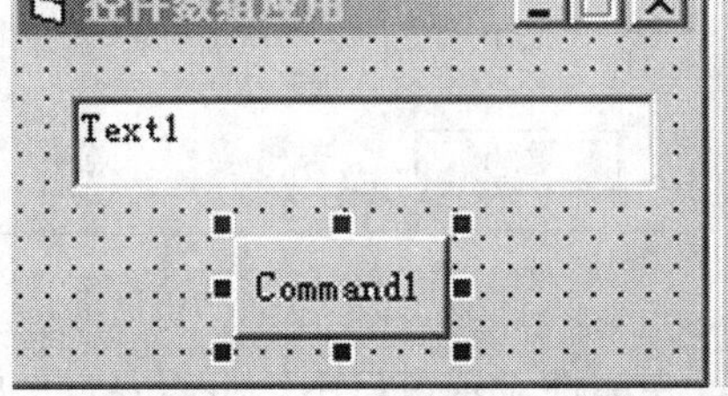

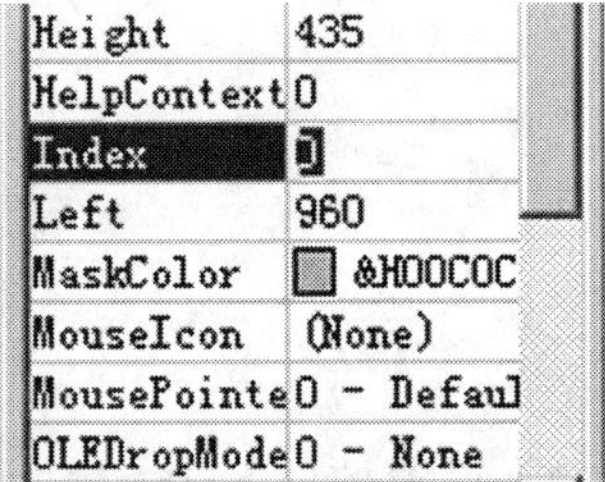

图6.10 控件数组属性设置

程序代码如下：

在窗体加载时编写下面代码。窗体加载时已经完成了数组控件的创建。

```
Private Sub Form_Load（）
    Dim i As Integer
    Text1 = ""
    With Command1（0）
        .Caption = 0                              '设置第一个按钮的 Caption 为 0
        .Width = 500                              '设置按钮宽度
        .Height = 300                             '设置按钮长度
        .Top = 800                                '设置与上面的距离
        .Left = 360                               '设置与左面的距离
    End With
    For i = 1 To 9                                '准备添加 9 个数组控件
        Load Command1（i）                         '加载第 i 个数组控件
        Command1（i）.Visible = True                '显示第 i 个数组控件
        Command1（i）.Caption = i                   '设置 Caption 属性为 i 值
        If i Mod 5 = 0 Then                       '设置 5 个控件一行
            Command1（i）.Top = Command1（i - 1）.Top + 500   '设置与上行的距离
```

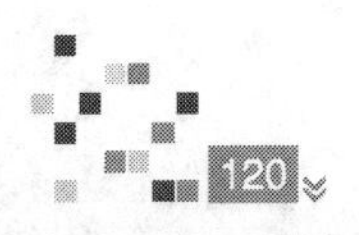

```
            Command1（i）.Left = Command1（0）.Left             '设置与左面的距离
        Else          ' Else 表示 i Mod 5 不等于 0，在同一行添加控件
            Command1（i）.Left = Command1（i - 1）.Left + 500      '设置与左面的距离
            Command1（i）.Top =Command1（i - 1）.Top              '设置与上行的距离
        End If
    Next
End Sub
```

到这已经创建完数组控件，下面我们就可以对数组控件编写事件过程了。

```
Private Sub Command1_Click（Index As Integer）
    Text1 = Text1 & Command1（Index）.Caption '在文本框上显示 Caption 的值
End Sub
```

技术提示：

在编程中通过Load方法添加其余若干个元素，也可以通过Unload方法删除某个添加的元素。例如，在运行中添加一个Label控件，实现代码为Load Label1（2）。添加后，在窗体上看不见该创建的控件，需要设置其Visible属性为True，并设置相应的位置后才可见。同样，删除该控件，只需要用Unload Label1（2）即可。

项目 6.2 过程

在 Visual Basic 中，如果程序过于复杂，根据功能可以将程序分解为若干个小程序块，每一个程序块只完成一个或若干个特定的功能，这些程序块就称为过程。过程是实现结构化程序设计的重要方法。

例题导读

本项目安排两道例题。例 6.5 讲解参数的传递问题；例 6.6 是一道综合练习题，讲解猴子吃桃子问题。期间穿插了一些小例子，讲解子过程和函数过程。通过这些例子和例题，我们将要学习到过程的定义与调用，参数传递和递归算法等知识，这些都是“过程”的重点内容。

知识汇总

●过程概述、Sub 子过程、Function 函数过程、参数传递、过程的作用范围

6.2.1 过程概述

过程可以使程序分解成单独的逻辑单元，这样每个单元程序更容易调试。一个程序中的过程，往往不必修改或只需稍做改动，便可以被另一个程序所使用，达到“编一次，重复用”的效果。Visual Basic 中主要有事件过程、通用过程、属性过程 3 种过程。

1. 事件过程

事件过程与对象有关，并且总是与对象的某个事件相关联，当发生某事件时，执行相应事件过

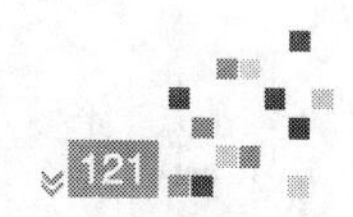

程。事件过程由 Visual Basic 自行声明，用户不能增删。

2. 通用过程

通用过程与具体对象无关，不与任何特定的事件相关联。它可以存储在窗体模块和标准模块中，供程序中其他过程来调用，一般多为程序员自定义的过程。图 6.11 是一个通用过程。

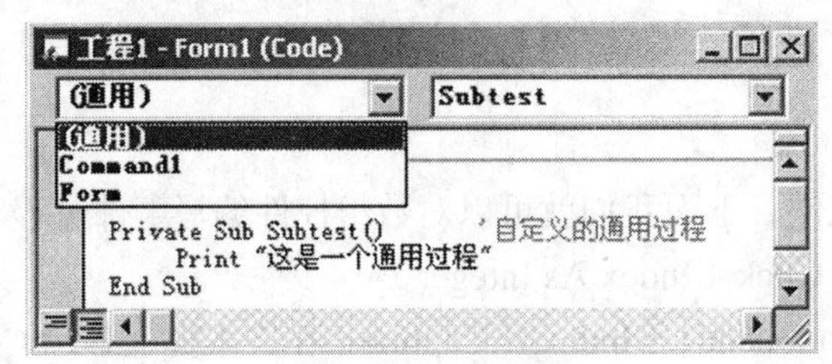

图6.11　通用过程

3. 属性过程

属性过程可以用来返回和设置属性的值，还可设置对象的引用。

6.2.2 Sub 子过程

Sub 过程也称为子过程或者子程序，是在响应事件时执行的程序段。Sub 过程一般用于接收或处理输入数据、显示输出或者设置属性，没有返回值。

1. 定义子过程

Sub 过程是没有返回值的函数，在事件过程或其他过程中可按名称调用。Sub 过程的定义语法格式如下：

```
[Private | Public] [Static] Sub 过程名( [ 形参列表 ] )
        [ 程序段 ]
        [Exit Sub]
        [ 程序段 ]
  End Sub
```

其中，Sub 过程以 Sub 开头，以 End Sub 结束，在 Sub 和 End Sub 之间是描述过程操作的语句块，称为“过程体”或“子程序”。该语法格式中的参数说明如下：

（1）[Public|Private]：指明过程的使用范围，即过程的作用域，其中 Public 为全局，Private 为局部。若缺省，则默认为 Public。

[Static]：若有该选项，则系统认为过程中的所有局部变量均为静态变量。

（2）过程名：与变量命名规则相同，不要与 Visual Basic 关键字同名，不能与同一级别的变量重名。

（3）参数列表：表示在调用时要传递给 Sub 过程的参数的变量列表。如果不止一个参数，则由逗号分隔。

（4）[Exit Sub]：表示提前退出该过程，返回到调用该过程语句的下一条语句。过程体中可以含有多个 Exit Sub 语句。

在 Sub 过程定义中，最为复杂的是参数列表的定义，具体关于参数传递的知识将在后续小节进行说明。

2. 创建子过程

（1）直接在代码窗口中输入。在创建子过程时，可以直接在代码窗口中输入，打开代码设计窗口，按照 Sub 子过程定义方式编写代码。下列代码表示定义了一个名为 Subtest 的过程，该过程的功能是在窗体上显示“这是一个通用过程”的字样。

```
Public Sub Subtest( )
```

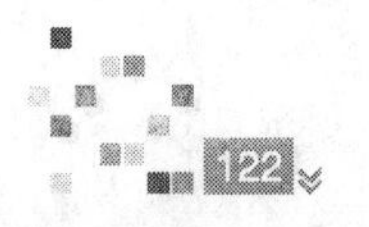

Print " 这是一个通用过程 "

End Sub

该过程运行后并不能看到运行结果，而是需要被其他事件过程调用。例如，当用户单击按钮时要调用该过程，那么应该在按钮的 Command1_Click（ ）事件中写入如下代码：

Private Sub Command1_Click（ ）

Call Subtest

End Sub

运行后，点击窗体，执行效果如图 6.12 所示。

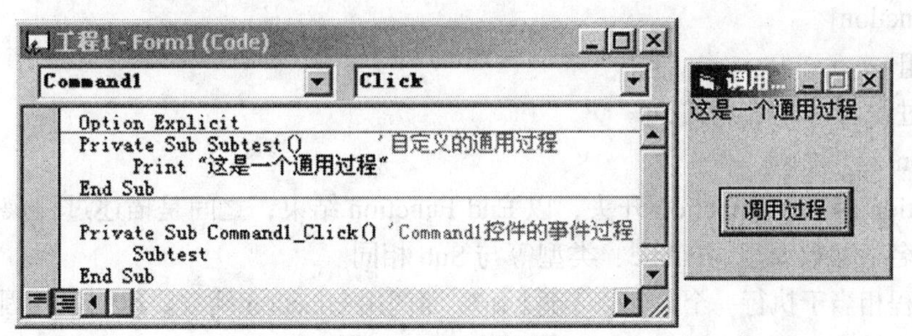

图6.12　调用子过程

（2）使用添加过程对话框。我们也可以通过 Visual Basic 自带功能创建子过程。切换到代码编辑器窗口，点击“工具”菜单，选择“添加过程”，在“名称”处填写子过程的名字，如“Subtest”，然后点击“确定”，如图 6.13 和图 6.14 所示。

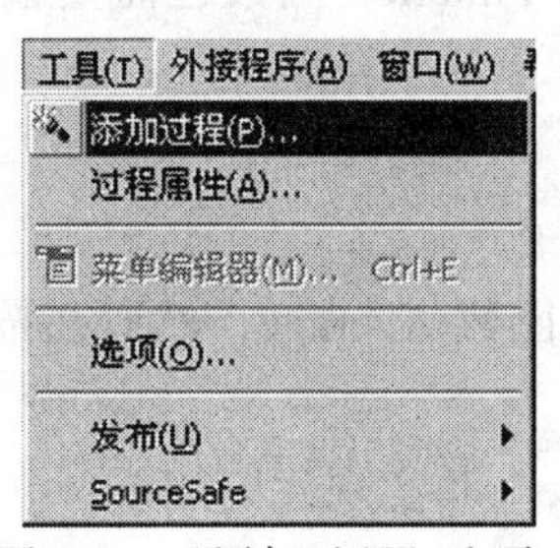

图6.13　“添加过程”选项

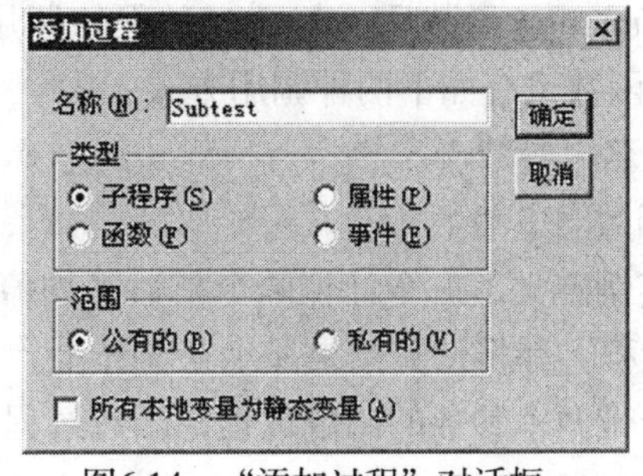

图6.14　“添加过程”对话框

3. 调用子过程

事实上，Sub 过程的调用格式有两种，除了上一节实例中提到的使用 Call 关键字外，还可以直接通过过程名来调用。这两种调用的语法格式如下：

Call 过程名 { 参数 }

过程名 { 参数 }

例如，在上节实例中以第 2 种方式——通过过程名来调用 Subtest 过程，就可以将其代码改写成如下形式：

Private Sub Command1_Click（ ）

Subtest

End Sub

可以看出，上述代码与上节中实例代码的不同之处在于其调用的 Sub 过程没有使用 Call 命令，而是直接以过程名调用。

技术提示：

使用Sub过程设计程序可以理解为“一处定义，到处调用”。程序中可以在其他任意事件里调用已经定义过的Sub子过程，只需要前面用个Call函数即可。

6.2.3 Function 函数过程

Function 函数过程用来完成特定的功能并返回相应的结果，在事件或其他过程中可按名称调用函数。Function 过程也能接收参数，与 Sub 过程的最大区别在于 Function 过程可以返回一个值给程序调用。

1. 函数过程的定义

同样，在使用 Function 函数前必须先进行定义。Function 函数的定义格式与 Sub 过程类似，区别在于 Function 过程的最后一行语句通常是赋值。Function 函数通过函数名返回一个值，这个值是在过程的语句中赋给函数名的。Function 函数的语法定义如下：

```
[Public | Private | [Static] Function < 函数过程名 >（[< 参数列表 >]）[As  < 类型 >]
    [< 语句组 >]
    [< 函数过程名 > = < 表达式 >]
    [Exit  Function]
    [< 语句组 >]
    [< 函数过程名 >=< 表达式 >]
End  Function
```

其中，Function 函数以 Function 开头，以 End Function 结束，之间是描述过程操作的语句块。格式中的函数过程名、参数列表、Public、类型等与 Sub 相同。

调用 Sub 过程相当于执行一个语句，不返回值；而调用 Function 函数要返回值，因此可以像内部函数一样在表达式中使用。函数总是以该函数的名称返回给调用过程一个值。因此，函数中的最后一行语句往往是将函数的最终计算结果放入函数名中的赋值语句。如果在 Function 函数中省略“ 函数名 = 表达式”语句，则该过程返回一个默认值：数值型函数返回值是 0；字符串型函数返回空字符串。

2. 函数过程的调用

定义了 Function 函数后，与 Sub 过程的调用格式相似，Function 函数也需要在事件过程中被调用。Function 函数也有如下两种调用方式：

```
Call 函数名 { 参数 }
变量 = 函数名 { 参数 }
```

下面的实例定义了一个计算两个整数平均值的 Function 函数 Average，然后在按钮控件的单击事件中调用该过程，并将计算结果显示在窗体上。

定义一个带两个参数的函数过程，函数过程名为 Average。其实现代码如下：

```
Public Function Average（x As Integer, y As Integer）
Average =（x + y）/ 2
End Function
```

在按钮的单击事件中调用 Average 函数过程。

```
Private Sub Command1_Click（）
    Dim a As Integer, b As Integer
    Dim res As Single
    a = Val（InputBox（" 请输入第一个数 "））
    b = Val（InputBox（" 请输入第二个数 "））
    res = Average（a, b）            ' 调用 Function 过程
    Print a, b; & " 的平均值为 : " & res
End Sub
```

从上述代码可以看出，Function 函数能够返回计算结果，并把计算结果返回到主程序的变量中。这与 Visual Basic 6.0 提供的许多内置函数具有相同的功能。

6.2.4 参数传递

在上述 Sub 过程和 Function 过程的实例中，定义这些过程时都包含参数，在事件过程中调用也

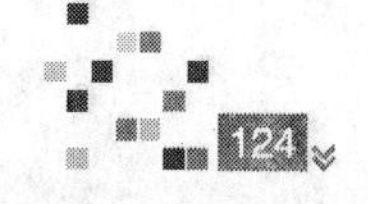

要带有参数。那么调用过程时给予的参数是如何传递给过程的呢？这就是本节要讲的参数传递。

参数传递是指在调用过程中，子过程包含内部定义的参数，主程序需要将实际参数传递给子过程，完成调用后返回执行结果。

1. 形参与实参

参数按照作用的不同可分为形参和实参两种。形参是指过程定义时使用的参数，目的是用来接收调用该过程时传递的参数；实参是指调用该过程时传递给该过程的参数。下面的实例形象地说明了形参和实参的不同，如图 6.15 所示。

图6.15　形参与实参

```
Public Function sum（ByVal a As Integer）As Integer
    sum = a * 2                    ' a 为形参
End Function
Private Sub Command1_Click（ ）
    Dim x As Integer
    x = Val（InputBox（" 请输入一个整数 "））
    Print sum（x）+ 10             ' x 为实参
End Sub
```

其中参数 a 就是形参，其作用是接收调用该过程时传递过来的参数（实参）；x 是实参，通过实参将参数值传递给形参 a。

2. 按值传递与按址传递

在 Visual Basic 中参数传递主要有按地址传递（传址）和按值传递（传值）两种，默认的参数传递方式为按址传递。简单来说，按址传递就是直接将数据交给过程，在过程中处理数据，然后把数据返回给主程序。而按值传递则是相当于将数据复制一份交给过程。在过程中将数据处理成什么样子，都是对副本进行操作，与原数据无关。

按址定义形参用关键字 Byref，按值定义形参用关键字 Byval。下面通过例题讲解。

【例 6.5】 下面程序实现按址、按值交换两个变量的值，运行结果如图 6.16 所示。

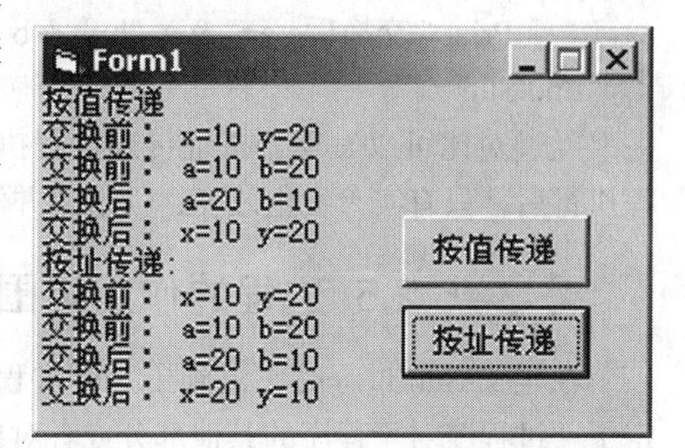

图6.16　按值传递与按址传递参数比较

创建程序界面和设置属性：

在窗体中添加两个按钮，分别命名为“按址传递”和“按值传递”。

程序代码如下：

```
Option Explicit
Private Sub Command1_Click（ ）                ' 按址传递命令按钮
    Dim x As Integer, y As Integer
    x = 10
    y = 20
```

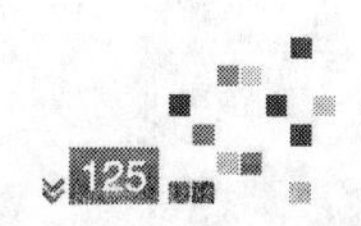

```
        Print " 按址传递 :"
        Print " 交换前: x=" & x, "y=" & y
        Call swap（x, y）
        Print " 交换后: x=" & x, "y=" & y
    End Sub
    Public Sub swap（ByRef a As Integer, ByRef b As Integer）          ' 按址传递的函数
        Dim t As Integer
        Print " 交换前: a=" & a, "b=" & b
        t = a
        a = b
        b = t
        Print " 交换后: a=" & a, "b=" & b
    End Sub
    Private Sub Command2_Click（                                        ' 按值传递命令按钮
        Dim x As Integer, y As Integer
        Print " 按值传递 "
        x = 10
        y = 20
        Print " 交换前: x=" & x, "y=" & y
        Call swap2（x, y）
        Print " 交换后: x=" & x, "y=" & y
    End Sub
    Public Sub swap2（ByVal a As Integer, ByVal b As Integer）          ' 按值传递函数
        Dim t As Integer
        Print " 交换前: a=" & a, "b=" & b
        t = a
        a = b
        b = t
        Print " 交换后: a=" & a, "b=" & b
    End Sub
```

经过对比可以发现，按址传递过程执行后，无论形参还是实参都发生了改变。而按值传递在过程执行后，只有实参发生改变，而形参并没有变化。

6.2.5 过程的作用范围

在定义 Sub 过程时，提到了 Sub 过程的作用域包括 Public，Private，Static 等。过程的作用域决定了“过程”对于程序的其他部分或者对象的访问能力。这些过程可以被用于窗体、标准模块或者类模块中。

通常在 Visual Basic 中，根据其作用范围的不同，将过程分为窗体或模块级过程、全局级过程和静态过程 3 种。

1. 窗体或模块级过程

该类过程的标志是在过程前加 Private 关键字，其作用域为被定义的窗体或者模块。要定义该类过程，可在前面加 Private 关键字。例如：

Private Sub sum（Byval a As Integer）

或者

Sub sum（Byval a As Integer）

2. 全局级过程

该类过程的标志是在过程前加 Public 关键字，其作用域为系统内任意窗体。例如：

Public Sub sum（Byval a As Integer）

3. 静态过程

在该类过程中所使用的变量空间都被保留，直到程序运行结束。即该过程中所有声明的变量均为静态变量。其定义方法为在前面加 Static 关键字。例如：

Static Sub sum（Byval a As Integer）

以上 3 种过程的主要区别在于其作用范围，即是否能被本模块或其他模块所调用，其详细的作用范围如表 6.3 所示。

表 6.3　过程的作用范围

作用范围	模块级		全局级	
	窗体	标准模块	窗体	标准模块
定义方式	过程名前加 Private，如：Private Sub Mysub（参数形式）		过程名前加 Public 或缺省，如：Public Sub Mysub（参数表）	
能否被本模块其他过程调用	能	能	能	能
能否被本应用程序其他模块调用	不能	不能	能，但必须在过程名前加窗体名，如：Call 窗体名 .Mysub（参数表）	能，但过程名必须唯一，否则要加标准模块名，如：Call 标准模块名 . My2（参数表）

通过以上知识的学习，下面我们尝试解决猴子吃桃子的问题。

【例 6.6】 猴子第一天摘下 *N* 个桃子，当时就吃了一半，还不过瘾，就又吃了一个。第二天又将剩下的桃子吃掉一半，又多吃了一个。以后每天都吃前一天剩下的一半零一个。到第 10 天在想吃的时候就剩一个桃子了，求第一天共摘下来多少个桃子？

分析：

猴子某一天吃的是前一天的一半还多一个，假设今天剩下 x_1 个桃子，昨天共有 x_2 个桃子，它们的关系是：$x_1=x_2/2-1$，即 $x_2=2（x_1+1）$，那么既然已经知道今天剩下的桃子数量，那么就可以知道昨天的数量，要是知道昨天的数量，那么前天的就知道了，到最后一定知道第一天的桃子总数。使用 Function 函数自身调用功能，完成前面所讲的猴子吃桃问题。

程序代码如下：

```
Dim s As Integer                ' 表示具体某一天的桃子总数，全局变量
Function Tao（day As Integer）As Integer
    If day < 10 Then                ' 如果 i<10 则条件成立
        s =（s + 1）* 2             ' 计算前一天桃子的个数，求第 9，8，…，2，1 天桃子的总数
        day = day + 1               ' 再推前一天
        Tao（day）                  ' 递归，求前一天的桃子总数
    End If
End Function
Private Sub Command1_Click（ ）
    s = 1                           ' 第 10 天的桃子总数等于 1，这是已知条件
```

```
        Tao(1)                      ' 调用 Tao 函数，求第一天的桃子总数，这个 1 为第一天
        Print s                     ' 结果 t=1534
    End Sub
```

过程是 Visual Basic 中非常重要的一个程序组成结构。可以说，Visual Basic 的程序就是由一个个相互调用的过程组成的。此外，过程递归也是 Visual Basic 中使用较多的手段，本节通过实例进行了简单的介绍。

技术提示：

如果一个工程文件中全局变量、自定义的公共过程和函数比较多，那么我们可以建立一个标准模块，专用于存放变量、过程和函数，这样所有的公共对象都集中在一起，提高了程序的可阅读性。

重点串联

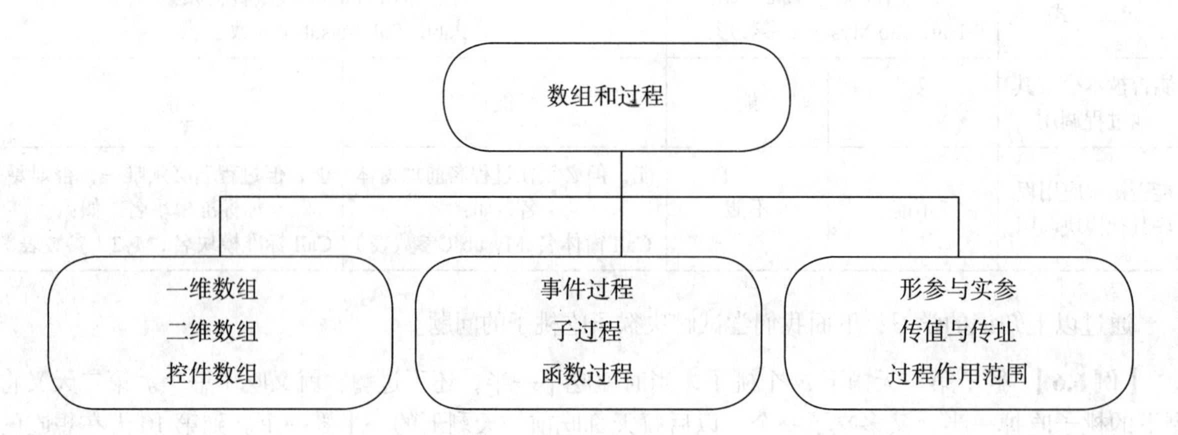

拓展与实训

基础训练

一、填空题

1. 具有一个下标的数组称为 ______，具有两个下标的数组称为 ______。

2. 在 Visual Basic 中，最多可定义 ______ 数组。

3. Dim a（3,-3 to 0,3 to 6）as String 语句定义的数组元素有 ______ 个。

4. 要使同一类型控件组成一个控件数组，各数组元素可以通过 ______ 属性区分。

5. 在 Visual Basic 中，参数传递主要有 ______ 和 ______ 两种。其中，Visual Basic 默认的参数传递方式是 ______。

二、单项选择

1. 下面的数组声明语句中（　　）是正确的。

A. Dim A[3，4]As Integer　　B. Dim A（3，4）As Integer

C. Dim A[3；4]As Integer　　D. Dim A（3；4）As Integer

2. 假定建立了一个名为 Command1 的命令按钮数组，则以下说法中错误的是（　　）。

A. 数组中每个命令按钮的名称（名称属性）均为 Command1

B. 数组中每个命令按钮的标题（Caption 属性）都一样

C. 数组中所有命令按钮可以使用同一个事件过程

D. 用名称 Command1（下标）可以访问数组中的每个命令按钮

3. 在窗体上面有一个命令按钮，编写如下事件过程：

```
Private Sub Command1_Click（）
    Dim s%, j%, i%, a
    a = Array（1, 2, 3, 4）
    j = 1
    For i = LBound（a）To UBound（a）
        s = s + a（i）* j
        j = j * 10
        Next i
    Print s
End Sub
```

运行上面的程序，单击命令按钮后，输出结果是（　　）。

A. 432　　B. 1234　　C. 01234　　D. 43210

4. 下列关于 Sub 过程描述中，不正确的是（　　）。

A.Sub 过程一般用于接收或处理输入数据

B. Sub 过程可以有返回值

C. Sub 过程一般用于显示输出或者设置属性，没有返回值

D. Sub 过程可以定义参数

技能实训

1. 设有如下两组数据：

(1)2，8，7，6，4，28，70，25

(2)79，27，32，41，57，66，78，80

编写一个程序，把上面两组数据分别读入两个数组中，然后把两个数组中对应下标的元素相加，即2+79，8+27，…，25+80，并把相应的结果放入第三个数组中，最后输出第三个数组的值。

2. 编写程序，把下面的数据输入一个二维数组中。

25 36 78 13

12 26 88 93

75 18 22 32

56 44 36 58

然后执行以下操作：

(1)输出矩阵两个对角线上的数。

(2)分别输出各行和各列的和。

(3)交换第一行和第三行的位置。

(4)交换第二列和第四列的位置。

(5)输出处理后的数组。

3. 编写函数fun，函数的功能是：求1到100之间的偶数之积。

模块7 键盘事件与鼠标事件

教学聚焦

前面已经介绍过通用过程（Sub 过程、Function 过程）和一些常用的事件过程（鼠标单击 Click 或双击 DblClick 事件过程等）。通用过程必须调用才能执行，事件过程则是某事件发生时执行的。在 Visual Basic 应用程序中，键盘和鼠标能响应多种鼠标事件和键盘事件。例如，窗体、图片框控件都能检测鼠标指针的位置，并可判定其左、右键是否已按下，还能响应鼠标按钮与 Shift、Ctrl 或 Alt 键的各种组合；利用键盘事件可以编程响应多种键盘操作，也可以解释、处理 ASCII 字符等。编写鼠标事件和键盘事件过程，可利用 Visual Basic 为用户设定好的鼠标事件和键盘事件过程的框架，只需在其中书写代码即可完成。

本模块主要介绍 3 种键盘事件：KeyPress，KeyUp，KeyDown 事件；3 种鼠标事件：MouseUp，MouseDown，MouseMove 事件，通过举例说明它们的应用。

知识目标

◆ 键盘事件：KeyPress，KeyUp 和 KeyDown
◆ 鼠标事件：MouseUp，MouseDown 和 MouseMove
◆ CurrentX 属性和 CurrentY 属性
◆ 鼠标光标的形状设置

技能目标

◆ 掌握编写键盘事件过程和鼠标事件过程
◆ 通过实例，举一反三、熟练运用，使应用程序能响应多种键盘和鼠标事件

课时建议

4 课时

教学重点和教学难点

◆ 键盘事件、鼠标事件和 CurrentX 属性、CurrentY 属性。

项目 7.1 键盘事件

键盘事件是由用户在获取焦点对象（窗体或控件）上操作键盘按键所产生的，可用于窗体、复选框、组合框、命令按钮、列表框、图片框、文本框、滚动条及与文件有关的控件等。在 Visual Basic 中，对象识别的键盘事件有以下 3 种，其发生的先后顺序是 KeyDown 事件、KeyUp 事件、KeyPress 事件，其中：

（1）KeyPress 事件：用户按下并释放被触发（可以获得一个 KeyAscii 值，即 ASCII 码）。

（2）KeyDown 事件：用户按下键盘上任意一个键时被触发（可以获得一个 KeyCode 值）。

（3）KeyUp 事件：用户释放键盘上任意一个键时被触发（可以获得一个 KeyCode 值）。

例题导读

在键盘事件中，共安排有 4 道例题，其中例 7.1、例 7.2 讲解 KeyPress 事件的使用；例 7.3 讲解 KeyDown 事件的使用；例 7.4 讲解 KeyUp 事件的使用。

知识汇总

● KeyPress 事件、KeyDown 事件、KeyUp 事件

7.1.1 KeyPress 事件

KeyPress 事件当用户按下和松开一个 ASCII 字符键时发生。该事件被触发时，被按键的 ASCII 码将自动传递给事件过程的 KeyAscii 参数。在事件过程中，通过访问该参数，即可获知用户按下了哪一个键，并可识别字母的大小写。其语法格式为：

```
Private Sub 对象名 _KeyPress（KeyAscii As Integer）
 <处理该对象 KeyPress 事件的一段代码>
End Sub
```

其中，参数 KeyAscii 是被按下字符键的 ASCII 码，对它进行改变可给对象发送一个不同的字符。将 keyAscii 改变为 0 时可取消按键字符的显示，对象便接收不到按下的字符。

KeyPress 事件可以引用任何可打印的键盘字符，如：A（ASCII 码为 65）、a（ASCII 码为 97）、0（ASCII 码为 48）、@（ASCII 码为 64）等。还可以引用常用的控制码字符，如：〈Backspace〉键（ASCII 码为 8）、Tab 键（ASCII 码为 9）、Enter 键（ASCII 码为 13）、Esc 键（ASCII 码为 27）等。

【例 7.1】保证文本框中输入的字母均为大写字母。事件代码如下：

```
Private Sub Form_Load（）
    Text1.Text = ""
End Sub
Private Sub Text1_KeyPress（KeyAscii As Integer）
    KeyAscii = Asc（UCase（Chr（KeyAscii）））
End Sub
```

在本例中，用户在文本框，Text1 中所输入的字母，不管是大写还是小写，文本框所接受的均为

大写，其余字符保持原样。

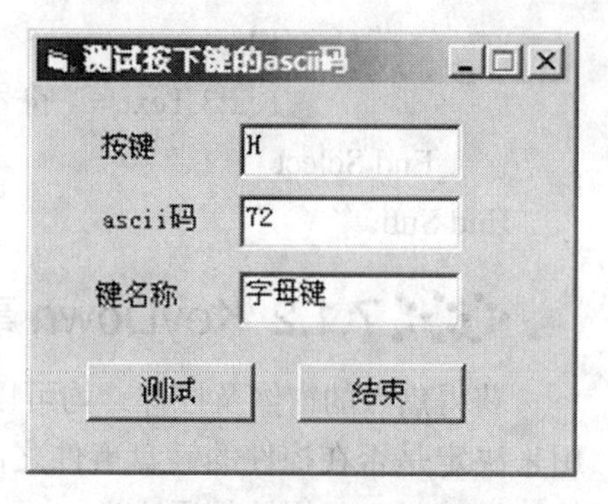

图7.1　测试按键ASCII码

【例7.2】显示按键及其ASCII码的程序。在文本框Text1中按下某键，文本框Text2中显示按下键的ASCII码，文本框Text3中显示按下键所属的类别。程序运行结果如图7.1所示。

事件代码如下：

```
Option Explicit
Private Sub Command1_Click（）' 测试
    Text1.Text = ""
    Text2.Text = ""
    Text3.Text = ""
    Text1.SetFocus
End Sub
Private Sub Command2_Click（）' 结束
    End
End Sub
Private Sub Form_Load（）
    Text1.Text = ""
    Text2.Text = ""
    Text3.Text = ""
End Sub
Private Sub Text1_KeyPress（KeyAscii As Integer）
    Text2.Text = KeyAscii
    Select Case KeyAscii
        Case 0 To 7, 9 To 12, 14 To 26, 28 To 31
            Text1.Text = ""
            Text3.Text = " 控制键 "
        Case 8
            Text1.Text = ""
            Text3.Text = " 退格键 "
        Case 13
            Text1.Text = ""
            Text3.Text = " 回车键 "
        Case 27
            Text1.Text = ""
            Text3.Text = "Esc 键 "
        Case 32
            Text1.Text = ""
            Text3.Text = " 空格键 "
        Case 65 To 90, 97 To 122
            Text3.Text = " 字母键 "
        Case 48 To 57
            Text3.Text = " 数字键 "
```

```
        Case Else
            Text3.Text = " 符号键 "
    End Select
End Sub
```

7.1.2 KeyDown 事件和 KeyUp 事件

获得焦点的窗体及控件，均可以响应 KeyDown 事件和 KeyUp 事件。窗体的 KeyPreview 属性值，用来决定是否在控件的键盘事件之前响应窗体的键盘事件，即窗体的键盘事件优先于控件的键盘事件。KeyPreview 属性的语法为：

窗体名 .KeyPreview [= Boolean]

其中，Boolean 是布尔表达式，当取值为 False（缺省值）时，活动控件接收键盘事件，而窗体不接收；当取值为 True 时，窗体先接收键盘事件，然后是活动控件接收键盘事件。

KeyDown 事件和 KeyUp 事件是当一个对象具有焦点时按下或松开一个键时发生的。当焦点位于某对象上时，按下键盘中的任意一键，则会在该对象上触发产生 KeyDown 事件，当释放该键时，将触发产生 KeyUp 事件，同时也触发了 KeyPress 事件。通常使用 KeyDown 事件和 KeyUp 事件过程来处理任何不被 KeyPress 识别的击键，如功能键、编辑键、定位键以及任何这些键和键盘换档键的组合等。

KeyDown 事件和 KeyUp 事件过程的语法格式为：

Private Sub 对象名 _KeyDown（KeyCode As Integer, Shift As Integer）

< 处理该对象 KeyDown 事件的一段代码 >

End Sub

Private Sub 对象名 _KeyUp（KeyCode As Integer, Shift As Integer）

< 处理该对象 KeyUp 事件的一段代码 >

End Sub

其中，KeyCode 参数项用于返回被按键的扫描代码，即键代码。由于键代码主要反映按键的物理位置，因此通过该参数不能区分字母大小写，只能知道是哪一位置的键被按下或释放。KeyCode 以“键”为准，而不是以“字符”为准。例如，大小写字母表示同一个键，其 KeyCode 相同；同一个键上的上档键字符和下档键字符的 KeyCode 相同；而主键盘区的数字键与小键盘区的数字键，其 KeyCode 不同。主键盘区上数字 0 ~ 9 键的 KeyCode 键值与数字字符 0 ~ 9 的 ASCII 码值相同，分别是 48 ~ 57；主键盘区上字母 A ~ Z 键的 KeyCode 键值与大写字母 A ~ Z 的 ASCII 码值相同，分别是 65 ~ 90；数字键盘上键的键码值（KeyCode）及功能键的键码值（KeyCode）如表 7.1 所示；控制键的键码值（KeyCode）如表 7.2 所示。

> **技术提示：**
>
> 虽然KeyCode参数不能区分用户按下了大写字母还是小写字母，但结合Shift参数还是可以判断用户按下的是大写还是小写。例如，下面的事件代码可以用来判断用户是否按下了大写字母C。
>
> ```
> Private Sub Text1_KeyDown（KeyCode As Integer, Shift As Integer）
>     If KeyCode = Visual BasicKeyC And Shift = 1 Then
>         MsgBox "你按下的是Shift键+字母C键组合，即输入大写字母C"
>     End If
> End Sub
> ```

Shift 参数项返回一个整数，该整数相应于〈Shift〉、〈Ctrl〉和〈Alt〉键的状态。Shift 参数等于 1、2 和 4 分别表示〈Shift〉、〈Ctrl〉和〈Alt〉键被按下，而 3 数的部分和可表示 3 个按钮部分地被同时按下，例如，5 表示 Shift 键和 Alt 键被同时按下。Shift 参数的含义如表 7.3 所示。

表 7.1　数字键盘上的键的键码值（KeyCode）及功能键的键码值（KeyCode）

按键	键码	按键	键码	按键	键码	按键	键码
0	96	8	104	F1	112	F7	118
1	97	9	105	F2	113	F8	119
2	98	*	106	F3	114	F9	120
3	99	+	107	F4	115	F10	121
4	100	Enter	108	F5	116	F11	122
5	101	-	109	F6	117	F12	123
6	102	.	110				
7	103	/	111				

表 7.2　控制键的键码值（KeyCode）

按键	键码	按键	键码	按键	键码	按键	键码
BackSpace	8	Esc	27	Right Arrow	39	_	189
Tab	9	Spacebar	32	Down Arrow	40	.>	190
Clear	12	Page Up	33	Insert	45	/?	191
Enter	13	Page Down	34	Delete	46	`~	192
Shift	16	End	35	Num Lock	144	[{	219
Control	17	Home	36	;:	186	|	220
Alt	18	Left Arrow	37	=+	187	]}	221
Cape Lock	20	Up Arrow	38	,<	188	'"	222

表 7.3　Shift 参数

二进制	十进制	作　用	二进制	十进制	作　用
000	0	没有按下任何转换键	100	4	按下 Alt 键
001	1	按下 Shift 键	101	5	按下 Alt+Shift 组合键
010	2	按下 Ctrl 键	110	6	按下 Ctrl+Alt 键
011	3	按下 Ctrl+Shift 组合键	111	7	按下 Ctrl+Alt+Shift 组合键

【例 7.3】 编写一个程序，运行默认窗体，只要同时按下 Alt，Shift 和 F10 键时，窗体上便显示“您同时按下组合键 Alt+Shift+F10！”消息框，如图 7.2 所示。

事件代码如下：

```
Private Sub Form_KeyDown（KeyCode As Integer, Shift As Integer）
    If KeyCode = 121 And Shift = 5 Then
        MsgBox "您同时按下组合键 Alt+Shift+F10！", vbOKOnly + vbInformation, "信息管理系统"
    End If
End Sub
Private Sub Form_Load（）
    Form1.KeyPreview = True
End Sub
```

图7.2　按下组合键Alt，Shift和F10

程序中，Form1.KeyPreview = True 不能没有，否则窗体便不响应键盘事件。这是因为，在默认情况下，控件的键盘事件优先于窗体的键盘事件，所以在发生键盘事件时，总是先激活控件的键盘事件。

如果希望窗体先接收键盘事件，则必须把窗体的KeyPreview 属性设置为 True，否则不能激活窗体的键盘事件。

【例 7.4】设计一英文打字训练的程序。程序的功能如下：

当单击“产生原稿文”按钮时，随机产生 30 个小写字母的原稿文，显示在“原稿文”文本框中；当单击“录入”文本框时，“录入”文本框获取焦点，开始计时；用户在“录入”文本框中按“原稿文”输入相应的字母，在录入过程中，“所用时间”文本框实时显示用户当前所用的时间。

当输入达到 30 个字母时结束计时，禁止向文本框录入内容，同时显示打字“所用时间”和“准确率”。界面如图 7.3 所示。

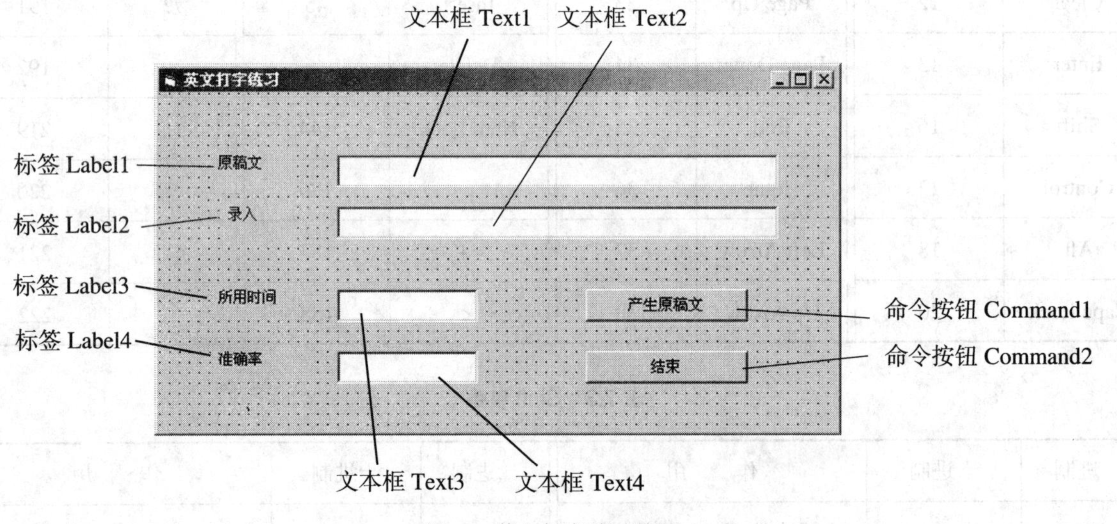

图7.3　英文打字练习界面

程序代码如下：

```
Option Explicit
Dim t As Single
Private Sub Command1_Click（）'产生原稿文
    Randomize
    s = ""
    For k = 1 To 30
```

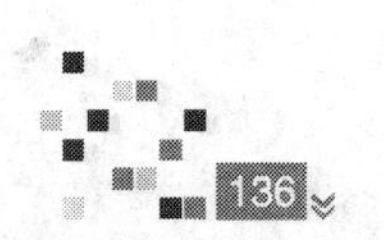

```
            x = Chr(Int(Rnd * 26) + 97)
            s = s + x
        Next k
        Text1.Text = s
        Text2.Text = ""
        Text2.Locked = False
        Text3.Text = ""
        Text4.Text = ""
End Sub
Private Sub Command2_Click() ' 结束
        End
End Sub
Private Sub Text2_GotFocus() ' 获得焦点开始计时
        t = Timer
End Sub
Private Sub Text2_KeyUp(KeyCode As Integer, Shift As Integer)' 录入
        Text3.Text = Round(Timer - t, 1) & " 秒 "
        If Len(Text2.Text) = 30 Then
            c = 0
            For k = 1 To 30
                If Mid(Text1.Text, k, 1) = Mid(Text2.Text, k, 1) Then
                    c = c + 1
                End If
            Next k
            Text2.Locked = True
            Text4.Text = Round(c / 30 * 100, 2) & "%"
        End If
End Sub
```

运行程序，效果如图 7.4 所示。

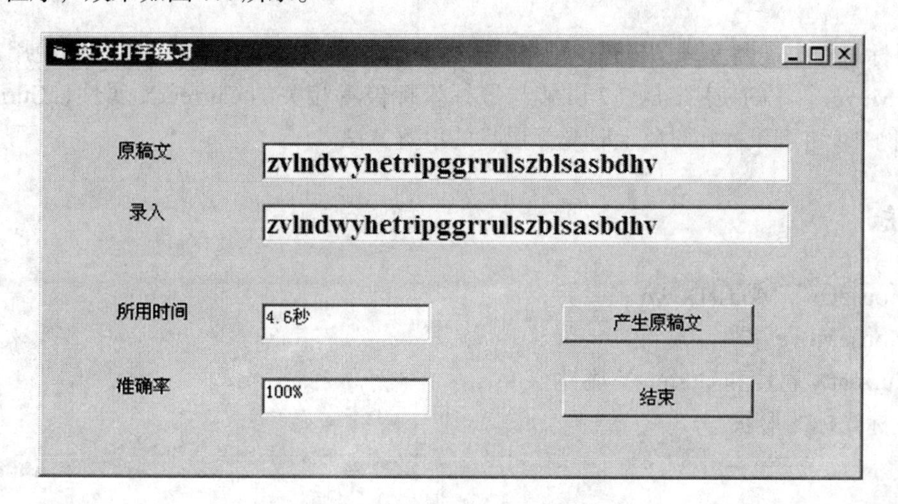

图7.4　英文打字练习运行效果

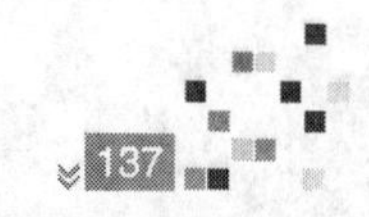

技术提示：

KeyDown事件、KeyUp事件与KeyPress事件的异同：

（1）触发时刻不同。KeyDown事件是键被按下时发生；KeyUp事件是键被释放时发生；KeyPress事件是键被按下并释放时发生。

（2）返回值不同。KeyDown事件和KeyUp事件返回的是“键”，而KeyPress事件返回的是“字符”的ASCII码值,KeyPress事件过程的KeyAscii参数返回按键的ASCII码值。例如，A和a的ASCII码值不同，而主键区的数字键和数字键区的数字键ASCII码值相同。KeyDown和KeyUp事件过程的KeyCode参数返回按键的键值。例如，A和a的键值相同，而主键区的数字键和数字键区的数字键的物理键值不同、两个Ctrl键的键值相同。

（3）应用场合不同。如果想得到按键的ASCII码值，用KeyPress事件过程的KeyAscii参数；如果想知道按了什么键，用KeyDown事件和KeyUp事件过程的keyCode参数。

（4）响应范围不同。KeyPress响应键盘事件比KeyDown和KeyUp响应键盘事件要小。KeyPress事件不能响应有些按键，像功能键（如F1）、控制键（如Ctrl）、光标移动键等；KeyDown和KeyUp事件能响应绝大多数按键，虽然说不能区分用户按下了大写字母还是小写字母，但结合Shift参数还是可以判断用户按下的是大写还是小写字母的。

（5）返回值的联系。主键区（非数字键区）0~9 键的键值与数字 0~9 的 ASCII 码值相同，主键区A ~ Z（不区分大小写）的键值与 A~Z 大写字母的 ASCII 码值相同。

项目 7.2 鼠标事件

用户操作鼠标引发鼠标事件，对鼠标的动作作出反应就是对鼠标事件的响应。

例题导读

在鼠标事件中，共安排了 4 道例题，其中，例 7.5 讲解 MouseDown 事件的使用；例 7.6 讲解 MouseMove 事件的使用；例 7.7 讲解与鼠标坐标位置相关的 CurrentX 属性、CurrentY 属性的使用；例 7.8 讲解鼠标在对象上时光标形状的设置方法。

知识汇总

- MouseUp，MouseDown
- MouseMove 事件
- CurrentX 属性和 CurrentY 属性
- 鼠标光标的形状

鼠标事件是由用户在获取焦点的对象（窗体或控件）上操作鼠标而触发产生的，Visual Basic 中的大多数控件均能响应鼠标事件。常用事件如下：

（1）Click 事件：在具有焦点的对象上按下鼠标左键时被触发。

（2）DblClick 事件：在具有焦点的对象上快速两次按下鼠标左键时被触发。

（3）MouseDown 事件：在具有焦点的对象上按下鼠标任意键时被触发。

（4）MouseUp 事件：在具有焦点的对象上释放鼠标任意键时被触发。

（5）MouseMove 事件：在具有焦点的对象上移动鼠标时（也包括按下鼠标任意键进行移动）被触发。

（6）DragDrop 事件：在具有焦点的对象上，使用鼠标将对象从一个地方拖动到另一个地方再放下时被触发，并且当源对象被拖动到目标对象上时，还会触发 DragOver 事件。

需要说明的是，Click 事件由 MouseDown 和 MouseUp 组成。若单击左键，则先触发 MouseDown 事件，其次是 MouseUp 事件，最后是 Click 事件。若按住 Ctrl 或 Shift 或 Alt 及三者的任意组合，再单击左键，依然先触发 MouseDown 事件，其次是 MouseUp 事件，最后是 Click 事件。MouseDown 事件和 MouseUp 事件可识别 Ctrl 或 Shift 或 Alt 及三者的任意组合的鼠标按下与释放操作，也能够响应使用鼠标的左、中、右键的按下与释放操作（鼠标的左、中、右键不可组合使用）；Click 事件只能识别鼠标左键，即使按住 Ctrl 或 Shift 或 Alt 及三者的任意组合再单击左键，也表示单击左键，而忽略 Ctrl 或 Shift 或 Alt 及三者任意组合的含义。

关于鼠标 Click 事件、DblClick 事件在前面的项目章节中已介绍过，此处不再赘述。应强调的是，如果对象既定义了 Click 事件，又定义了 DblClick 事件，则 DblClick 事件永远不会被触发。

DragDrop 事件及 DragOver 事件请读者参考其他书籍了解学习。

下面将介绍 MouseDown，MouseUp，MouseMove 3 个事件；窗体的 CurrentX 属性和 CurrentY 属性；鼠标光标形状的设置等知识。

7.2.1 MouseDown 事件和 MouseUp 事件

MouseDown 事件和 MouseUp 事件是当在具有焦点的对象上按下（MouseDown）或者释放（MouseUp）鼠标按钮时发生。其语法为：

```
Private Sub 对象名 _MouseDown（Button As Integer, Shift As Integer, X As Single, Y As Single）
<处理该对象 MouseDown 事件的一段代码>
End Sub
Private Sub 对象名 _MouseUp（Button As Integer, Shift As Integer, X As Single, Y As Single）
<处理该对象 MouseUp 事件的一段代码>
End Sub
```

Button 参数返回一个整数。当 Button 参数的值等于 1，表示按下或释放鼠标左按钮；当 Button 参数的值等于 2，表示按下或释放鼠标右按钮；当 Button 参数的值等于 4，表示按下或释放鼠标中间按钮。注意：左、中、右只能有一个按钮引起事件，不可组合使用。

Shift 参数返回一个整数，表示在鼠标按钮被按下或者被释放时，配合使用了什么键盘控制键。当 Shift 参数的值等于 1，Shift 键被按下；当 Shift 参数的值等于 2，Ctrl 键被按下；当 Shift 参数的值等于 4，Alt 键被按下。注意 Ctrl，Shift，Alt 可任意组合被按下，例如，当 Shift 参数的值等于 3 时，则表示 Shift，Ctrl 键被同时按下。

X，Y 参数返回一个鼠标指针当前位置的坐标。

【例 7.5】 实现命令按钮的移动。当按住 Ctrl 键并单击鼠标左键时把命令按钮移动到鼠标指针的当前位置，当单击鼠标右键时，把命令按钮移动到窗体的左上角位置（即窗体的坐标原点），如图 7.5 和图 7.6 所示。

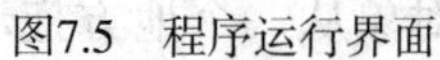

图7.5 程序运行界面

图7.6 Ctr键+鼠标左键

事件过程代码如下：

```
Option Explicit
Private Sub Form_MouseDown（Button As Integer, Shift As Integer, X As Single, Y As Single）
    If Button = 1 And Shift = 2 Then Command1.Move X, Y
    If Button = 2 Then Command1.Move 0, 0
End Sub
```

7.2.2 MouseMove 事件

MouseMove 事件是在具有焦点的对象上移动鼠标时发生。其语法格式为：

```
Private Sub 对象名_MouseMove（Button As Integer, Shift As Integer, X As Single, Y As Single）
<处理该对象 MouseMove 事件的一段代码>
End Sub
```

其中 Button， Shift，X，Y 参数描述同 MouseDown 事件和 MouseUp 事件。

在设计程序时，需要特别注意事件的 X，Y 参数值。MouseMove 事件被什么对象识别，事件就发生在什么对象上。当鼠标指针位于窗体中没有控件的区域时，窗体将识别鼠标事件，并执行窗体的 MouseMove 事件过程；当鼠标指针位于某个控件上方时，该对象将识别鼠标事件，并执行该对象的 MouseMove 事件过程。所以，当鼠标位置在对象的边界范围内时，该对象就能接收 MouseMove 事件，返回的 X，Y 坐标值是默认坐标系统的鼠标位置，鼠标的移动是不受对象边界限制的。容器对象的系统默认坐标系统是：原点（0,0）在容器左上角，X 轴向右为正方向，Y 轴向下为正方向，刻度单位是缇。

获取焦点的对象，在响应 MouseMove 事件时，伴随鼠标指针的移动将连续不断地产生。由于系统能在短时间内识别大量的 MouseMove 事件，因此，不应使用 MouseMove 事件过程去做那些需要大量时间进行计算的工作。

【例 7.6】获取鼠标指针的当前位置。运行程序，当用户在窗体上移动鼠标时，在窗体上的文本框中显示出当前鼠标指针的坐标位置。

事件代码如下：

```
Option Explicit
Private Sub Form_MouseMove（Button As Integer, Shift As Integer, X As Single, Y As Single）
    Text1.Text = "X=" & Str（X）& "    Y=" & Str（Y）
End Sub
```

运行程序，效果如图 7.7 所示。

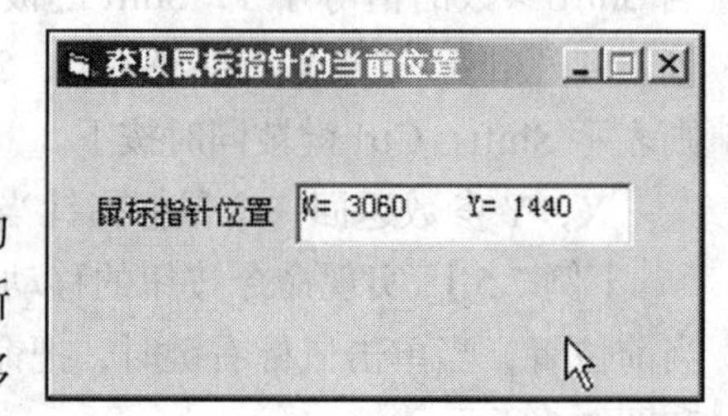

图7.7 获取鼠标指针的当前位置

在窗体上移动鼠标时，MouseMove 事件不断被触发，窗体的 MouseMove 事件代码也就不断地执行，文本框中的内容就会不断被更新。本例仅对窗体定义了 MouseMove 事件，所以，当鼠标移动到文本框和标签上时，X，Y 值不发生变化。

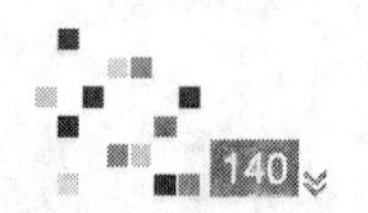

7.2.3 CurrentX 属性和 CurrentY 属性

绘图方法的水平和垂直坐标由 CurrentX 属性和 CurrentY 属性设置。当鼠标在窗体上移动时，鼠标坐标位置 X，Y 记录在 CurrentX 属性、CurrentY 属性中。

（1）CurrentX 属性：设置或返回窗体、图形框、打印机在绘图时的当前坐标的水平坐标。

（2）CurrentY 属性：设置或返回窗体、图形框、打印机在绘图时的当前坐标的垂直坐标。

（3）CurrentX 属性和 CurrentY 属性的使用格式：

对象名 .CurrentX [=x]

对象名 .CurrentY [=y]

坐标从对象的左上角开始测量。对象左边的 CurrentX 属性值为 0，上边的 CurrentY 属性值为 0，坐标以缇为单位。当然，利用容器对象的 ScaleMode 属性、ScaleHeight 属性、ScaleWidth 属性、ScaleLeft 属性、ScaleTop 属性可自定义坐标系统，也可以利用容器对象的 Scale 方法自定义坐标系统，感兴趣的读者请参阅其他书籍。

【例 7.7】以窗体中心为原心，随机向各个方向绘 200 条直线。在窗体上每单击一次，随机向各个方向绘 200 条直线。

程序代码如下：

```
Option Explicit
Private Sub Form_Click（ ）
    Dim i As Integer
    Form1.Scale（-100,100）-（100,-100）' 定义坐标系统，窗体的中心点为坐标原点
    For i=0 To 200
        CurrentX=Rnd*100*Sgn（Rnd-0.5）
        CurrentY=Rnd*100*Sgn（Rnd-0.5）
        ForeColor=QBColor（i Mod 16）    ' 设置前景颜色
        Line（0,0）-（CurrentX,CurrentY）
     Next i
End Sub
```

运行程序，效果如图 7.8 所示。

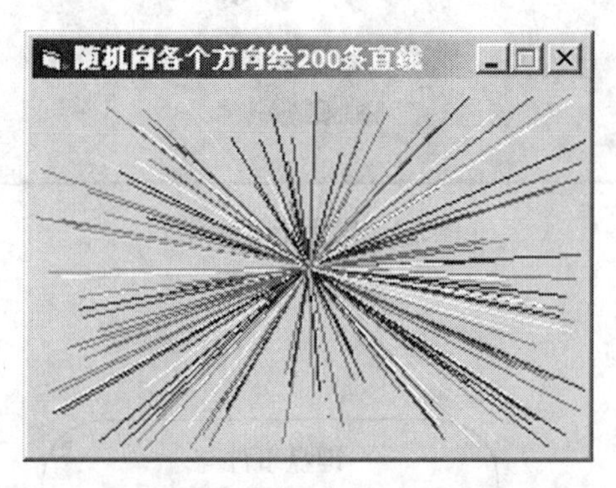

图7.8　随机向各个方向绘直线

7.2.4 鼠标光标的形状

在 Windows 系统中，鼠标光标的应用有一些约定俗成的规则。如“I”形鼠标光标表示插入文本，沙漏鼠标表示程序忙，为了与 Windows 环境相适应，在 Visual Basic 应用程序中应遵守这些规则。

在 Visual Basic 中，可以通过对象的 MousePointer 属性来设置鼠标指针的形状。对象的 MousePointer 属性可以通过代码设置，也可以通过属性窗口设置。在程序代码中，设置 MousePointer 属性的一般格

式为：

对象 .MousePointer= 设置值

设置值为一整数，取 0 ~ 15，分别对应 16 个预定义指针形状中的一个。当 MousePointer 属性值被设定为 99 时，配合 MouseIcon 属性的使用，可以自定义鼠标指针形状。其中 MouseIcon 属性描述自定义鼠标指针的图标，即一个图标文件，使用格式如下：

对象名 .MouseIcon=LoadPicture（pathname）

其中，pathname 指定包含自定义图标文件的路径和文件名。

在将 MousePointer 属性值设定为 99 时，如果未利用 MouseIcon 属性加载图标，则用默认的鼠标指针。

【例 7.8】 鼠标指针的变化。

首先，在窗体上设置一个图像控件 Image1，用以下两种方法之一创建程序。

方法一：在程序设计时，通过属性窗口设置。

在 Image1 控件的 Picture 属性中添加“baobao.gIf”图片，MouseIcon 属性中添加“distlstl.ICO”图片，并把 MousePointer 属性设置为 99。

方法二：在程序运行时，通过代码设置。

```
Option Explicit
Private Sub Form_Load（）
    Image1.Picture = LoadPicture（App.Path & "\Image\baobao.gIf"）
    Image1.MousePointer = 99
    Image1.MouseIcon = LoadPicture（App.Path & "\Image\DISTLSTL.ICO"）
End Sub
```

程序运行，界面如图 7.9 所示。当鼠标指针移动到图像控件上时，指针鼠标立即改变为光标文件 distlstl.ICO 的形状。

图7.9　鼠标指针变化

重点串联

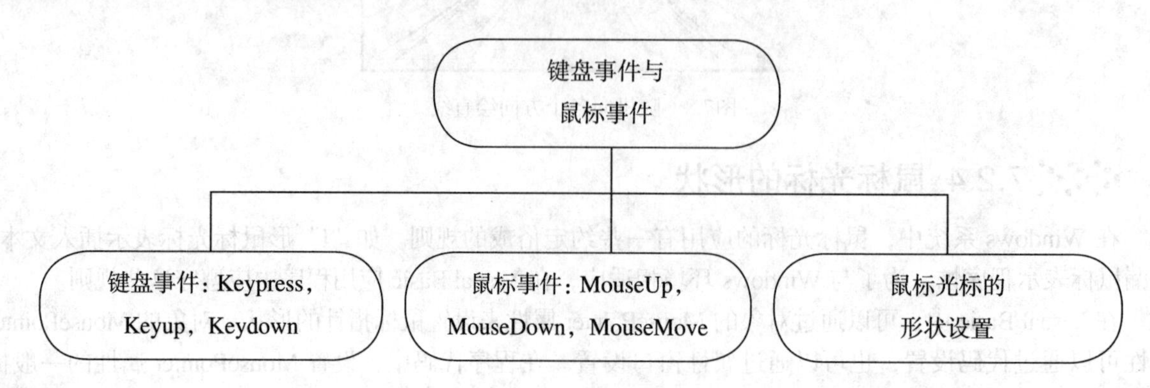

拓展与实训

基础训练

一、填空题

1. KeyPress 事件表示______________。
2. KeyDown 事件表示______________。
3. KeyUp 事件表示______________。
4. 如果希望窗体先接收键盘事件，则必须把窗体的______属性设置为True，否则不能激活窗体的键盘事件。
5. MouseDown 事件表示______________。
6. MouseUp 事件表示______________。
7. MouseMove 事件表示______________。
8. 如果对象既定义了Click事件，又定义了DblClick事件，则______事件永远不会被触发。

二、选择题

1. 下列操作会执行“Form_MouseUp”过程的是（　　）。

   A. 单击“结束”按钮

   B. 单击窗体可用区域

   C. 在窗体的可用区域移动鼠标

   D. 放开鼠标按键时

2. 鼠标移动经过控件时，将触发控件的（　　）事件。

   A. MouseDown　　　　B. MouseUp

   C. MouseMove　　　　D. Click

3. 以下关于KeyPress事件过程参数KeyAscii的叙述中，正确的是（　　）。

   A. KeyAscii参数是所按键的ASCII码

   B. KeyAscii参数的数据类型为字符串

   C. KeyAscii参数可以省略

   D. KeyAscii参数是所按键上标注的字符

4. 以下叙述中，错误的是（　　）。

   A. 在KeyUp事件和KeyDown事件过程中，从键盘上输入A或a被视做相同的字母（即具有相同的KeyCode）

   B. 在KeyUp和KeyDown事件过程中，将键盘上的“1”和右侧小键盘上的“1”视做不同的数字（具有不同的KeyCode）

   C. KeyPress事件中不能识别键盘上某个键的按下与释放

   D. KeyPress事件中可以识别键盘上某个键的按下与释放

5. 以下叙述中错误的是（　　）。

   A. 在KeyPress事件过程中不能识别键盘的按下与释放

   B. 在KeyPress事件过程中不能识别回车键

   C. 在KeyDown事件和KeyUp事件过程中，将键盘输入的“A”和“a”视做相同的字母

   D. 在KeyDown事件和KeyUp事件过程中，从大键盘上输出的“1”和从右侧小键盘上输入的“1”被视做不同的字符

6. 编写如下事件过程：

```
Private Sub Form_KeyPress（KeyAscii As Integer）
Print Chr（KeyAscii+5）
End Sub
```

程序运行后，当按下小写字母“a”，则程序的输出结果是（　　）。

A. A　　B. a　　C. F　　D. f

7. 运行下列程序。在窗体上按功能键Fl，则输出结果为（　　）。

```
Private Sub Form_KeyDown（KeyCode As Integer，Shift. As Integer）
    Print ” Fl Down”;
End Sub
Private Sub Form_KeyPress（KeyAscii As Integer）
    Print "Fl Press" ;
End Sub
```

A. F1 Down Fl Press　　B. Fl Press Fl Down

C. F1 Press　　D. F1 Down

8. 对窗体编写如下事件过程：

```
Private Sub Form_MouseDown（Button As Integer，Shift As Integer，x As Si-gle，y As Single）
    If Button=2 Then
    PIint "AAAAA"
    End If
End Sub
Private Sub Form_MouseUp（Button As Integer，Shift As Integer,x As Single，y As Single）
    Print  "BBBBB"
End Sub
```

程序运行后，单击鼠标右键，输出结果为（　　）。

A. AAAAA BBBBB　　B. BBBBB AAAAA

C. AAAAA　　D. BBBBB

9. 有如下事件过程：

```
Private Sub Form_MouseDown（Button As Integer，Shift As Integer，x As Single，y As Single）
    If Shift=4 And Button=2 Then
    Print "PC"
    End If
End Sub
```

程序运行后，为了在窗体上输出“PC”，应执行的操作为（　　）。

A. 同时按下 Alt 键和鼠标左键　　B. 同时按下 Ctrl，Alt 键和鼠标右键

C. 同时按下 Ah 键和鼠标右键　　D. 同时按下 Ctrl，Alt 键和鼠标左键

10. 有如下事件过程：

```
Private Sub Form?KeyDown（KeyCode As Integer，Shift As Integer）
    If（Button And 1）=1 Then
    Print " 你好棒啊 !"
    End If
End Sub
```

程序运行后，为了在窗体上输出“你好棒啊！”，应当按下的鼠标键是（ ）。

A. 左键　　　　B. 右键

C. 同时按下左键和右键　　　　D. 按什么都不显示

三、简答题

1. KeyDown 事件、KeyUP 事件与 Keypress 事件有何异同？

2. 写出 KeyPress 事件、KeyDown 和 KeyUp 事件过程中各参数的含义。

3. 写出 MouseUp 事件、MouseDown 事件和 MouseMove 事件过程中各参数的含义。

技能实训

1. 编写一个程序，在窗体上画一个文本框，当程序运行后，如果按下键盘上的 A，B，C，D 键，则在文本框中显示 EFGH。（提示：利用文本框的 KeyPress 事件修改 KeyASCII 值）

2. 编写一个程序，当同时按下 Alt，Shift 和 F6 键时，在窗体上显示“good bye!”，并终止程序的运行。

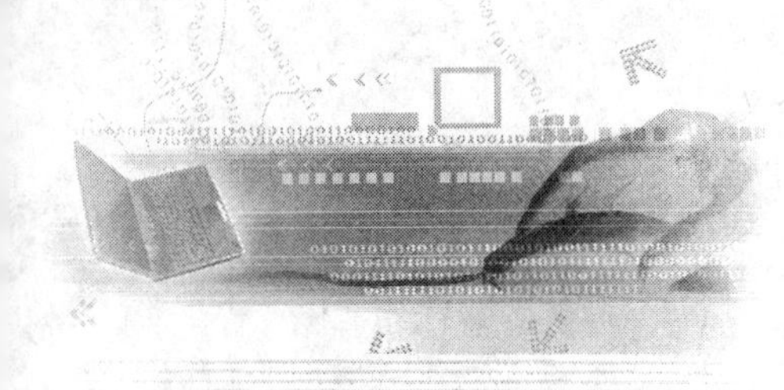

模块8 文件处理

教学聚焦

Visual Basic 6.0 具有较强的文件处理能力，并为用户提供了多种处理文件的方法及大量与文件系统有关的控件、语句和函数。使用这些技术，可以编写出功能强大的文件处理程序。本模块将对各种文件的处理方法进行介绍。

知识目标

◆ 驱动器列表框、目录列表框、文件列表框常用属性、方法和事件
◆ 常用文件操作语句和函数
◆ 常用文件操作语句和函数
◆ 使用 FSO 对象模型管理驱动器、管理文件夹和管理文件

技能目标

◆ 掌握顺序文件和随机文件的读写操作
◆ 掌握 FSO 对象模型管理驱动器、管理文件夹和管理文件
◆ 掌握使用 FSO 对象模型读写文本文件

课时建议

10 课时

教学重点和教学难点

◆ 驱动器列表框、目录列表框、文件列表框的常用属性、方法和事件；常用文件操作语句和函数；顺序文件、随机文件读写方法

◆ 利用 FSO 对象模型管理驱动器、管理文件夹、管理文件和读写文本文件

项目 8.1 文件系统控件

在 Visual Basic 标准工具箱中提供了 3 个文件类型控件，即驱动器列表框（DriveListBox）控件、目录列表框（DirListBox）控件和文件列表框（FileListBox）控件，通过这 3 个控件可以浏览系统的目录结构和文件。

例题导读

例 8.1 用驱动器列表框、目录列表框和文件列表框 3 个文件系统控件组合起来同步显示计算机中的文件系统。在这个例题中，涉及这 3 个文件系统控件的主要属性和事件。

知识汇总

●驱动器列表框控件常用属性：Drive 属性、ListCount 属性、List 属性；常用事件：Change 事件

●目录列表框控件常用属性：Path 属性；常用事件：Change 事件

●文件列表框控件常用属性：Path 属性、Pattern 属性、FileName 属性；常用事件：PathChange 事件、PatternChange 事件

8.1.1 驱动器列表框

驱动器列表框（DriveListBox）控件能够提供本地计算机上有效磁盘驱动器的名称，是一个下拉列表框，只是列表内容是事先建立好的。程序运行时，可以在其下拉列表中选择一个磁盘驱动器，如图 8.1 所示。

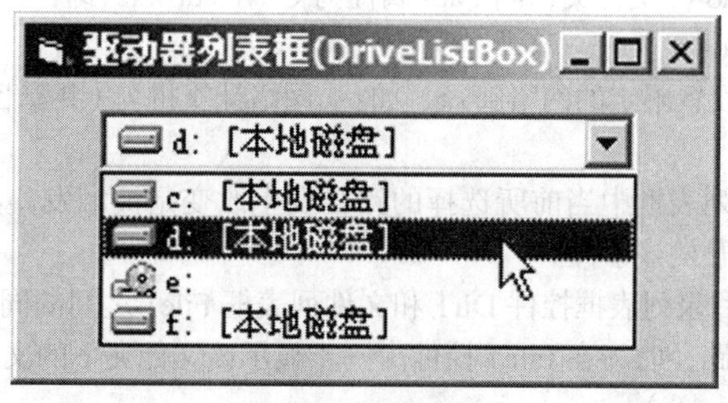

图8.1 驱动器列表框

1. 常用属性

（1）Drive 属性。Drive 属性在程序运行时用于返回或设置所选定的驱动器，该属性在程序设计时不可用。例如，设置驱动器列表框控件 Drive1 指向驱动器 D 盘，程序代码如下：

```
Drive1.Drive= " D: "
```

如果当前计算机上没有指定的驱动器，则程序运行时会产生错误。

（2）ListCount 属性。ListCount 属性用于返回系统中驱动器磁盘的个数。如果系统有驱动器 C:、D:、E:、F:（光驱）和 G:（U 盘），则驱动器列表框的 ListCount 属性值为 5；移除 U 盘后，ListCount 属性值为 4。

（3）List 属性。List 属性用于返回或设置控件的列表部分包含的项目（驱动器名）。列表是一个

字符串数组，数组的每一项都是一个驱动器名，在程序运行时该属性为只读。List 列表中第一项的索引为 0，而最后一个项目的索引为 ListCount-1。

2. 常用事件

Change 事件。在程序运行时，当选择一个新的驱动器或通过代码改变 Drive 属性的设置时都会触发驱动器列表框的 Change 事件。

通常在该事件中设置驱动器列表框控件 Drive1 和目录列表框控件 Dir1 之间的同步显示，即在程序运行时改变 Drive1 控件上的驱动器名时，在 Dir1 控件中同步显示该驱动器名下的文件目录。

程序代码如下：

```
Private Sub Drive1_Change ( )
    Dir1.Path = Drive1.Drive                    '为目录列表框控件 Dir1 设置驱动器路径
End Sub
```

8.1.2 目录列表框

目录列表框（DirListBox）控件用于显示当前驱动器上的目录结构和当前目录下的所有子文件夹，如图 8.2 所示。

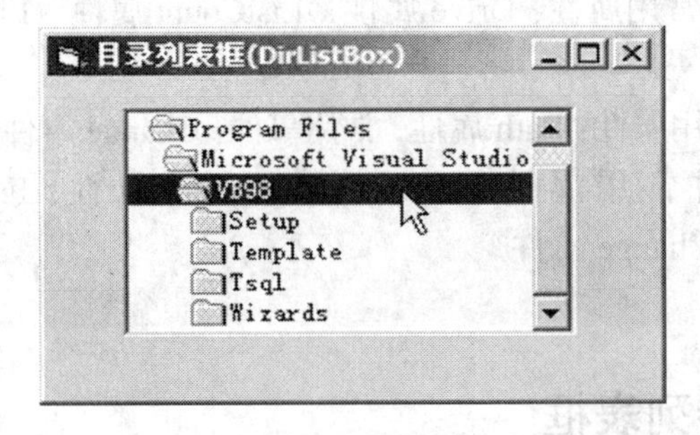

图8.2　目录列表框

1. 常用属性

Path 属性：在程序运行时用于返回或设置当前路径，该属性在设计时不可用。例如，在目录列表框中选择了 C 盘下的 Windows 文件夹，则 Path 属性为 C:\Windows。即：

Dir1.Path= " C:\Windows "

Path 属性也可以直接设置限定的网络路径，如：\\ 网络计算机名 \ 共享目录名 \...

2. 常用事件

Change 事件：在目录列表框中当前所选择的路径发生改变是被触发，如双击一个新的目录或通过代码改变 Path 属性都会触发该事件。

通常在该事件中设置目录列表框控件 Dir1 和文件列表框 File1 之间的同步显示，即在程序运行时改变 Dir1 控件上的文件夹路径时，在 File1 控件中同步显示该文件夹下的文件目录。代码如下：

```
Private Sub Dir1_Change ( )
  File1.Path = Dir1.Path  '为文件列表框控件 File1 设置文件夹路径
End Sub
```

8.1.3 文件列表框

文件列表框（FileListBox）控件用于将 Path 属性指定的目录下的文件列表显示出来。该控件用来显示所选择的文件类型的文件列表，如图 8.3 所示。

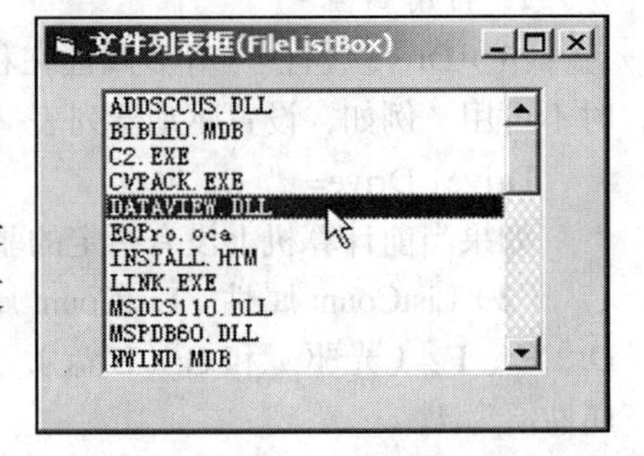

图8.3　文件列表框

1. 常用属性

（1）Path 属性。Path 属性用于返回或设置文件列表框中显示

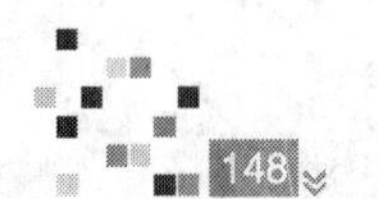

的文件所在的文件夹路径。该属性在设计时不可用。

（2）Pattern 属性。Pattern 属性用于返回或设置文件列表框所显示的文件类型，可以在属性窗口中设置，也可以在程序运行时通过代码设置。可以使用下面的代码指定在程序运行时显示在文件列表框控件 File1 中的文件类型，多个文件类型并列，之间用分号隔开。

```
File1.Pattern = "*.*"                    ' 显示所有类型文件
File1.Pattern = "*.txt"                  ' 显示文本文件
File1.Pattern = "*.txt;*.doc"            ' 显示文本文件和 Word 文档文件
```

（3）FileName 属性。FileName 属性用于返回或设置所选的文件的文件名，该属性在设计时不可用。FileName 属性不包括路径名，因此，通常采用将 FileListBox 控件的 Path 属性值和 FileName 属性值中的字符串连接起来的方法获得带路径名的文件名。在使用中要注意判断 Path 属性的最后一个字符是否是目录分隔号“\”，如果不是，应该添加一个“\”符号，以保证目录的正确性。

程序代码如下：

```
Dim MyStr As String                          ' 定义字符串变量保存全路径名
If Right（File1.Path, 1）= "\" Then          ' 如果路径最后一个字符是“\”
  MyStr = File1.Path & File1.FileName        ' 将路径和文件名直接连接起来
Else                                         ' 如果路径最后一个字符不是“\”
  MyStr = File1.Path & "\" & File1.FileName  ' 则在路径和文件名之间加上“\”
End If
```

2. 常用事件

（1）PathChange 事件。当通过设置代码中的 FileName 属性或 Path 属性来改变路径时发生该事件。

（2）PatternChange 事件。当使用代码中的 FileName 属性或 Path 属性来改变文件的列表模式（如 *.*）时发生该事件。

【例 8.1】 用驱动器列表框控件、目录列表框控件和文件列表框控件 3 个文件系统控件组合起来同步显示计算机中的文件系统。运行效果如图 8.4 所示。

创建程序界面。在窗体上添加 DriveListBox 控件、DirListBox 控件和 FileListBox 控件，布置效果如图 8.5 所示。

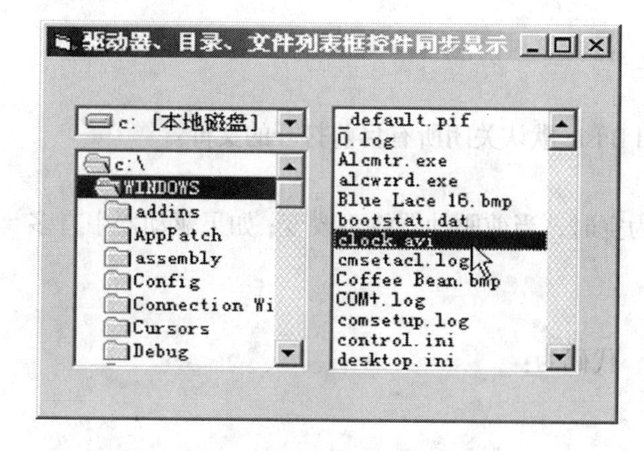

图8.4　3个文件控件同步显示文件系统

图8.5　文件系统控件同步显示程序

属性设置：使用控件的默认属性值。

程序代码如下：

```
Private Sub Dir1_Change（）
  File1.Path = Dir1.Path      ' 为文件列表框控件 File1 设置文件夹的路径
End Sub
```

```
Private Sub Drive1_Change ( )
  Dir1.Path = Drive1.Drive  '为目录列表框控件 Dir1 设置驱动器的路径
End Sub
```

项目 8.2 文件操作语句及函数

Visual Basic 中文件操作语句和函数很多，下面介绍一些常用的文件操作语句和函数。

例题导读

通过表格和示例的方式讲解 Visual Basic 6.0 中常用的文件操作语句和函数。

知识汇总

- 语句：Open，Close，ChDrive，ChDir，MkDir，RmDir，FileCopy，Kill，Name，SetAttr
- 函数：CurDir，GetAtt，FileDateTime，FileLen，EOF，LOF

8.2.1 文件操作语句

1. Open 语句

Open 语句是打开文件的语句。其基本语法如下：

Open 带路径的文件名 For 打开方式 As [#] 文件代码

上述语句中的参数“打开方式”一共有 5 种：Output（顺序写）、Append（追加写）、Input（顺序读）、Random（随机访问）和 Binary（二进制访问）。文件代码是指定的一个访问缓冲区的代码，其值在 1~511 之间。

打开方式是可选的，如果省略，则为随机存取方式，即 Random。

2. Close 语句

使用 Close 语句格式如下：

Close [[#] 文件代码]

如果上述 Close 语句没有加任何代码，则 Visual Basic 默认关闭所有目前打开的文件。

3. ChDrive 语句

ChDrive 语句用于改变当前驱动器。当驱动器为空时，当前驱动器将不改变；如果驱动器中有多个字符，则使用首字符。其语法格式为：

ChDrive 驱动器

例如，使用 ChDrive 语句设置 D 为当前驱动器，代码为：

ChDrive "D"

4. ChDir 语句

ChDir 语句可以改变当前目录。ChDir 语句只改变默认目录，但不改变默认驱动器。其语法格式为：

ChDir 目录名

例如，将目录设置到操作系统路径下，代码为：

ChDir "C:\Windows\System"

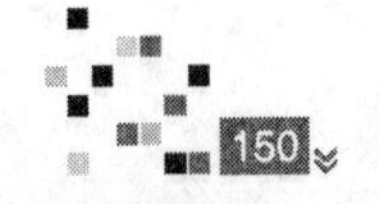

5. MkDir 语句

MkDir 语句的功能是创建一个新的目录，语法格式为：

MkDir 目录名

例如，在 D 盘下创建一个 MyF 的文件夹，代码为：

MkDir "D:\MyF"

6. RmDir 语句

RmDir 语句用于删除一个存在的目录，语法格式为：

RmDir 目录名

例如，要删除一个 D 盘下存在的 MyF 文件夹，代码为：

RmDir "D:\MyF"

7. FileCopy 语句

FileCopy 语句用于复制一个文件。需要注意的是，该语句不能复制一个已打开的文件。语法格式为：

FileCopy 源文件名 , 目标文件名

例如，将 D 盘根目录下的 123.txt 文本文件复制到 C 盘根目录下，代码为：

FileCopy "D:\123.txt", "C:\123.txt"

8. Kill 语句

Kill 语句的作用是删除文件，语法格式为：

Kill 文件名

使用该语句删除文件时，可删除多个文件，只需在文件名中使用通配符“*”，“？”即可。其中，“*”可代表多个字符，而“？”只能代表一个字符。

9. Name 语句

Name 语句用于重新命名一个文件或目录，语法格式为：

Name 原文件名 As 新文件名

重命名时，文件中不能使用通配符，并且不能对打开的文件进行重命名操作。使用该语句还可以移动文件。例如，将 D 盘根目录下名为“123.txt”的文件重命名为“789.txt”并移动到 C 盘根目录下，代码为：

Name "D:\123.txt" As "C:\789.txt"

10. SetAttr 语句

SetAttr 语句用于为一个文件设置属性信息，语法格式为：

SetAttr FileName, Attributes

其中，FileName 为必选参数，用来指定一个包含路径的文件名；Attributes 为必选参数，可以是常数或数值表达式，其总和用来表示文件的属性。Attributes 参数值及描述说明如表 8.1 所示。

表 8.1　Attributes 参数值及描述说明

常　数	值	描　述
Visual BasicNormal	0	常规（默认值）
Visual BasicReadOnly	1	只读
Visual BasicHidden	2	隐藏
Visual BasicSystem	4	系统文件
Visual BasicArchive	32	上次备份以后，文件已经改变

例如，设置“D:\123.txt”文件属性为只读并隐藏，代码为：

SetAttr "D:\123.txt", Visual BasicReadOnly + Visual BasicHidden

8.2.2 文件操作函数

1. CurDir 函数

利用 CurDir 函数可以确定指定驱动器的当前目录，格式为：

CurDir[（drive）]

其中，drive 为可选参数，指定一个存在的驱动器。如果没有指定驱动器，或 drive 是零长度字符串（""），则 CurDir 函数会返回当前驱动器的路径。

例如，假定 C 驱动器的当前路径为 C:\Windows\System，则代码为：

Dim MyPath

MyPath = CurDir（"C"）

变量 MyPath 的返回值为 C:\Windows\System。

2. GetAttr 函数

GetAttr 函数返回一个 Integer（整型）数值，用于获取一个文件、目录或文件夹的属性，语法格式为：

GetAttr（FileName）

其中，FileName 为必选参数，是包含路径信息的字符串表达式。GetAttr 函数返回值的说明如表 8.2 所示，根据返回值，就可以判断文件的属性。

表 8.2　GetAttr 函数返回值的说明

常　数	值	描　述
Visual BasicNormal	0	常规
Visual BasicReadOnly	1	只读
Visual BasicHidden	2	隐藏
Visual BasicSystem	4	系统文件
Visual BasicDirectory	16	目录或文件夹
Visual BasicArchive	32	上次备份以后，文件已经改变
Visual BasicAlias	64	指定的文件夹是别名

3. FileDateTime 函数

FileDateTime 函数返回一个日期型值，此值为一个文件被创建或最后修改的日期和时间，语法格式为：

FileDateTime（FileName）

例如，假定文件“D:\123.txt”被最后修改时间为 2012-2-14 10:10:21，获取该文件最后修改时间的代码为：

StrTime=FileDateTime（"D:\123.txt"）　　' 变量 StrTime 的值为 2012-2-14 10:10:21

4. FileLen 函数

FileLen 函数返回一个长整形数值，代表一个文件的长度，单位是字节，语法格式为：

FileLen（FileName）

5. EOF 函数

EOF 函数用来测试文件的结束状态。利用该函数，可以避免在文件输入时出现“输入超出文件尾”的错误，因此，EOF 函数是一个很有用的函数。

当 EOF 函数用于顺序文件时，如果已到文件末尾，则 EOF 函数返回 True，否则返回 False；当 EOF 函数用于随机文件时，如果最后执行的 Get 语句未能读到一个完整的记录，则 EOF 函数返回 True，这通常发生在试图读文件结尾以后的部分时。

EOF 函数常用在循环中测试是否已到文件结尾，一般结构是：

```
Do While Not EOF（1）
  <文件读写语句>
Loop
```

6. LOF 函数

LOF 函数返回一个 Long（长整型）值，获取用 Open 语句打开的文件的大小，以字节为单位，语法格式为：

LOF(FileNumber)

其中，FileNumber 为必选参数，是一个 Integer（整型）数值，包含任何有效的文件号。对于尚未打开的文件，可以使用 FileLen 函数获取文件的长度。

7. FreeFile 函数

FreeFile 函数返回一个整型数值，代表一个可供 Open 语句使用的文件号，文件号的范围在 1 ~ 511 之间。

项目 8.3 顺序文件的操作

根据文件的内容及信息组织方式的不同，Visual Basic 把文件分为顺序文件、随机文件和二进制文件。不同类型文件的访问方式是有所区别的，但是其处理都要经过打开文件、访问文件和关闭文件 3 个步骤。

打开文件，即为该文件提供一个读写时需要使用的缓冲区，通常用数字代码命名，并指明文件名、文件类型和读写方式；访问文件，即对文件进行读出和写入操作；关闭文件，对打开的文件，在完成了指定的操作后，需将其关闭。关闭文件会把缓冲区中的数据全部写入磁盘，释放该文件使用缓冲区占用的内存。

顺序文件是以字符的形式按照先后顺序存储数据，访问时按照文件的次序从文件的开头读取到文件末尾，或由文件开头写入到文件末尾。其文件结构简单，占用的磁盘空间较少。一般来说，最常用的进行顺序访问的文件类型是文本文件。

例题导读

顺序文件的操作是本模块的教学重点，在顺序文件的读取与写入知识环节共安排 5 道例题，其中例 8.2、例 8.3 讲解顺序文件的读取操作，例 8.4、例 8.5、例 8.6 讲解顺序文件的写入操作。

知识汇总

- 用 Open 语句打开顺序文件的 3 种方式：Input 方式、Output 方式、Append 方式
- 顺序文件的读取的 3 种方式：Input# 语句、LineInput# 语句、Input 函数
- 顺序文件的写入方式：Print# 语句、Write# 语句
- 顺序文件的关闭：Close 语句

8.3.1 打开与关闭顺序文件

1. 打开顺序文件

打开文件是对文件操作的第一步，打开文件使用 Open 语句实现。语法格式为：

Open FileName For Mode [Access access][Lock] As [#] FileNumber [Len=Buffersize]

参数说明：

（1）FileName：必要参数，含路径的文件名。

（2）Mode：必要参数，顺序文件的打开方式。打开顺序文件有 3 种模式，分别是 Input 方式、Output 方式和 Append 方式。

① Input 方式。以 Input 方式打开的文件用来把数据读入内存，即读操作。FileName 指定的文件必须是已经存在的文件，否则会出错。例如，打开 D:\123.txt 文件，代码为：

Open "D:\123.txt" For Input As #1

② Output 方式。以 Output 方式打开的文件用来把内存中的数据写入磁盘，即写操作。如果 FileName 指定的文件不存在，则建立新文件；如果是已存在的文件，系统将覆盖原文件。Output 方式不能对文件进行读操作。例如，新建一个文件 D:\001.txt，代码为：

Open "D:\001.txt" For Output As #1

③ Append 方式。以 Append 方式打开的文件也是用来进行文件写操作的。与 Output 方式打开文件的区别是：如果 FileName 指定的文件存在，不覆盖原文件内容，写入的数据追加到文件末尾；如果 FileName 指定的文件不存在，则建立新文件。

（3）Access：可选参数，文件的存取类型，放在关键字 Access 之后，说明打开的文件可以进行的操作。Access 有 3 种类型：

① Read：打开只读文件。

② Write：打开只写文件。

③ Read Write：打开读写文件。这种类型只对随机文件、二进制文件及用 Append 方式打开的文件有效。

"access"——存取类型，指出了在打开文件中所进行的操作。如果要打开的文件已由其他过程打开，则不允许指定存取类型，否则调用 Open 语句失败并产生错误信息。

（4）Lock：可选参数，用于限制其他用户或进程对已经打开的文件进行操作。

文件进行读写时，该参数有 3 种选择：

① Shared：默认值，允许其他程序对该文件进行读写。

② Lock Read：禁止其他文件读此文件。

③ Lock Read Write：禁止其他文件读写此文件。

（5）FileNumber：必选参数，表示文件号，是一个介于 1~511 之间的整数，文件名前面的"#"号可有可无。打开文件时指定文件号，文件关闭后释放文件号。可以使用 FreeFile 函数取得一个当前可供使用的文件号。

（6）Len：可选参数，表示记录长度，不能超过 32767 个字节。

对于顺序文件，该值表示缓冲字符数，不需要与记录长度相对应。在把记录写入磁盘或从磁盘读出记录之前，该参数指出确定缓冲区的大小。缓冲区大，占用的内存空间越多，文件的输入输出速度就越快。默认缓冲区的容量为 512 个字节。

对于二进制文件，将忽略 Len 子句。

2. 关闭文件

当打开顺序文件并对其进行读、写操作之后，应将文件关闭，避免占用资源。关闭文件使用

Close 语句，语法格式为：

Close [FileNumberList]

其中，FileNumberList 为可选参数，表示文件号的列表，如 #1、#2 等。如果省略，Close 语句将关闭 Open 语句打开的所有活动的文件。例如，关闭一个打开的文件 #1，代码为：

Close #1

8.3.2 读顺序文件

要读取顺序文件的内容，首先应使用 Input 方式打开文件，然后再从文件中读取数据。Visual Basic 提供了一些读取顺序文件的语句和函数，下面分别进行介绍。

1. Input# 语句

Input# 语句用于从文件中依次读出数据，并放在变量列表中，变量类型要与文件中的数据类型对应一致。Input# 语句的语法格式为：

Input #FileNumber,Varlist

其中，FileNumber 为任何有效的文件号；Varlist 为必选参数，指用逗号分隔的变量列表，并将文件中读出的值分配给这些变量。这些变量不能是一个数组或对象变量。

【例 8.2】 使用 Input# 语句从已存在的顺序文件 D:\001.txt 中读数据。

程序代码如下：

```
Private Sub Form_Click ( )
      Dim a As String
      Open "D:\001.txt" For Input As #1
      Do While Not EOF ( 1 )          '判断是否到文件尾
          Input #1, a                 '用 Input# 语句读取数据并赋给指定的变量
          Print a                     '用 Print 方法在窗体上显示读取的数据
      Close #1
  End Sub
```

运行结果如图 8.6 所示（显示在窗体中的效果因文本文件内容不同有差异）。

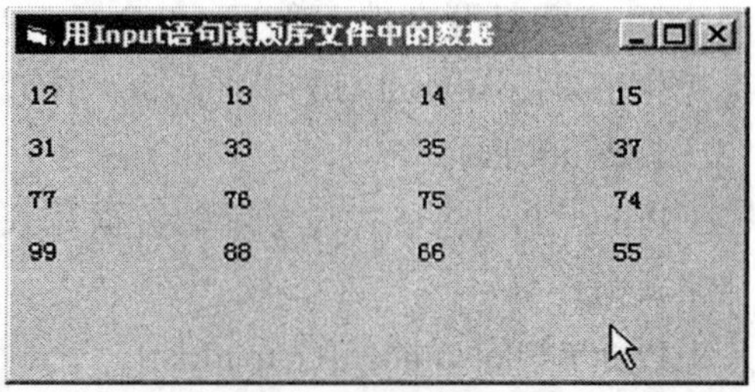

2. Line Input# 语句

Line Input# 语句用于从已打开的顺序文件中读取一行，直到遇见回车符（Chr（13））或回车 / 换行符（Chr（13）+Chr（10））为止，并将它分配给字符串变量。回车 / 换行符将被跳过，而不会被附加到字符串变量中。Line Input# 语句的语法格式为：

Line Input #FileNumber,VarName

其中，FileNumber 为任何有效的文件号，VarName 为必选参数，是有效的变体型或字符串型变量名。

图8.6 【例8.2】运行结果

【例 8.3】 使用 Line Input# 语句从已存在的顺序文件 D:\002.txt 中读数据。

```
Private Sub Form_Click ( )
      Dim MyData As String
      Open "D:\002.txt" For Input As #1
      Do While Not EOF ( 1 )                  '判断是否到文件尾
          Line Input #1, MyData               '用 Line Input# 语句读取一行数据并赋给变量 MyData
          Print MyData                        '用 Print 方法在窗体上显示读取的数据
```

```
    Loop
End Sub
```

运行结果如图 8.7 所示（显示在窗体中的效果因文本文件内容不同有差异）。

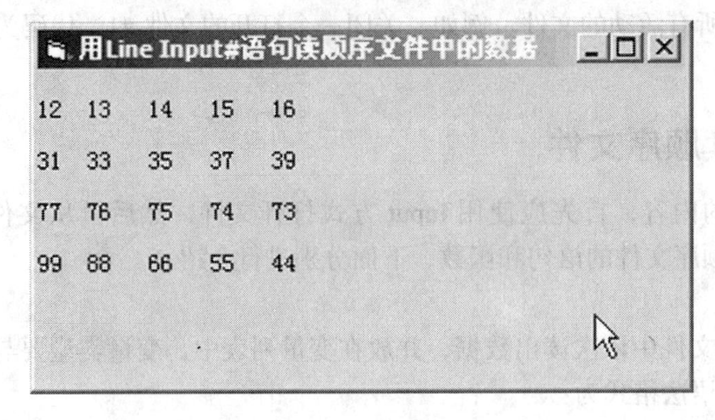

图8.7 【例8.3】运行结果

3. Input 函数

Input 函数用于返回字符串类型的值，只用于以 Input 或 Binary 方式打开的文件，并包含文件中的字符。通常用 Print# 或 Put 语句将 Input 函数打开的数据写入文件。Input 函数的语法格式为：

Input（Number,[#]FileNumber）

其中，Number 为必选参数，是任何有效的数值表达式，指定要返回的字符个数；FileNumber 为必选参数，是如何有效的文件号。

另外，用 InputB 函数可以实现一次性读文本文件，主要代码为：

Open 文件名 For Input As #1

变量 = StrConv（InputB（LOF（1），1），Visual BasicUnicode）

Close #1

8.3.3 写顺序文件

> **技术提示：**
> Print方法所“写”的对象是窗体、PictureBox或打印机。而Print#语句所写的对象是文件。

要在顺序文件中写入内容，首先应使用 Output 或 Append 方式打开文件。在 Visual Basic 中，对顺序文件的写操作主要使用 Print# 语句和 Write# 语句。

1. Print# 语句

Print# 语句将格式化显示的数据写入顺序文件中，语法格式为：

Print # FileNumber,[OutputList]

其中，FileNumber 为任何有效的文件号；OutputList 为可选参数，可以是表达式或是要打印的表达式列表。

【例 8.4】用 Print# 语句把文本框中的内容以文件的形式保存在磁盘中。假定文本框的名称为 Text1，保存的文件名为 D:\MFile.txt。程序的主要代码为：

```
Open "D:\MFile.txt" For Output As #1
Print #1, Text1.Text
Close #1
```

2. Write# 语句

Write# 语句将数据写入顺序文件，语法格式为：

Write # FileNumber,[OutputList]

其中，FileNumber 为任何有效的文件号；OutputList 为可选参数，指要写入文件的数值表达式或字符串表达式，用一个或多个逗号将这些表达式分开。

【例 8.5】用 Write# 语句把文本框 Text1 中的内容追加保存在磁 D:\MFile.txt 文件中。程序的主要代码为：

```
Open "D:\MFile.txt" For Append As #1
Write #1, Text1.Text
Close #1
```

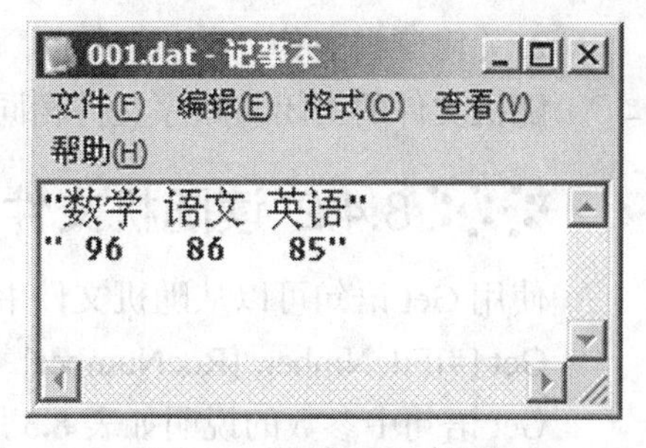

图8.8 【例8.6】运行结果

【例 8.6】创建一个新的顺序文件，保存在 D:\003.dat 文件中。运行结果如图 8.8 所示，程序的主要代码为：

```
Open "D:\003.dat" For Output As #1
Write #1, " 数学 语文 英语 "
Write #1, " 96   86   85"
Close #1
```

项目 8.4 随机文件的操作

随机文件中的一行数据称为一条记录。随机文件对文件的读写顺序没有限制，可以随意读写某一条记录，这就要求记录的长度是固定的，以便由记录号来定位。在早期的 Visual Basic 版本中，常用随机文件来做数据库文件。随机文件的读写速度较快，但其占用空间较大。

例题导读

通过例 8.7 学生档案程序，掌握随机文件的读写操作。

知识汇总

●用 Random 方式打开随机文件；用 Get 语句读取数据；用 Put 语句写入数据

8.4.1 Visual Basic 的特点

1. 打开随机文件

随机文件的打开同样使用 Open 语句，但是打开的模式必须是 Random 方式，同时要指明记录的长度。语法格式为：

Open FileName For Random [Access access]As [#] FileNumber [Len=RecLength]

参数说明：

（1）Random：必要参数，是随机文件的打开方式。

（2）access：可选参数。在 Random 方式中，如果没有 Access 参数，则在执行 Open 语句时，Visual Basic 将按照下列顺序打开随机文件：Read Write 方式、Read 方式、Write 方式。

（3）表达式 Len=RecLength：指定了每个记录的字节长度。如果 RecLength 比写文件记录的实际长度短，则会产生一个错误；如果 RecLength 比记录的字节长度长，则记录可以写入，但是会浪费一些磁盘空间。

2. 关闭随机文件

随机文件的关闭与顺序文件相同。

8.4.2 读随机文件

使用 Get 语句可以从随机文件中读取记录，语法格式为：

Get [#]FileNmber, [RecNumber], VarName

Get 语句中参数的说明如表 8.3 所示。

表 8.3 Get 语句参数说明

参 数	描 述
FileNmber	必选参数，任何有效的文件号
RecNumber	可选参数，指出所要读的记录号。如该项缺省，则读取当前记录的下一条记录
VarName	必选参数，一个有效的变量名，将读出的数据存入该变量

8.4.3 写随机文件

Put 语句可以用来向随机文件中写入数据，语法格式为：

Put [#]FileNmber, [RecNumber], VarName

Put 语句中参数的说明如表 8.4 所示。

表 8.4 Put 语句参数说明

参 数	描 述
FileNmber	必选参数，任何有效的文件号
RecNumber	可选参数，指出所要写入记录的位置。如该项缺省，则在当前记录后插入新的记录
VarName	必选参数，一个有效的变量名，在该变量中存储要写入随机文件的数据

8.4.4 随机文件中记录的添加与删除

在随机文件中添加记录，实际上是在文件的末尾追加记录。方法是：先找到文件最后一个记录的记录号，再把要增加的记录写到它后面。

在随机文件中删除一个记录，并不是真正删除记录，而是把下一个记录重写到要删除的记录位置上，其后的所有记录前移。

【例 8.7】编写一个学生档案管理程序，可以添加和显示学生信息。（本例题涉及的随机文件 Student.dat 与工程文件在同一文件夹中）

创建程序界面：在窗体上放置 6 个标签控件、5 个文本框控件和 2 个按钮控件，如图 8.9 所示。

设置属性如表 8.5 所示。

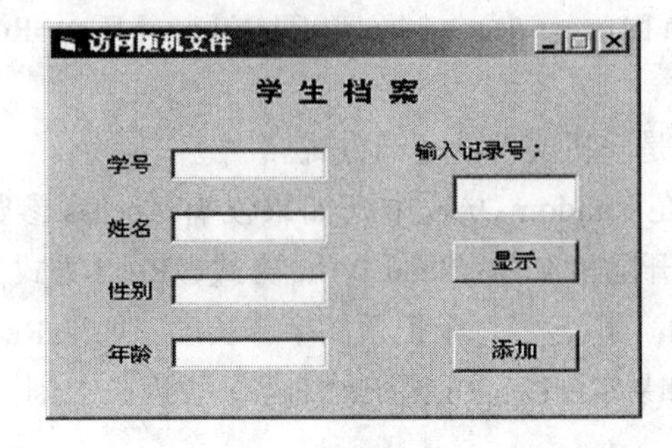

图8.9 窗体设计

表 8.5　主要对象的主要属性设置

对　　象	属　　性	值
学号文本框	Text | 名称	"" | TexNo
姓名文本框	Text | 名称	"" | TexName
性别文本框	Text | 名称	"" | TexSex
年龄文本框	Text | 名称	"" | TexAge
输入记录文本框	Text | 名称	"" | TexShow
显示按钮	Caption | 名称	显示 | ComShow
添加按钮	Caption | 名称	添加 | ComAdd
窗体	Caption	访问随机文件

编写代码如下：

```
Private Type Student
    Sno As Integer                       '学号
    Sname As String * 10                 '姓名
    Ssex As String * 2                   '性别
    Sage As Integer                  '年龄
End Type
Dim Stu As Student
Dim RecNo As Integer
Private Sub ComAdd_Click（）              '添加记录
    Stu.Sno = Val（TexNo.Text）
    Stu.Sage = Val（TexAge.Text）
    Stu.Sname = TexName.Text
    Stu.Ssex = TexSex.Text
    Open App.Path & "\Student.dat" For Random As #1 Len = Len（Stu）
    RecNo = LOF（1）/ Len（Stu）+ 1      '找到最后一条记录的记录号并加 1 为新记录号
    Put #1, RecNo, Stu                   '用 Put 语句写入新记录到随机文件
    Close #1
End Sub
Private Sub ComShow_Click（）             '显示记录
    RecNo = Val（TexShow.Text）
    Open App.Path & "\Student.dat" For Random As #1 Len = Len（Stu）
    Get #1, RecNo, Stu                   '用 Get 语句从随机文件中读取记录
    Close #1
    TexNo.Text = Stu.Sno
    TexName.Text = Stu.Sname
    TexSex.Text = Stu.Ssex
    TexAge.Text = Stu.Sage
```

End Sub

运行程序，效果如图 8.10 所示。

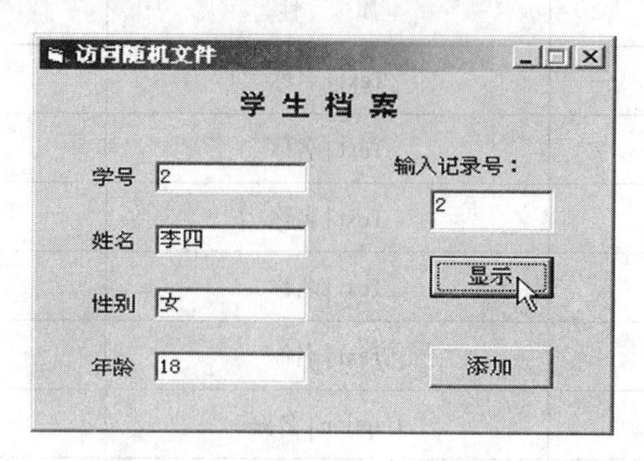

图8.10 读取并显示第二条记录

项目 8.5 二进制文件的操作

二进制文件是二进制数据的集合，其访问与随机文件的访问十分相似，不同的是随机文件是以记录为单位进行读写操作，而二进制文件则是以字节为单位进行读写操作。二进制文件中的数据是以二进制的形式保存在文件中，对数据的保密有较好的效果。

例题导读

二进制文件的打开必须使用 Binary 方式。

知识汇总

●用 Binary 方式打开二进制文件；用 Get 语句读取数据；用 Put 语句写入数据

8.5.1 打开与关闭二进制文件

二进制文件的打开必须使用 Binary 方式，即：

Open FileName For Binary As [#]FileNumber

用 Binary 方式打开一个二进制文件，如果该文件已经存在，则打开它；若文件不存在，则创建一个二进制文件。

二进制文件的关闭同样用 Close 语句，这里不再赘述。

8.5.2 读写二进制文件

对于二进制文件的读取与写入操作同随机文件相同，即使用 Get 语句从指定的二进制文件中读取数据，使用 Put 语句将数据写入到指定的二进制文件中。二进制文件的 Get 语句和 Put 语句的语法格式同随机文件，这里不再赘述。

在二进制文件的读写过程中，常常用到 Seek 语句和 Seek 函数。

Seek 语句用来将文件指针定位到某个字节位置，语法格式为：

Seek [#]FileNumber, ByteNumber

其中，参数 ByteNumber 代表字节数，是写入二进制文件的位置。

Seek 函数用来返回当前文件指针位置，语法格式为：

Seek（FileNumber）

项目 8.6 文件系统对象

在实际应用中，经常需要对文件系统中的驱动器、目录和文件进行处理。例如，收集驱动器的信息，创建、移动或删除目录和文件，创建、移动、删除或读写文件等。为了实现这些操作，Visual Basic 还提供了文件系统对象模型——File System Object 模型（简称 FSO）来对文件系统进行访问处理。

例题导读

本项目安排了 3 道例题，例 8.8 讲解了用 Drive 对象管理驱动器；例 8.9 讲解了用 Folder 对象管理文件夹，并列举了两种方法；例 8.10 讲解了用 FSO 对象创建文本文件，用 File 对象打开文本文件，用 TextStream 对象读写文本文件。

知识汇总

- FSO 对象模型中包含的对象：FileSystemObject 对象、Drive 对象、Folder 对象、File 对象和 TextStream 对象
- FSO 对象模型的创建方法
- 利用 FSO 对象模型管理驱动器、文件夹、文件，操作文本文件

8.6.1 打开与关闭二进制文件

FSO 模型提供了一个基于对象的工具，通过它所提供的一系列属性和方法，可以在应用程序中更简单、更灵活、更有效地对文件系统进行各种操作。

FSO 模型支持对文本文件进行操作，但是不支持对二进制文件的操作。

1. FSO 对象模型

FSO 对象模型包含的对象如表 8.6 所示。

表 8.6 FSO 模型中的对象

对　象	说　明
FileSystemObject	FSO 主要对象，该对象的方法用于操作驱动器、文件夹和文件
Drive	驱动器对象，通过该对象的属性返回驱动器类型、空间、状态等信息
Folder	文件夹对象，通过该对象的方法可操作文件夹和创建文本文件；通过该对象的属性返回文件夹的路径、名称、大小、创建或修改时间等信息
File	文件对象，通过该对象的方法可对文件进行打开、复制、移动、删除操作；通过该对象的属性返回文件的路径、名称、大小、创建或修改时间等信息
TextStream	文本流对象，通过该对象的方法对文本文件进行读写操作；通过该对象的属性返回打开的文本文件读写信息

FSO 对象模型的详细信息通过对象浏览器查阅，如图 8.11 所示。

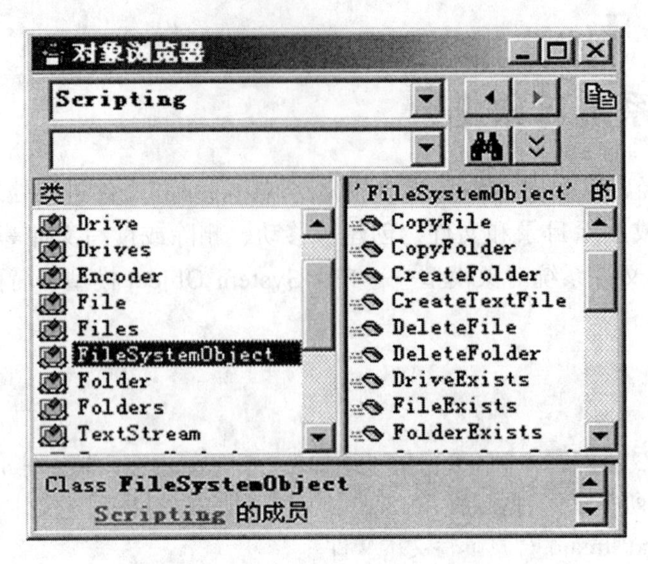

图8.11　FSO对象模型的详细信息

2. 创建 FSO 对象模型

FSO 对象模型包含在一个称为 Scripting 的类型库中，此类型库位于 Scrrun.dll 文件中。使用 FSO 对象模型，首先必须先引用该文件。方法：选择“工程”→“引用”菜单命令，在打开的对话框中选中“Microsoft Scripting Runtime”复选框，如图 8.12 所示。

引用类型库之后，还需要在代码窗口中通过代码创建一个 FSO 对象，可以通过以下两种方法来完成：

方法一：使用 CreateObject 方法来创建，其中 MyFSO 为变量名。

```
Set MyFSO = CreateObject ( "Scripting.FileSystemObject" )
```

方法二：将一个变量（如 MyFSO）声明为 FileSystemObject 对象类型。

```
Dim MyFSO As New FileSystemObject
```

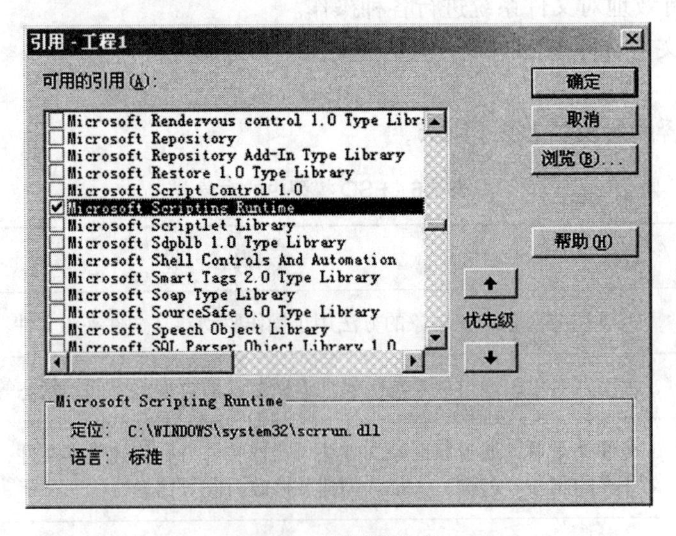

图8.12　引用类型库

8.6.2 管理驱动器（Drive 对象）

FSO 不支持创建或删除驱动器的操作。通过 Drive 对象的属性，可以获得计算机系统各个驱动

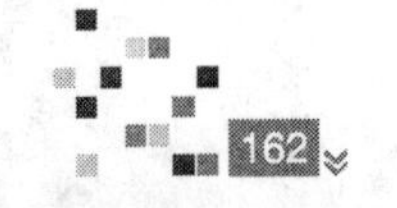

器的信息，包括硬盘、光驱、网络映射驱动器等。通过 Drive 对象可以获得的信息如表 8.7 和表 8.8 所示。

表 8.7　Drive 对象的属性

属　性	说　明
TotalSize	返回指定驱动器总空间大小（字节）
AvailableSpace 或 FreeSpace	返回指定驱动器可用空间大小（字节）
DriveLetter	返回指定驱动器编号（字母）
DriveType	返回指定驱动器类型代码，见表 8.8
SerialNumber	返回指定驱动器序列号
FileSystem	返回指定驱动器文件系统类型，如 FAT，FAT32，NTFS 等
IsReady	返回一个逻辑值，表示驱动器是否准备就绪
ShareName	返回指定驱动器共享名
VolumeName	返回指定驱动器卷标名
RootFolder	返回一个 Folder 对象，该对象表示一个指定驱动器的根文件夹
Path	返回指定驱动器路径，如 C:

表 8.8　DriveType 属性值

值	常　数	说　明
0	UnKnown	未知类型驱动器
1	Removable	软盘驱动器
2	Fixed	硬盘驱动器
3	Remote	网络映射驱动器
4	CD-ROM	光盘驱动器
5	RAM Disk	RAM 驱动器

要使用 Drive 对象，应声明一个驱动器类型变量。

【例 8.8】定义了一个变量名为 MyDrv 的 Drive 对象，并获取驱动器为 C 的属性信息。运行结果如图 8.13 所示。

引用“Microsoft Scripting Runtime”，并在窗体单击事件中编写程序代码如下：

```
Private Sub Form_Click（ ）
    Dim MyFSO As New FileSystemObject
    Dim MyDrv As Drive
    Dim MyInfo As String
```

```
    Set MyDrv = MyFSO.GetDrive ("C")
    MyInfo = "磁盘驱动器: " & MyDrv.DriveLetter & " : " & Visual BasicCrLf
    MyInfo = MyInfo & "卷标:" & MyDrv.VolumeName & Visual BasicCrLf
    MyInfo = MyInfo & "文件系统类型:" & MyDrv.FileSystem & Visual BasicCrLf
    MyInfo = MyInfo & "可用空间:" & MyDrv.FreeSpace & " KB" & Visual BasicCrLf
    MyInfo = MyInfo & "总大小:" & MyDrv.TotalSize & " KB" & Visual BasicCrLf
    MsgBox MyInfo, , "Drive 对象属性应用"
End Sub
```

技术提示：

Visual BasicCrLf表示回车换行，等同于Chr（13）+ Chr（10）。

图8.13　Drive对象属性应用

8.6.3 管理文件夹（Folder 对象）

通过 Folder 对象的方法可以完成文件夹的新建、复制、移动、删除操作，通过 Folder 对象的属性可获得文件夹的有关信息。需要指出的是，FSO 对象模型同样提供了对文件夹操作的方法。因此，在管理文件夹中，Folder 对象和 FSO 对象提供的方法为编程提供了很大的灵活性。

Folder 对象和 FSO 对象提供的管理文件夹常用方法如表 8.9 所示；Folder 对象的常用属性如表 8.10 所示。

表 8.9　Folder 对象和 FSO 对象提供的管理文件夹常用方法

方　法	说　明
FileSystemObject.CreateFolder	创建文件夹
Folder.Delete 或 FileSystemObject.DeleteFolder	删除文件夹
Folder.Move 或 FileSystemObject.MoveFolder	移动文件夹
Folder.Copy 或 FileSystemObject.CopyFolder	复制文件夹
FileSystemObject.FolderExists	检测文件夹是否存在
FileSystemObject.GetAbsolutePathName	获得当前文件夹及文件夹名称
FileSystemObject.GetFolder	获得存在的 Folder 对象的一个实例（句柄）

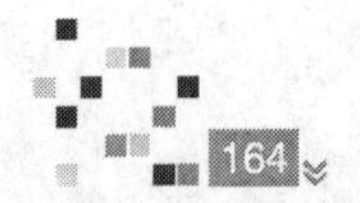

续表 8.9

方　法	说　明
FileSystemObject.GetParentFolderName	获得当前文件夹及父文件夹名称
FileSystemObject.GetSpecialFolder	获得系统文件夹路径

表 8.10　Folder 对象的常用属性

属　性	说　明
Attributes	返回或设置文件、文件夹属性为只读、隐藏等
DateCreate	返回指定文件、文件夹的创建日期
DateLastModIfied	返回指定文件、文件夹的最后一次修改日期
Type	返回指定文件、文件夹类型信息
DateLastAccessed	返回指定文件、文件夹的最后一次访问日期
Drive	返回指定文件、文件夹所在驱动器
Files	返回指定文件夹中所有文件的名称列表
IsRootFolder	如果指定的文件夹是根文件夹，则返回 True；否则返回 False
Name	返回或设置指定文件、文件夹名称
ParentFolder	返回指定文件、文件夹的父文件夹
Path	返回指定文件、文件夹的路径
ShorPath | ShorName	返回 MSDOS 路径名 | 返回 MSDOS 文件名
Size	返回以字节为单位包含在当前文件夹内所有文件和文件夹的大小
SubFolders	返回当前文件夹中所有子文件夹的名称列表

【例 8.9】在 C 盘根目录下建立名为 AAA 的文件夹，执行复制操作到 D 盘根目录下，复制操作后删除 C:\AAA 文件夹。

引用“Microsoft Scripting Runtime”。

方法一，使用 FSO 对象方法。主要代码如下：

```
Dim MyFSO As New FileSystemObject
MyFSO.CreateFolder“C:\AAA”
MyFSO.CopyFolder“C:\AAA”，“D:\AAA”
MsgBox " 是否删除“C:\AAA”？ ", Visual BasicOKOnly, "FSO 对象方法 "
MyFSO.DeleteFolder“C:\AAA”
```

方法二，使用 FSO 对象和 Folder 对象方法。

```
Dim MyFSO As New FileSystemObject
Dim MyFld As Folder
```

Set MyFld = MyFSO.CreateFolder（"C:\AAA"）' 获得文件夹句柄

MyFld.Copy "D:\AAA"

MsgBox " 是否删除 "C:\AAA"？ ", Visual BasicOKOnly, "Folder 对象方法 "

MyFld.Delete

两种方法都能实现同一个目的。

技术提示：

如果是用Create函数新创建一个对象，可使用Set语句获得操作句柄。如：Set MyFld = MyFSO. CreateFolder（"C:\AAA"）。

8.6.4 管理文件（File 对象和 TextStream 对象）

File 对象提供了对文件的新建、复制、移动、删除等操作方法；通过 TextStream 对象来创建和读写文本文件。

File 对象的属性与 Folder 对象的属性基本类似，其常用方法如表 8.11 所示。

表 8.11　File 对象的常用方法

方　法	说　明
File.Copy ｜ FileSystemObject. CopyFile	复制文件
File.Move ｜ FileSystemObject.MoveFile	移动文件
File.Delete ｜ FileSystemObject.DeleteFile	删除文件
OpenAsTextStream	打开指定的文本文件并返回一个 TextStream 对象，该对象可用来对文件进行读、写、追加数据等操作

TextStream 对象的属性如表 8.12 所示。

表 8.12　TextStream 对象的属性

属　性	说　明
AtEndOfLine	返回布尔值，判断当前位置是否在一行的末尾
AtEndOfStream	返回布尔值，判断当前位置是否在文件的末尾
Column	返回长整型值，当前文本列值
Line	返回长整型值，当前文本行值

TextStream 对象的方法如表 8.13 所示。

表 8.13　TextStream 对象的方法

方　法	说　明
Read	从文件中读取指定的字符

续表 8.13

方　法	说　明
ReadLine	读取一整行
ReadAll	读取文本的所有内容
Skip	读取文本时跳过指定的字符
SkipLine	读取文本时跳过一行
Write	写入文本
WriteLine	写入带有换行符的文本
WriteBlankLines	写入指定的空行
Close	关闭文本文件

通过 TextStream 对象来创建和读写文本文件，同样要经过 3 个步骤：

1. 创建和打开文本文件

创建文本文件用 FileSystemObject 对象的 CreateTextFile 方法。

打开文本文件有两种方法：

方法一：用 FileSystemObject 对象的 OpenTextFile 方法。

方法二：用 File 对象的 OpenAsTextStream 方法。

无论用哪种方法在打开文本文件都有 3 种模式，即 ForReading（读）、ForWriting（写）、ForAppending（追加），可根据需要选择。

2. 读写文本文件

从一个文本文件中读取数据，请使用 TextStream 对象的 Read，ReadLine，ReadAll 等方法；在一个文本文件中写入数据，应使用 Write，WriteLine 方法；如果在文本文件中添加空行，应使用 WriteBlankLines 方法。

3. 关闭文本文件

使用 TextStream 对象的 Close 方法关闭文件。

【例 8.10】 使用 File 对象和 TextStream 对象创建"D:\001.txt"，并读写文本内容为"TextStream 对象测试"，程序运行结果如图 8.14 和图 8-15 所示。

图8.14　读文本文件提示

图8.15　TextStream对象应用

引用"Microsoft Scripting Runtime"，并在窗体单击事件中编写程序代码如下：

```
Private Sub Form_Click ( )
    Dim MyFSO As New FileSystemObject
    Dim MyFil As File
```

```
    Dim MyTS As TextStream
    Dim S As String                                              '保存从文件中读取的内容
    MyFSO.CreateTextFile("D:\001.txt")                           '创建文本文件
    Set MyFil = MyFSO.GetFile("D:\001.txt")                      '获得句柄
    Set MyTS = MyFil.OpenAsTextStream(ForWriting)                '打开文件
    MyTS.Write("TextStream 对象测试")                              '在文件中写入内容
    MyTS.Close                                                   '关闭文件
    Set MyTS = MyFil.OpenAsTextStream(ForReading)                '打开文件
    S = MyTS.ReadLine                                            '读文件
    MyTS.Close                                                   '关闭文件
    MsgBox S, Visual BasicOKOnly, "用 TextStream 对象读文件"        '显示读取的内容
End Sub
```

技术提示：

由上述示例可以看出，访问一个对象，首先需要使用Get方法获得该对象的访问句柄，当执行打开文件操作时就不用再指定要打开的文件名。

重点串联

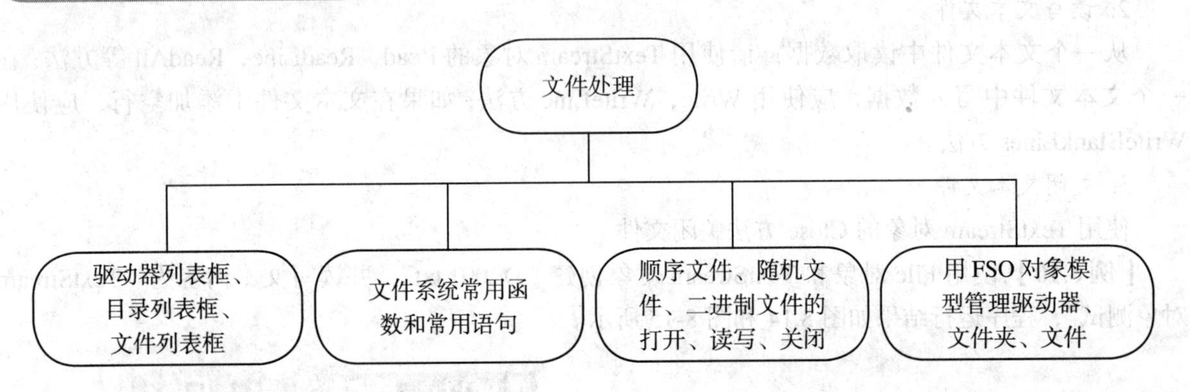

拓展与实训

▶基础训练

一、填空题

1. Visual Basic 提供的对数据文件的 3 种访问方式为______、______和二进制访问方式。

2. 窗体上有两个控件，一个是驱动器列表框 Drive1，另一个是目录列表框 Dir1，现在要使目录列表框随驱动器列表框的变化而变化，则需在 Drive1_Change 事件过程中填写语句______。

3. 假定窗体上有两个控件，一个是文件列表框 File1 和一个目录列表框 Dir1，要使目录列表框和文件列表框联动，可在 Dir1_Change 事件过程中输入语句______。

4. 用 Open 语句打开数据文件时，其打开方式有______、______、______和______。

5. 用关闭所有打开的的数据文件，可以使用的语句为______。

6. FSO 对象模型包含的对象有______、______、______、______和______。

7. 用 FSO 对象模型操作文本文件要经过的步骤是______、______、______。

二、选择题

1. 以下叙述中正确的是（　　）。
   A. 一个记录中所包含的各个元素的数据类型必需相同
   B. 随机文件中每个记录的长度是固定的
   C. Open 语句的作用是打开一个已经存在的文件
   D. 使用 Input# 语句可以从随机文件中读取数据

2. 在文件列表框中，要能显示隐藏文件，应设置它的（　　）属性为 True。
   A. Archive　　B. Normal　　C. Hidden　　D. System

3. 关于随机文件，下列说法错误的是（　　）。
   A. 413 可以作为随机文件的记录号　　B. 可根据记录号进行读写操作
   C. 用 Random 方式打开　　D. 用 Input# 语句和 Print# 语句进行读写操作

4. 设有语句 "Open "C:\T001.dat" For Output As #1"，则以下说法中错误的是（　　）。
   A. 该语句打开 C 盘根目录下一个已经存在的文件 T001.dat
   B. 该语句在 C 盘根目录下建立一个名为 T001.dat 的文件
   C. 该语句建立的文件的文件号为 1
   D. 执行该语句后，就可以通过 Print# 语句向文件 T001.dat 中写入信息

5. 用 FSO 对象模型打开文本文件的方法正确的是（　　）。
   A. 用 FSO 对象的 OpenTextFile 方法　　B. 用 File 对象的 OpenAsTextStream 方法
   C. 用 Open 语句　　D. 用 FSO 对象的 CreateFolder 方法

6. 用 FSO 对象模型创建文本文件方法正确的是（　　）。
   A. 用 FSO 对象的 CreateTextFile 方法　　B. 用 Folder 对象的 CreateTextFile 方法
   C. 用 Open 语句　　D. 用 FSO 对象的 CreateFolder 方法

7. 在用 Open 语句打开文件时，如果省略"For 方式"，则打开的文件存取方式是（　　）。
   A. 顺序方式　　B. 二进制方式
   C. 随机方式　　D. 无法执行

三、简答题

1. 什么是顺序文件、随机文件、二进制文件？它们各自的读写方法有什么不同？

2. 顺序文件有哪3种打开方式？各自的特点是什么？

3. FSO对象模型中的句柄的作用是什么？

技能实训

1. 编写程序，使用驱动器列表框、目录列表框和文件列表框查询本机的文本文件，并显示在文本框中。

2. 利用FSO对象模型编写程序，利用驱动器列表框、目录列表框实现建立、移动、删除文件夹功能。

3. 建立一个通讯录，文件中的每条记录包括编号、姓名、手机号码、固定电话、电子邮箱、单位名称等项。要求能输入记录，能按照编号查找记录，并能在一个文本框中显示全部记录。

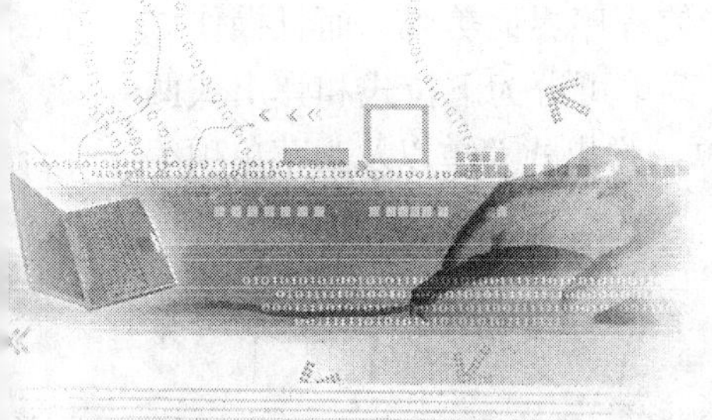

模块9 Visual Basic 界面设计

教学聚焦

本模块主要介绍菜单、工具栏和对话框的设计和使用。通过对菜单、工具栏和对话框的学习，读者能为自己的应用程序设计出具有标准 Windows 应用程序风格的图形界面，达到美化程序界面、方便用户操作，以实现用户与应用程序的信息交互。

知识目标

◆ 使用菜单编辑器建立应用程序菜单

◆ 利用工具栏控件 Toolbar 和图像列表控件 ImageList 创建应用程序工具栏

◆ 利用通用对话框控件 CommonDialog 设计应用程序对话框

技能目标

◆ 掌握应用程序菜单、工具栏和对话框的设计和使用方法

课时建议

8 课时

教学重点和教学难点

◆ 使用菜单编辑器创建下拉式、弹出式菜单；使用 ToolBar 控件和 ImageList 控件设计图形工具栏

◆ 菜单、工具栏和对话框的综合运用

项目 9.1 菜单设计

菜单是 Windows 应用程序用户界面中最重要的组成元素，不仅能使程序界面美观，而且操作方便，应用程序的全部功能都可以通过菜单操作实现。从应用角度看，菜单可分为下拉式和弹出式两种。本项目将讲解使用“菜单编辑器”工具为应用程序设计下拉式菜单、弹出式菜单以及为菜单项编写 Click 事件代码，实现菜单项的功能。

例题导读

本项目安排 4 道例题。例 9.1 讲述了下拉式菜单的设计方法；例 9.2 讲述了弹出式菜单的设计方法；例 9.3 说明了“敏感性”菜单的控制方法；例 9.4 讲解了菜单控件的 Click 事件代码编写方法。

知识汇总

- 菜单的类型及相关概念
- 菜单编辑器
- 设计下拉式菜单
- 设计弹出式菜单
- 菜单的敏感性控制（Checked，Enabled，Visible 属性使用）
- 菜单控件的 Click 事件

9.1.1 菜单的类型及其概述

从应用角度看，菜单分两种类型：下拉式菜单和弹出式菜单。

1. 下拉式菜单

下拉式菜单如图 9.1 所示。在下拉式菜单系统中，最上一行是菜单栏，由各菜单项组成，也称为顶层菜单。菜单栏常驻窗体界面。每一主菜单项可以下拉出下一级菜单，称之为子菜单，子菜单中也由若干菜单项组成，有的子菜单项还可以弹出下一级菜单。菜单如此逐级“下拉”，构成应用程序的多级菜单系统。用 Visual Basic 设计的应用程序菜单系统最多可达 6 层，图 9.1 看到的菜单展开状态称为 3 层菜单。

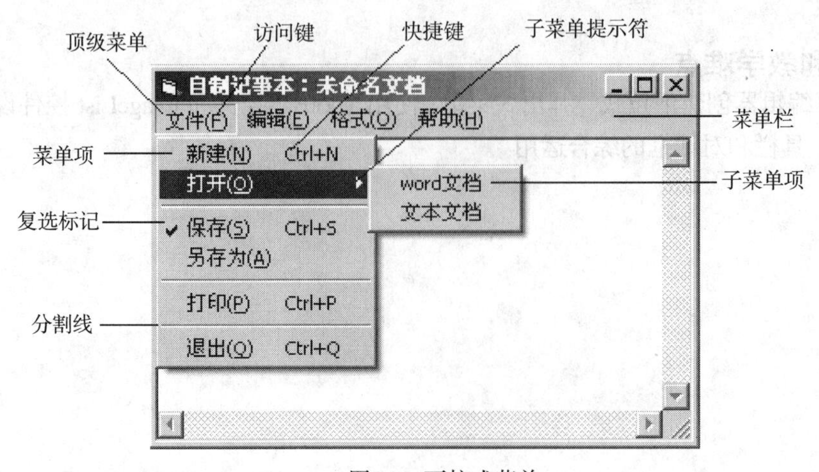

图9.1 下拉式菜单

菜单中的界面元素有：主菜单项（如文件等）、各子菜单项（如新建、文本文档等）、快捷键（如Ctrl+N 等）、键盘访问键（如文件（F）菜单项中的字母 F 等）、分隔线（用于子菜单分组显示）、子菜单提示符（小三角符）、复选标记等。

2. 弹出式菜单

弹出式菜单如图 9.2 所示。用鼠标指向某一对象后右击，弹出的菜单称为弹出式菜单，弹出式菜单一般显示在窗体上，是独立于菜单栏的浮动式菜单。

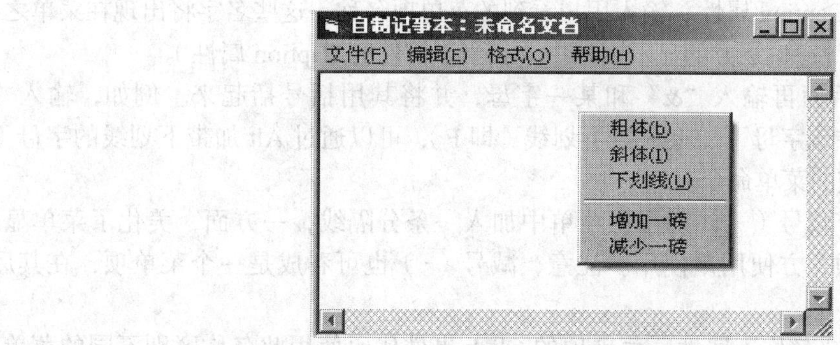

图9.2　弹出式菜单

3. Visual Basic 的菜单系统

组成应用程序的每个窗体，均可以有其各自的菜单系统，且一个窗体只能有一个菜单系统。不管是下拉式菜单，还是弹出式菜单，都是由菜单编辑器所建立的。

技术提示：

在实际使用中，通常对无下级的菜单项编写Click事件代码。

菜单中的每一个菜单项，其实质是由菜单编辑器所建立的一个个控件，我们称之为菜单项控件。它们像其他控件一样有其属性和事件，菜单项控件的属性设置可通过菜单编辑器完成。菜单项控件的事件仅能识别“Click 事件”，如果为菜单项编写了 Click 事件代码，每当鼠标单击或用键盘选中后按回车键，Click 事件被触发，进而执行其事件代码。

在应用程序中，当建立了下拉式菜单或弹出式菜单，再为菜单项编写出相应的 Click 事件代码，就赋予了菜单项所对应的功能。

9.1.2 菜单编辑器

在程序设计阶段，使用菜单编辑器，不仅可创建应用程序的菜单系统，而且也可以对已有的菜单系统进行编辑，包括重新规划和修改菜单结构、增加或删除菜单项、修改菜单项属性等。

启动菜单编辑器时，应先选中一个窗体，使它为活动窗体，然后用以下 4 种方法之一，调出如图 9.3 所示菜单编辑器。

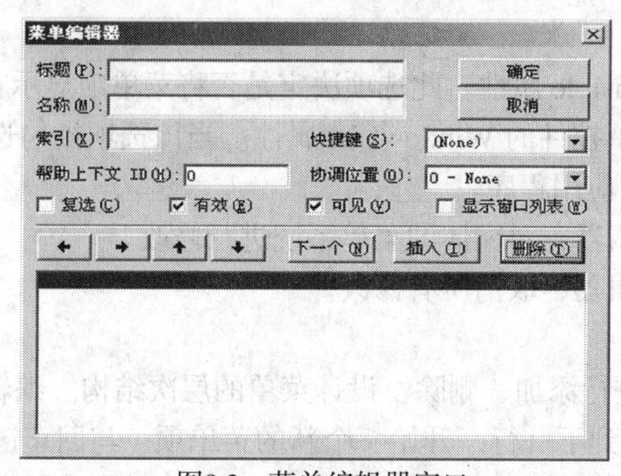

图9.3　菜单编辑器窗口

（1）通过“工具”菜单，选择“菜单编辑器”。

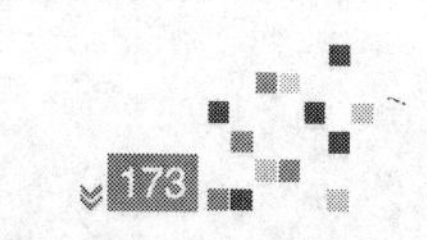

（2）单击工具栏中的“菜单编辑器”按钮。

（3）使用快捷键 Ctrl+E。

（4）在窗体上单击右键，在弹出的右键菜单中选择“菜单编辑器”。

菜单编辑器窗口分为 3 个部分：数据区、编辑区和菜单项显示区。

1. 数据区

数据区是用来对菜单项进行输入、修改、设置属性的。

（1）标题：菜单控件的 Caption 属性。输入用户看到的菜单项名称，这些名字将出现在菜单之中。输入的内容同时也显示在设计窗口下方的显示窗口中（相当于控件的 Caption 属性）。

如果在菜单项的名称后面再输入“&”和某一字母，并将其用括号括起来。例如，输入“文件（&F）”，则显示菜单时在该字母下加上一条下划线（即 F），可以通过 Alt 加带下划线的字母（即 Alt+F）打开菜单或执行相应的菜单命令。

如果在该栏中输入一个减号（-），则可在菜单中加入一条分隔线，一方面，美化了菜单显示，另一方面可分组编排菜单项，方便用户使用。注意，减号（-）也可看成是一个菜单项，在其后的“名称”框中必须输入名称。

（2）名称：菜单控件的“名称”属性。菜单项的 Click 事件代码使用此名称区别不同的菜单项，不会出现在菜单中。

（3）索引：菜单控件的 Index 属性。当几个菜单项使用相同的名称时，即组成控件数组（通常称作菜单数组）。该属性用于指定该菜单项在菜单数组中的下标。“索引”值一般从 0 开始按照递增的顺序填写。

（4）快捷键：允许为每个菜单项选择快捷键，通过单击其后的下拉列表选择，同一菜单系统中不能使用同名快捷键。弹出式菜单不设快捷键。

（5）帮助上下文 ID：菜单控件的 HelpContextID 属性，可在该文本框中输入数值，这个值用来在帮助文件（用 HelpFile 属性设置）中查找相应的帮助主题。

（6）协调位置：菜单控件的 NegotiatePosition 属性，用来确定菜单或菜单项是否出现或在什么位置出现。该列表有 4 个选项：

① 0-None 菜单项不显示；

② 1-Left 菜单项靠左显示；

③ 2-Middle 菜单项居中显示；

④ 3-Right 菜单项靠右显示。

（7）复选：菜单控件的 Checked 属性。允许在菜单项的左边设置复选标记。它既不改变菜单项的作用，也不影响事件过程对任何对象的执行结果。通常利用这个属性，指明某个菜单项当前是否处于活动状态。

（8）有效：菜单控件的 Enabled 属性。此选项决定是否让菜单对事件作出响应，默认值为 Ture。

（9）可见：菜单控件的 Visible 属性。此选项决定是否将菜单项显示在菜单上，默认值为 Ture。

（10）显示窗口列表：菜单控件的 WindowList 属性。当该选项被勾选，将显示当前打开的一系列子窗口，用于多文档（MDI）应用程序。

（11）确定：关闭菜单编辑器，对窗体的菜单系统进行修改。

（12）取消：关闭菜单编辑器，取消所有修改。

2. 编辑区

编辑区是用来对菜单项进行添加、删除、设计菜单的层次结构。编辑区共有以下 7 个按钮：

（1）下一个：将选定移动到下一行，开始一个新的菜单项（与回车键作用相同）。

（2）插入：在列表框的当前选定行上方插入一行，可在这一位置插入一个新的菜单项。

（3）删除：删除当前选定行（条形光标所在行），即删除当前菜单项。

（4）左、右箭头：每次单击都把选定的菜单向左、右移一个等级（用内缩符号显示），最多可以创建5个子菜单等级，加上顶级菜单共6级。

（5）上、下箭头：用来在菜单项显示区上下移动菜单项的位置。

3. 菜单项显示区（菜单列表区）

菜单项显示区位于菜单编辑器窗口的下部，用于显示菜单项及其结构。内缩符号（….）表明了菜单项的层次，条形光标所在的菜单项是"当前菜单项"，数据区表明了它的属性。

9.1.3 下拉式菜单

为活动窗体创建菜单，首先要规划好其菜单结构，下面通过例子说明建立下拉式菜单的方法。

【例 9.1】创建一个文本编辑器（即自制记事本）。

创建程序界面，如图 9.4 所示。

新建工程：将空白窗体的 Caption 属性改为"自制记事本"。在窗体任意位置添加一文本框控件，此文本框就是记事本的编辑区。

创建菜单：打开菜单编辑器，按表 9.1 中的描述创建一个下拉菜单。

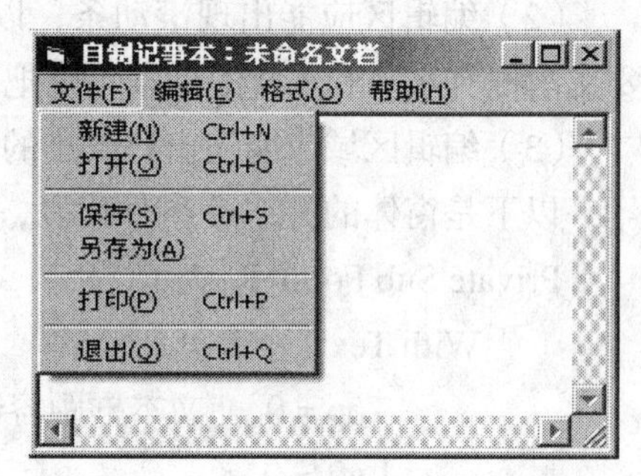

图 9.4 文本编辑器的下拉菜单

表 9.1 文本编辑器中菜单项控件的属性及说明

标题（Caption）	名称（Name）	快捷键	说明
文件（&F）	File		第一层
新建（&N）	FileNew	Ctrl+N	第二层
打开（&O）	FileOpen	Ctrl+O	第二层
–	Sep1		（分隔线）
保存（&S）	FileSave	Ctrl+S	第二层
另存为（&A）	FileSaveAs		第二层
–	Sep2		（分隔线）
打印（&P）	FilePrinter	Ctrl+P	第二层
–	Sep3		（分隔线）
退出（&X）	FileExit	Ctrl+Q	第二层
编辑（&E）	Edit		第一层
复制（&C）	EditCopy	Ctrl+C	第二层
剪切（&T）	EditCut	Ctrl+X	第二层
粘贴（&P）	EditPaste	Ctrl+V	第二层
删除（&D）	EditDel	Ctrl+D	第二层
格式（&O）	Format		第一层
字体（&F）	FormatFont		第二层
帮助（&H）	Help		第一层

续表 9.1

标题（Caption）	名称（Name）	快捷键	说明
使用说明（&R）	HelpTheme		第二层
关于（&A）	About		第二层

记事本编辑区的设定：

（1）编辑区应能接受多行文本。把文本框控件的 MultiLine 属性设置为 True，表示可以接受多行文本。

（2）编辑区应能出现滚动条，以适应不同大小的编辑要求。文本框的默认属性是无滚动条，若要文本框有水平和垂直滚动条，则把 ScrollBar 属性设置为 3。

（3）编辑区域应能随窗口大小的变化而变化。

以下是窗体的 Resize 事件代码，当窗体大小发生变化时，文本框大小始终充满整个窗体。

```
Private Sub Form_Resize ( )
    With Text1
        .Top = 0   ' 文本框距容器对象上部的距离，为 0 表示紧贴上部边沿
        .Left = 0
        .Height = ScaleHeight
        .Width = ScaleWidth
    End With
End Sub
```

（4）设定窗体的初始大小。使用窗体的 Load 事件，一方面设定了窗体的初始大小，另一方面也清空了文本框，修改了窗体的 Caption 标题。程序代码如下：

```
Private Sub Form_Load ( )                ' 设置程序启动时窗体的初始大小
    Me.Height = 4000
    Me.Width = 6000
    Text1.Text = ""                      ' 清空文本框
    FileName = " 未命名文档 "             ' FileName 是已定义的模块级字符型变量
    Me.Caption = " 自制记事本：" & FileName
End Sub
```

程序的菜单制作好后，由于还未编写菜单的功能代码，所以执行菜单是没有反应的，待逐步实现和完善。

9.1.4 弹出式菜单

在使用 Windows 操作系统时，很熟悉的一种操作就是右击鼠标，无论鼠标指向哪个对象，右击后总能弹出一个快捷的右键菜单。这种快捷的右键菜单就是通常所说的弹出式菜单。

Visual Basic 同样为弹出式菜单提供了简单的设计方法。首先用菜单编辑器设计一个普通的菜单，然后用 PopupMenu 方法来显示弹出式菜单。该方法的语法格式为：

[< 对象名 >].PopupMenu < 菜单名 > [,flags [, x [, y [, Boldcommand]]]]

其中：

（1）< 对象名 >：表示弹出式菜单在某个对象所在的位置上进行显示，一般是菜单所在的窗体。

（2）< 菜单名 >：必选参数，是指通过菜单编辑器设计的、至少有一个子菜单项的菜单名称。

（3）Flags：可选参数，为一个数值或常数，用来定义显示位置与行为，如表 9.2 所示。

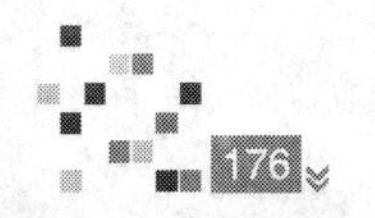

表 9.2　弹出式菜单 Flags 参数说明

类型	常数	值	说明
位置常数	Visual BasicPopupMenuLeftAlign	0	缺省值，指定的 x 位置作为弹出式菜单的左上角
	Visual BasicPopupMenuCenterAlign	4	指定的 x 位置作为弹出式菜单的中心点
	Visual BasicPopupMenuRightAlign	8	指定的 x 位置作为弹出式菜单的右上角
行为常数	Visual BasicPopupMenuLeftButton	0	菜单命令只接受鼠标左键单击
	Visual BasicPopupMenuRightButton	2	菜单命令可接受鼠标左键、右键单击

前 3 个为位置常数，后两个是行为常数。这两组常数可以相加或用 or 连接，例如：

Visual BasicPopupMenuCenterAlign or Visual BasicPopupMenuRightButton 或 6（即 2+4）

表示鼠标左右键均可激活弹出式菜单。

（4）Boldcommand：可选参数，是一个要以加粗方式显示的菜单项名称，注意只能有一个菜单项加粗显示。

PopupMenu 方法的最常用的形式，还是不带任何可选项的写法，即如下格式：

PopupMenu <菜单名>

【例 9.2】在【例 9.1】的基础上，设计一如图 9.5 所示的快捷菜单。当鼠标在记事本的编辑区域内单击鼠标右键，弹出快捷菜单。

粗体(b)
斜体(I)
下划线(U)
增加一磅
减少一磅

图9.5　快捷菜单

设计步骤如下：

（1）打开菜单编辑器，在原来菜单的基础上，按表 9.3 中的描述，增加一个主菜单名为 TpopMenude 快捷菜单。

表 9.3　菜单项控件的属性及说明

标题（Caption）	名称（Name）	说明
文本框快捷键	TpopMenu	第一层，不可见
粗体	TpopBold	第二层，可见
斜体	TpopItaly	第二层，可见
下划线	TpopUnder	第二层，可见
-	Sep4	（分隔线），可见
增加 1 磅	Tpop1	第二层，可见
减少 1 磅	Tpop2	第二层，可见

（2）使用对象的 PopupMenu 方法调出 TpopMenude 快捷菜单，由于是在文本框 Text1 上单击鼠标右键而弹出，所以应添加如下代码：

```
Private Sub Text1_MouseDown（Button As Integer, Shift As Integer, X As Single, Y As Single）
    If Button = 2 Then
        Text1.Enabled = False            '禁止操作文本框
        PopupMenu Tpopmenu
        Text1.Enabled = True             '解除禁止操作文本框
        Text1.SetFocus
    End If
```

```
End Sub
```

9.1.5 菜单的敏感性控制

为了使程序能有效运行，有时需要使某些菜单项无效（灰色显示）、不可见（纯粹看不见）、标识菜单项等，以方便用户操作或防止出现误操作。下面就介绍与此相关的 3 个属性。

1.Enabled 属性

Enabled 属性决定菜单的有效性。True 表示菜单可用，即能响应 Click 事件，False 表示菜单项不可用，呈现灰色。默认值为 True。

2.Visible 属性

Visible 属性决定菜单的可见状态，即是否将菜单项显示在菜单上。True 表示显示，False 表示不显示，默认值为 True。

3.Checked 属性

Checked 属性允许在菜单项的左边设置复选标记，即在其前有一个“√”，表示菜单项是活动状态。复选标记既不改变菜单项的作用，也不影响事件过程对任何对象的执行结果，只是设置或重新设置菜单项旁的符号。通常利用这个属性，以指明某个菜单项当前是否处于活动状态。

【例 9.3】 在【例 9.2】的基础上，在设计的快捷菜单中，使“增加 1 磅”、“减少 1 磅”菜单项不可用，如图 9.6 所示。

其解决方法是直接将【例 9.2】的 Text1_MouseDown 事件代码修改如下：

```
Private Sub Text1_MouseDown（Button As Integer, Shift As Integer, X As Single, Y As Single）
    If Button = 2 Then
        Text1.Enabled = False
        Tpop1.Enabled = False
        Tpop2.Enabled = False
        PopupMenu Tpopmenu
        Text1.Enabled = True
        Text1.SetFocus
    End If
End Sub
```

粗体(b)
斜体(I)
下划线(U)
增加一磅
减少一磅

图9.6 快捷菜单

9.1.6 菜单控件的 Click 事件

1. 菜单项 Click 事件

利用菜单编辑器可以方便地创建下拉式菜单和弹出式菜单。在菜单设计完成以后，我们还需要为菜单项编写程序代码，实现菜单项的功能。事实上，菜单项控件只响应 Click 事件。其语法格式为：

```
Private Sub 菜单项名 _Click（）
  <该菜单项功能对应的一段代码>
End Sub
```

或

```
Private Sub 菜单项名 _Click（Index As Integer）
<参数 Index 返回用户操作的是菜单数组中的哪一个菜单项>
<根据 Index 参数进行多分支转移，处理不同的菜单项功能>
End Sub
```

2. 使用剪贴板

Visual Basic 提供了一个剪切板对象，对象名是 Clipboard。它是预先定义好的全局对象之一。剪切板对象没有任何属性及事件，主要方法有 SetText，GetText，Clear，GetData，SetData，GetFormat。其中常用的有 SetText 及 GetText，语法格式如下：

（1）SetText 方法的使用格式：

Clipboard.SetText <字符数据>

表示将<字符数据>复制到剪切板中。

例如，“Clipboard.SetText Text1.SelText”语句，表示将 Text1 文本框中选中的文本复制到剪切板中。

（2）GetText 方法的使用格式：

X = Clipboard.GetText

表示可将剪切板中的数据赋值给变量 X。

例如，“Text1.SelText = Clipboard.GetText”语句，表示将剪切板中的文本显示在 Text1 文本框的光标位置。

下面举例说明编写菜单项功能事件代码的方法。

【例 9.4】 为【例 9.2】介绍的文本编辑器的菜单项编写 Click 事件代码。

本例只给出“复制、剪切、删除、粘贴”菜单项功能的事件代码，其他菜单项功能的事件代码以后介绍。

```
Private Sub EditCopy_Click（）   ' EditCopy 是“复制”菜单项名
    Clipboard.SetText Text1.SelText
    EditPaste.Enabled = True
End Sub
Private Sub EditCut_Click（）    ' EditCut 是“剪切”菜单项名
    Clipboard.SetText Text1.SelText
    Text1.SelText = ""
End Sub
Private Sub EditDel_Click（）    ' EditDel 是“删除”菜单项名
    Text1.SelText = ""
End Sub
Private Sub EditPaste_Click（） ' EditPaste 是“粘贴”菜单项名
    Text1.SelText = Clipboard.GetText
End Sub
```

本程序在运行时，使用鼠标拖动的方法选中文本，打开编辑菜单，选择“复制、剪切、删除、粘贴”其中之一，执行其相应功能。

项目 9.2 工具栏设计

工具栏与菜单栏一样，都是标准 Windows 应用程序的界面风格，它提供了应用程序中最常用菜单命令的快捷访问方式。在 Visual Basic 中，创建工具栏有两种方法：手工创建和使用工具栏控件创建。本项目介绍使用工具栏控件创建工具栏。

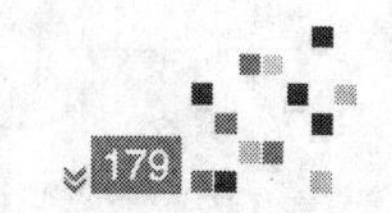

例题导读

本项目安排3道例题。前两个例题，是针对使用ToolBar控件和ImageList控件创建工具栏的。其中，例9.5学习文字工具栏的创建方法；例9.6学习图形工具栏的创建方法。最后，通过例9.7介绍工具栏按钮的事件响应问题。

知识汇总

● ToolBar控件、创建文字工具栏、ImageList控件、创建图形工具栏、工具栏按钮的事件响应

9.2.1 ToolBar控件

在实际使用中，常常使用系统提供的ToolBar控件来创建工具栏，因其创建快速、使用方便，与Windows应用程序工具栏风格一致，广受用户青睐。

ToolBar控件不是Visual Basic的标准控件，使用之前，首先要将其添加到工具箱中。添加步骤如下：

（1）选择“工程”菜单中“部件”命令，打开“部件”对话框，如图9.7所示，在“控件”选项卡上选择“Microsoft windows Common Control 6.0”。

（2）单击“确定”，在工具箱中会增加了一些控件，其中包括ToolBar控件及ImageList控件，如图9.8所示。

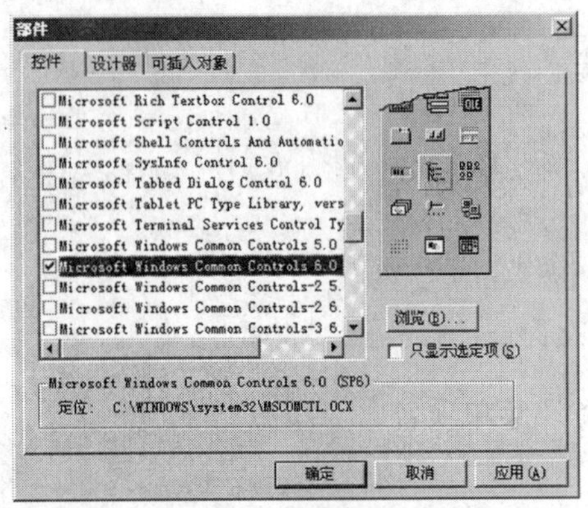

图9.7 “部件”对话框

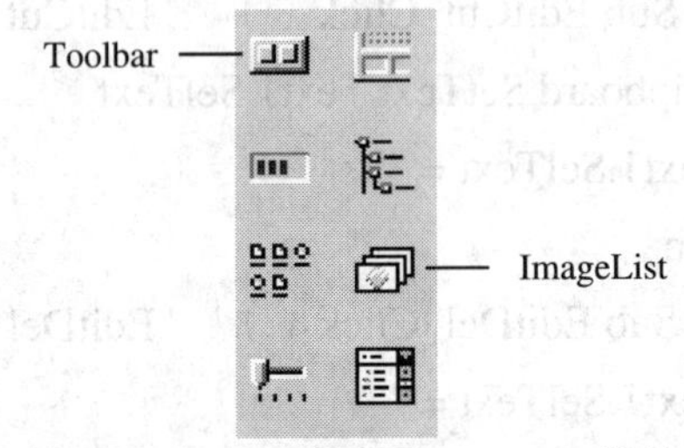

图9.8 ToolBar控件及ImageList控件

ToolBar控件用来创建工具栏的Button对象集合（即按钮控件集合），ImageList控件为工具栏的Button对象集合提供所要显示的图像。单独使用ToolBar控件，可创建文字工具栏；ToolBar控件和ImageList控件配合使用可创建图形工具栏。

在窗体上创建工具栏，首先要在窗体上添加ToolBar控件。这时，窗体的顶部位置显示一个空白的工具栏，该空白工具栏会自动充满整个窗体顶部。工具栏的属性设置是通过“属性页”对话框完成的。在窗体的ToolBar控件上单击右键，选择右键快捷菜单的“属性”选项，可调出“属性页”对话框，如图9.9所示。

属性页对话框有3个选项卡。

1.“通用”选项卡

主要属性说明如下：

（1）“图像列表”下拉列表框，可下拉选定该ToolBar控件与哪个ImageList控件关联，默认值为“无”。若创建文字工具栏，则使用默认的“无”；若创建图形工具栏，则下拉选定窗体上的某一ImageList控件的名称，从而建立两者之间的关联，使工具栏中的图片来源于该图像列表框控件。

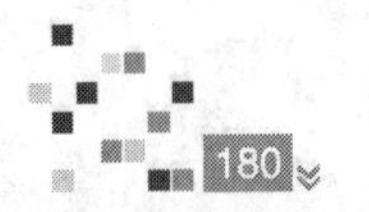

（2）选中“可换行的”复选框时，表示当工具栏的长度不能容纳所有的按钮时，在下一行显示，否则剩余的不显示。其余各项，一般取默认值。

技术提示：

若要对ImageList控件增删图像，必须先在ToolBar控件“图像列表”下拉列表框内设置“无”，切断与ImageList控件的联系，否则无法对ImageList控件进行设置。

2.“按钮”选项卡

如图 9.10 所示，主要属性说明如下：

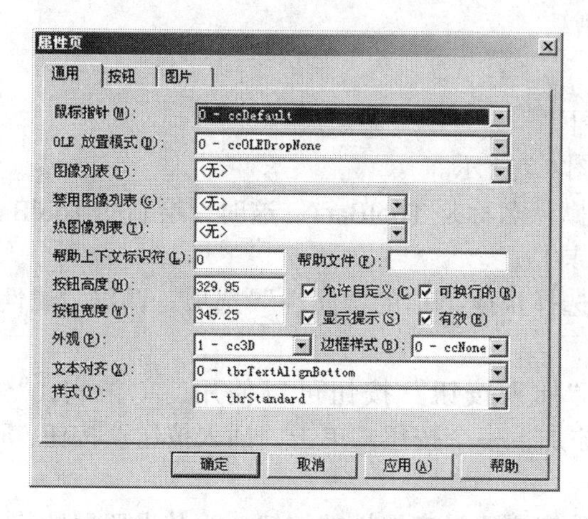

图9.9　属性页对话框的“通用”选项卡

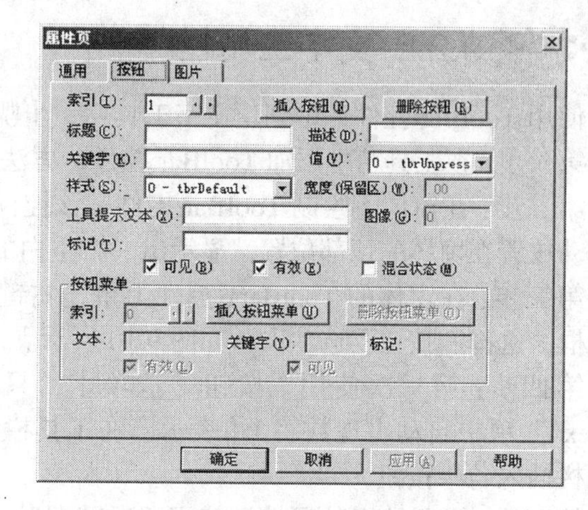

图9.10　属性页对话框的“按钮”选项卡

（1）“索引（Index）”：是加入到工具栏上按钮的序号。工具栏是按钮的控件数组，因此以索引号表示第几个按钮，供编程时使用。单击索引后的增减器，可编辑、查看当前第几个按钮的属性情况。

（2）“标题（Caption）”：输入其值，表示将出现在工具栏按钮上的文字。

（3）“关键字（Key）”：为工具栏按钮所取的名字。在编程时，用此方式识别按钮更加直观。

（4）“工具提示文本（ToolTipText）”：输入其值，当程序运行时，若鼠标指向按钮，在其上出现此提示文字。

（5）“图像（Image）”：该值为 ImageList 控件中的图像索引。

（6）“样式（Style）”：通过下拉列表框，选择按钮样式，共 5 种，含义如表 9.4 所示。

（7）“插入按钮”与“删除按钮”：按下它，向工具栏插入或删除一个按钮。

表 9.4　按钮样式属性值含义

值	常　数	按　钮	说　明
0	tbrDefault	普通按钮	按下按钮后恢复原状，如“新建”按钮
1	tbrCheck	开关按钮	按下按钮后保持按下状态，如“加粗”等按钮
2	tbrButtonGroup	编组按钮	在一组按钮中只能有一个有效，如对齐方式按钮
3	tbrSepatator	分隔按钮	相邻按钮有间隙分隔，此间隙如同按钮一样对待
4	tbrPlaceholder	占位按钮	用来安放其他按钮，可以设置其宽度
5	tbrdropdown	菜单按钮	具有下拉菜单，如 Word 中的“字符缩放”按钮

3.“图片”选项卡

如图 9.11 所示，当在“通用”选项卡的“鼠标指针”设置中选择“99-ccCustom”时，就可以在“图

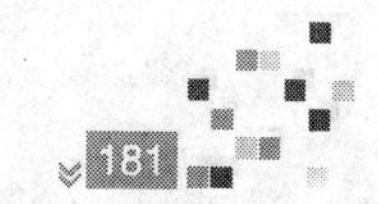

片”选项卡中为鼠标定义一副图片。运行时，当鼠标指针指向工具栏时，鼠标指针将显示自定义的图片。

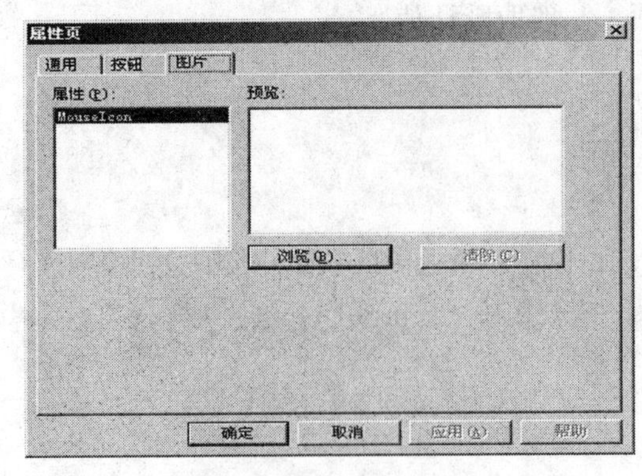

图 9.11　属性页对话框的“图片”选项卡

9.2.2 文字工具栏

使用 ToolBar 控件，可创建文字工具栏，步骤如下：

第一步：在工具箱中添加 ToolBar 控件，方法如图 9.7 所示。

第二步：在窗体上绘制 ToolBar 控件，该控件的默认名称是 ToolBar1，这时，绘制的 ToolBar 控件自动放置在窗体的顶部位置，显示出一个空白的工具栏。

第三步：在窗体的 ToolBar1 控件上单击右键，选择快捷菜单的“属性”选项，调出“属性页”对话框，选择“按钮”选项卡，如图 9.10 所示。

第四步：第一次使用“按钮”选项卡，只有“插入按钮”按钮可以使用，单击它，“索引（Index）”项中自动出现数字 1，表示已在工具栏中添加了一个按钮。单击“插入按钮”按钮，可向工具栏插入若干按钮。

第五步：设置按钮的属性。使用“增减器”，可选定需要设定属性的按钮，为其设置属性值。对于文字工具栏，主要设置按钮的以下 3 个属性：

（1）“标题（Caption）”：表示将出现在工具栏按钮上的文字。

（2）“关键字（Key）”：表示为工具栏按钮取的名字（Name），供编程序时使用。

（3）“工具提示文本（ToolTipText）”：表示当鼠标指向按钮时，在其上出现的提示文字。

设置按钮的属性值，需要说明以下两点：

（1）按钮的“索引（Index）”值不用设置，它是随用户单击“插入按钮”而自动连续产生的。

（2）连续添加的按钮，它们无间隙地进行了排列。为了美观，若想在其中适当位置添加间隔，则把间隔要当做按钮对待，即间隔按钮。间隔按钮占用一个关键字（Key）序号，且把它的“样式（Style）”设置成 3，其余属性采用默认设置。

【例 9.5】 为【例 9.4】介绍的文本编辑器创建文字工具栏，如图 9.12 所示。

依据表 9.5 列出的文字工具栏 ToolBar1 控件各按钮的主要属性值，使用上文创建文字工具栏步骤实现即可，结果如图 9.12 所示。

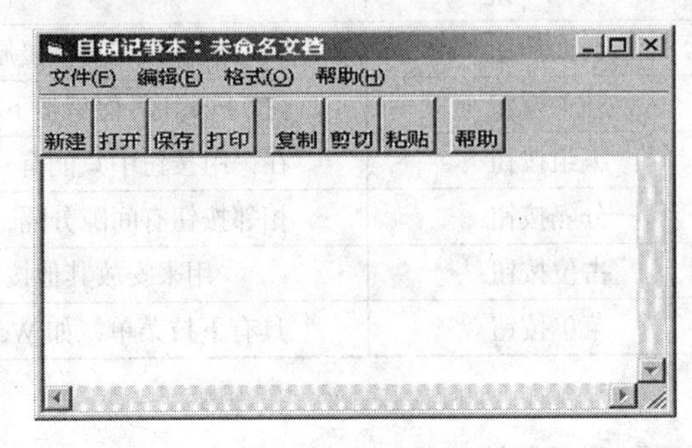

图9.12　含有文字工具栏的文本编辑器

表 9.5　文字工具栏 ToolBar 控件各按钮的主要属性值

索引	标题	关键字	样式	工具提示文本
1	新建	ToolBar_FileNew	0	新建
2	打开	ToolBar_FileOpen	0	打开
3	保存	ToolBar_FileSave	0	保存
4	打印	ToolBar_FilePrinter	0	打印
5	间隔，不用设置	ToolBar_Sp1	3	间隔，不用设置
6	复制	ToolBar_Copy	0	复制
7	剪切	ToolBar_Cut	0	剪切
8	粘贴	ToolBar_Paste	0	粘贴
9	间隔，不用设置	ToolBar_Sp1	3	间隔，不用设置
10	帮助	ToolBar_Help	0	帮助

需要强调的是，由于工具栏的添加，占用了顶部的部分编辑区域，在程序运行时，Text1 文本框的顶部就会被工具栏所覆盖。因此，应将窗体的 Resize 事件代码作适当修改，使 Text1 文本框的顶部正好贴在工具栏的下方，以保证编辑区域获取最大空间。修改后的代码如下：

```
Private Sub Form_Resize ( ) ' 随窗体大小的调整，文本框大小始终充满整个窗体
    Text1.Top = Toolbar1.Height
    Text1.Left = 0
    Text1.Height = ScaleHeight-Toolbar1.Height
    Text1.Width = ScaleWidth
End Sub
```

9.2.3 ImageList 控件

ImageList 控件是为工具栏的按钮对象集合提供所要显示的图像，ToolBar 控件工具与该控件工具联合使用，可创建图形工具栏。

在包含有 ToolBar 控件的窗体上，添加 ImageList 控件（在窗体上添加这两个控件无顺序关系），该控件的默认名称是 ImageList1，在窗体的 ImageList1 控件上单击右键，选择快捷菜单的“属性”选项，可调出“属性页”对话框，如图 9.13 所示。

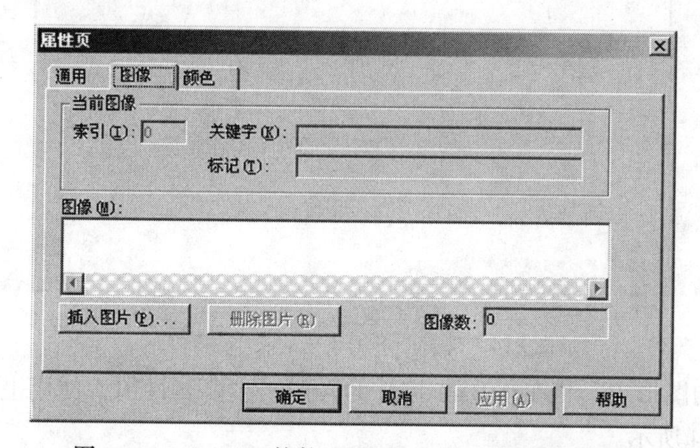

图 9.13　ImageList 控件“属性页”的“图像”选项卡

该对话框有3个选项卡。其中，“通用”选项卡，可设置图像的大小；“颜色”选项卡，可设置图片的颜色方案。在实际使用中，只需设置“图像”选项卡。

“图像”选项卡，用来为ToolBar控件提供按钮上要显示的图像。单击“图像”选项卡上的“插入图片”按钮，依次添加若干图像文件，记下它们的“索引”值，ToolBar控件使用每张图片的“索引”值，将工具栏上按钮与图片关联起来。

9.2.4 图形工具栏

ToolBar控件与ImageList控件配合使用，可创建图形工具栏，其具体步骤如下：

第一步：在工具箱中添加ToolBar控件和ImageList控件，方法如图9.7所示。

第二步：在窗体上添加ToolBar控件，该控件自动放置在窗体的顶部位置，默认名称是ToolBar1。在ToolBar1控件上单击右键，选择快捷菜单的“属性”选项，调出“属性页”对话框，选择“按钮”选项卡，如图9.10所示。单击“插入按钮”，依次插入若干按钮，并设置好“索引(Index)”或“关键字”值，供编写按钮单击事件代码时使用。

第三步：在窗体上绘制ImageList控件，该控件的默认名称是ImageList1。在窗体的ImageList1控件上单击右键，选择快捷菜单的“属性”选项，调出“属性页”对话框，如图9.13所示。选择“图像”选项卡，单击“插入图片”按钮，依次添加若干图像文件，记下它们的“索引”值或“关键字”值，这些值将与工具栏按钮一一对应。

第四步：设置ToolBar1控件上按钮与ImageList控件中图片的对应关系（即关联关系）。通过以下步骤实现：

（1）在窗体的ToolBar控件上单击右键，选择快捷菜单的“属性”选项，调出“属性页”对话框，如图9.9所示。在“图像列表”的下拉列表框中选择窗体上的某一个ImageList控件的名称（如ImageList1），从而建立两者之间的关联关系，使工具栏中的图片来源于该图像列表框控件。

（2）具体哪个按钮对应哪个图片，在“按钮”选项卡上设置。在ToolBar控件的“属性页”对话框的“按钮”选项卡上，如图9.10所示，找到“图像”输入框，将ImageList控件中的图标索引(Index)或图标关键字(Key)填入即可。也就是说，操作ImageList控件的“属性页”对话框的“图像”选项卡（图9.13）时，记下的“索引”值或“关键字”填入。

【例9.6】 为【例9.4】介绍的文本编辑器创建图形工具栏，如图9.14所示。

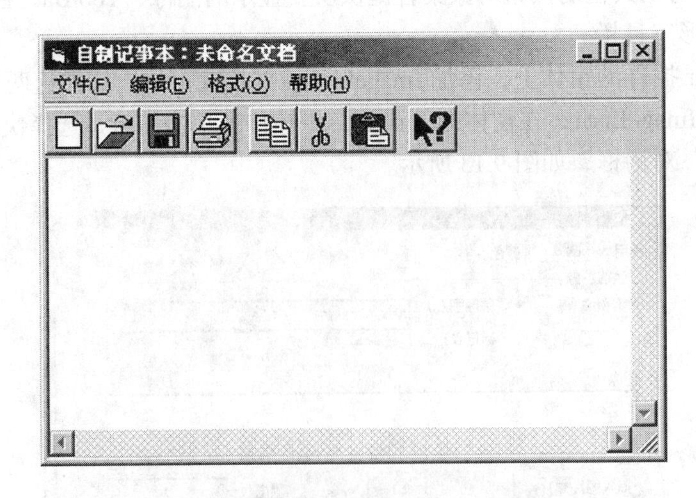

图9.14　含有图形工具栏的文本编辑器

依据表9.6列出的图形工具栏ToolBar1控件的各按钮主要属性值，使用上文创建文字工具栏步骤实现，结果如图9.14所示。

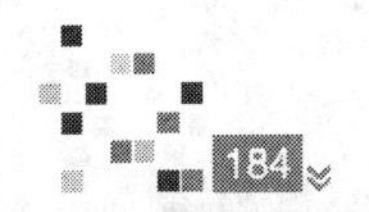

表 9.6 图形工具栏 ToolBar 控件按钮的主要属性值及 ImageList 控件的图像索引值

图形工具栏 ToolBar 控件各按钮的主要属性值				ImageList 控件的图像
索引（Index）	标题（Caption）	关键字（Key）	样式（Style）	索引（Index）（图标文件名）
1	新建	ToolBar_FileNew	0	1（new.bmp）
2	打开	ToolBar_FileOpen	0	2（open.bmp）
3	保存	ToolBar_FileSave	0	3（save.bmp）
4	打印	ToolBar_FilePrinter	0	4（print.bmp）
5	**间隔，不用设置**	**ToolBar_Sp1**	**3**	
6	复制	ToolBar_Copy	0	5（copy.bmp）
7	剪切	ToolBar_Cut	0	6（cut.bmp）
8	粘贴	ToolBar_Paste	0	7（paste.bmp）
9	**间隔，不用设置**	**ToolBar_Sp1**	**3**	
10	帮助	ToolBar_Help	0	8（help.bmp）

注：加粗的工具栏中Index值为5、9的按钮，不响应事件。

9.2.5 工具栏按钮的事件响应

使用工具栏控件创建的工具栏，各按钮实质上组成了控件数组，单击工具栏上的某一按钮，就会发生按钮 Click 事件。可以利用工具栏控件数组的“索引（Index）”属性值或“关键字（Key）”属性值，来识别被单击的是哪一个按钮。可以使用 Select Case 语句来实现区分。

形式一：依据工具栏控件的“索引”来识别。

```
Private Sub Toolbar1_ButtonClick（ByVal Button As MSComctlLib.Button）
    Select Case Button.index
        Case 1
          <该索引对应的工具栏按钮要执行的代码>
        Case 2
          <该索引对应的工具栏按钮要执行的代码>
    ……
    End Select
End Sub
```

形式二：依据工具栏控件的“关键字”来识别。

```
Private Sub Toolbar1_ButtonClick（ByVal Button As MSComctlLib.Button）
    Select Case Button.key
        Case <关键字 1>
          <该关键字对应的工具栏按钮要执行的代码>
        Case <关键字 2>
          <该关键字对应的工具栏按钮要执行的代码>
    ……
    End Select
End Sub
```

编写工具栏按钮事件代码，采用以上两种形式的任意一种均可。

【例 9.7】 为【例 9.6】介绍的文本编辑器编写工具栏各按钮的事件代码。

由【例 9.6】的工具栏的设计可知，工具栏中各按钮（包括间隔按钮）的图标、索引、关键字、

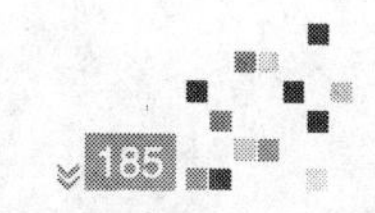

标题及其对应值，如表 9.7 所示。

表 9.7　工具栏中 8 个按钮的图标、索引、关键字、标题及其对应值

工具栏按钮图标	索引（Index）	标题（Caption）	关键字（Key）
	1	新建	ToolBar_FileNew
	2	打开	ToolBar_FileOpen
	3	保存	ToolBar_FileSave
	4	打印	ToolBar_FilePrinter
	5	间隔，不用设置	ToolBar_Sp1
	6	复制	ToolBar_Copy
	7	剪切	ToolBar_Cut
	8	粘贴	ToolBar_Paste
	9	间隔，不用设置	ToolBar_Sp1
	10	帮助	ToolBar_Help

根据表 9.7 的“关键字”或“索引”，可为各按钮编写相应的事件代码。

形式一：使用“关键字”方式识别按钮事件代码。

```
Private Sub Toolbar1_ButtonClick（ByVal Button As MSComctlLib.Button）
  Select Case Button.Key
      Case "ToolBar_FileNew"            '单击了“新建”按钮
        MsgBox（"文件新建！ "）
      Case "ToolBar_FileOpen"           '单击了“打开”按钮
        MsgBox（"文件打开！ "）
      Case "ToolBar_FileSave"           '单击了“保存”按钮
        MsgBox（"文件保存！ "）
      Case "ToolBar_FilePrinter"        '单击了“打印”按钮
        MsgBox（"文件打印！ "）
      Case "ToolBar_Copy"               '单击了“复制”按钮
        EditCopy_Click
      Case "ToolBar_Cut"                '单击了“剪切”按钮
        EditCut_Click
      Case "ToolBar_Paste"              '单击了“粘贴”按钮
```

```
            EditPaste_Click
        Case "ToolBar_Help"                '单击了“帮助”按钮
            MsgBox（" 帮助信息！ "）
    End Select
End Sub
```

形式二：使用“索引”方式识别按钮事件代码。

```
Private Sub Toolbar1_ButtonClick（ByVal Button As MSComctlLib.Button）
    Select Case Button.Index
        Case 1                             '单击了“新建”按钮
            MsgBox（" 文件新建！ "）
        Case 2                             '单击了“打开”按钮
            MsgBox（" 文件打开！ "）
        Case 3                             '单击了“保存”按钮
            MsgBox（" 文件保存！ "）
        Case 4                             '单击了“打印”按钮
            MsgBox（" 文件打印！ "）
        Case 6                             '单击了“复制”按钮
            EditCopy_Click
        Case 7                             '单击了“剪切”按钮
            EditCut_Click
        Case 8                             '单击了“粘贴”按钮
            EditPaste_Click
        Case 10                            '单击了“帮助”按钮
            MsgBox（" 帮助信息！ "）
    End Select
End Sub
```

在本程序中，“新建”、“打开”、“保存”、“打印”、“帮助” 5 个按钮的事件代码，使用 MsgBox 函数代替，待学习了“项目 9.3 通用对话框设计”后，再进行相关补充。

项目 9.3 通用对话框设计

在应用程序中，经常会用到一些通用对话框，如打开和保存文件、打印和设置字体对话框等，使用这些标准对话框可以减少编程工作量。本节将介绍几种通用对话框的使用方法。

例题导读

本项目安排 4 道例题。其中，例 9.8 学习“打开”对话框的设计与使用；例 9.9 学习“另存为”对话框的设计与使用；例 9.10 学习“字体”对话框（包括颜色使用方法）的设计与使用；例 9.11 学习“打印”对话框的设计与使用。

知识汇总

●通用对话框概述、“打开”、“另存为”、“颜色”、“字体”、“打印”和“帮助”对话框的设计和使用

9.3.1 通用对话框概述

使用 Visual Basic 提供的通用对话框控件，可以很方便地创建具有标准 Windows 风格的 6 种对话框，分别为"打开"、"另存为"、"颜色"、"字体"、"打印"和"帮助"对话框。

1. 添加通用对话框控件

通用对话框控件不是 Visual Basic 的标准控件，使用前需要先将它添加到工具箱中，其添加步骤如下：

（1）选择"工程"菜单中的"部件"命令，打开"部件"对话框，如图 9.15 所示。

（2）选择"控件"选项卡，在控件列表框中选择"Microsoft Common Dialog Control 6.0"。

（3）单击"确定"按扭，通用对话框就被添加到工具箱中。

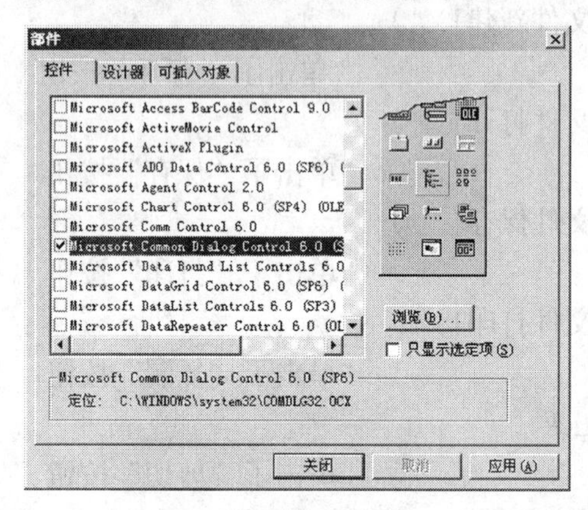

9.15　部件对话框

一旦把通用对话框控件添加到工具箱中，就可以像标准控件一样去使用。在设计状态下，在窗体中添加 CommonDialog 控件，默认的名称是 CommonDialog1，它们将以图标的形式显示，其大小不能改变。在程序运行时，控件被隐藏。

2. 通用对话框的类型

通过设置通用对话框控件的 Action 属性值或使用该控件的方法，就可调出"打开"、"另存为"、"颜色"、"字体"、"打印"、"帮助"6 种不同形式的对话框。Action 属性值或 Show 方法与所对应的对话框对照表如表 9.8 所示。

表 9.8　Action 属性值或 Show 方法与所对应的对话框对照表

Action 属性值	Show 方法	说　明
1	ShowOpen	显示文件打开对话框
2	ShowSave	显示另存为对话框
3	ShowColor	显示颜色对话框
4	ShowFont	显示字体对话框
5	ShowPrinter	显示打印对话框
6	ShowHelp	显示帮助对话框

由此可见，对一个通用对话框控件，因其设置了不同的 Action 属性值，或者使用了不同的方法，便可显示出不同的对话框。在实际编程中，常常使用一个通用对话框控件，根据不同的需要产生出所需的对话框形式，供程序使用。

3. 通用对话框的常用属性和方法

（1）Action 属性。Action 属性该属性决定打开哪种对话框，如表 9.8 所示。

（2）DialogTitle 属性。DialogTitle 属性通用对话框都有默认的对话框标题，实际上只有"打开 / 另存为"对话框可通过 DialogTitle 属性设置其标题。

技术提示：

1. Action属性只能在程序运行中通过代码设置。

2.使用上文中方法调出指定的通用对话框，并不能真正地实现像打开文件、存储文件、设置颜色、设置字体、打印等操作功能，这些相应的功能要通过编写代码实现。

（3）CancelError 属性。通用对话框里都有一个“取消”按扭，用于向应用程序告知用户想取消当前操作。当 CancelError 属性设置为 True 时，若用户单击“取消”按扭，通用对话框自动将错误对象 Err 的 Number 属性设置为 32755（Visual Basic 常数为 cdlCancel）以便供程序判断；若 CancelError 属性设置为 False，则单击“取消”按扭时不产生错误信息。

（4）通用对话框的方法。通用对话框的方法见表 9.8。利用这些方法，可以打开指定的对话框，如 CommonDialog1.ShowFont，表示打开字体对话框。

4. 属性页

通用对话框控件的一组属性，有些是共有的，有些是特有的。“属性页”是对通用对话框控件所产生的不同形式对话框的特有属性进行可视化设置的常用方法，调出“属性页”的方法如下：

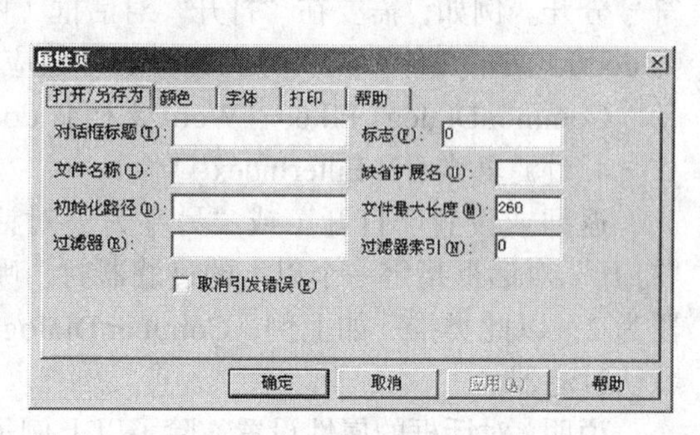

图 9.16 “属性页”对话框

（1）用鼠标右击窗体上的通用对话框控件，从弹出的快捷菜单中选取“属性”命令，打开“属性页”对话框，如图 9.16 所示。

（2）该对话框有 5 个选项卡，若选择不同选项卡，就可以对不同类型的对话框进行属性设置。

在实际使用中，不管是使用代码设置属性，还是使用“属性页”设置属性，明确不同形式通用对话框的组成要素，掌握它们特有属性的含义和使用方法，是学习对话框编程的关键。下文分别介绍 6 种通用对话框及其各自的常用属性。

9.3.2 “打开”对话框

在程序中将通用对话框的 Action 属性值设置为 1，或用 ShowOpen 方法，弹出“打开”对话框，其形式如图 9.17 所示。“打开”对话框充分利用了操作系统的功能，它可以遍历整个的磁盘目录结构，找到所需要的文件。下面介绍“打开”对话框使用的 4 个常用属性。

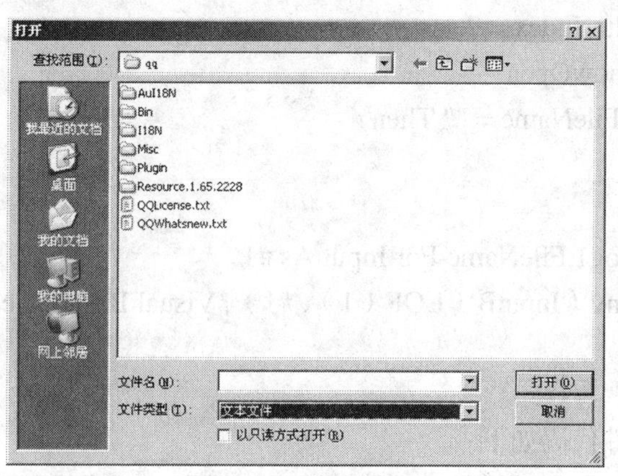

图 9.17 打开对话框

1. 文件名称（FileName 属性）

该属性值为字符串类型，用于返回或设置包含路径信息的文件名。例如：

```
Open CommonDialog1.FileName For Input AS #1
```

表示将用户在“打开”对话框中选中的文件（文件名为 CommonDialog1.FileName）打开。

2. 初始路径（InitDir 属性）

该属性用来返回或设置“打开”对话框中的初始目录，默认是当前目录。例如：

CommonDialog1.InitDir= "E:\qq"

表示将对话框的初始路径设为 E 盘“qq”文件夹。

3. 文件类型（Filter 属性）

文件类型称之为过滤器，通过 Filter 属性在“打开”对话框中设置文件的类型。该属性的值是一个字符串，由一组或多组文件类型表达式构成，每组代表一类文件。其构成规则为：

类型说明字符串 | 类型通配表达式 [| 类型说明字符串 | 类型通配表达式]…

类型说明字符串是对文件类型的说明；类型通配表达式表示需显示的文件类型，各组之间用“|”符号分开。例如，需要在“打开”对话框（图 9.17）的文件类型列表框中只显示 Word 文档（扩展名为 doc）、文本文件（txt），则 Filter 属性值应设置为：

CommonDialog1.Filter= "Word 文档 |*.doc| 文本文件 |*.txt"

4. 过滤器索引（FilterIndex 属性）

返回或设置“打开”或“另存为”对话框中一个缺省的过滤器。该属性值为整数，表示当为“打开”对话框指定一个以上的过滤器时，哪一个作为默认过滤器。第一个过滤器为 1，第二个过滤器为 2，以此类推。如上例，CommonDialog1.FilterIndex=2，表示将第二过滤器“文本文件”设置为默认过滤器。

说明：对话框的属性设置，除了以上例子中使用代码设置外，还可以使用“属性页”设置，如图 9.16 所示，其效果是一样的。

【例 9.8】文件“打开”对话框的设计与使用。在【例 9.6】介绍的文本编辑器的基础上，当单击“打开”工具按钮或选取“文件”菜单的“打开”选项执行时，弹出“打开”对话框，供用户选择。用户选择某文本文件后，将在文本编辑器显示出文档内容。

（1）在工具箱添加通用对话框控件“Microsoft Common Dialog Control 6.0”。

（2）在窗体中添加“通用对话框”控件。

（3）编写以下两个事件程序代码：

选取“文件”菜单的“打开”选项时，执行的代码如下：

```
Private Sub FileOpen_Click（）  ' FileOpen 是“打开”菜单项名
    CommonDialog1.InitDir = "E:\qq"  ' 设置对话框中的初始路径
    CommonDialog1.Filter = "Word 文档 |*.doc| 文本文件 |*.txt"
    CommonDialog1.FilterIndex = 2
    CommonDialog1. ShowOpen
    If CommonDialog1.FileName = "" Then
        Exit Sub
    End If
    Open CommonDialog1.FileName For Input As #1
    Text1.Text = StrConv（InputB（LOF（1）, #1）, Visual BasicUnicode）
    Close #1
End Sub
```

“打开”工具按钮的事件代码如下：

```
Private Sub Toolbar1_ButtonClick（ByVal Button As MSComctlLib.Button）
  Select Case Button.Key
    … …
      Case "ToolBar_FileOpen"               ' 单击了“打开”按钮
          FileOpen_Click                    ' 调用文件打开菜单项的事件代码
    … …
```

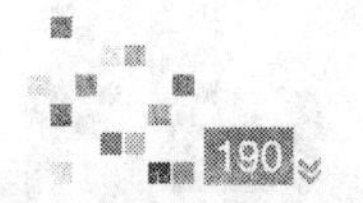

```
    End Select
End Sub
```

技术提示：

可以看到，该代码仅仅是将【例 9.6】使用“关键字”方式识别工具栏按钮事件代码中的 MsgBox（" 文件打开！ "）用 FileOpen_Click 事件过程进行了替换。

9.3.3 “另存为”对话框

在程序中将通用对话框的 Action 属性值设置为 2，或用 ShowSave 方法，则弹出“另存为”对话框，如图 9.18 所示。“另存为”对话框为用户在存储文件时提供了一个标准界面，供用户选择或键入所要存入文件的路径及文件名。

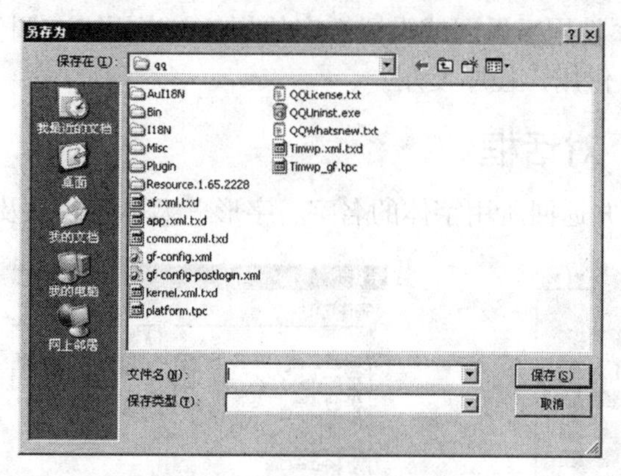

图 9.18 “另存为”对话框

“另存为”对话框所涉及的属性与“打开”对话框基本相同，只是多了一个 DefaultExt 属性，该属性用来表示所存文件的默认扩展名。

【例 9.9】 文件“另存为”对话框的设计与使用。在【例 9.6】介绍的文本编辑器的基础上，当单击“保存”工具按钮或选取“文件”菜单的“保存”选项执行时，弹出“另存为”对话框，供用户选择。用户输入或选择某文本文件后，将文档内容保存起来。

设计步骤与【例 9.8】类似，工具按钮的事件代码编写也类似。下面仅给出选取“文件”菜单的“保存”选项时，事件代码如下：

```
Private Sub FileSave_Click（ ）   ' FileSave 是“保存”菜单项名
    CommonDialog1.InitDir = "E:\qq"
    CommonDialog1.Filter = "Word 文档 |*.doc| 文本文件 |*.txt"
    CommonDialog1.FilterIndex = 2
    CommonDialog1. ShowSave
    If CommonDialog1.FileName = "" Then
    Exit Sub
        End If
        Open CommonDialog1.FileName For Output As #1
    Print #1,text1.text
    Close #1
End Sub
```

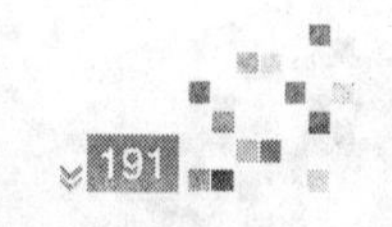

9.3.4 “颜色”对话框

在程序中将通用对话框的 Action 属性值设置为 3，或用 ShowColor 方法，弹出“颜色”对话框，如图 9.19 所示。

技术提示：

对于“字体”对话框，必须先设置对话框的Flags属性，然后在程序中将通用对话框的Action属性设置为4，或用ShowFont方法，就可调出“字体”对话框。例如，Flags属性的值为257时，表示该字体对话框包括有显示字体、显示颜色、下划线和删除线等功能，此时，调出的“字体”对话框如图9.20所示。

如果要同时使用Flags的多个属性值，可以把相应的值相加。例如，既想使用屏幕字体，又想使用颜色、下划线和删除线的效果，Flags的值可以设置为257（即1+256）。

“颜色”对话框中的调色板除了提供基本颜色外，还提供了自定义颜色，供用户调色。其主要属性是颜色（Color 属性），该属性用于返回或设置选定的颜色。当用户在调色板中选中某种颜色时，该颜色值将被 Color 属性带回，供用户程序使用。

9.3.5 “字体”对话框

“字体”对话框用来设置并返回所用字体的名字、字形、大小、效果及颜色如图 9.20 所示。

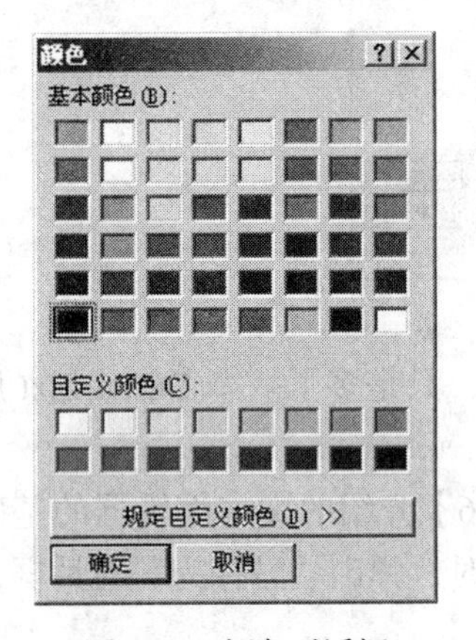

图 9.19 颜色对话框

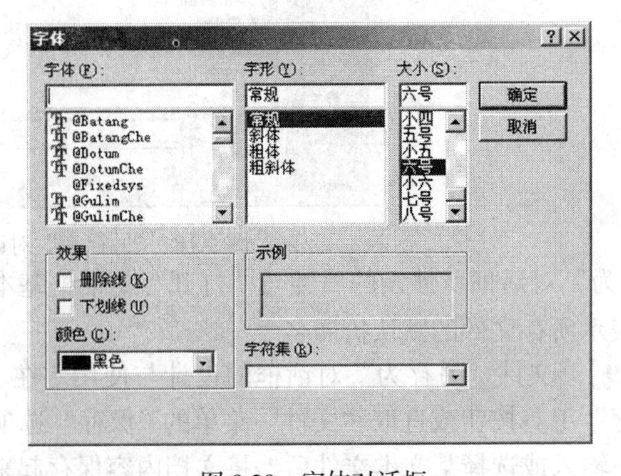

图 9.20 字体对话框

“字体”对话框主要属性如表 9.9 所示；对话框的 Flags 属性值及其含义如表 9.10 所示。

表 9.9 “字体”对话框的主要属性

属性项	说　明
Flags	显示“字体”对话框之前必须设置 Flags 属性，否则会发生不存在字体的错误。Flags 属性值有很多，常用的取值如表 9.10 所示
FontName	表示字体的名称
FontSize	表示字体的大小
FontBold	表示字体是否加粗
FontItalic	表示字体是否为斜体
FontStrikethru	表示字体是否加删除线
FontUnderline	表示字体是否加下划线
Max，Min	设置对话框中“大小”列表框的字号最大值和最小值

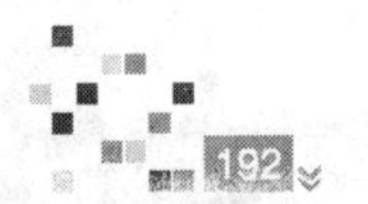

表 9.10 “字体”对话框中的 Flags 属性常用取值

符号常数	值	说　明
cdlCFScreenFonts	1	使用屏幕字体
cdlCFPrinterFonts	2	使用打印字体
cdlCFBoth	3	使用屏幕字体和打印机字体
cdlCFEffects	256	对话框中显示颜色、下划线和删除线效果

【例 9.10】 “字体”对话框的设计与使用。在【例 9.6】介绍的文本编辑器的基础上，选取“格式”菜单的“字体”选项执行时，弹出“字体”对话框，供用户选择。用户选择后，如选择了字体、字形、字号、颜色、效果等格式，编辑器的文档内容将以用户选定的格式显示。

设计步骤与【例 9.8】类似，此自制记事本程序未设置有“字体”工具按钮，所以无相关的工具按钮事件代码。

“格式”菜单的“字体”选项的代码如下：

```
Private Sub FormatFont_Click ( )    ' FormatFont 是 " 字体 " 菜单项名
    CommonDialog1.Flags = 256+3
    CommonDialog1.FontName = " 宋体 "
    CommonDialog1. ShowFont
    Text1.FontName = CommonDialog1.FontName
    Text1.FontSize = CommonDialog1.FontSize
    Text1.FontBold = CommonDialog1.FontBold
    Text1.FontItalic = CommonDialog1.FontItalic
    Text1.FontUnderline = CommonDialog1.FontUnderline
    Text1.FontStrikethru = CommonDialog1.FontStrikethru
    Text1.ForeColor = CommonDialog1.Color
End Sub
```

9.3.6 “打印”对话框

“打印”对话框用来提供一个标准打印对话窗口，在程序中将通用对话框的 Action 属性设置为 5，或用 ShowPrinter 方法，则弹出“打印”对话框，如图 9.21 所示。

“打印”对话框并不能处理打印工作，仅是一个供用户选择打印参数的界面。“打印”对话框常用属性如下：

1. 复制属性（Copies）

该属性用于指定打印的份数。

2. 起始页（FromPage 属性）和终止页（ToPage 属性）

这两个属性用于指定打印的起始页及终止页号。

【例 9.11】 “打印”对话框的设计与使用。在【例 9.6】介绍的文本编辑器的基础上，当单击“打印”工具按钮或选取“文件”菜单的“打印”选项执行时，弹出“打印”对话框，如图 9.21 所示，供用户选择。当用户设置选择后，程序将文档内容送往打印机输出。

设计步骤同【例 9.8】，工具按钮的事件代码编写也类似。下面仅给出选取“文件”菜单的“打印”选项时，事件代码如下：

```
Private Sub Fileprinter_Click ( )          ' Fileprinter 是 " 打印 " 菜单项名
    CommonDialog1.CancelError = True
```

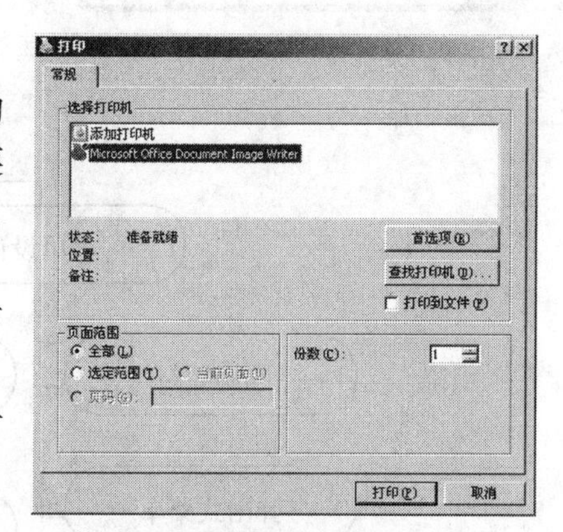

图 9.21 “打印”对话框

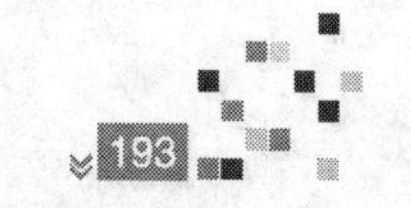

```
        On Error GoTo ErrHandler
        CommonDialog1. ShowPrinter
        NumCopies = CommonDialog1.Copies
        For i = 1 To CommonDialog1.Copies
         Printer.Print Text1.Text                    ' printer 是打印对象
        Next i
        Exit Sub
        ErrHandler:    ' 用户按了 " 取消 " 按钮
        MsgBox " 用户按了 ' 取消 ' 按钮 ", Visual BasicOKOnly, " 取消打印 "
    End Sub
```

技术提示：

在本模块中，通过“自制记事本”程序，介绍了菜单、工具栏、对话框的设计与使用。读者可在【例9.11】的基础上，进一步完善此程序中的其他功能。另外，使用文本框TextBox控件，编写的记事本程序，其功能较弱，有很多限制；如果使用RichTextBox控件，编写的记事本程序能够显示一行或多行有丰富格式的文本或者嵌入图片，感兴趣的读者可参阅其他书籍学习。

9.3.7 “帮助”对话框

“帮助”对话框为用户提供在线帮助，在程序中将通用对话框的 Action 属性设置为 6，或用 ShowHelp 方法，则弹出“帮助”对话框。

“帮助”对话框涉及的常用属性如下：

1. HelpCommand 属性

该属性返回或设置所需要的联机 Help 帮助类型。

2. HelpFile 属性

该属性指定 Help 文件的路径以及文件名称。从而找到帮助文件，再从中找到相应内容，显示在 Help 窗口中。

对于帮助对话框，在使用之前，必须先设置对话框的 HelpFile（帮助文件的名称和位置）属性，将 HelpCommand（请求联机帮助的类型）属性设置为一个常数，以告诉对话框要提供何种类型的帮助，读者可以参考 Visual Basic 的有关资料，得到进一步说明。

重点串联

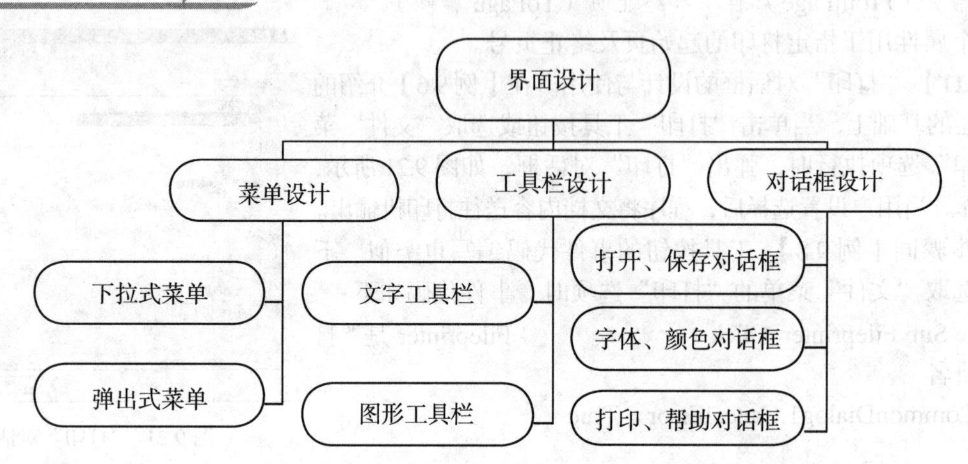

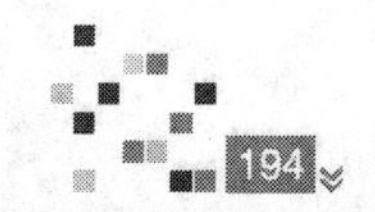

拓展与实训

基础训练

一、选择题

1. 在菜单中放置分隔栏的方法是将该菜单项的 Caption 设为（　　）

A. 连字符（-）　　B. 下划线（_）

C. 连接符（&）　　D. 两个连续的下划线（_ _）

2. 为了响应工具栏上的多个按钮的单击事件，可以通过按钮的（　　）属性识别是由哪个按钮引发。

A. Button　　B. Key　　C. Index　　D. B 和 C 均可

3. 在用菜单编辑器设计菜单时，必须输入的项是（　　）。

A. 快捷键　　B. 标题　　C. 索引　　D. 名称

4. 菜单控件仅支持以下（　　）事件。

A. Click　　B. MouseDown　　C. KeyPress　　D. Load

5. 下列不能打开菜单编辑器的操作是（　　）。

A. 按 Ctrl+E

B. 单击工具栏中的“菜单编辑器”按钮

C. 执行“工具”菜单中的“菜单编辑器”命令

D. 按 ShIft + Alt + M

6. 假定有一个菜单项，名为 MenuItem，为了在运行时使该菜单项失效（变灰），应使用的语句为（　　）。

A. MenuItem. Enabled=False　　B. MenuItem. Enabled=True

C. MenuItem. Visible=True　　D. Menultem. Visible=False

7. 以下关于菜单编辑器中“索引”项的叙述中，错误的是（　　）。

A.“索引”确定了菜单项显示的顺序

B.“索引”是控件数组的下标

C. 使用“索引”时，可有一组菜单项具有相同的“名字”

D. 使用“索引”后，在单击菜单项的事件过程中可以通过“索引”引用菜单项

8. 用户通过设置菜单项的（　　）属性值为 False 来使该菜单项不可见。

A. Hide　　B. Checked　　C. Visible　　D. Enabled

二、填空题

1. 菜单编辑器的“标题”选项对应于菜单控件的______属性。

菜单编辑器的“名称”选项对应于菜单控件的______属性。

菜单编辑器的“可见”选项对应于菜单控件的______属性。

菜单编辑器的“索引”选项对应于菜单控件的______属性。

菜单编辑器的“复选”选项对应于菜单控件的______属性。

菜单编辑器的“有效”选项对应于菜单控件的______属性。

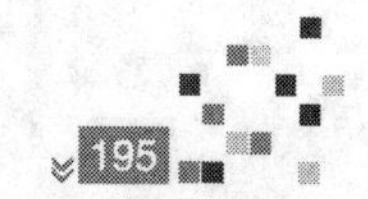

2. 菜单分为 ______菜单和 ______菜单，设计菜单需要 ______工具。

3. 不可以给 ______级菜单设置快捷键。

4. 菜单中的分隔条是一种菜单控件，但不响应 ______事件，也不能被选中。

5. 为显示弹出式菜单，可以使用 ______方法。

6. 如果在建立菜单时在标题文本框中输入一个“______”，那么显示时形成一个分隔符。

7. 不管是在窗口顶部菜单条上显示的菜单，还是隐藏的菜单，都可以用 ______方法把它们作为弹出式菜单，在程序运行期间显示出来。

8. 弹出式菜单在 ______中设计，且一定要使其 ______级菜单不可见。

9. 要使用工具栏控件设计工具栏，应先在“部件”对话框中选择 ______，然后从工具箱中选 ______控件。

10. 要给工具栏按钮添加图像，应首先在 ______控件中添加所需要的图像，然后在工具栏的属性页中选择与该控件相关联。

技能实训

编程要求：

1. 按表 9.11 要求设计菜单和图形工具栏按钮（工具栏按钮的图标由使用系统提供）。

2. 工具栏上的快捷按钮与相应的菜单项的事件代码一致。

3. 各事件代码以 Msgbox 输出相关信息来代替。

4. 字体、颜色使用通用对话框实现，只要求实现打开对话框。

表 9.11　菜单、工具栏按钮的主要属性设置表

菜单级别	标　题	名　称	快捷键	状　态	工具栏按钮
主菜单项	文件（&F）	mnuFile			
一级子菜单	打开（&O）…	mnuOpen	Ctrl+O		有
一级子菜单	设置（&S）	mnuSet			
二级子菜单	字体（&F）…	mnuFont	Ctrl+F		有
二级子菜单	颜色（&C）…	mnuColor			有
一级子菜单	-	mnuSpbar1			
一级子菜单	退出（&X）	mnuExit	F4		
主菜单项	编辑（&E）	mnuEdit			
一级子菜单	剪切（&T）	mnuCut	Ctrl+X	无效（灰色）	有
一级子菜单	复制（&C）	mnuCopy	Ctrl+C	无效（灰色）	有
一级子菜单	粘贴（&P）	mnuPaste	Ctrl+V	无效（灰色）	有
主菜单项	帮助（&H）	mnuHelp			
一级子菜单	关于（&A）	mnuAbout			

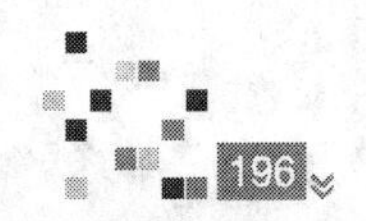

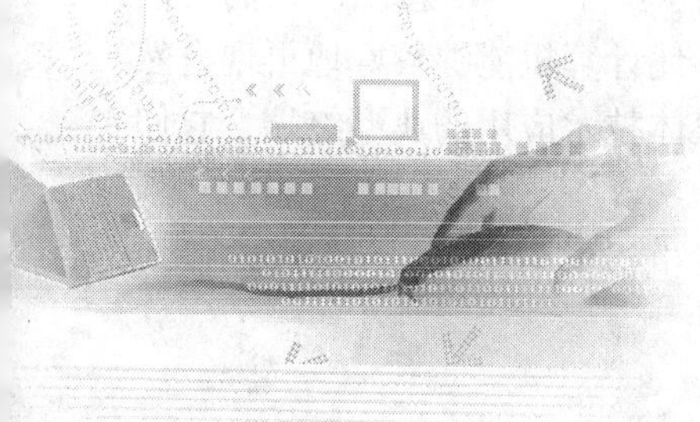

模块10 多媒体编程

教学聚焦

很多程序都具有多媒体的功能，如声音、图像、动画、视频等，这就要求我们掌握一些多媒体技术。本模块介绍 Shockwave Flash 控件和 Media Player 控件在 Visual Basic 多媒体程序中的应用。

知识目标

◆ 了解 Shockwave Flash 控件的属性和事件

技能目标

◆ 掌握用 ShockwaveFlash 控件播放 Flash 动画
◆ 掌握用 Media Player 控件播放 MP3 音频文件

课时建议

2 课时

教学重点和教学难点

◆ 用 ShockwaveFlash 控件播放 Flash 动画；用 Media Player 控件播放 MP3 音频文件。

项目 10.1 多媒体的基本知识

多媒体技术让计算机能综合处理视频、声音、图像、文字、动画等多种媒体信息，使它们集成为一个系统并具有良好的交互性。通过多种媒体的获取、交换、传递，使计算机能够较好地再现自然界，开拓诱人的应用前景。目前，使用的平板电脑和智能手机就是多媒体技术应用的典型终端，它们极大地改变了人们的工作和生活方式。

Visual Basic 6.0 作为一款功能强大的开发工具，其对多媒体的开发也提供了相应的功能。本模块将重点列举 Visual Basic 6.0 对 Flash 动画和 Mp3 音频文件的操作。

项目 10.2 播放 Flash 动画

Flash 是一款功能强大的多媒体工具，使用 Flash 不仅可以制作出丰富多彩的网络动画，还能打造出精彩的 MTV。下面介绍在程序中添加 ShockwaveFlash 控件的方法以及该控件常用的属性、方法和事件。

例题导读

例 10.1 是一个简单的 Flash 动画播放程序。在程序中使用了 Movie 属性用于调用 Flash 文件，用 TotalFrames 属性返回 Flash 动画的总帧数等。

知识汇总

- 常用属性：Movie，TotalFrames，WMode
- 常用方法：Play，Stop，Back，Forward，Rewind，CurrentFrame，GotoFrame

10.2.1 Shockwave Flash 控件的常用属性

在 Visual Basic 程序中，可以使用 Shockwave Flash 控件播放 Flash 动画，并实现播放、暂停、上一帧、下一帧等功能。Shockwave Flash 控件是 ActiveX 控件，主要通过安装 Flash 或注册 Flash.ocx 文件获得。使用该控件前，应将其添加到工具箱中。通过“工程”菜单选择“部件”命令，打开“部件”对话框，选中 Shockwave Flash 复选框，单击“确定”按钮将其添加到工具箱中，如图 10.1 所示。

图10.1 添加ShockwaveFlash控件

在工具箱中添加了Flash控件后，如图10.2所示，我们可以通过对象浏览器查看该控件的所有属性、方法和事件。

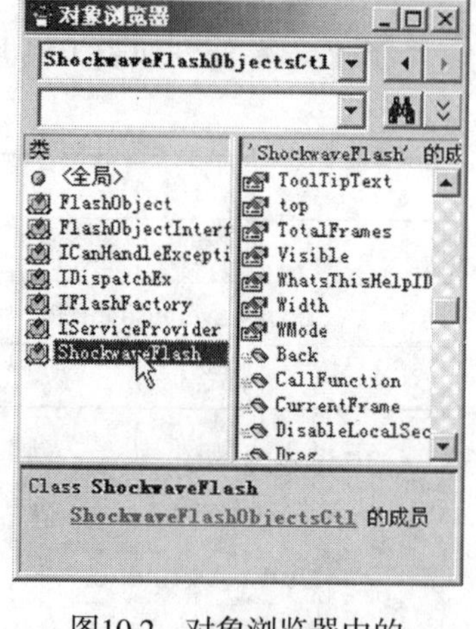

图10.2　对象浏览器中的Shockwave Flas控件

首先介绍ShockwaveFlash控件的常用属性。

1. Movie属性

Movie属性是ShockwaveFlash控件最常用的属性之一，该属性用来设置一个路径，确定ShockwaveFlash控件播放的Flash动画文件所在的位置。

2. TotalFrames属性

TotalFrames属性返回Flash动画共有多少帧。

3. WMode属性

WMode属性用于设置Flash窗口的模式，共有3种形式：Window，Opaque，Transparent。该属性不能通过代码设置。

10.2.2 Shockwave Flash控件的常用方法

ShockwaveFlash控件的常用方法如下：

1. Play方法

Play方法用来播放ShockwaveFlash控件加载的Flash动画。

2. Stop方法

Stop方法用来暂停ShockwaveFlash控件加载的正在播放的Flash动画。

3. Forward方法

Forward方法的作用是跳到Flash动画的下一帧并暂停。

4. Rewind方法

Rewind方法的作用是跳到Flash动画的上一帧并暂停。

5. CurrentFrame方法

CurrentFrame方法用于返回正在播放的Flash动画当前的帧数。

6. GotoFrame方法

GotoFrame方法用于设置已加载的Flash动画直接跳到指定的帧位置并暂停。其代码书写方式为：

```
ShockwaveFlash1.GotoFrame 100
```

其中，参数“ShockwaveFlash1”为Flash控件名；参数“100”是被指定直接跳到的帧位置。当指定跳到的帧位置大于Flash动画的总帧数时，只跳到该动画的最后一帧。

10.2.3 Shockwave Flash控件的常用事件

ShockwaveFlash控件的一个重要事件是FSCommand（）事件。

Flash控件在Visual Basic程序中的基本原理：在Flash的ActionScript中有一个FSCommand函数，该函数可以发送FSCommand命令，使动画全屏播放，还可以隐藏动画菜单，更重要的是，它可以与外部文件和程序进行通信。而在Visual Basic程序中，就是利用ShockwaveFlash控件的FSCommand（）事件过程来接收这些命令的，从而根据不同的命令及参数实现对Visual Basic程序的控件。这方面还有许多值得探讨研究的地方。

【例10.1】 在Visual Basic中播放Flash动画。

1. 创建程序界面

在窗体中添加ShockwaveFlash控件和标签控件，界面效果如图10.3所示。

图10.3　界面效果

2. 设置对象属性

设置对象属性如表 10.1 所示。

表 10.1　对象属性设置表

对象	属性	属性值
窗体	Caption	播放 Flash 动画
ShockwaveFlash 控件	WMode	Transparent
标签控件	AutoSize	True

3. 程序主要代码

```
Private Sub Form_Load ( )
    Dim i As Integer
    ShockwaveFlash1.Movie = App.Path & "\Test001.swf"
    i = ShockwaveFlash1.TotalFrames
    Label1.Caption = " 动画总长度为: " & i & " 帧 "
End Sub
```

4. 运行程序

效果如图 10.4 所示。

图10.4　程序运行效果

技术提示：

（1）ShockwaveFlash控件的WMode属性在运行后显示设置效果。

（2）“App.Path & "\Test001.swf"”为相对路径，表示要调用的“Test001.swf”文件与工程文件（编译后与可执行文件）在同一文件夹中。

项目 10.3 播放 MP3 音频文件

例题导读

本节介绍如何使用 Windows 操作系统提供的 Media Player 控件播放 MP3 音频文件。

知识汇总

- Media Player 控件的常用属性
- Media Player 控件的常用方法

Media Player 控件是 Windows 操作系统自带的媒体播放器，它支持音频文件（*.wav，*.mid，*.mp3 等）、影片文件（*.avi，*.mov，*mpg，*.dat 等）等类型的影视文件。随着 Windosws 操作系统的升级，播放器的性能也不断改进，能够支持播放的媒体类型越来越多。Media Player 控件与 Windows 操作系统有良好的兼容性，在 Visual Basic 环境中研究使用该控件的属性、方法和事件，是利用 Visual Basic 开

发多媒体应用程序必备的功课。

Media Player 控件是 ActiveX 控件（文件名为 msdxm.ocx），使用时应先将其添加到工具箱中。选择“工程”→“部件”命令，打开“部件”对话框，选择“Windows Media Player”复选框。如图 10.5 所示，在“定位”框内的文件名为 msdxm.ocx，单击“确定”按钮将其添加到工具箱中。该控件添加到窗体上的效果如图 10.6 所示。

Media Player 控件提供了相对完善的媒体播放属性、控制方法和相应的事件过程，既可以通过 Visual Basic 程序代码，对其支持的媒体播放进行深度控制，又可以通过控件提供的播放按钮进行播放控制。在对象浏览器中 Media Player 控件显示的部分方法如图 10.7 所示。

技术提示：

如果在“部件”对话框中选中Windows Media Player复选框后，如图10.8所示，在“定位”框内的文件名不是msdxm.ocx，这时，可以单击“部件”对话框中的“浏览”按钮，在弹出的如图10.9所示的“添加ActiveX控件”对话框中，选择msdxm.ocx文件，把其添加到“部件”窗口中即可。

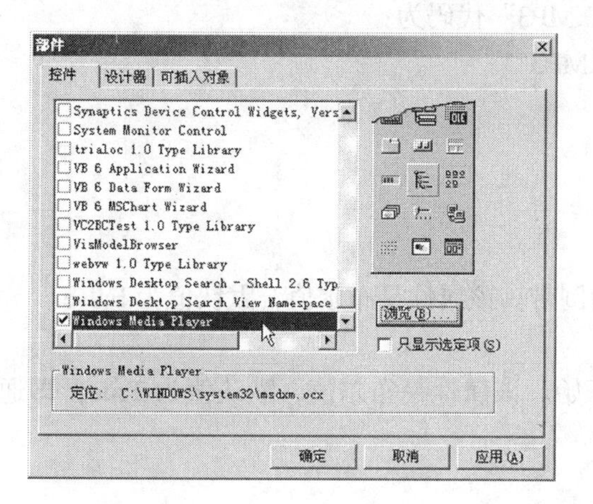

图10.5　通过“部件”添加Windows Media Player控件

图10.6　Media Player控件

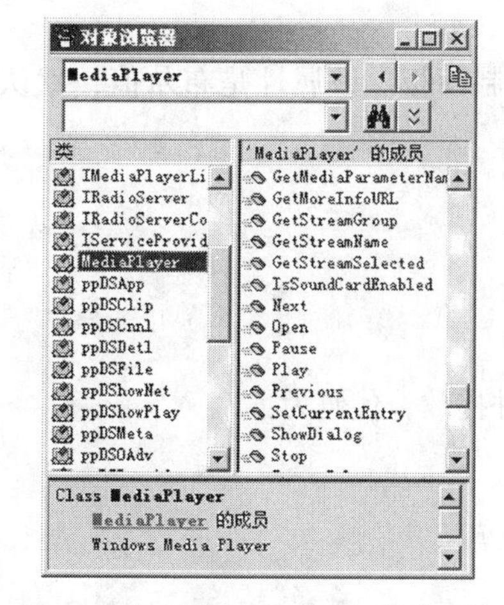

图10.7　显示的Media Player部分方法

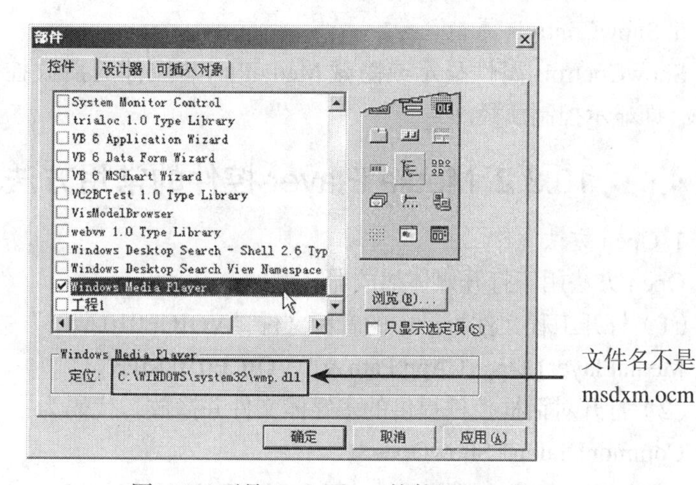

图10.8　不是Media Player控件

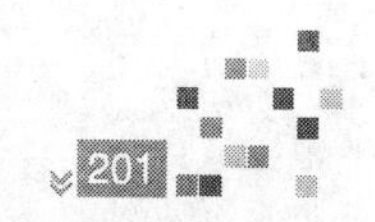

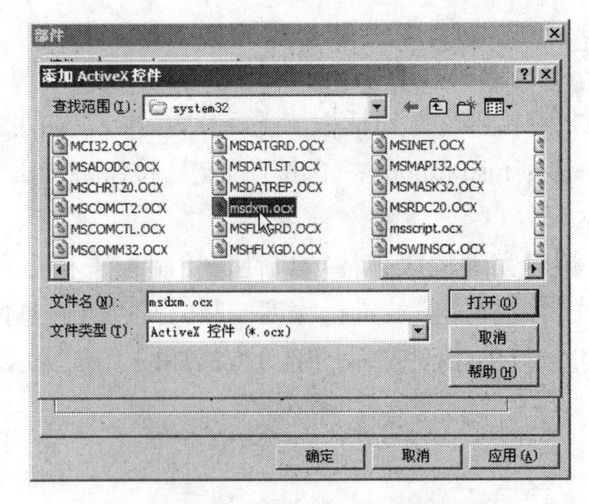

图 10.9　添加 ActiveX 控件

10.3.1 Media Player 控件的常用属性

1. FileName 属性

FileName 属性用于返回或设置要播放的多媒体文件的名称，该名称是含路径的字符串。如：

（1）播放工程文件目录中的音频文件“VOICE010.MP3”代码为：

MediaPlayer1.FileName = App.Path & "\VOICE010.MP3"

（2）播放对话框指定的多媒体文件，代码为：

CommonDialog1.ShowOpen

MediaPlayer1.FileName = CommonDialog1.FileName

2. AutoRewind 属性

AutoRewind 属性返回或设置播放结束后是否自动倒带。该属性是布尔值，默认值为 False。

3. AutoStart 属性

AutoStart 属性返回或设置文件的播放是否自动开始。该属性是布尔值，默认值为 True，即通过 FileName 属性加载多媒体文件后，自动开始播放。

4. CurrentPosition 属性

CurrentPosition 属性返回或设置播放或暂停媒体文件的当前位置。

5. ShowControls 属性

ShowControls 属性显示或隐藏 MediaPlayer 控件的播放控制面板。该属性是布尔值，默认值为 True，即显示控制面板。

10.3.2 Media Player 控件的常用方法

1. Open 方法

Open 方法用于打开媒体播放器。例如：

（1）打开工程文件目录中的音频文件“VOICE010.MP3”并播放，代码为：

MediaPlayer1.Open(App.Path & "\VOICE010.MP3")

（2）打开对话框控件提供的多媒体文件并播放，代码为：

CommonDialog1.ShowOpen

MediaPlayer1.Open(CommonDialog1.FileName)

2. Play 方法

Play 方法用于播放多媒体文件。例如，MediaPlayer1.Play。

3. Pause 方法

Pause 方法用于暂停媒体文件的播放。例如，MediaPlayer1.Pause。

4. Stop 方法

Stop 方法用于终止媒体文件的播放。例如，MediaPlayer1.Stop。

单独使用 Stop 方法，其效果等同于 Pause 方法。如果要实现真正意义的终止播放，还需要配合 CurrentPosition 属性。程序代码如下：

```
MediaPlayer1.Stop
MediaPlayer1.CurrentPosition = 0
```

5. Next 方法

对于一个播放列表，该方法用于跳到下一个播放文件。

6. Previous 方法

对于一个播放列表，该方法用于跳到上一个播放文件。

10.3.3 Media Player 控件的常用事件

EndOfStream 事件是 Media Player 控件的常用事件，表示在媒体文件播放结束时发生。该事件通常用于检测媒体文件是否播放完毕。

【例 10.2】 使用 Media Player 控件播放 MP3 音频文件。

将文件名是 msdxm.ocx 的 Media Player 的控件添加到工具箱中，并播放该例题工程文件夹中的 VOICE01.mp3 音频文件。

创建程序界面，如图 10.10 所示。

设置对象属性：Media Player 的控件的 ShowPositionControls 属性值为 False。

程序代码如下：

```
Option Explicit
Private Sub Form_Load ( )
    MediaPlayer1.FileName = App.Path & "\VOICE10.MP3"
End Sub
Private Sub MediaPlayer1_EndOfStream ( ByVal Result As Long )
    MediaPlayer1.Play
End Sub
```

图10.10 【例10.2】程序界面

运行程序：当程序运行后，MP3 开始播放，播放结束时又从头播放。用 Visual Basic 开发多媒体演示程序时，该方法常用来实现背景音乐的循环播放。

文件名为 msdxm.ocx 的 Media Player 控件是微软 Windows Media Player 播放器的早期版本。随着播放器版本的升级，支持现在播放器的文件为 C:\windows\system32\wmp.dll，如图 10.11 所示。新版本的 Windows Media Player 播放器提供了更加华丽的播控界面，但是却不再提供 Media Player 控件中的常用属性和方法的支持，这可以说是个遗憾。

以下使用文件名是 wmp.dll 的 Windows Media Player 播放器播放 MP3 文件。

【例 10.3】 添加文件名是 wmp.dll 的 Windows Media Player 播放器，播放该例题工程文件夹中的 VOICE01.mp3 音频文件。

如图 10.11 所示，添加文件名是 wmp.dll 的 Windows Media Player 播放器。

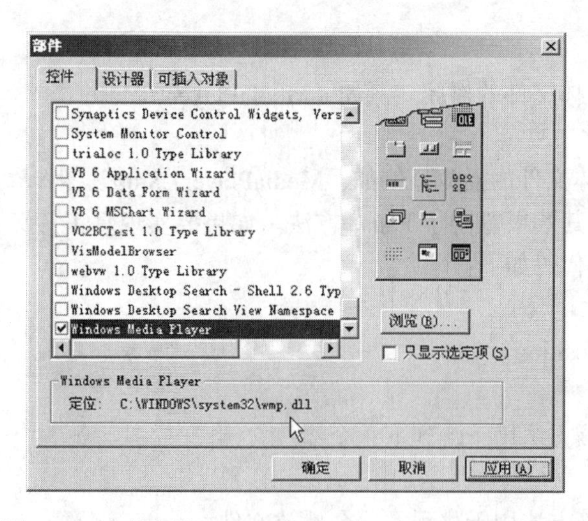

图10.11　文件名是wmp.dll的Windows Media Player播放器

将控件添加到窗体，程序代码如下：

```
Private Sub Form_Load ( )
    WindowsMediaPlayer1.URL = App.Path & "\VOICE01.mp3"
End Sub
```

界面运行效果如图 10.12 所示。

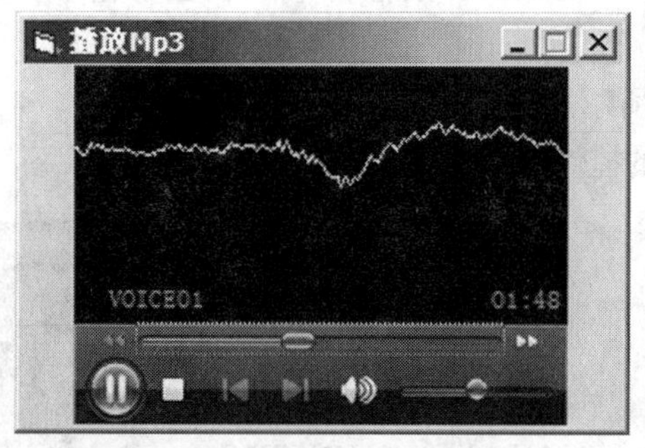

图10.12　播放MP3运行效果

技术提示：

"WindowsMediaPlayer1"是播放器对象的名称；"URL"是该对象的属性名称，用于要返回或设置含路径的媒体文件名称，相当于Media Player控件的FileName属性

重点串联

拓展与实训

基础训练

1. 用 ShockwaveFlash 控件播放 Flash 动画文件，调用 Flash 文件需要用到什么属性？
2. 用 Media Player 控件播放 MP3 文件，调用 MP3 文件需要用到什么属性？还可以用到什么方法？
3. 用 Windows Media Player 播放器播放媒体文件，用到该播放器的什么属性？
4. 简述在 Visual Basic 中，Media Player 控件和 Windows Media Player 播放器在编程过程中的异同。

技能实训

1. 使用 Media Player 控件制作视频播放器。通过“文件”菜单打开要播放的视频文件，保留该控件的播控面板用于播放控制。

2. 使用 Windows Media Player 播放器播放列表框中列出的 MP3 音频文件。

3. 完善【例 10.1】，使之具备播放、停止、暂停、快进、快倒等播放控制功能，能够显示动画总长度和当前播放位置等信息。

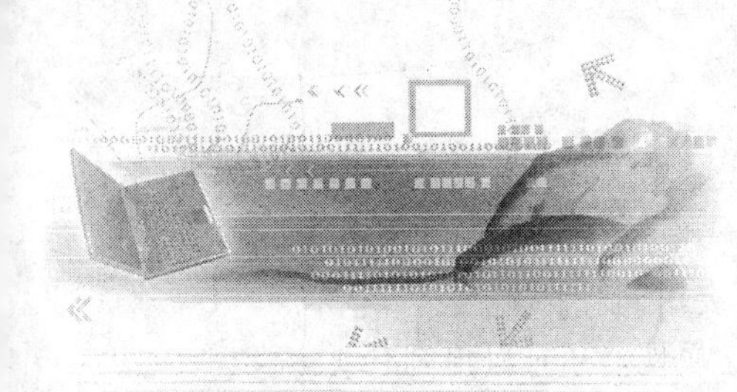

模块11 数据库编程初步

教学聚焦

在 Visual Basic 的应用领域中，以数据库的应用最为广泛。采用 Visual Basic 开发数据库应用程序，易于上手且功能强大。本模块将介绍 Visual Basic 内置的“可视化数据管理器”创建 Access 数据库，利用 ADO 数据控件和数据绑定控件对数据进行操作，并形成数据报表。

知识目标

◆ 关系型数据库系统及相关概念
◆ 使用 Visual Basic 内置的“可视化数据管理器”创建 Access 数据库
◆ ADO 数据控件和数据绑定控件的使用
◆ 数据记录的查找、添加、删除和修改
◆ 制作数据报表

技能目标

◆ 创建信息查询系统

课时建议

10 课时

教学重点和教学难点

◆ 创建数据库，建立数据表；ADO 对象；移动记录；查找记录；添加、删除、修改记录；设计报表

项目 11.1 关系型数据库的基本知识

人类处理数据的历史由来已久，从最初的“结绳记事”到现在的“信息管理系统”，可以说数据处理技术伴随着整个人类社会的发展。数据库技术也正是在这种社会背景下发展起来的一种数据管理技术。在 Visual Basic 的应用领域中，以数据库的应用最为广泛，也最为复杂。采用 Visual Basic 开发数据库应用程序，易上手，功能强大。

例题导读

初步了解数据库的基本知识。

知识汇总

●关系数据库重点要掌握的几个概念：数据库（Database）、数据表（Table）、记录（Record）、字段（Field）

1. 数据库的基本概念

所谓数据库，简单来说就是数据存储的场所和存储的形式。在计算机系统中，如声音、文字、图像等都表示为数据。在数据库中，常用的基本概念如下：

（1）数据（Data）。所谓数据就是描述事物的符号。在日常生活中，数字、文字、图表、图像、声音等都是数据。人们通过数据来认识世界，交流信息。

（2）数据库（DataBase，DB）。数据库，顾名思义，就是存放数据的地方。在计算机中，数据库是数据和数据库对象的集合。所谓数据库对象是指表（Table）、视图（View）、存储过程（Stored Procedure）、触发器（Trigger）等。

（3）数据库管理系统（Database Management System，DBMS）。数据库管理系统是用于管理数据的计算机软件。数据库管理系统使用户能方便地定义和操纵数据，维护数据的安全性和完整性，以及进行多用户下的并发控制恢复数据库。

2. 关系数据库

根据目前数据库的分类，其主要有关系数据库、层次数据库和网状数据库 3 种形式。在实际应用中，关系数据库因其显示直观，更符合人们的使用习惯，也是使用最多的一种数据库。

关系数据库是对应关系模式的数据库，或者说是对应二维表的一种数据库。关系数据库中包含多个基本关系表、试图、存储过程等元素，其主要组成如下：

（1）表（Table）。表也称数据库文件或库文件，即关系数据库中物理存在的二维表。一个关系数据库文件可以包含相关的多个二维表。在打开一个数据库之后，必须打开一个表才能对其中的数据进行操作。

（2）记录（Record）。记录即元组，是描述一个数据的集合，由若干字段组成，相当于表的一行。

（3）字段（Field）。字段即属性，是用来描述某一实体的属性，相当于表中的一列。每一个字段都必须有字段名。

（4）记录集（RecordSet）。记录集来自表中的记录或者执行一个查询而产生的记录，这些记录就组成了一个记录的集合。

例如，如表 11.1 所示的“联系人信息表”即是一个关系表。在该表中，“联系人信息表”为表名，该表有 3 条记录（每行为 1 条记录）、4 个字段组成（每列为一个字段），“姓名”、“手机号码”、“电子邮件”、“QQ 号码”称为字段名。

表 11.1 联系人信息表

姓名	手机号码	电子邮件	QQ 号码
张三	13901012345	123456789@qq.com	123456789
李四	18604161246	Vokiei@sohu.com	24655142
王五	18802401199	Snowwater@163.com	365415485

项目 11.2 Visual Basic 环境中数据库的创建

在对数据库的基本常识有了一定了解之后，下面开始进入数据库编程部分。首先我们要创建一个数据库。本项目使用 Visual Basic 内置的"可视化数据管理器"创建 Access 数据库。创建完后的效果如图 11.1 所示。

通过数据库创建过程的讲解，我们将学习到在 Visual Basic 中创建 Access 数据库的步骤及建立数据表等相关知识。

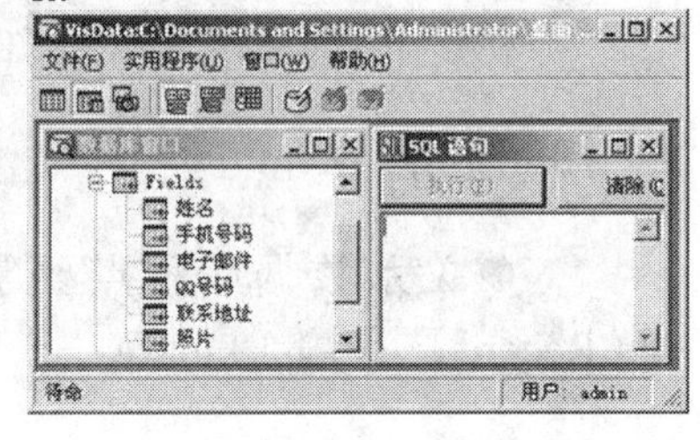

图11.1 使用VisData创建数据库

例题导读

本项目是一道综合例题，讲解了如何在 Visual Basic 6.0 中建立 Access 数据库的过程。

知识汇总

●启动数据管理器、建立 Access 数据库、建立数据表、添加索引、输入记录

11.2.1 启动数据管理器

在启动 Visual Basic 6.0 菜单栏里找到"外接程序"菜单选项，点击后选择子菜单里的"可视化数据管理器"选项，如图 11.2 所示；弹出"VisData"工作界面，如图 11.3 所示。

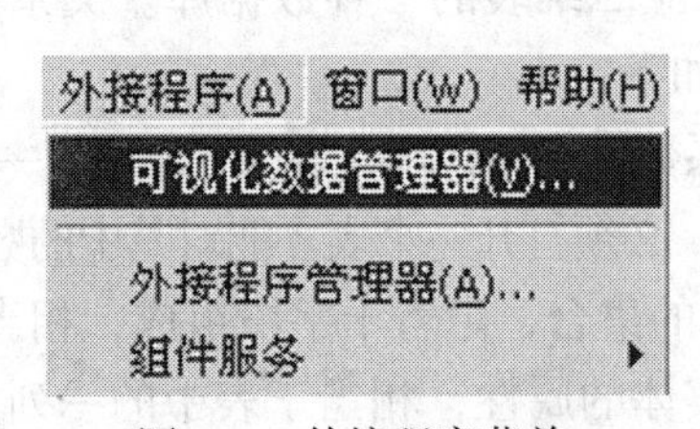

图11.2 外接程序菜单

图11.3 可视化数据管理器

11.2.2 建立 Access 数据库

利用可视化数据管理器可以创建各种 Visual Basic 支持的数据库。在管理器界面中，选择"文件"下的"新建"命令，选择要创建的数据库类型，如图 11.4 所示。

系统会自动弹出"选择要创建的 Microsoft Access 数据库"对话框，选择要保存数据库的路径，输入数据库名称为"通讯录"。Access 数据库的扩展名为"*.mdb"，单击"保存"，这时在该路径下就能看见新创建的 Access 数据库文件了；如果操作系统中已经安装了 Access 数据库环境，那么就会

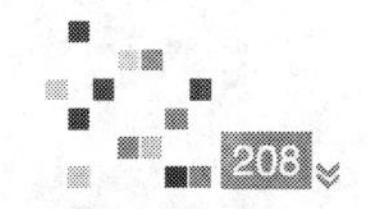

看见如图 11.5 所示的图标。

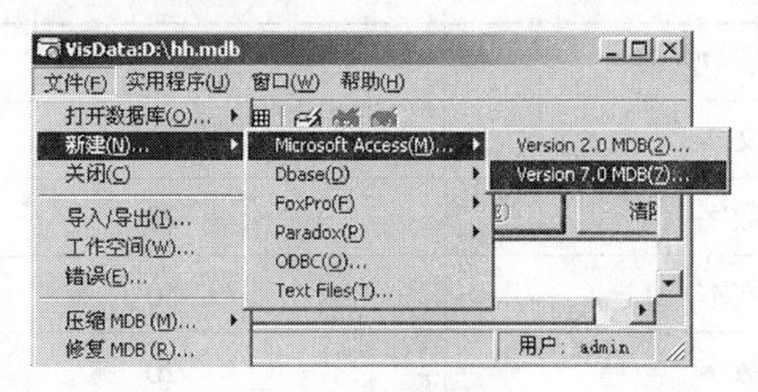

图11.4　新建数据库

图11.5　数据库图标

11.2.3 建立数据表

在建立数据库以后，还需要在数据库中创建数据库表。使用管理器在刚才建立的数据库中添加表的具体步骤如下：

第一步：在“数据库窗口”中单击鼠标右键，从弹出的右键菜单中选择“新建表”命令，如图 11.6 所示。

图11.6　新建表

第二步：Visual Basic 会自动弹出一个“表结构”对话框，如图 11.7 所示。

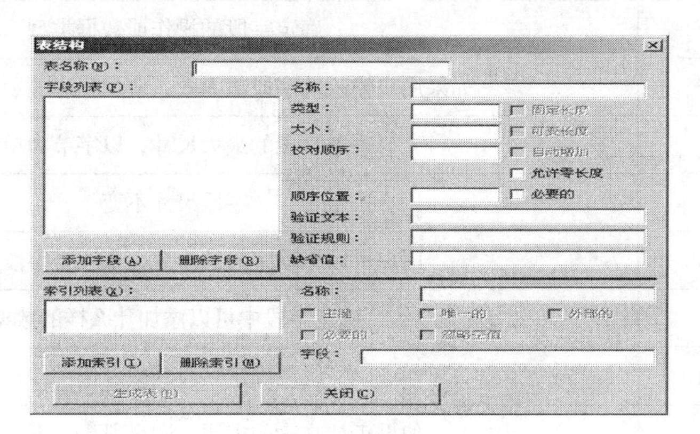

图11.7　表结构

第三步：在“表名称”对话框中指定要创建的表的名称。这里将表名称设置为“联系人信息表”。

第四步：单击“添加字段”按钮，系统会出现图 11.8 所示的“添加字段”对话框，利用该对话框可以设置各项相关属性。按照表 11.2 所示完成各个字段的设置。

“添加字段”对话框中各选项及说明如表 11.3 所示，表中有些选项是可以激活的，有些是无效的。

图11.8　添加字段

表 11.2 联系人信息表字段设置

字段名	类 型	大 小
姓名	文本	20
手机号码	数字	20
电子邮件	文本	50
QQ 号码	数字	20
联系地址	文本	150
图片	数字	30

表 11.3 添加字段各个选项说明

选 项	说 明
名称	键入想要添加的字段名
顺序位置	确定字段的相对位置
类型	确定字段的操作或数据类型
验证文本	如果用户输入的字段值无效，应用程序显示的消息文本
大小	确定字段的最大尺寸，以字节为单位
固定字段	字段尺寸不变
可变字段	用户可以拖动字段的边界，来改变字段的尺寸
验证规则	确定字段中可以添加什么样的数据
缺省值	确定字段的缺省值
自动添加字段	如果正处在表的末尾，则字段添加下一个字段
允许零长	允许零长度字符串为有效字符串
必要的	指示字段是否要求非 -Null 值
确定	在当前表追加当前字段定义
关闭	在完成添加字段下关闭窗体

第五步：重复第四步，继续添加其他字段。当添加完所有字段后，单击“关闭”按钮，退出“添加字段”对话框。

这时可以在“表结构”对话框字段列表栏中看到刚才添加的字段（参见图 11.8）。单击“生成表”按钮，一个新的数据库表就建成了。

11.2.4 添加索引

数据库索引好比是一本书前面的目录，能加快数据库的查询速度。常用的数据库索引有两种：唯一索引和主键索引。

1. 唯一索引

唯一索引是不允许其中任何两行具有相同索引值的索引。例如，如果在“联系人信息表”表中“姓名”字段上创建了唯一索引，则任何两个联系人不能重名。但重名的联系人确实存在，所以我们

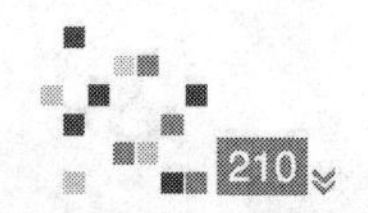

就应该在“手机号码”字段上创建唯一索引。

2. 主键索引

数据库表经常有一列或列组合，其值唯一标识表中的每一行。该列称为表的主键，主键索引是唯一索引的特定类型。该索引要求主键中的每个值都唯一，当在查询中使用主键索引时，它还允许对数据的快速访问。

可视化数据管理器提供了管理数据库中索引项的功能。在“表结构”对话框底部的“索引列表”列表框中列出了当前数据库表中的所有索引项。

为了在选中的表中添加索引，单击“表结构”对话框中的“添加索引”按钮，打开如图 11.9 所示的“添加索引”对话框，在该对话框中，可以指定数据库表的索引项。表 11.4 列出了“添加索引”对话框中的各个选项及说明。

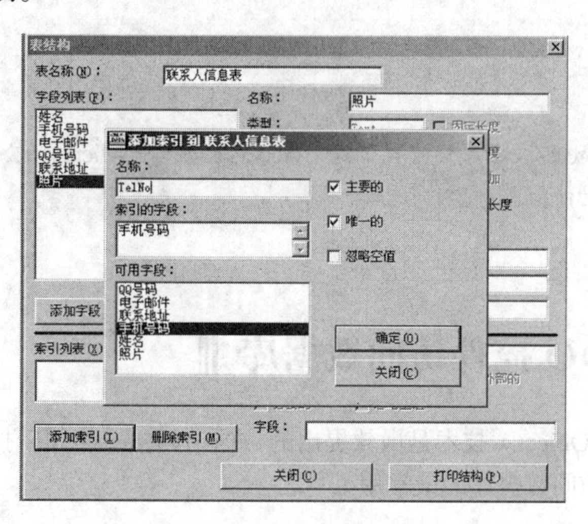

图11.9　添加索引

表 11.4　添加索引各个选项说明

选　项	说　明
名称	索引名称，在对 Table 类型的记录集编程时，只需调用索引名
索引字段	表中作为索引字段的清单，中间用分号分开
可用字段	可选字段的列表框，单击一个字段即可将其加入索引字段表中。
主要的	数据表中的主关键字
唯一的	强制该字段具有唯一性
忽略空值	索引中所有的字段能否包含空值 Null。

11.2.4 输入记录

在创建数据表之后，我们就可以添加、浏览记录了，具体操作如下：

1. 浏览记录

在 VisData 下用鼠标左键双击“联系人信息表”，弹出浏览记录界面，如图 11.10 所示，点击下面的滚动条浏览数据。

2. 添加记录

如果想添加记录，点击“添加”命令按钮，然后会弹出图 11.11 所示的界面空结构，输入具体数据后，点击“更新”命令。

图11.10 浏览记录

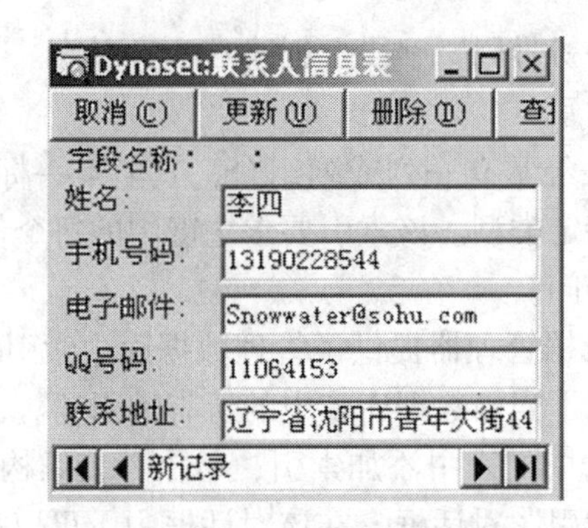

图11.11 添加记录

技术提示：

创建数据表也可在Access数据库里直接创建。Access数据库是Microsoft公司推出的面向个人或者小型公司的数据库软件，功能简单，操作便捷。

项目 11.3 用 ADO 控件访问数据库

ADO（ActiveX Data Object）技术是微软提出的数据访问接口，用于打开、访问并操作已有的数据库，它是 Visual Basic 访问数据库的最常用工具之一。

例题导读

使用 ADO 控件制作简易通讯录程序，使该程序具有浏览记录、添加记录、删除记录、修改记录、查找记录等功能。如图 11.12 所示，在例题中使用文本框控件显示数据库中的记录；使用命令按钮对数据库中的记录进行操作。

知识汇总

● 通过 ADO 数据控件访问数据库主要以下内容：加载 ADO 数据控件、连接数据库、数据绑定控件、移动记录指针、查找记录、修改记录、删除记录等

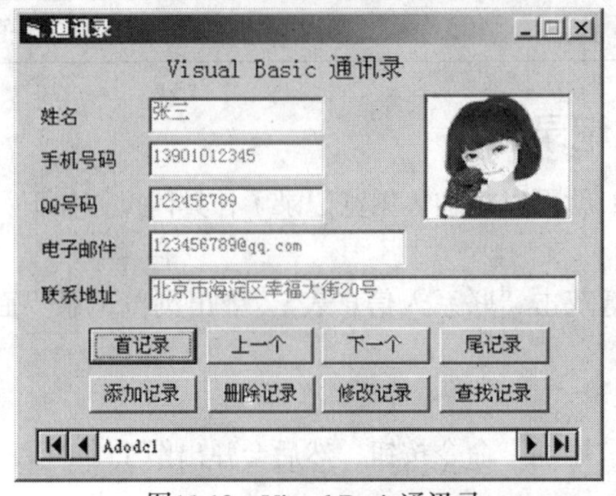

图11.12 Visual Basic通讯录

11.3.1 加载ADO数据控件

ADO控件是一个用于存取数据源的COM组件。它提供了编程语言和统一数据访问方式OLE DB的一个中间层。允许开发人员编写访问数据的代码而不用关心数据库是如何实现的，而只用关心到数据库的链接。

ADO控件不是Visual Basic基本控件，使用前需要添加该控件。添加方法如下：选择“工程”菜单下的“部件”子菜单，在弹出的“部件”对话框中，选择“Microsoft ADO Data Control 6.0 (OLEDB)”，如图11.13所示。这时在工具箱上就会看到ADO控件的图标了，将该图标拖放到窗体上的形状为 Adodc1 。

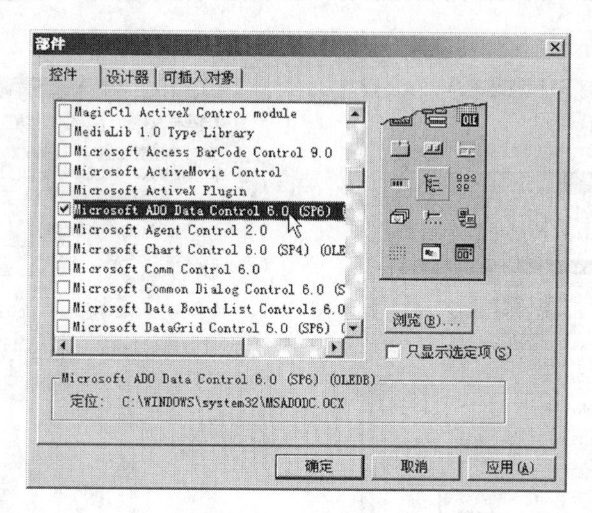

图11.13 添加ADO控件

11.3.2 连接数据库

前面我们已经建立了名称为“通讯录”的数据库，在该数据库中已经建立了“联系人信息表”，使用ADO控件连接数据库十分简单，具体步骤如下：

1. 添加控件

窗体上拖放一个ADO控件，使用它的默认名称“ADODC1”。

2. 设置属性

用鼠标右键点击ADODC1控件，在弹出的右键菜单中选择“ADODC属性”。在弹出的属性页中，选择“使用连接字符串”，如图11.14所示。

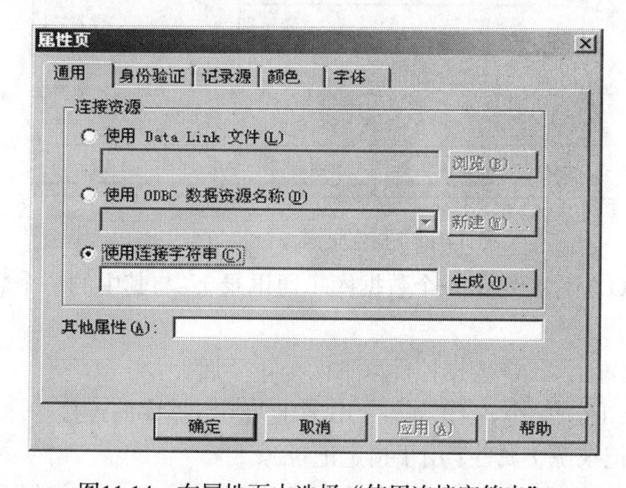

图11.14 在属性页中选择“使用连接字符串”

点击“生成”，弹出“数据链接属性”对话框，如图 11.15 所示，选择“Microsoft Jet 4.0 OLEDB Provider”。

3. 连接数据库

点击“下一步”，设置“连接”选项卡。在“选择或输入数据库名称”中选择数据库为“通讯录”，如图 11.16 所示单击“测试连接”按钮。在出现“测试连接成功”消息框提示后，点击“确定”按钮完成数据库的连接。

4. 指定记录源

下一步需要设置数据源，在图 11.14 所示的界面里，点击“记录源”选项卡。在“命令类型”里选择“2-adCmdTable”，在“表或存储过程名称”里，选择数据库中的数据表“联系人信息表”，如图 11.17 所示。

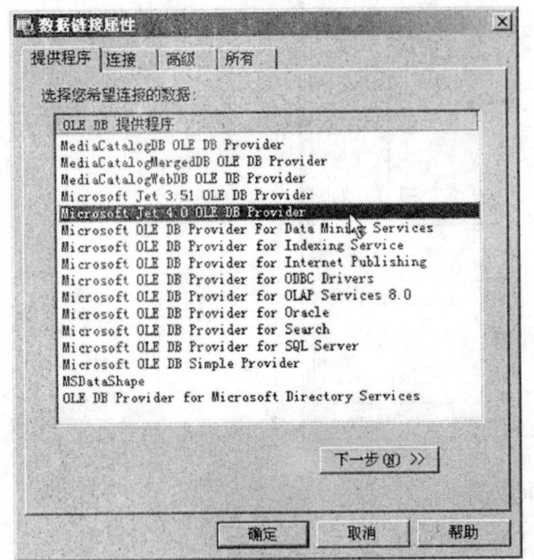

图11.15 数据链接属性设置为“Jet 4.0”

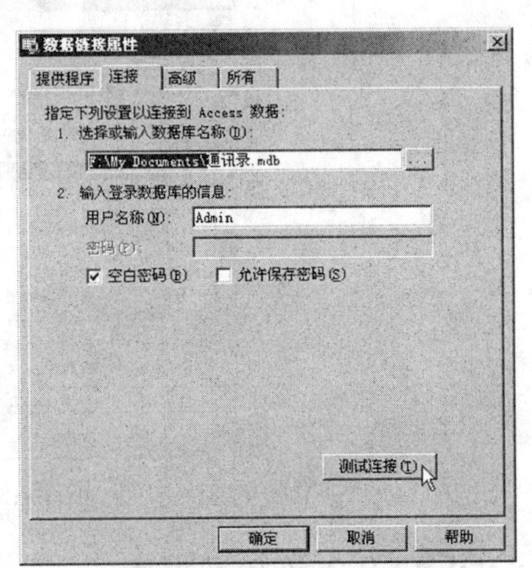

图11.16 连接测试数据库

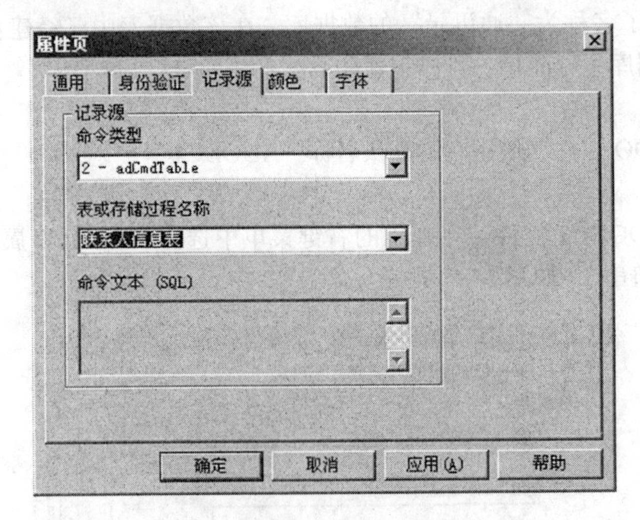

图11.17 指定记录源链接数据表

这样，我们通过 ADO 控件指定了一个数据库（通讯录），与其中的一个数据表（联系人信息表）进行了链接。

上述操作实际上是设置了 ADO 数据控件以下两个重要属性：

（1）ConnectionString（链接字符串）属性：用于建立与数据库的连接。

（2）RecordSource（记录源）属性：用于指定记录源。

除了使用属性页之外，也可以通过程序代码设置这两个属性。ADO 数据控件一旦建立了与数据

库的连接，就可以通过设置或改变其 RecordSource（记录源）属性访问数据库中的任何表。在实际应用中，常在程序运行时用代码设置 RecordSource 属性及相关属性（如 CommandType），从而使 ADO 数据控件具有更大的灵活性。例如：

```
Adodc1.CommandType = adCmdTable          '设置命令类型为数据表
Adodc1. RecordSource = "联系人信息表"
Adodc1.Refresh
```

在设置 ADO 数据控件与数据库连接时，有一点提醒读者注意。如图 11.16 所示，在“数据链接属性”对话框的“连接”选项卡中指定数据库时采用的是绝对路径。为了保证数据库应用程序移植到其他计算机上仍可正常使用，应采用相对路径，即在测试连接成功后，删除数据库名称前面的所有路径（图 11.16 输入框中的反相显示部分），仅保留数据库文件名。将数据库文件与工程文件存放在同一文件夹下，在工程启动窗体的 Initialize 事件过程中进行路径初始化处理。程序代码如下：

技术提示：

ADO控件是Visual Basic与数据库的一个连接纽带。在设计数据库应用程序之前，我们一定要先设计好数据库，根据需求分析设计数据表，这样在编写代码的时候能事半功倍。

```
Private Sub Form_Initialize ( )
    ChDrive App.Path
    ChDir App.Path
End Sub
```

或者建议读者在连接数据库时，使用代码方式连接数据库。

```
Private Sub Form_Load ( )                         '窗体加载时
Adodc1.ConnectionString = "Provider=Microsoft.Jet.OLEDB.4.0;Data Source=" & App.Path & "\通讯录.mdb;Persist Security Info=False"
Adodc1.RecordSource = "select * from 联系人信息表"
Adodc1.Refresh
End Sub
```

11.3.3 数据绑定控件

当 ADO 控件打开数据库时，会产生一个动态集类型的 RecordSet 对象。这个记录集可以是一个数据库表中的记录集，也可以是从几个表中得到的查询结果。要想显示这些记录结果，就必须使数据绑定控件。所谓数据绑定控件就是数据识别控件，通过它们来访问数据库中的记录。

Visual Basic 里大部分控件均可作为数据绑定控件显示数据库中的记录。下面以 Text 控件为例演示如何显示数据库中的记录。

（1）前面的操作我们已经使用 ADO 控件创建了一个动态集类型的 RecordSet 对象，或者也可以说成我们已经打开了一张表，我们后面要用到这个对象，所以在这里强调这个概念。现在我们在窗体上添加一个 Text 文本框，界面效果如图 11.18 所示。

（2）选择该 Text 文本框，在属性窗口中找到“DataSource”属性，选择下拉选项“ADODC1”，这个“ADODC1”就是窗体上的 ADO 控件，如图 11.19 所示。

（3）找到“DataField”属性，选择要在该文本框上显示的字段。如图 11.20 所示选择了“姓名”字段。

运行程序，文本框上就会显示“姓名”字段里的数据，点击 ADO 控件左右箭头，可以浏览该数据表中所有姓名记录。

在 Visual Basic 中，大多数数据绑定控件都具有以下两种与数据有关的属性。

（1）DataSource 属性：用来指定数据绑定控件所连接的控件名称，也就是绑定到哪个数据控件

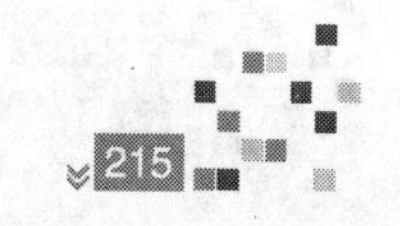

上。例如，本例绑定的是 ADO 数据控件。

（2）DataField 属性：用来指定 ADO 控件所建立的记录集里字段名称。

图11.18　设计界面

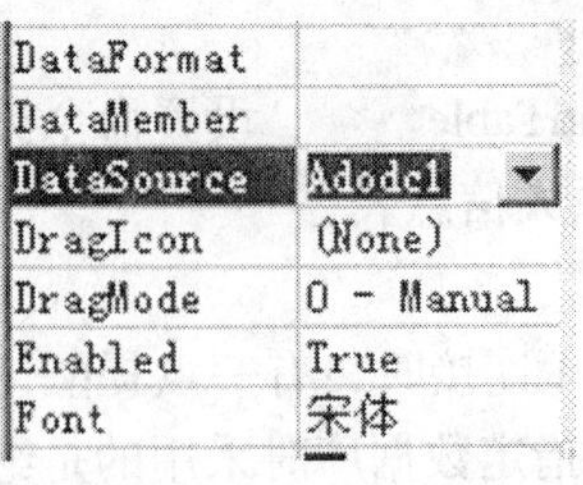

DataFormat	
DataMember	
DataSource	Adodc1
DragIcon	(None)
DragMode	0 - Manual
Enabled	True
Font	宋体

图11.19　DataSource属性

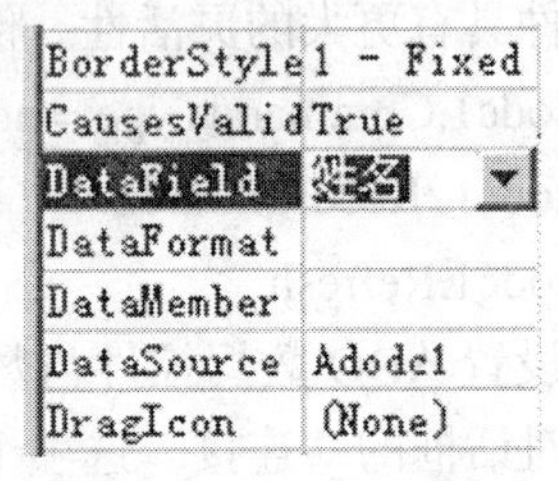

BorderStyle	1 - Fixed
CausesValid	True
DataField	姓名
DataFormat	
DataMember	
DataSource	Adodc1
DragIcon	(None)

图11.20　DataField属性

11.3.4 移动记录指针

ADO 控件提供了不用编写代码就能浏览记录的功能，像上述所说，点击 ADO 控件的左右箭头就能浏览记录。但更多时候，用户希望用自己编写的代码扩充功能、操作数据。

Visual Basic 允许用代码来操作 ADO 控件及其 RecordSet 对象，例如，将记录指针移动到记录集的最后一条记录上的代码：Adodc1.RecordSet.MoveLast。

1. 当前记录

ADO 控件使用当前记录这一概念来确定记录集中哪一条记录被访问。在任何时刻只有一条记录是记录集中的当前记录，而在与 ADO 控件绑定的数据绑定控件中显示的也是当前记录。

2. 移动当前记录

在 Visual Basic 中用代码移动记录可以使用 4 种方法：MoveFirst，MoveLast，MoveNext，MovePrevious。例如：

Adodc1.RecordSet.MoveFirst

用 MoveFirst 方法让记录集中的第一条记录成为当前记录。

Adodc1.RecordSet.MoveNext

用 MoveNext 方法让记录集中的下一条记录成为当前记录。

3. RecordSet 记录集的 EOF 属性和 BOF 属性

在移动记录指针式，EOF 属性和 BOF 属性是非常有用的。

（1）EOF 属性：简单来说就是最后一条记录之后的某个属性。当记录被定位于最后一条记录的后面，EOF 属性就为真。此时当前记录指针无效，应用程序报告错误。

（2）BOF 属性：简单来说就是第一条记录之前的某个属性。当记录被定位于第一条记录的前面，BOF 属性就为真。此时当前记录指针无效，应用程序报告错误。

如果记录集指针位于最后一条记录上，也就是说，最后一条记录是当前记录，这时继续向后移动记录就会出现如图 11.21 所示的效果。如果记录集针位于第一条记录上，也就是说，第一条记录是当前记录，这时继续向前移动记录就也会出现这个效果。

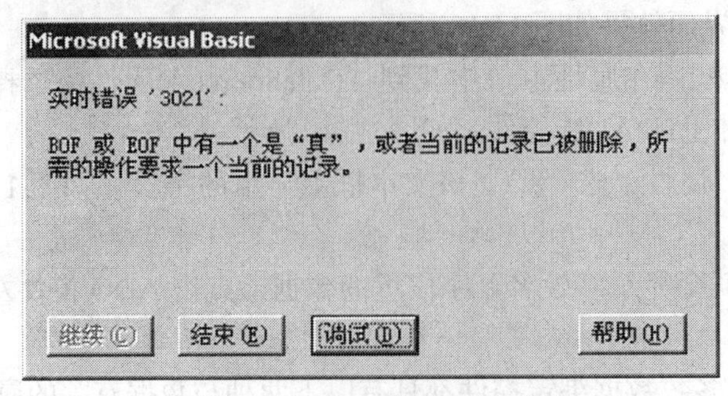

图11.21　EOF或BOF的值为真

为了防止应用程序报告错误的产生，因此在使用 MoveNext 或者 MovePrevious 方法移动记录，时应该首先检测记录集的 EOF 和 BOF 属性，避免出错。例如：

```
If Adodc1.RecordSet.EOF=False Then
    Adodc1.RecordSet.MoveNext
Else
    Adodc1.RecordSet.MoveLast
End
```

11.3.5 查找记录

Move 方法允许在记录集中每次移动一条记录。在许多情况下，用户有可能希望根据某些条件查找一个指定的记录。这时需要使用 Find 方法。Find 方法用于在当前结果集中查找满足条件的记录。它的格式为：

ADO 数据控件名 .RecordSet.Find（"查找条件表达式"）

例如，查找姓名为“张三”的同学，则代码如下：

```
Adodc1.RecordSet.Find（"姓名 = '张三'"）                '姓名字段为文本类型
```

如果查找文本框 Text1 内输入的值，则代码如下：

```
Adodc1.Recordset.Find（"姓名 = '" & Text1.Text & "'"）
```

如果查找年龄在 20 到 25 之间的学生，则代码如下：

```
Adodc1.RecordSet.Find（"Sage>=20 And Sage<=25"）        'Sage 字段必须为数值类型
```

使用 Find 方法我们只能进行简单的查询，因为该方法有很大的局限性，比如，只能向下单方向查找，而且只能查找到符合条件的第一条记录，其他符合条件的记录无法显示。为了能进行更好的查询，我们将在后面的章节里介绍 SQL 结构化查询语言。

11.3.6 修改记录

除了移动当前记录或查询指定记录外，还可以使用代码来更新数据库中的数据。

1. 添加新记录

在记录集中添加新纪录的主要步骤有：

（1）用 AddNew 方法创建一条新记录（空的），系统将保存当前记录指针，并移动到该新记录。

（2）在该新记录中给各字段指定新值。

（3）用 Update 方法保存新纪录，同时当前记录指针恢复为原值。

例如，下面的代码主要用于在“联系人信息表”中添加一个新记录。

```
Adodc1.Recordset.AddNew
Adodc1.Recordset（"姓名"）= Text1.Text          '将 Text1 的值赋给“姓名”字段
Adodc1.Recordset（"手机号码"）= Text2.Text      '将 Text2 的值赋给“手机号码”字段
……
Adodc1.Recordset（"联系地址"）= Text5.Text      '将 Text5 的值赋给“联系地址”字段 Adodc1.
Recordset.Update                                '保存数据，更新记录集
```

2. 编辑记录

要改变数据库的数据，必须把要编辑的记录设为当前记录，然后在数据绑定控件中完成任意必要的改变。用 Update 方法保存此改变。

例如，想要修改“张三”的信息，先用 Find 方法找到该信息，当前记录就是“张三”的记录，然后再进行修改。程序代码如下：

```
Adodc1.Recordset.Find "姓名 = '张三'"           '注意此处有个单引号
```

```
Adodc1.Recordset（"姓名"）="张小山"          '注意此处没有单引号
Adodc1.Recordset（"姓名"）=Text1.Text       '要修改的值从文本框输入
Adodc1.Recordset.Update
```

11.3.7 删除记录

可以使用 Delete 方法来删除当前记录。要在记录集中删除一条记录，首先要将当前记录指针定位到要删除的记录上，然后才能使用 Delete 方法删除该记录。例如：

```
Adodc1.Recordset.Delete
```

在每次删除以后必须使用 Move 方法来改变当前记录，因为已删除的记录不再包含有效的数据，继续访问这一数据会导致错误。例如，下面代码是删除一条记录后，将下一条记录设置成当前记录。

```
Private Sub Command1_Click（）
    Dim rec
    rec = MsgBox（"您真的要删除该记录？ ", Visual BasicYesNo）
    If rec = Visual BasicYes Then
        With Adodc1.Recordset
            .Delete
            .MoveNext
            If .EOF Then
                .MoveLast
            End If
        End With
    End If
End Sub
```

11.3.8 SQL 语句的基础知识

SQL（Structured Query Language）即结构化查询语言，是关系数据库的标准语言。SQL 语言的主要功能是同各种数据库建立联系，它是关系数据库管理系统的标准语言。

SQL 语句可以执行各种数据库操作，如更新数据库中的数据，从数据库中提取数据等。在 Visual Basic 6.0 开发的数据库应用系统中，就是通过 SQL 语言来对数据库进行操作的。因此，读者应对 SQL 有一个大致的了解。

在 SQL 中，一般将其分 3 类：数据定义语言（DDL）、数据操纵语言（DML）和数据控制语言（DCL）。

1. 数据定义语言

数据定义语言包括定义表、定义视图和定义索引等语句，这 3 种定义功能在 SQL 中的对应语句如表 11.5 所示。

表 11.5　数据定义语言

操作对象	创 建	删 除	修 改
表	Create Table	Drop Table	Alter Table
视图	Create View	Drop View	
索引	Create Index	Drop Index	

例如，下列语句建立一个基本表 Student，其中含有学号 Sno、姓名 Sname、性别 Ssex 和系部 Sdept 这 5 个字段。

```
Create Table Student
(Sno char(8)) Not Null Unique,
  Sname   Char(50),
  Ssex    Char(2),
  Sage    Int,
  Sdept   Char(50));
```

至于修改表结构、删除表以及对应视图和索引操作，有兴趣的读者可以参考相关资料，此处不再赘述。

2. 数据操纵语言

SQL 中的数据操纵语言主要是指对数据进行查询、插入、更新和删除等操作的语句。这 4 个操作也是应用程序中使用较多的，尤其是数据查询使用最为频繁。数据操作语言的 4 个语句如表 11.6 所示。

表 11.6　数据操作语言

操作	语句	操作	语句
查询	Select … From	更新	Update … Set
插入	Insert Into … Values	删除	Delete … From

数据库的查询操作是数据库的核心操作。查询语句结构通常非常复杂，为简单起见，下面以一个简单的实例介绍该语句的应用。假设有表 11.7 所示的 Student 数据表。

表 11.7　Student 数据表

Sno	Sname	Ssex	Sdept	Sage
1001	张小山	男	计算机系	20
1002	李小四	女	工商管理系	18
1003	王小五	男	计算机系	21

例如，要求查询 Student 表中所有计算机系的学生名单。用 SQL 语句实现如下：

Select * From Student Where Sdept='计算机系'

插入语句一般用于在数据表中增加新的数据行。例如，将一个新学生记录插入到 Student 表中，SQL 语句实现如下：

Insert Into Student (Sno,Sname,Ssex,Sdept,Sage) Values ('201201','张小三','男','计算机系',20)

需要注意的是，Values 中的字段，如果为字符型数据，必须加“' '”，如果为日期型，必须加“# #”，数值型则直接写入。

更新语句一般用于对表中某个数据或者若干数据进行修改。例如，下列 SQL 语句将学号为 201202 的学生年龄改为 22 岁。

Update Studen Set Sage=22 Where Sno='201202'

删除语句一般用于删除表中的某一条或者多条记录。例如，下列 SQL 语句为删除学号为 201203 的学生记录。

Delete From Student Where Sno='201203'

2. 数据控制语言

数据控制语言主要包括授权、撤销授权两个语句。这两条语句用于保护数据的安全，防止恶意破坏或修改数据。

SQL 语言中的对用户授权是采用 Grant 语句来实现的。例如，把查询 Student 表权限授给用户 User1，实现语句如下：

Grant Select on Table Student To User1

而取消权限用的是 Revoke 语句，其使用方法与 Grant 类似。例如，下列语句将废除用户 User2 对视图 kinds 的所有权限：

Revoke All On kinds From User2

以上只是简单介绍了 SQL 语句的一些基础知识，在开发程序时，还要根据具体的问题正确书写 SQL 语句。有兴趣的读者，可以查看这方面的资料。

11.3.9 DataGrid 控件

DataGrid 控件就是数据网格控件，可以将它作为数据绑定控件，这样可以同时浏览或修改多个记录的数据。

假设现在已经在窗体上加了一个 ADO 数据控件，在选择数据库后，在记录源选项卡里，选择“1-adCmdText”选项，在“命令文本里（SQL）”，输入 SQL 语句“Select * From 联系人信息表”，其含义是“从联系人信息表里查询所有的记录”，如图 11.22 所示。

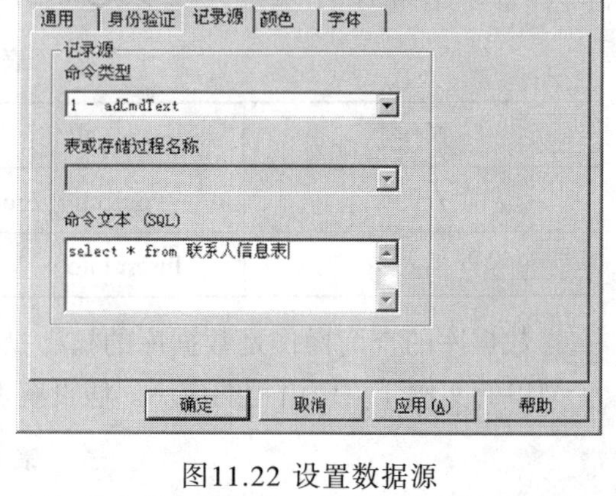

图11.22 设置数据源

在使用 DataGrid 控件之前，首先要将它添加到当前工程中。添加 DataGrid 控件的步骤如下：

（1）在 Visual Basic 中选择“工程”→“部件”命令，弹出“部件”对话框。

（2）在“部件”对话框中选择“Microsoft DataGrid Control 6.0（OLEDB）”，然后单击“确定”，如图 11.23 所示。

（3）此时 DataGrid 控件已被添加到工具箱上。将它拖动到窗体上，调整适当的位置、大小后，选择 DataGrid 控件，设置 DataSource 属性为刚才已经配置了的数据控件“ADODC1”，再用鼠标右击 DataGrid 控件，在弹出菜单中选择“检索字段”，检索字段后 DataGrid 控件上将显示数据表里的所有字段。

（4）鼠标右键点击 DataGrid 控件，在弹出右键菜单中选择“编辑”，这样在程序设计阶段可以对 DataGrid 控件的样式和结构进行调整。

（5）设置好 DataGrid 控件后，运行程序，效果如图 11.24 所示。

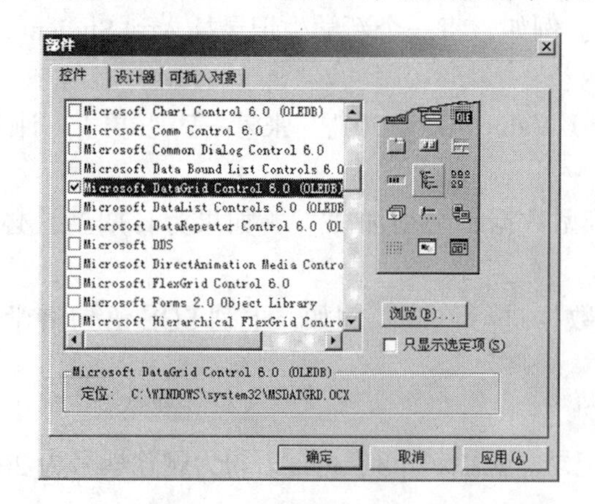

图11.23 添加DataGrid控件

图11.24 DataGrid运行效果

下面代码演示了使用 SQL 语句进行模糊查询。所谓模糊查询是指 SQL 语句在记录集指定字段里查找包含某个关键字的记录。以前我们查找的都是精确查找，比如查找“姓名”等于（=）“张三”的记录，而模糊查询查找的是“姓名”像（Like）“张”的记录，查询值前面需要加上“%”，“%”表

示任何字符。这样查询出来的结果是所有名字里带“张”的同学的记录。具体代码如下。

```
Private Sub Command1_Click ( )
    Adodc1.RecordSource = "select * from 联系人信息表 " & _
    "where 姓名 like ' %" & Text1.Text & "%' "
    Adodc1.Refresh
End Sub
```

运行程序，如图 11.25 所示查询结果显示在 DataGrid 控件中。

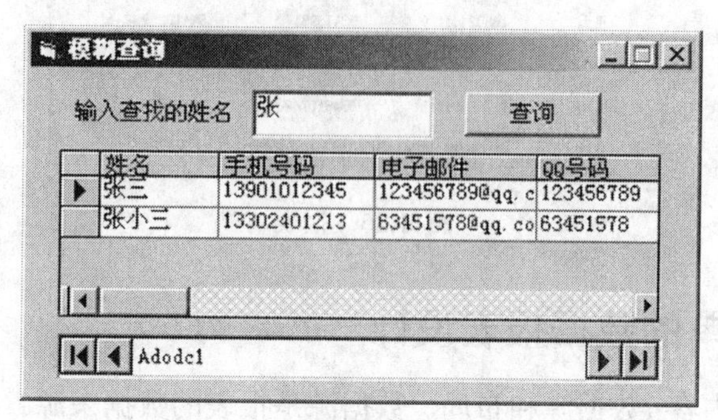

11.25 模糊查询运行效果

技术提示：

设计代码时，RecordSet记录集和SQL语句经常出现在代码块中组合操作记录。在使用RecordSet对数据库记录操作时，只能在当前记录上操作。而使用SQL语句对数据库记录操作时不必考虑这点。

项目 11.4 数据报表设计

报表是重要的打印文档，利用报表可以把数据表中的数据按照用户自定义的格式打印出来，用户可以很容易地从报表的数据中发现实际问题，在有具体针对性的应用程序中，报表往往是必不可少的。

例题导读

本项目通过制作一个如图 11.26 所示报表，讲解使用 Visual Basic6.0 的数据报表设计器和数据环境设计器设计简单报表的过程。

知识汇总

●简单的数据报表设计、在报表中使用函数

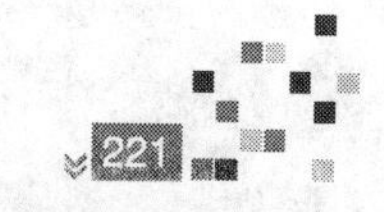

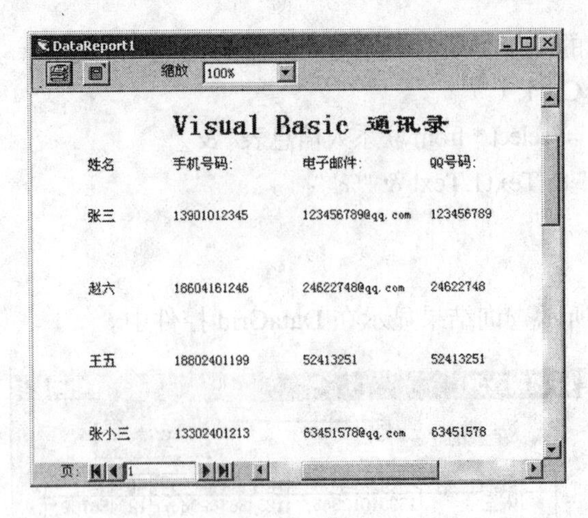

图11.26 报表

11.4.1 简单的数据报表设计

报表主要包括两部分内容：数据源和布局。数据源是报表的数据来源，在 Visual Basic 中可通过数据环境设计器（Data Environment Designer）来设计，而报表的布局是通过数据报表设计器来设计的。

1. 报表设计器

报表设计器是 Visual Basic 6.0 系统内自带的报表编辑工具。在新建工程后，选择菜单栏中的“工程”→“添加 Data Report”命令，如图 11.27 所示。此时在“工程资源管理器窗口”中将会添加“DataReport1”设计器，如图 11.28 所示。

图11.27 添加Data Report

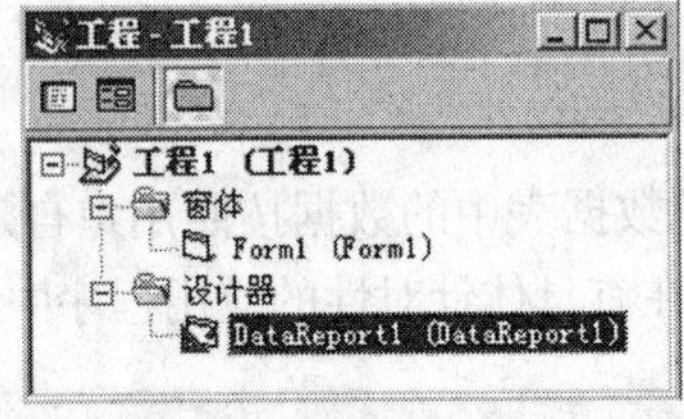

图11.28 报表设计器

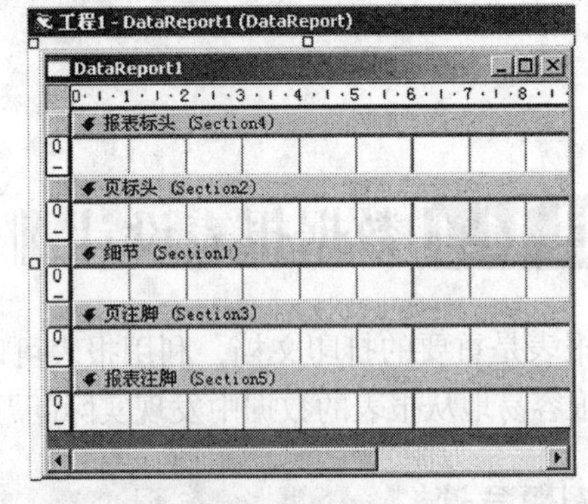

图11.29 DataReport设计界面

报表主要由以下几个部分组成（图 11.29）：

（1）报表标头。对于任何报表文件，报表标头的内容最先显示和打印且仅显示和打印一次，一般用来设置报表总标题或设计报表封面。如果想把报表标头作为报表的第一页，可把它的 ForcePageBreak 属性值设置为 rptPageBreakAfter。

（2）页标头。设置在页标头中的信息在每一页顶部都会出现，可用于设置报表的标题、显示字段的标题以及需要的图形等。

（3）细节。该部分对于每个记录均显示或打印一次，细节部分与数据环境层次结构中最低层的 Command 对象相关联。

（4）页注脚。页注脚的内容打印或显示在每一页的底部，用来打印每页的一般信息，如页号、日期等。

（5）报表注脚。报表注脚用来包含在报表结束处出现的信息，出现在最后一个页标头和页注脚之间，对于每个报表文件仅打印或显示一次。

2. 数据环境设计器

可以通过数据环境设计器（Data Environment Designer）来设计报表的数据环境，数据环境也是一个对象，报表的数据来源于该对象。在新建工程后，选择菜单栏中的“工程”→“添加 Data Environment”命令，如图 11.27 所示。此时“工程资源管理器”窗口中会出现如图 11.30 所示的“DataEnvironment1”设计器。加载后的数据环境设计器如图 11.31 所示。在初始环境下，其包含 Connection 对象，该对象用于设置数据连接字符串，将要显示的数据库连接至数据环境中。

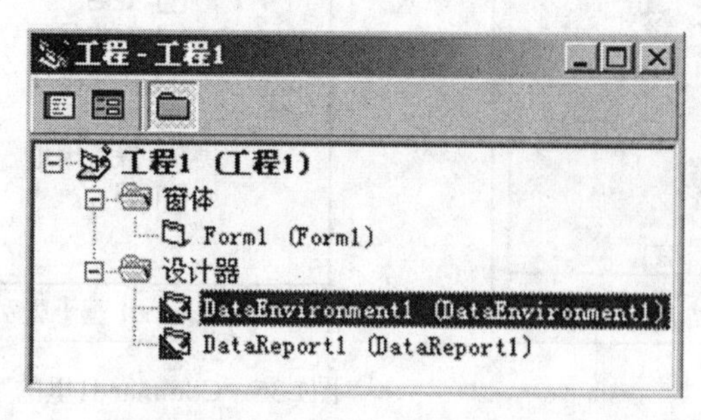

图11.30 DataEnvironment1设计器

图11.31 Data Environment

3. 制作简单报表

前面讲述了添加报表和数据环境设计器的方法，下面将介绍使用数据环境设计器制作简单报表的过程，具体步骤如下：

（1）添加数据环境。如图 11.31 所示的 Connection 对象用于连接指定的数据源。右击 Connection1 对象，在弹出的右键菜单中选择“属性”命令，如图 11.32 所示。

（2）在如图 11.15 所示的“数据链接属性”对话框中，选择“Microsoft Jet 4.0 OLEDB Provider”，然后点击“下一步”，设置“连接”选项卡。在“选择或输入数据库名称”中选择数据库“通讯录”。在“测试连接成功”后，点击“确定”，如图 11.16 所示。此时数据环境设计器已经与数据库（通讯录）正常连接。

（3）添加命令。在图 11.31 所示的 Connection 对象中添加 Command 命令。右击 Connection1 对象，在弹出的右键菜单中选择“添加命令”命令，如图 11.33 所示。

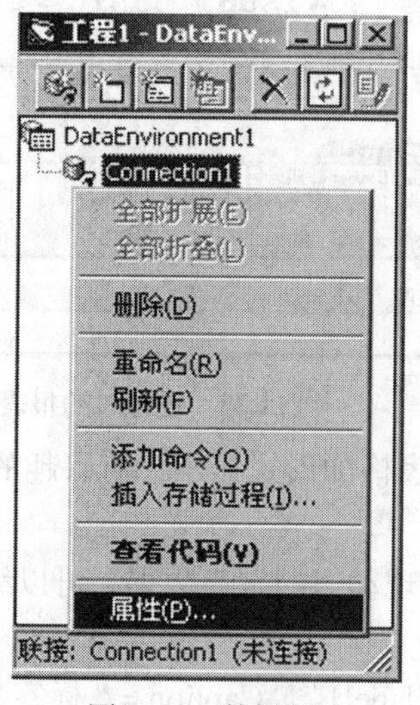

图11.32 数据源

图11.33 添加命令

Command 命令用于打开指定的数据表，再右击该 Command 命令，选择“属性”命令，在 Command 属性对话框中，设置其关联的表、视图或存储过程。如图 11.34 所示，在“通用”选项卡“数据源”框架中选中“数据库对象”，并在其后面的下拉列表框中选择“表”，“对象名称”下拉列表框中选择要操作的数据表。确认选择后，Command 命令会弹出子项，子项里显示了所选表中的所有

字段，如图 11.35 所示。

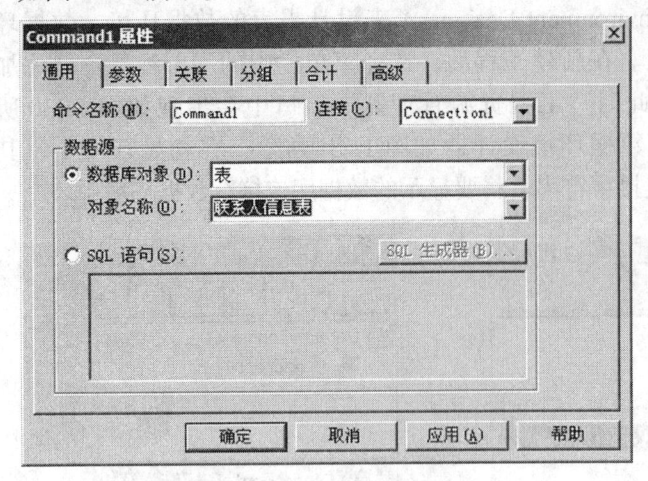

图11.34　设置Command属性

图1.35　Command1里的字段

（4）设置报表的数据源。选择数据报表，在属性中找到 DataSource 属性设置为前面的数据环境对象“DataEnvironment1”，还要把 DataMember 属性设置为数据环境对象的 Command 对象，如图 11.36 所示。

（5）添加报表控件及设置属性。将报表控件拖动到设计器中，其中 RptLabel 控件用于显示标题，RptTextBox 用于显示数据内容。设置 RptTextBox 的两个属性：DataMember 属性选择“command1”，DataField 属性选择该命令中的某一字段名字。也可直接将 Data Environment 数据环境设计器里的 Command1 命令下的某个字段拖动到报表里，设计中的报表如图 11.37 所示。

（6）运行显示报表。在工程窗体上放置一个 Button 命令按钮，程序代码如下：

```
DataReport1.Show
```

这样就会显示刚才做的报表的运行效果，如图 11.26 所示。

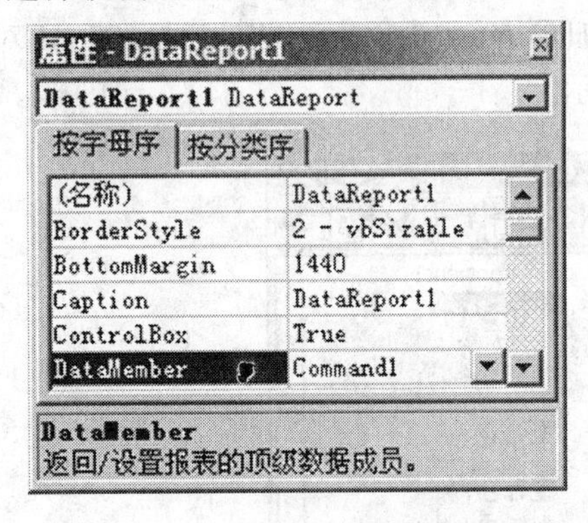

图11.36　DataReport设置属性

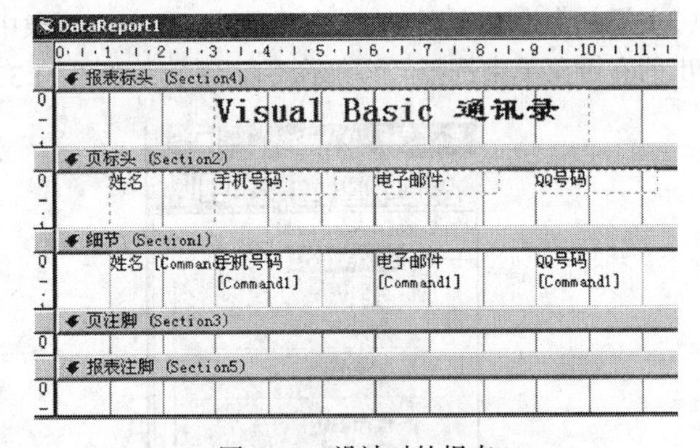

图11.37　设计时的报表

在设计报表时还可以加入 RptShape 线条控件，以表格的形式显示，有兴趣的读者可以自己参考资料进行完善。

报表上的数据有时需要来自查询结果，如果想要实现动态的报表数据，可以编写如下代码：

```
Set DataReport1.DataSource = 查询的记录集
DataReport1.Sections（"section1"）.Controls.Item（"label1"）.Caption = " 标签文本 "
DataReport1.Sections（"section1"）.Controls.Item（"text1"）.DataField = " 某个字段 "
```

11.4.2 设计分组数据报表

我们前面已经讲述了简单的报表制作方法。现在有这样一种情况，本学期每个同学都选了很多选修课，我们可以采用分组的形式，查看哪门课程都有哪些同学选修，如图 11.38 所示。

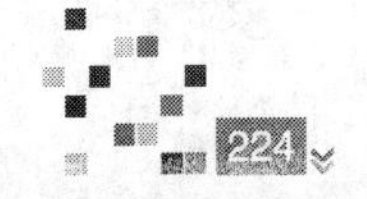

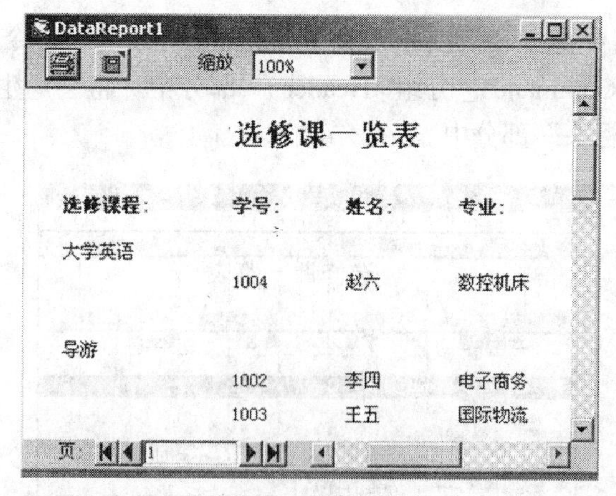

图11.38 分组报表

现有学生选课表如表 11.8 所示：

表 11.8 学生选课表

学 号	姓 名	专 业	选修课程
1001	张三	计算机软件	思想政治
1001	张三	计算机软件	文学欣赏
1001	张三	计算机软件	体育
1002	李四	电子商务	高等数学
1002	李四	电子商务	文学欣赏
1002	李四	电子商务	导游

具体操作步骤如下：

（1）创建 Command1 对象，设置其数据源的数据库对象和对象名称，如图 11.34 所示。

（2）单击“分组”选项卡，选中“分组命令对象”单选按钮，在“命令中的字段“ 选中“选修课程”，然后单击“>”按钮把“选修课程”字段添加到“用于分组的字段”列表框中，如图 11.39 所示。

（3）点击“确定”，这时环境设计器 Command1 命令如图 11.40 所示。

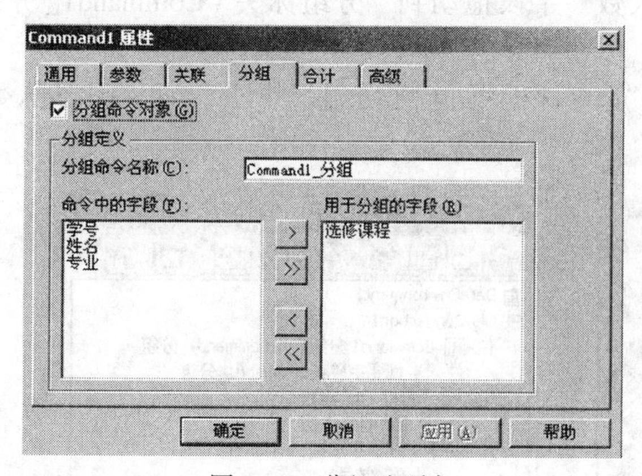

图11.39 分组选项卡

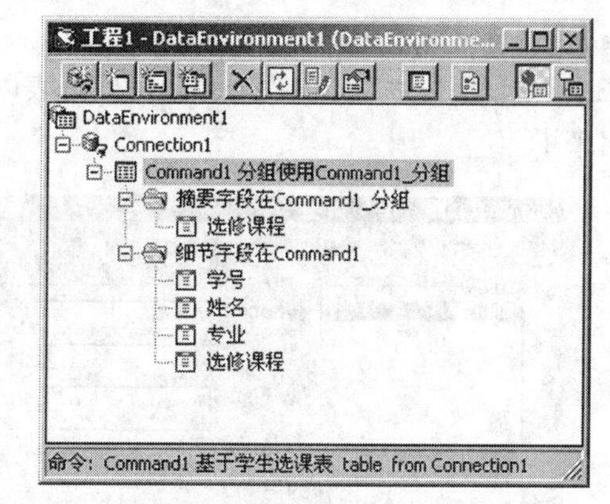

图11.40 分组后的Command命令

（4） 设 置 DataReport1 的 DataSource 属 性 为“DataEnvironment1”，DataMember 属 性 为“Command1_ 分组”。

（5）在报表设计器 DataReport1 中单击右键，在弹出的上下文菜单中选择“检索结构”菜单项，数据报表将自动出现一个组标头和组脚注。

（6）从数据环境设计器中拖动“摘要字段在 Command1_ 分组”命令下的“选修课程”字段到报表设计器中“分组标头（Command1_ 分组 _Header）”部分中。将会产生一个标签控件和文本框控件，把标签控件拖动到“页标头”部分中。

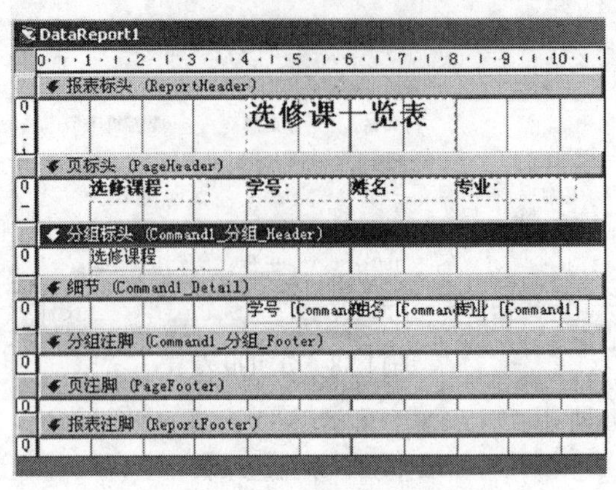

图11.41　分组设计报表

（7）从数据环境设计器中拖动“学号”字段到报表设计器中的“细节”部分中，将会产生一个标签控件和文本框控件，把标签控件拖动到“页标头”部分中。

（8）用同样的方法把其他字段也添加到报表设计器的“细节”部分，并把相应的标签移到“页标头”部分。设计完成的报表如图 11.41 所示。

（9）运行程序，将显示如图 11.38 所示的效果。

11.4.3 在报表中添加计算字段

所谓的计算字段就是该字段的值是在数据报表生成时通过计算得到的，而不是数据库表中的记录。在下面的例子中，扩展后的数据报表将包含一个“选课人数”字段，它的值是所选该门课程的同学数总和，创建步骤如下：

（1）单击“合计”选项卡，点击“添加”命令。在“合计设置”里的“名称”项目设置成“选课人数”，“功能”选择“计数”，字段选择“学号”。如图 11.42 所示，然后点击“确定”，则 Command1 命令结构如图 11.43 所示。

（2）在分组数据报表的基础上，将“选课人数”字段拖动到“分组标头（Command1_ 分组 _ Header）“中，设计效果如图 11.44 所示。

（3）运行程序后，查看效果，会发现报表以“选修课程”进行了分组，并且每组里有多少人数也统计出来了。

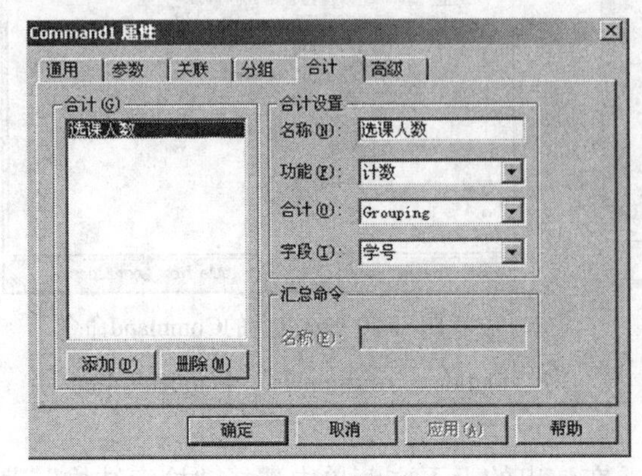

11.42　合计选项卡

11.43　合计Command命令

11.44 报表添加合计字段

11.4.4 打印报表

用户可以在“打印预览”时单击数据报表上的“打印”按钮来打印数据报表，也可以通过使用数据报表的 PrintReport 方法编程打印数据报表。如果打印过程中发生错误，可以在 Error 事件中进行错误捕获。

PrintReport 方法的作用是在程序运行时打印用数据报表设计器创建的数据报表，格式为：

Rptobject.PrintReport（ShowDialog, Range, PageFrom, PageTo）

要把 RptStudentScore 报表全部打印出来，可使用如下语句：

RptStudentScore.PrintReport False, rptRangeAllPages

如果仅希望打印第 1 页到第 5 面，可使用如下语句：

RptStudentScore.PrintReport False, rptRangeFromTo, 1,5

技术提示：

报表是经常使用的文档，报表设计师应用程序不可缺少的部分，利用数据报表设计器不但可以创建简单的报表，而且还可以给数据进行分组、对分组进行合计和统计等，如果需要专业性更强的报表，可以安装其他第三方报表软件。

重点串联

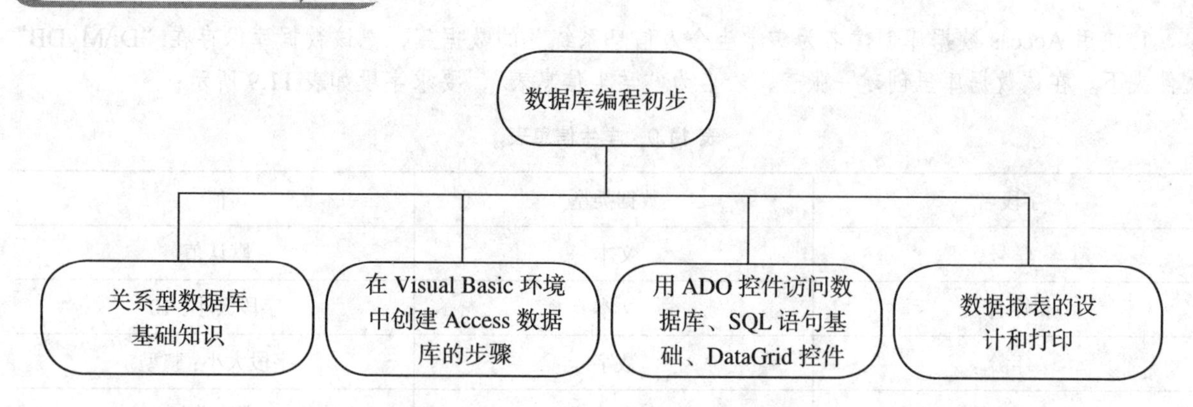

拓展与实训

基础训练

一、填空题

1. DBMS 是指 ______。

2. 数据库模型除了层次型，还有 ______、______两种。

3. ADO 的 RecordSet 对象的属性 RecordCount 的作用是 ______ 。

4. ADO 的 RecordSource 对象的作用是 ______ 。

5. 在报表设计中打印每条记录的 Section 是 ______ 。

6. 预览 DataReport1 对象产生的报表，需要通过代码 ______ 来实现。

二、单项选择

1. 在记录集中添加新的记录可以采用记录集 RecordSet 的 ______ 方法来实现。

A. AddNew　　B. Move　　C. Update　　D. Close

2. 在记录集中进行查找，如果找不到相匹配的记录，则记录定位在 ______。

A. 首记录之前　　B. 末记录之后　　C. 查找开始处　　D. 随机记录

3. 下列 ______组关键字是 Select 语句中不可缺少的。

A. Select，From　　B. Select，Where　　C. Select，OrderBy　　D. Select，All

4. 在新增记录调用 Update 方法写入记录后，记录指针位于 ______。

A. 记录集的最后一条　　B. 记录集的第一条

C. 新增记录上　　D. 添加新记录前的位置上

5. 在使用 Delete 方法删除当前记录后，记录指针位于 ______。

A. 被删除记录上　　B. 被删除记录的上一条

C. 被删除记录的下一条　　D. 记录集的第一条

技能实训

1. 使用 Access 数据库创建名为“学生个人信息系统”的数据库，把该数据库保存在“D:\MyDB”文件夹下。在该数据库里创建一张表，表名为“学生信息表”，要求字段如表 11.9 所示：

表 11.9　学生信息表

字段名	数据类型	值
学号	文本	默认值
姓名	文本	字段大小：10
年龄	数字	字段大小：整型
出生日期	时间 / 日期	默认值
联系电话	数字	默认值
家庭住址	备注	默认值

2. 使用 ADO 数据控件设计数据库应用程序，要求能实现以下功能：

（1）浏览记录，如“上一条”，“下一条”等功能。

（2）添加记录，能根据需求正确的向数据库中添加记录。

（3）删除记录，能正确删除记录，并且设置下一条记录为当前记录。

（4）修改记录，针对当前记录进行修改。

（5）查找记录，使用”Find”方法和 SQL 语句两种形式进行查找记录。

模块12 程序的调试与发布

教学聚焦

在程序的编写过程中，发生错误是常有的事，有的错误容易排除，有的错误却不容易发现，必须采用一些特殊的手段才能找出来并予以排除。在应用程序中查找并排除错误的过程称之为程序调试。在创建 Visual Basic 应用程序后，制作其程序安装包供其他人使用，这个过程称之为程序发布。

本模块将介绍程序调试、程序发布，主要包括：Visual Basic 编程中常见的错误类型、程序调试工具、错误的捕获和处理，以及程序发布的基本步骤等。

知识目标

◆ 掌握编译错误、运行错误、逻辑错误的表现

◆ 了解 Visual Basic 3 种工作模式

◆ 掌握程序调试和错误处理方法

◆ 制作程序安装包

技能目标

◆ 掌握 On Error 语句和 Err 对象的使用方法

课时建议

2 课时

教学重点和教学难点

◆ 掌握编译错误、运行错误、逻辑错误的表现；掌握程序调试和错误处理方法

项目 12.1 常见的错误类型

程序调试的关键在于发现并识别错误，然后才能纠正错误或采取相应的措施处理错误。程序中出现的错误可分为 3 类：编译错误、运行错误和逻辑错误。

例题导读

本子项目须读者掌握编译、运行、逻辑等 3 类错误的相关概念、含义及其表现形式。所以，并无明示的例题形式，仅以图 12.1、图 12.2 说明编译错误的概念，以图 12.3 说明运行错误的概念，而关于逻辑错误的概念，由于 Visual Basic 系统一般不会出现错误提示信息，所以仅以文字形式予以说明。

知识汇总

- 编译错误、运行错误、逻辑错误

12.1.1 编译错误

编译错误是指程序编译过程中产生的语法错误。这种错误通常是由于代码书写不正确而产生的。例如，关键字写错、遗漏标点符号、括号不匹配等。

发现这类错误有两个途径：

（1）在代码编辑阶段发现语法错误。由于 Visual Basic 提供了自动语法检查功能，所以，用户在代码窗口编辑代码时，如有错，系统则及时通过弹出消息框告知用户，帮助用户及时纠正。例如，在代码窗口中用户输入：

```
Foor  i=1 to 100
```

按回车时，Visual Basic 会弹出如图 12.1 所示的消息框给出错误信息。单击“确定”按钮，返回代码窗口，可修改程序；单击“帮助”按钮（系统必须安装 MSDN），用户可获取更详细的错误分析信息。

（2）运行时的编译阶段发现语法错误。常见的编译阶段能发现的语法错误有，变量未定义或写错（采用过 Option Explicit，要求变量须显式声明）、缺少操作对象、块 If 没有对应的 End If 语句、For 循环没有对应的 Next 语句、Do 循环没有对应的 Loop 语句等。以上这些错误，在代码的编辑阶段，系统不予提示，只有在程序运行的编译阶段，系统将以消息框的形式告知用户。例如，输入的事件代码中遗漏 End If 语句，如图 12.2 所示。

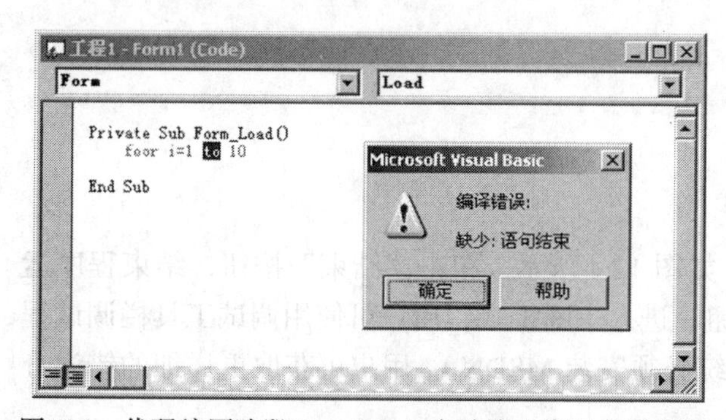

图12.1　代码编写阶段Visual Basic自动检查代码书写错误

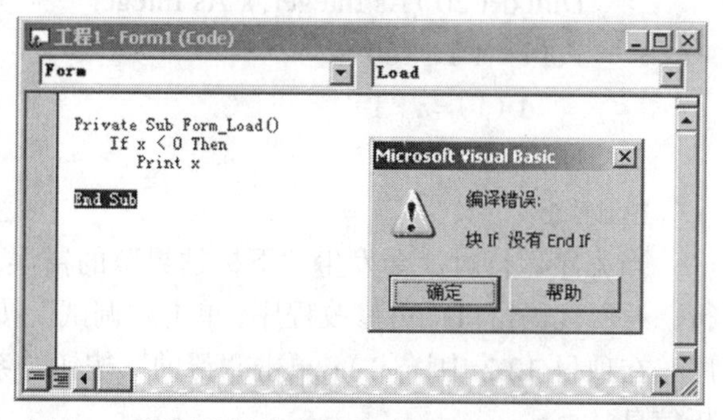

图 12.2　运行阶段检查出If语句没有对应的End If语句

需要说明的是，在多数情况下，Visual Basic 会指明语句中的出错位置。但有时并没有定位到真正的出错位置，而是指出出错后的第一个单词位置。因此，程序员要通过分析检查，确定出错的真正原因和位置。例如，如图 12.3 所示的消息框显示“Next 没有 For”，但真正错误是“块 If 没有 End If”。

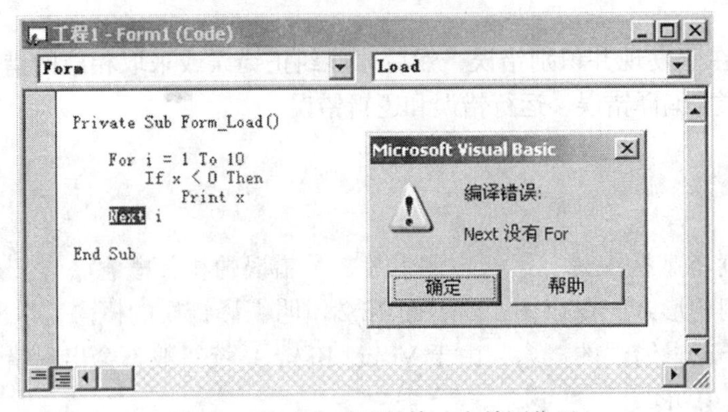

图12.3　指出出错后的第一个单词位置

技术提示：

为提高代码编辑速度，增强准确性，减少拼写所导致的错误，Visual Basic 6.0提供了以下3种在线提示功能：

（1）类型在线提示。在键入As后只要用户再键入空格，Visual Basic系统立刻会给出类型列表，而且列表会在用户进一步键入字符时发生变化。使用光标键或鼠标，选择所需要的类型，选中（被蓝色光条覆盖）后，按空格键或双击鼠标左键即可将其添加到代码中。这样用户可以不必去记忆繁琐的类型名称。

（2）属性和方法在线提示。在键入对象名后只要再键入“.”，系统就会列出该对象的所有属性和方法，供用户选择。选择方法同上。

（3）函数在线提示。在键入函数名后只要再键入“(”，系统自动会给出该函数（仅限于系统函数）的格式提示，方便用户使用系统函数。

12.1.2 运行错误

运行错误是指 Visual Basic 在运行应用程序时执行了非法操作所引起的错误。例如，除法时分母为零、被操作的驱动器未准备好或磁盘读写有错、数组下标超界、数据溢出等。运行出错时也将弹出消息框窗口，提示出错信息。如下列程序代码：

```
Private Sub Form_Load ( )
    Dim d ( 20 ) As Integer, k As Integer
    For i = 1 To 100
        d ( i ) = i * i
    Next i
End Sub
```

当程序运行时，会发生“下标越界”的错误，如图 12.4 所示。单击“结束”按钮，结束程序运行，返回代码窗口，可修改程序；单击“调试”按钮，进入中断模式，用户可使用调试工具栏调试程序（在项目 12.2 中详述）；单击“帮助”按钮（系统必须安装 MSDN），用户可获取更详细的错误分析信息。

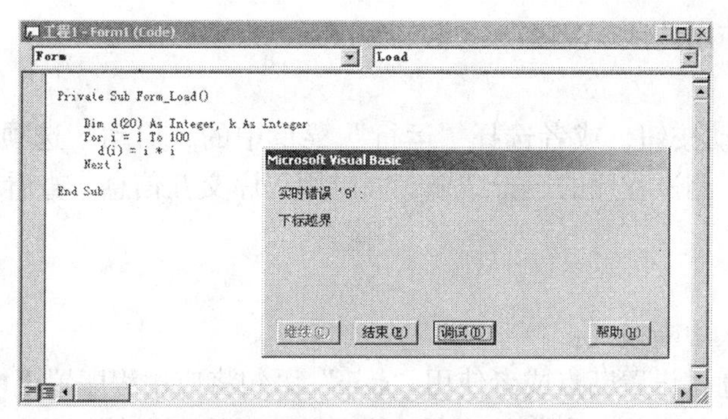

图12.4　下标越界提示

12.1.3 逻辑错误

逻辑错误是指程序运行后得不到所期望的结果，程序存在逻辑上缺陷，这类程序错误称为逻辑错误。这种程序没有语法错误也能运行，但却得不到正确的结果。例如，在算术表达式中把“*”写成了“+”，条件语句的条件写错、循环次数写错、死循环等。逻辑错误不会出现提示信息，除非由于逻辑错误引发了编译错误或运行错误，从而出现编译错误或运行错误的提示信息。

通常，程序员调试程序的大部分时间和精力都花费在排除逻辑错误上。

项目 12.2 如何调试程序

在程序设计过程中，不可避免地会出现各种错误。Visual Basic 6.0 提供了功能全面的程序调试手段。

例题导读

通过例 12.1，说明如何使用调试工具，进行程序调试。

知识汇总

- Visual Basic 的 3 种工作模式及调试工具

程序调试的关键在于发现并识别错误，然后才能纠正错误或采取相应的措施处理错误。程序中所出现的编译错误和运行错误，系统均会给出相应的提示信息，以帮助用户排错及处理，而逻辑错误不会有提示信息，并且极不易发觉是哪一条语句引起的，有时候错误产生的原因与产生错误结果的语句之间相隔甚远。

为保证程序的正确性，在 Visual Basic 6.0 集成开发环境中，一方面，用户可使用系统提供的语法检查和在线提示功能，及时排错和处理错误；另一方面，用户还可以使用系统提供的程序调试工具，快速侦测应用程序中的逻辑错误，及时排错和处理错误。下面将介绍程序调试工具的使用方法。

12.2.1 Visual Basic 的 3 种工作模式

Visual Basic 集成开发环境中有 3 种工作模式：设计模式、运行模式和中断模式。在 Visual Basic 主窗口的标题栏上，显示有“设计”、“运行”、“Break”，分别表示设计模式、运行模式和中断模式。

1. 设计模式

启动 Visual Basic 6.0 后，系统便进入设计模式。在设计模式下，用户可以设计窗体布局、绘制控件、编写代码、查看对象属性等。另外，还可以在代码窗口中设置断点、创建监视表达式等。但

是，不能在设计模式下使用调试工具。

2. 运行模式

单击工具栏中的启动按钮，或者选择“运行”菜单中的“启动”选项，都可以进入运行模式。在运行模式下，用户可以测试程序的运行结果、同应用程序交互信息、查看程序代码，但不能修改程序代码。

3. 中断模式

以下 4 种方式可进入中断模式：

（1）在设计模式下通过设置断点或者使用“stop”语句将应用程序置于中断模式。

（2）选择“运行”菜单中的“中断”选项，或者单击“中断”按钮将应用程序置于中断模式。

（3）按下 Ctrl+Break 键来引导程序由运行模式切换到中断模式。

（4）应用程序在运行时产生错误，可切换到中断模式。

在中断模式下，用户可以分析应用程序的当前状态并修改程序代码，所有的调试工具都可以在中断模式下使用。

12.2.2 调试工具

在 Visual Basic 集成开发环境中，当系统进入中断模式，调试工具栏自动出现，用户可以使用其中的“切换断点”、“逐语句”、“逐过程”、“跳出”，“本地窗口”、“立即窗口”、“监视窗口”、“快速监视”等工具调试程序。调试工具栏如图 12.5 所示，它可通过操作菜单“视图”→“工具栏”→“调试”，调出或隐藏。

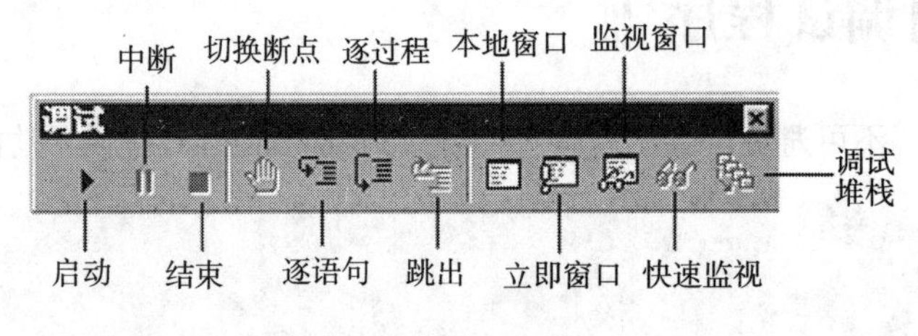

图12.5　调试工具栏

12.2.3 调试方法

下面介绍这些调试工具的功能和使用方法。

1. 切换断点

断点通常是被怀疑可能会出问题的程序行。可以在中断模式下设置，也可以在设计模式下设置，其设置有两种方法：

（1）在代码窗口中，在要设置断点的那一行代码的左边空白区单击鼠标左键。

（2）在代码窗口中，将光标移到需要设置断点的程序行，单击调试工具栏上的“切换断点”按钮。设置断点后，该行将以粗体突出显示，并在其前面显示一红色圆点符号，如图 12.6 所示。用同样的方法可取消设置的断点，或按 Ctrl+Shift+F9 组合键清除所有断点。程序运行时，遇到断点会中断执行。可在程序中设置多个断点，帮助用户调试程序。

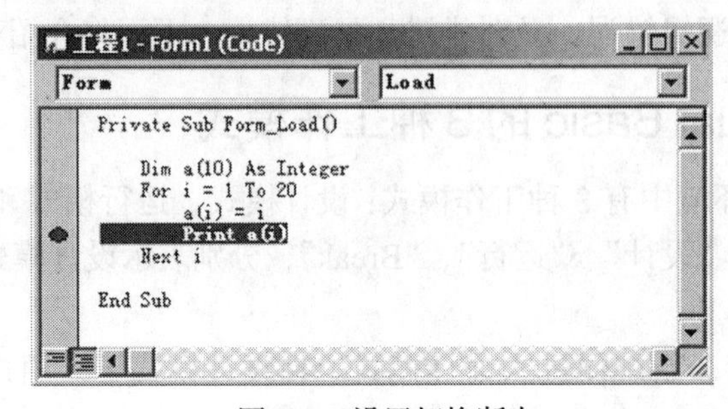

图12.6　设置切换断点

2. 逐语句

逐语句是指程序将单语句执行，即一句一停。如果执行的代码是过程调用，会跟踪到被调用过程中，仍是一句一停地执行。在逐语句执行时，用户会看到正在执行的语句为黄色，同时出现一个“立即”窗口，用户可以在“立即”窗口使用Print方法或问号（？）查看变量或表达式的值，如图12.7所示。

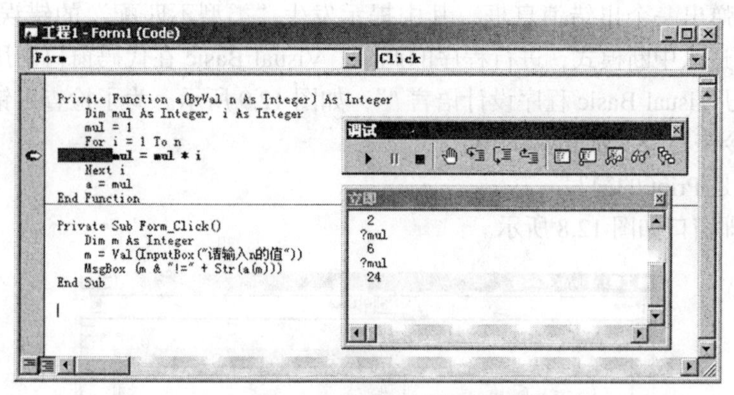

图12.7　设置逐语句调试

3. 逐过程

逐过程执行就是以整个函数或过程为一个整体，依次执行下去。

逐过程与逐语句是有区别的。当执行的代码是过程调用时，逐语句会跟踪到被调用过程中，在过程内一句一停地执行；而逐过程不会跟踪到被调用过程中，它把被调用过程作为一个整体一次执行完成。

4. 跳出

当用逐语句方法跟踪进入过程或函数中，如果发现过程中的语句没有问题，可以单击“调试”工具栏的“跳出”按钮，从当前的过程中跳出，去执行过程调用处的下一条语句。

12.2.4 调试窗口

1. 本地窗口

用户在调试程序时，可以利用“本地”窗口显示当前过程中所有变量的值。当程序的执行从一个过程切换到另一个过程时，“本地”窗口的内容也会随之改变，显示该过程中所有变量的值。

2. 立即窗口

使用立即窗口，不仅可以检查某个属性或者变量的值，还可以执行单个大的过程、进行表达式的求值、为变量或属性赋值等。打开立即窗口的方法：单击“调试”工具栏上的“立即窗口”按钮，或者选择“视图”菜单的“立即窗口”选项。有时希望把应用程序中的某些信息要输出到立即窗口中，则需在Print方法前加上Debug。例如，Debug.print x，表示在立即窗口中输出变量x的值。

3. 监视窗口

使用监视窗口，可以对用户定义的表达式进行监视。打开监视窗口的方法与打开立即窗口的方法相同。在监视窗口中，可以添加、删除或重新编辑要监视的表达式。

方法：单击鼠标右键，从弹出的快捷菜单中选择所需的功能。

4. 快速监视

快速监视常用于检查那些没有在监视窗口中定义的属性、变量或表达式的值。

方法：在代码窗口中选中要进行快速监视的表达式，然后单击调试工具栏的“快速监视”按钮即可。

下面通过一个例子，说明如何使用调试工具，进行程序调试。

【例12.1】 假设有一个窗体装载事件过程，程序代码如下：

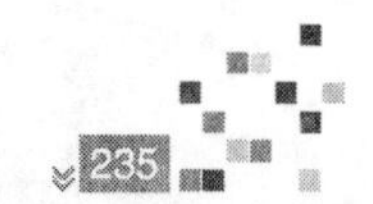

```
Private Sub Form_Load ( )
    Dim mys As Integer
    mys = " 学习 Visual Basic 程序设计语言 "
    MsgBox mys
End Sub
```

运行时系统将弹出一个出错消息框，其中提示发生“类型不匹配”的错误。单击消息框中的“调试”按钮，即可进入中断模式，进行程序的调试。Visual Basic 在代码窗口中用箭头指示发生错误的语句“mys=" 学习 Visual Basic 程序设计语言 "”，如图 12.9 所示。为了检查出错原因，可以在立即窗口中输入以下命令来检查变量 mys 的值：

```
?  mys      '? 是 Print 的简写
```

显示结果的立即窗口如图 12.8 所示。

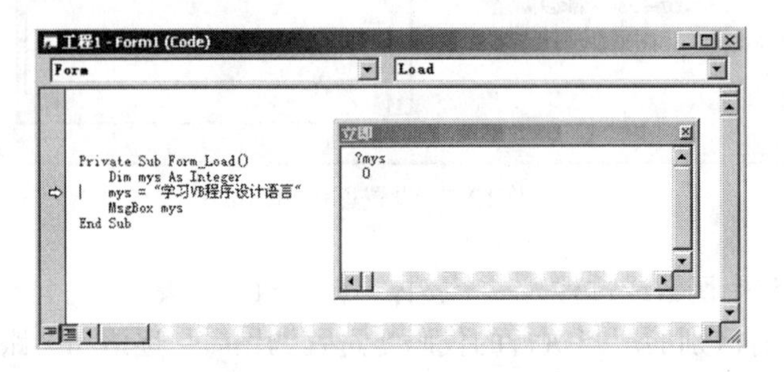

图12.8　数据类型不匹配

从显示结果可以看出，出错前变量 mys 的当前值为数值 0，它是一个整型变量，不能将字符串 " 学习 Visual Basic 程序设计语言 " 赋值给 mys，所以发生了“类型不匹配”的错误。只要将语句“Dim mys As Integer”改为“Dim mys”或“Dim mys As string”即可。

项目 12.3 出错处理

调试通过的程序，由于应用环境的变化，执行时还会出现错误。例如，要访问的文件不存在。这类错误并非是致命的，如果简单地终止程序运行，显然不合理。需要用户在程序中捕获此类运行错误，并编写相应的错误处理程序进行处理。当错误发生时，程序能捕捉到这一错误，并按程序设计者事先设计好的方法来处理这一错误。

通常，错误处理的基本步骤如下：

（1）利用 Err 对象记录错误的类型、出错原因等。

（2）强制转移到用户自编的“错误处理程序段”的入口。

（3）下面将介绍 On Error 语句、Err 对象，学习如何使用它们，对程序运行时的错误进行捕获和处理。

例题导读

通过例 12.2，说明程序发生错误时的处理方法，即错误捕获、错误处理、错误处理结束后的返回。

知识汇总

● On Error 语句的使用、Err 对象

12.3.1 On Error 语句的使用

在 Visual Basic 中，使用 On Error 语句可以捕获错误，其语法格式有如下 3 种形式：

1. On Error Resume Next

发生错误时，忽略错误行，紧接着执行发生错误语句之后的下一语句。

2. On Error GoTo 语句标号

发生错误时，使程序转跳到："语句标号"所指示的程序块执行程序。

3. On Error GoTo 0

发生错误时，当前过程立即丧失错误捕获能力，即禁止当前过程中任何已启动的错误处理程序。一般地，当用户确定已经没有错误产生，或者错误已经得到处理，可使用它禁止程序捕获错误。

通常，错误捕获语句 On Error 放在过程的开始位置。在程序执行过程中，当该语句后面的代码出错时，程序自动跳转到指定的位置去运行。

当指定的错误处理完成后，应该控制程序返回到合适的位置继续执行。返回语句 Resume 也有如下 3 种形式：

方式一：Resume [0] 程序返回到出错语句处继续执行。

方式二：Resume Next 程序返回到出错语句的下一语句处继续执行。

方式三：Resume 语句标号 程序返回到"语句标号"处继续执行。

通常，返回语句 Resume 放在错误处理程序段的最后。当指定的错误处理完成后，控制程序返回到合适的位置继续执行。

12.3.2 Err 对象

运行时捕获到错误后，就是要执行错误处理程序段。在错误处理程序段中，我们要针对错误的类型，向用户提供解决的方法，然后根据用户的选择，进行相应的处理。

在 Visual Basic 中，每当产生错误的时候，都会将当前错误的编号和描述存储在 Err 对象中，可通过这个对象来判断当前产生的是什么错误。Err 对象是一个具有全局范围的固有对象，用户不必在程序中重新定义它，遇到错误发生，系统自动设置其有关属性值，保存该错误的相关信息。

1. Err 对象的常用属性

（1）Number 属性：存储当前错误的编号（错误码）。

（2）Description 属性：存储当前错误的描述。

表 12.1 是 Visual Basic 中的常见错误码及其描述。

表 12.1 Visual Basic 中的常见错误码及其描述

错误码	错误信息	错误码	错误信息
5	非法的函数（过程）调用或参数	18	出现用户中断
6	溢出	35	过程或者函数未定义
7	内存溢出	52	错误的文件名
9	数组下标越界	53	找不到指定的文件
10	数组长度固定或者临时被锁定	55	文件已经被打开
11	除数为 0	61	磁盘已满
13	类型不匹配	68	设备没有准备好

2. 常用方法

（1）Clear 方法：用于清除 Err 对象的当前属性值。

（2）Raise 方法：本方法能产生错误，常用于设置陷阱，调试错误处理程序段。例如，执行语句“Err.Raise 55”系统将强制产生 55 号错误，即“文件已打开”错误。

【例 12.2】 输入某个数，输出该数的平方根。当用户输入负数时，使用 On Error 捕获错误并进行处理，输出该数的复数根。

程序代码如下：

```
Private Sub Form_Load（）
    Dim x As Single, y As Single, i As String
    On Error GoTo errln
    Show
    i = ""                          '注意 i 为空字符的用法
    x = Val（InputBox（"请输入一个数"））
    y = Sqr（x）
    Print y; i
    Exit Sub
errln:
    If Err.Number = 5 Then
        x = -x
        i = "i"
    Resume                          '返回出错语句处执行程序
    Else
        MsgBox（"错误发生在" & Err.Source & "，代码为" & Err.Number & "，即" & Err.
Description）
        End
    End If
End Sub
```

在程序中，语句 On Error GoTo errln 表示当错误发生时，程序跳转到以标号 errln 为入口的错误处理程序段继续执行。在程序运行过程中，如果用户输入一个正数，则显示出该数的平方根；如果用户输入的是一个负数，则因求负数的平方根（函数 Sqr）而出错，此时，程序跳转到错误处理程序段，在该段程序中，先判断错误码，若是代号为 5（即“非法函数调用”）的错误，将该负数转换为正数，并设置复数标记，然后执行 Resume 语句，返回到原来出错处继续执行程序。如果发生的不是 5 号码的错误，则显示有关的信息后强制结束。

项目 12.4 制作安装包

制作安装程序往往是程序设计的最后一步，打包过程可以将需要的文件和数据包含在安装程序内，在其他计算机上只需安装后即可运行。

例题导读

制作安装程序的方法很多，下面介绍利用 Visual Basic 6.0 自带的打包功能制作安装程序的方法。

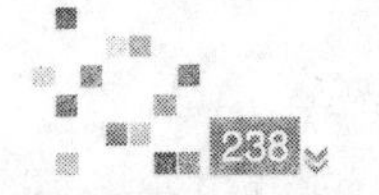

知识汇总

● Visual Basic 6.0 自带的打包功能：打包和展开向导。

制作安装包的步骤如下：

1. 运行打包向导

单击“开始”→“所有程序”→“Microsoft Visual Basic 6.0 中文版”→“Microsoft Visual Basic 6.0 中文版工具”→“Package & Deployment 向导”，启动 Visual Basic 的打包向导，如图 12.9 所示。

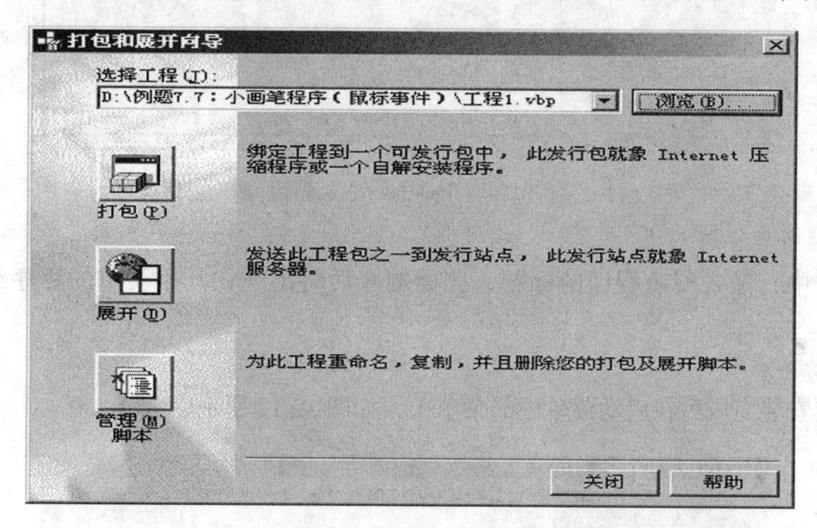

图12.9 “打包和展开向导”对话框

2. 选择要打包的文件

在图 12.9 中，选择“浏览”按钮，选择要打包的工程文件。单击“打包”按钮，按照向导的默认选项，执行“下一步”，直到出现如图 12.10 所示的界面。

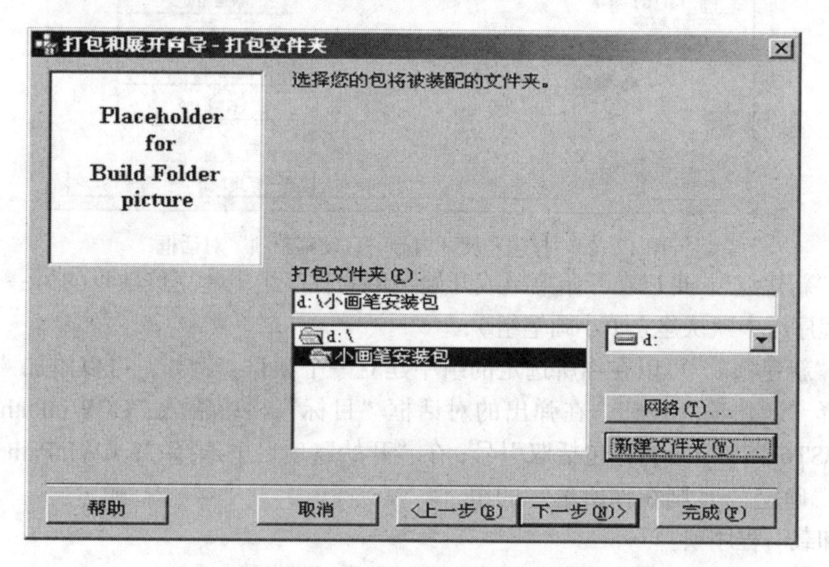

图12.10 “打包和展开向导—打包文件夹”对话框

3. 确定输出目录

在图 12.10 中，通过选择“盘符”、“文件夹”或“新建文件夹”等操作，为打包程序确定打包文件夹的位置，执行向导的下一步。以后，按照向导的默认选项，执行“下一步”，直到出现如图 12.11 所示的界面。

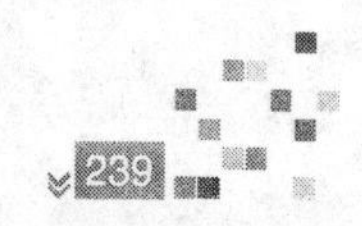

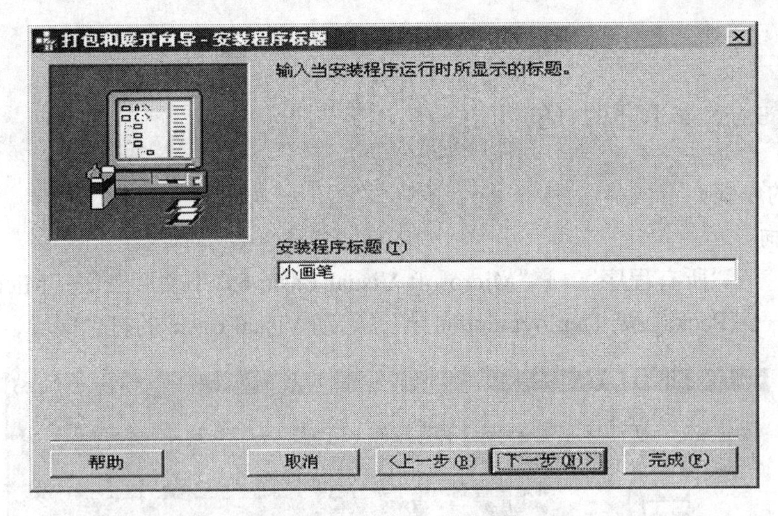

图12.11 “打包和展开向导—安装程序标题”对话框

4. 确定安装程序标题

在图 12.11 中，输入安装程序的标题，此标题今后将出现在开始菜单的程序组中，单击“下一步”。

5. 建立启动菜单项

该步骤确定安装完成后在启动菜单中的菜单项，如图 12.12 所示。

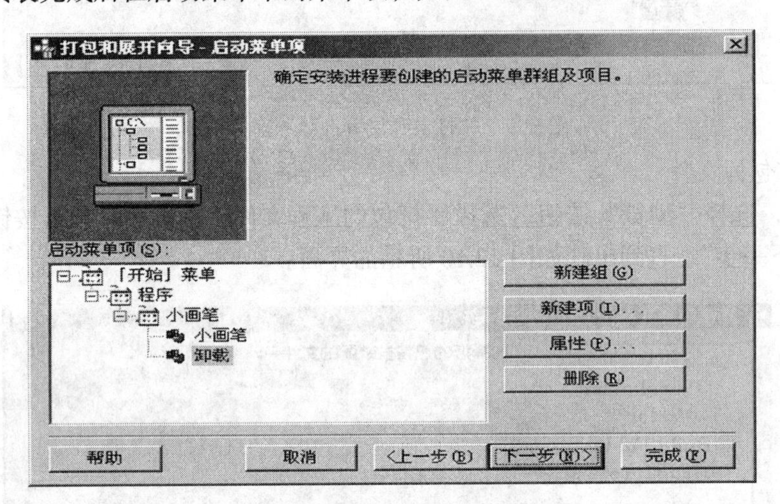

图 12.12 “打包和展开向导—启动菜单项”对话框

（1）选择“新建组”。可以在开始菜单或开始菜单的程序组中建立该项目的另一个组（系统已经在开始菜单的程序组中默认建立了小画笔组）；

（2）选择“新建项”。可以在你所选定的组中建立一个项目。例如，可以添加“卸载”程序项。其方法是：选择“新建项”按钮，在弹出的对话框“目标”栏中输入：$（WinPath）\st6unst.exe -n "$（AppPath）\ST6UNST.LOG"，包括双引号；在“开始”项目中选择“$（WinPath）”，不包括双引号，然后点击“确定”·，则在你所选定的组中就添加了“卸载”程序项。

（3）选择“属性”。可修改你所建立的“组”或“项”的属性。

其方法是：选定“组”或“项”，单击“属性”，在弹出的对话框中进行设置。

（4）选择“删除”。删除与打包程序相关的“组”或“项”。

技术提示：

如果您要求打包的程序能够像商业软件一样拥有漂亮的安装界面，推荐您使用第三方工具进行Visual Basic应用程序的打包，读者可参阅其他书籍。

其方法是：选定“组”或“项”，单击“删除”即可。

做好以上的相关设置后，继续执行向导的下一步，直到完成。

制作好 Visual Basic 应用程序的安装包后，用户可运行安装包中的 Setup.exe 程序，将其安装到系统中使用。如果制作安装包时，添加了“卸载”程序项，则可运行它来“卸载”应用程序；否则，可使用“控制面板”中的“添加或删除程序”来卸载此应用程序。

重点串联

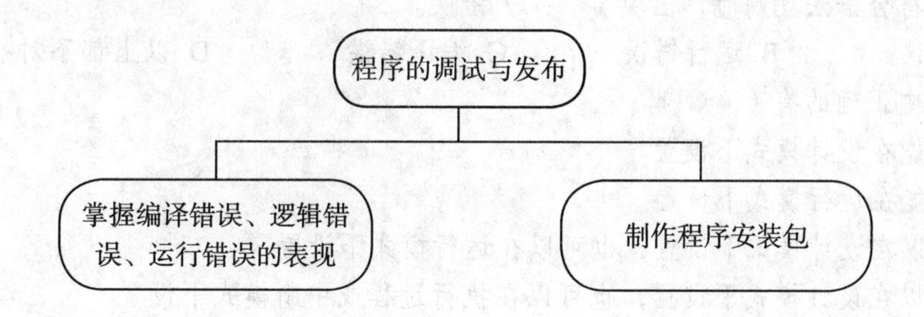

拓展与实训

基础训练

一、选择题

1. 当语句不符合语法规则时，出现（　　）错误。

A. 逻辑错误　　B. 运行错误　　C. 编译错误　　D. 以上都不对

2. 下列陈述中正确的有（　　）。

A. 断点只能在设计模式下设置

B. 断点只能在运行模式下设置

C. 断点可以在设计模式下设置，也可以在运行模式下设置

D. 断点可以在设计模式下设置，也可以在执行过程或中断模式下设置

3. 下列属性中，属于 Err 对象的有（　　）。

A. Number　　B. Caption　　C. Description　　D. Text

二、判断题

1. 在 Visual Basic 集成环境中只有运行程序才能发现程序错误。（　　）

2. 设置错误的捕捉陷阱，指在程序中可能出现错误的地方放置捕捉语句来捕获产生错误的语句。（　　）

3. On Error Resume Next 语句的功能是忽略错误，继续往下执行。（　　）

三、填空题

1. 设置断点快捷键是 ______。

2. Visual Basic 单步执行的热键是 ______。

3. 错误码为 11 表示发生的错误是 ______。

技能实训

1. 编写一段程序，如果出现数组下标越界或除数为零错误时，则给出错误的描述。

2. 编写一段程序，要求能够对下列代码中的错误进行捕捉处理。

```
For i=1 To 10
    For j=1 To 10
        a（i,j）=100/（i-j）
    Next j
Next i
```

附录1 全国计算机等级考试二级 Visual Basic 考试大纲

二级公共基础知识大纲

【基本要求】

（1）掌握算法的基本概念。

（2）掌握基本数据结构及其操作。

（3）掌握基本排序和查找算法。

（4）掌握逐步求精的结构化程序设计方法。

（5）掌握软件工程的基本方法，具有初步应用相关技术进行软件开发的能力。

（6）掌握数据库的基本知识，了解关系数据库的设计。

【考试内容】

1. 基本数据结构与算法

（1）算法的基本概念；算法复杂度的概念和意义（时间复杂度与空间复杂度）。

（2）数据结构的定义；数据的逻辑结构与存储结构；数据结构的图形表示；线性结构与非线性结构的概念。

（3）线性表的定义；线性表的顺序存储结构及其插入与删除运算。

（4）栈和队列的定义；栈和队列的顺序存储结构及其基本运算。

（5）线性单链表、双向链表与循环链表的结构及其基本运算。

（6）树的基本概念；二叉树的定义及其存储结构；二叉树的前序、中序和后序遍历。

（7）顺序查找与二分法查找算法；基本排序算法（交换类排序、选择类排序、插入类排序）。

2. 程序设计基础

（1）程序设计方法与风格。

（2）结构化程序设计。

（3）面向对象的程序设计方法、对象、方法、属性及继承与多态性。

3. 软件工程基础

（1）软件工程的基本概念；软件生命周期的概念；软件工具与软件开发环境。

（2）结构化分析方法；数据流图、数据字典、软件需求规格说明书。

（3）结构化设计方法；总体设计与详细设计。

（4）软件测试的方法；白盒测试与黑盒测试；测试用例设计；软件测试的实施；单元测试、集成测试和系统测试。

（5）程序的调试；静态调试与动态调试。

4. 数据库设计基础

（1）数据库的基本概念：数据库、数据库管理系统、数据库系统。

（2）数据模型；实体联系模型及 E-R 图；从 E-R 图导出关系数据模型。

（3）关系代数运算；包括集合运算及选择、投影、连接运算、数据库规范化理论。

（4）数据库设计方法和步骤：需求分析、概念设计、逻辑设计和物理设计的相关策略。

【考试方式】

（1）公共基础知识的考试方式为笔试，与 C 语言程序设计 (C++ 语言程序设计、Java 语言程序设

计、Visual Basic 语言程序设计、Visual FoxPro 数据库程序设计、Access 数据库程序设计或 Delphi 语言程序设计）的笔试部分合为一张试卷。公共基础知识部分占全卷的 30 分。

（2）公共基础知识有 10 道选择题和 5 道填空题。

二级 Visual Basic 语言程序设计考试大纲

【基本要求】

(1) 熟悉 Visual Basic 集成开发环境。

(2) 了解 Visual Basic 中对象的概念和事件驱动程序的基本特性。

(3) 了解简单的数据结构和算法。

(4) 能够编写和调试简单的 Visual Basic 程序。

【考试内容】

1. Visual Basic 程序开发环境

（1）Visual Basic 的特点和版本。

（2）Visual Basic 的启动与退出。

（3）主窗口：①标题和菜单；②工具栏。

（4）其他窗口：①窗体设计器和工程资源管理器；②属性窗口和工具箱窗口。

2. 对象及其操作

（1）对象：① Visual Basic 的对象；②对象属性设置。

（2）窗体：①窗体的结构与属性；②窗体事件。

（3）控件：①标准控件；②控件的命名和控件值。

（4）控件的画法和基本操作。

（5）事件驱动。

3. 数据类型及其运算

（1）数据类型：①基本数据类型；②用户定义的数据类型。

（2）常量和变量：①局部变量与全局变量；②变体类型变量；③缺省声明。

（3）常用内部函数。

（4）运算符与表达式：①算术运算符；②关系运算符与逻辑运算符；③表达式的执行顺序。

4. 数据输入、输出

（1）数据输出：① Print 方法；②与 Print 方法有关的函数 (Tab, Spc, Space $)；③格式输出 (Format $)。

（2）InputBox 函数。

（3）MsgBox 函数和 MsgBox 语句。

（4）字形。

（5）打印机输出：①直接输出；②窗体输出。

5. 常用标准控件

（1）文本控件：①标签；②文本框。

（2）图形控件：①图片框，图像框的属性、事件和方法；②图形文件的装入；③直线和形状。

（3）按钮控件。

（4）选择控件：复选框和单选按钮。

（5）选择控件：列表框和组合框。

（6）滚动条。

（7）计时器。

（8）框架。

（9）焦点与 Tab 顺序。

6. 控制结构

（1）选择结构：①单行结构条件语句；②块结构条件语句；③ If 函数。

（2）多分支结构。

（3）For 循环控制结构。

（4）当循环控制结构。

（5）Do 循环控制结构。

（6）多重循环。

7. 数组

（1）数组的概念：①数组的定义；②静态数组与动态数组。

（2）数组的基本操作：①数组元素的输入、输出和复制；② ForEach...Next 语句；③数组的初始化。

（3）控件数组。

8. 过程

（1）Sub 过程：① Sub 过程的建立；②调用 Sub 过程；③通用过程与事件过程。

（2）Function 过程：① Function 过程的定义；②调用 Function 过程。

（3）参数传送：①形参与实参；②引用；③传值；④数组参数的传送。

（4）可选参数与可变参数。

（5）对象参数：①窗体参数；②控件参数。

9. 菜单与对话框

（1）用菜单编辑器建立菜单。

（2）菜单项的控制：①有效性控制；②菜单项标记；③键盘选择。

（3）菜单项的增减。

（4）弹出式菜单。

（5）通用对话框。

（6）文件对话框。

（7）其他对话框（颜色、字体、打印对话框）。

10. 多重窗体与环境应用

（1）建立多重窗体应用程序。

（2）多重窗体程序的执行与保存。

（3）Visual Basic 工程结构：①标准模块；②窗体模块；③ SubMain 过程。

（4）闲置循环与 DoEvents 语句。

11. 键盘与鼠标事件过程

（1）KeyPress 事件。

（2）KeyDown 与 KeyUp 事件。

（3）鼠标事件。

（4）鼠标光标。

（5）拖放。

12. 数据文件

（1）文件的结构和分类。

（2）文件操作语句和函数。

（3）顺序文件：①顺序文件的写操作；②顺序文件的读操作。

（4）随机文件：①随机文件的打开与读写操作；②随机文件中记录的增加与删除；③用控件显示和修改随机文件。

（5）文件系统控件：①驱动器列表框和目录列表框；②文件列表框。

（6）文件基本操作。

【考试方式】

（1）笔试：90分钟，满分100分，其中含公共基础知识部分的30分。

（2）上机操作：90分钟，满分100分。

上机操作包括：①基本操作；②简单应用；③综合应用。

附录2 2011年3月全国计算机等级考试二级笔试试卷Ⅲ

Visual Basic语言程序设计

（考试时间90分钟，满分100分）

一、选择题（每小题2分，共70分）

下列各题A、B、C、D四个选项中，只有一个选项是正确的，请将正确选项填涂在答题卡相应位置上，答在试卷上不得分。

（1）下列关于栈叙述正确的是

A. 栈顶元素最先能被删除　　B. 栈顶元素最后才能被删除

C. 栈底元素永远不能被删除　　D. 以上3种说法都不对

（2）下列叙述中正确的是

A. 有一个以上根结点的数据结构不一定是非线性结构

B. 只有一个根结点的数据结构不一定是线性结构

C. 循环链表是非线性结构

D. 双向链表是非线性结构

（3）某二叉树共有7个结点，其中叶子结点只有1个，则该二叉树的深度为（假设根结点在第1层）

A. 3　　B. 4　　C. 6　　D. 7

（4）在软件开发中，需求分析阶段产生的主要文档是

A. 软件集成测试计划　　B. 软件详细设计说明书

C. 用户手册　　D. 软件需求规格说明书

（5）结构化程序所要求的基本结构不包括

A. 顺序结构　　B. GOTO跳转

C. 选择（分支）结构　　D. 重复（循环）结构

（6）下面描述中错误的是

A. 系统总体结构图支持软件系统的详细设计

B. 软件设计是将软件需求转换为软件表示的过程

C. 数据结构与数据库设计是软件设计的任务之一

D. PAD图是软件详细设计的表示工具

（7）负责数据库中查询操作的数据库语言是

A. 数据定义语言　　B. 数据管理语言

C. 数据操纵语言　　D. 数据控制语言

(8) 一个教师可讲授多门课程，一门课程可由多个教师讲授，则实体教师和课程间的联系是

A. 1:1 联系　B. 1:*m* 联系　C. *m*:1 联系　D. *m*:*n* 联系

(9) 有 3 个关系 R、S 和 T 如附图 2.1 所示：

R

A	B	C
A	1	2
B	2	1
C	3	1

S

A	B
C	3

T

C
1

附图2.1

则由关系 R 和 S 得到关系 T 的操作是

A. 自然连接　B. 交　C. 除　D. 并

(10) 定义无符号整数类为 UInt，下面可以作为类 UInt 实例化值的是

A. -369　B. 369　C. 0.369　D. 整数集合 {1，2，3，4，5}

(11) 在 Visual Basic 集成环境中，可以列出工程中所有模块名称的窗口是

A. 工程资源管理器窗口　B. 窗体设计窗口

C. 属性窗口　D. 代码窗口

(12) 假定编写了如下 4 个窗体事件的事件过程，则运行应用程序并显示窗体后，已经执行的事件过程是

A. Load　B. Click　C. LostFocus　D. KeyPress

(13) 为了使标签具有“透明”的显示效果，需要设置的属性是

A. Caption　B. Alignment　C. BackStyle　D. AutoSize

(14) 下面可以产生 20~30(含 20 和 30) 的随机整数的表达式是

A. Int(Rnd*10+20)　B. Int(Rnd*11+20)

C. Int(Rnd*20+30)　D. Int(Rnd*30+20)

(15) 设窗体上有一个名称为 HS1 的水平滚动条，如果执行了语句：

HS1.Value=(HS1.Max-HS1.Min)/2+HS1.Min，则

A. 滚动块处于最左端

B. 滚动块处于最右端

C. 滚动块处于中间位置

D. 滚动块可能处于任何位置，具体位置取决于 Max，Min 属性的值

(16) 窗体上有一个名称为 Cb1 的组合框，程序运行后，为了输出选中的列表项，应使用的语句是

A. Print Cb1.Selected　B. Print Cb1.List(Cb1.ListIndex)

C. Print Cb1.Selected.Text　D. Print Cb1.List(ListIndex)

(17) 为了在窗体上建立 2 组单选按钮，并且当程序运行时，每组都可以有一个单选按钮被选中，则以下做法中正确的是

A. 把这 2 组单选按钮设置为名称不同的 2 个控件数组

B. 使 2 组单选按钮的 Index 属性分别相同

C. 使 2 组单选按钮的名称分别相同

D. 使 2 组单选按钮分别画到 2 个不同的框架中

(18) 如果一个直线控件在窗体上呈现为一条垂直线，则可以确定的是

A. 它的 Y1，Y2 属性的值相等

B. 它的 X1，X2 属性的值相等

C. 它的 X1，Y1 属性的值分别与 X2，Y2 属性的值相等

D. 它的 X1，X2 属性的值分别与 Y1，Y2 属性的值相等

（19）设 a=2,b=3,c=4,d=5, 则下面语句的输出是

Print 3>2*b Or a=c And b<>c Or c>d

A. False　　B. 1　　C. True　　D. -1

（20）窗体 Form1 上有一个名称为 Command1 的命令按钮，以下对应窗体单击事件的事件过程是

A. Private Sub Form1_Click()
…
End Sub

B. Private Sub Form_Click()
…
End Sub

C. Private Sub Command1_Click()
…
End Sub

D. Private Sub Command_Click()
…
End Sub

（21）在默认情况下，下面声明的数组的元素个数是

Dim a(5，-2 to 2)

A. 20　　B. 24　　C. 25　　D. 30

（22）设有如下程序段

```
Dim a(10)
…
For Each x In a
    Print x;
Next x
```

在上面的程序段中，变量 x 必须是

A. 整型变量　　B. 变体型变量　　C. 动态数组　　D. 静态数组

（23）设有以下函数过程

```
Private Function Fun(a()As Integer As String)As Integer
…
End Function
```

若已有变量声明：

Dim x(5)As Integer,n As Integer,ch As String

则下面正确的过程调用语句是

A. x(0)=Fun(x,"ch")　　B. n=Fun(n,ch)

C. Call Fun x,"ch"　　D. n=Fun(x(5),ch)

（24）假定用下面的语句打开文件：

Open"Filel.txt"ForInput AS #1

则不能正确读文件的语句是

A. Input #1,ch$　　B. Line Input #1,ch$

C. ch$=Input$(5,#1)　　D. Read #1,ch$

（25）下面程序执行结果是

```
Private Sub Command 1_Click()
    a=10
    For k=1 To 5 Step-1
    A=a-k
```

```
        Nest k
        Print a ;k
    End Sub
```

A. -5 6　　B. -5 -5　　C. 10 0　　D. 10 1

（26）设窗体上有一个名为 Text1 的文体框和一个名为 Command1 的命令按钮，并有以下事件过程：

```
    Private Sub Command 1_Click()
        X!=Val(Text1.Text)
        Select Case x
            Case Is <-10,Is>=20
                Print" 输入错误 "
            Case Is<0
                Print 20-x
            Case Is <10
                Print 20
            Case Is<=20
                Print x +10
        End Select
    End Sub
```

程序运行时，如果在文本框中输入 -5，则单击命令按钮后的输出结果是

A. 5　　B. 20　　C. 25　　D. 输入错误

（27）设有如下程序

```
    Private Sub Command 1_Click()
        X=10:y=0
        For i=1 To 5
            Do
                x=x-2
                y=y+2
            Loop Unti1 y>5 Or x<-1
        Next
    End Sub
```

运行程序，其中 Do 循环执行的次数是

A. 15　　B. 10　　C. 7　　D. 3

（28）阅读程序

```
    Private Sub Command1_ Click
        Dim arr
        Dim i As Integer
        Arr=Array (0,1,2,3,4,5,6,7,8,9,10)
        For i=0 To 2
            Printarr(7 - i);
        Next
    End Sub
```

程序运行后，窗体上显示的是

A. 8 7 6　　B. 7 6 5
C. 6 5 4　　D. 5 4 3

（29）在窗体上画一个名为 Command 1 的命令按钮，然后编写以下程序：

```
Private Sub Command 1_Click()
    Dim a(10) As Integer
        For k=10 TO 1 Step -1
      a(k)=20-2*k
    Next k
    K=k+7
    Print a(k-a(k))
End Sub
```

运行程序，单击命令按钮，输出结果是

A. 18　　B. 12　　C. 8　　D. 6

（30）窗体上有一个名为 Command 1 的命令按钮，并有如下程序：

```
Private Sub Command 1_Click()
    Dim a(10),x%
      For k=1  To  10
     a(k)=Int(Rnd*90+10)
    x=x+a(k) Mod 2
Next k
  Print  x
End Sub
```

程序运行后，单击命令按钮，输出结果是

A. 10 个数中奇数的个数　　B. 10 个数中偶数的个数
C. 10 个数中奇数的累加和　　D. 10 个数中偶数的累加和

（31）窗体上有一个名为 Command 1 的命令按钮和一个名为 Timer 1 的计时器，并有下面的事件过程：

```
Private Sub  Command 1_Click()
    Timer 1.Enabled=True
End Sub
Private  Sub  Form  _Load()
    Timer 1.Interval=10
    Timer 1.Enabled=False
End Sub
Private  Sub  Timer 1_Timer()
    Command 1.Left=Command 1.Left+10
End Sub
```

程序运行时，单击命令按钮，则产生的结果是

A. 命令按钮每 10 秒向左移动一次
B. 命令按钮每 10 秒向右移动一次
C. 命令按钮每 10 毫秒向左移动一次
D. 命令按钮每 10 毫秒向右移动一次

（32）设窗体上有一个名为 List1 的列表框，并编写下面的事件过程：

```
Private Sub List 1_Click()
    Dim ch AS String
    ch=List 1.List(List1.ListIndex)
    List 1.RemoveItem List1.ListIndex
    List 1.AddItem ch
End Sub
```

程序运行时，单击一个列表项，则产生的结果是

A. 该列表项被移到列表的最前面　　B. 该列表项被删除

C. 该列表项被移到列表的最后面　　D. 该列表项被删除后又在原位置插入

（33）窗体上有一个名为 Command1 的命令按钮，并有如下程序：

```
Private Sub Command1_Click()
    Dim a As Integer, b As Integer
    a = 8
    b = 12
    Print Fun(a, b); a; b
End Sub
Private Function Fun(ByVal a As Integer, b As Integer) As Integer
    a = a Mod 5
    b = b \ 5
    Fun = a
End Function
```

程序运行时，单击命令按钮，则输出结果是

A. 3 3 2　　B. 3 8 2　　C. 8 8 12　　D. 3 8 12

（34）为了从当前文件夹中读入文件 File1.txt，某人编写了下面的程序：

```
Private Sub Command1_Click()
    Open "File1.txt" For Output As #20
    Do While Not EOF(20)
        Line Input #20, ch$
        Print ch
    Loop
End Sub
```

程序调试时，发现有错误，下面的修改方案中正确的是

A. 在 Open 语句中的文件名前添加路径

B. 把程序中各处的“20”改为“1”

C. 把 Print ch 语句改为 Print #20,ch

D. 把 Open 语句中的 Output 改为 Input

（35）以下程序运行后的窗体如附图 2.2 所示，其中组合框的名称是 Combo1，已有列表项如右图所示；命令按钮的名称是 Command1。

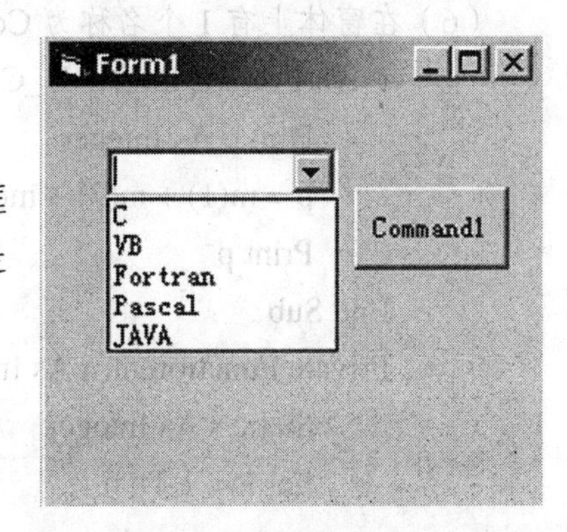

附图2.2

```
Private Sub Command1_Click()
    If Not check(Combo1.Text) Then
        MsgBox (" 输入错误 ")
        Exit Sub
```

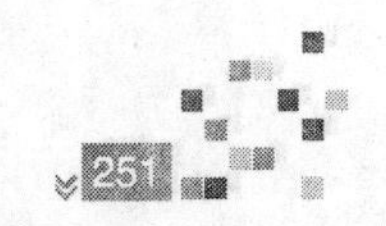

```
        End If
        For k = 0 To Combo1.ListCount - 1
            If Combo1.Text = Combo1.List(k) Then
                MsgBox (" 添加项目失败 ")
                Exit Sub
            End If
        Next k
        Combo1.AddItem Combo1.Text
        MsgBox (" 添加项目成功 ")
    End Sub
    Private Function Check(ch As String) As Boolean
        n = Len(ch)
        For k = 1 To n
            c$ = UCase(Mid(ch, k, 1))
            If c < "A" Or c > "Z" Then
                Check = False
                Exit Function
            End If
        Next k
        Check = True
    End Function
```

程序运行时，如果在组合框的编辑区中输入“Java”，则单击命令按钮后产生的结果是

A. 显示“输入错误”　　B. 显示“添加项目失败”

C. 显示“添加项目成功”　　D. 没有任何显示

二、填空题(每空2分，共30分)

请将每空的正确答案写在答题卡【1】至【15】序号的横线上，答在试卷上不得分。

(1)有序线性表能进行二分查找的前提是该线性表必须是【1】存储的。

(2)一棵二叉树的中序遍历结果为DBEAFC，前序遍历结果为ABDECF，则后序遍历结果为【2】。

(3)对软件设计的最小单位(模块或程序单元)进行的测试通常称为【3】测试。

(4)实体完整性约束要求关系数据库中元组的【4】属性值不能为空。

(5)在关系A(S,SN,D)和关系B(D，CN，NM)中，A的主关键字是S，B的主关键字是D，则称【5】是关系A的外码。

(6)在窗体上有1个名称为Command1的命令按钮，并有如下事件过程和函数过程：

```
Private Sub Command1_Click()
    Dim p As Integer
    p = m(1) + m(2) + m(3)
    Print p
End Sub
Private Function m(n As Integer) As Integer
    Static s As Integer
    For k = 1 To n
        s = s + 1
```

```
        Next
        m = s
    End Function
```

运行程序，单击命令按钮 Command1 后的输出结果为【6】。

（7）在窗体上画 1 个名称为 Command1 的命令按钮，然后编写如下程序：

```
    Private Sub Command1_Click()
        Dim m As Integer, x As Integer
        Dim flag As Boolean
        flag = False
        n = Val(Intputbox(" 请输入任意 1 个正整数 "))
        Do While Not flag
            a = 2
            flag =【7】
            Do While flag And a <= Int(Sqr(n))
                If n / a = n \ a Then
                    flag = False
                Else
                    【8】
                End If
            Loop
            If Not flag Then n = n + 1
        Loop
            Print【9】
    End Sub
```

上述程序的功能是，当在键盘输入任意的 1 个正整数时，将输出不小于该整数的最小素数。请填空完善程序。

（8）以下程序的功能是，先将随机产生的 10 个不同的整数放入数组 a 中，再将这 10 个数按升序方式输出。请填空。

```
    Private Sub Form_Click()
        Dim a(10) As Integer, i As Integer
        Randomize
        i = 0
        Do
            num = Int(Rnd * 90) + 10
            For j = 1 To I ' 检查新产生的随机数是否与以前的相同，相同的无效
                If num = a(j) Then
                    Exit For
                End If
            Next j
                If j > i Then
                    i = i + 1
                    a(i) =【10】
                End If
```

```
        Loop While i < 10
        For i = 1 To 9
            For j =【 11 】To 10
                if a(i)>a(j) then temp =a(i),a(i)=a(j);【 12 】
            Next j
        Next i
    For i = 1 To 10
        Print a(i)
    Next i
    End Sub
```

（9）窗体上已有名称分别为 Drive1，Dir1，File1 的驱动器列表框、目录列表框和文件列表框，且有 1 个名称为 Text1 的文本框。以下程序的功能是：将指定位置中扩展名为“.txt”的文件显示在 File1 中，如果双击 File1 中某个文件，则在 Text1 中显示该文件的内容。请填空。

```
Private Sub Form_Load()
    File1.Pattern =【 13 】
End Sub
Private Sub Drive1_Change()
    Dir1.Path = Drive1.Drive
End Sub
Private Sub Dir1_Change()
    File1.Path = Dir1.Path
End Sub
Private Sub File1_DblClick()
    Dim s As String * 1
    If Right(File1.Path, 1) = "\" Then
        f_name = File1.Path + File1.FileName
    Else
        f_name = File1.Path + "\" + File1.FileName
    End If
    Open f_name【 14 】As #1
    Text1.Text = ""
    Do While【 15 】
        s = Input(1, #1)
        Text1.Text = Text1.Text + s
    Loop
    Close #1
End Sub
```

参考答案

一、选择题（每小题 2 分，共 70 分）

（1）A	(2)A	(3)D	(4)D	(5)B
（6）B	(7)C	(8)D	(9)C	(10)B
（11）A	(12)A	(13)C	(14)B	(15)C
（16）B	(17)D	(18)B	(19)A	(20)A
（21）D	(22)B	(23)A	(24)C	(25)D

(26) C (27)C (28)B (29)A (30)A
(31) D (32)C (33)B (34)D (35)C

二、填空题(每空2分，共30分)

请将每空的正确答案写在答题卡【1】至【15】序号的横线上，答在试卷上不得分。

【1】顺序 【2】DEBFCA 【3】单元 【4】主键 【5】D
【6】10 【7】Ture 【8】a=a+1 【9】n 【10】num
【11】i 【12】a(j)=temp 【13】"*.txt|*.txt" 【14】for input 【15】not eof(1)

附录 3 2011年9月全国计算机等级考试二级笔试试卷 Ⅲ

Visual Basic 语言程序设计

(考试时间90分钟，满分100分)

一、选择题(每小题2分，共70分)

下列各题A，B，C，D四个选项中，只有一个选项是正确的。请将正确选项填涂在答题卡相应位置上，答在试卷上不得分。

(1) 下列叙述中正确的是( )。

A. 算法就是程序

B. 设计算法时只需要考虑数据结构的设计

C. 设计算法时只需要考虑结果的可靠性

D. 以上3种说法都不对

(2) 下列关于线性链表的叙述中，正确的是

A. 各数据结点的存储空间可以不连续，但它们的存储顺序与逻辑顺序必须一致

B. 各数据结点的存储顺序与逻辑顺序可以不一致，但它们的存储空间必须连续

C. 进行插入与删除时，不需要移动表中的元素

D. 以上3种说法都不对

(3) 下列关于二叉树的叙述中，正确的是

A. 叶子结点总是比度为2的结点少一个

B. 叶子结点总是比度为2的结点多一个

C. 叶子结点数是度为2的结点数的两倍

D. 度为2的结点数是度为1的结点数的两倍

(4) 软件按功能可以分为应用软件、系统软件和支撑软件(或工具软件)。下面属于应用软件的是

A. 学生成绩管理系统　　B. C语言编译程序

C. UNIX操作系统　　D. 数据库管理系统

(5) 某系统总体结构图如附图3.1所示：

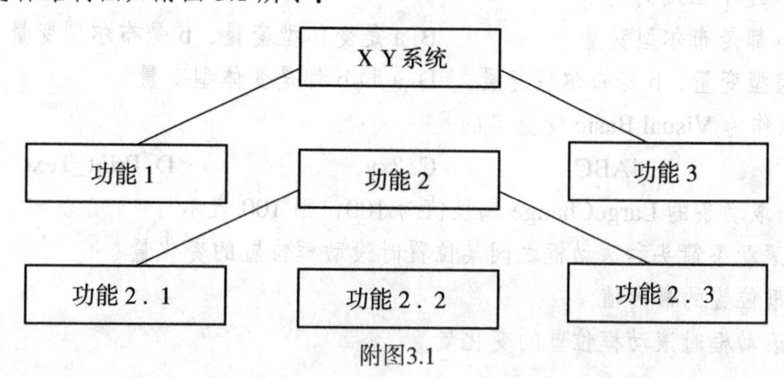

附图3.1

该系统总体结构图的深度是

A. 7　　B. 6　　C. 3　　D. 2

（6）程序调试的任务是

A. 设计测试用例　　B. 验证程序的正确性

C. 发现程序中的错误　　D. 诊断和改正程序中的错误

（7）下列关于数据库设计的叙述中，正确的是

A. 在需求分析阶段建立数据字典　　B. 在概念设计阶段建立数据字典

C. 在逻辑设计阶段建立数据字典　　D. 在物理设计阶段建立数据字典

（8）数据库系统的三级模式不包括

A. 概念模式　　B. 内模式　　C. 外模式　　D. 数据模式

（9）有三个关系 R、S 和 T 如附图 3.2 所示：

R

A	B	C
a	1	2
b	2	1
c	3	1

S

A	B	C
a	1	2
b	2	1

T

A	B	C
c	3	1

附图3.2

则由关系 R 和 S 得到关系 T 的操作是

A. 自然连接　　B. 差　　C. 交　　D. 并

（10）下列选项中属于面向对象设计方法主要特征的是

A. 继承　　B. 自顶向下　　C. 模块化　　D. 逐步求精

（11）以下描述中错误的是

A. 窗体的标题通过其 Caption 属性设置

B. 窗体的名称 (Name 属性) 可以在运行期间修改

C. 窗体的背景图形通过其 Picture 属性设置

D. 窗体最小化时的图标通过其 Icon 属性设置

（12）在设计阶段，当按 Ctrl+R 键时，所打开的窗口是

A. 代码窗口　　B. 工具箱窗口

C. 工程资源管理器窗口　　D. 属性窗口

（13）设有如下变量声明语句：

Dim a, b As Boolean

则下面叙述中正确的是

A. a 和 b 都是布尔型变量　　B. a 是变体型变量，b 是布尔型变量

C. a 是整型变量，b 是布尔型变量　　D. a 和 b 都是变体型变量

（14）下列可以作为 Visual Basic 变量名的是

A. A#A　　B. 4ABC　　C. ?xy　　D. Print_Text

（15）假定一个滚动条的 LargeChange 属性值为 100，则 100 表示

A. 单击滚动条箭头和滚动框之间某位置时滚动框位置的变化量

B. 滚动框位置的最大值

C. 拖动滚动框时滚动框位置的变化量

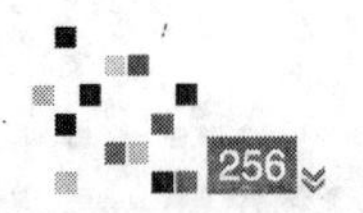

D. 单击滚动条箭头时滚动框位置的变化量

（16）在窗体上画一个命令按钮，然后编写如下事件过程：

```
Private Sub Command1_Click()
    MsgBox Str(123 + 321)
End Sub
```

程序运行后，单击命令按钮，则在信息框中显示的提示信息为

A. 字符串“123+321”　　B. 字符串“444”

C. 数值“444”　　D. 空白

（17）假定有以下程序：

```
Private Sub Form_Click()
    a = 1: b = a
    Do Until a >= 5
        x = a * b
        Print b; x
        a = a + b
        b = b + a
    Loop
End Sub
```

程序运行后，单击窗体，输出结果是

A. 1　1　2　3　　B. 1　1　2　4

C. 1　1　3　8　　D. 1　1　3　6

（18）在窗体上画一个名称为 List1 的列表框，列表框中显示若干城市的名称。当单击列表框中的某个城市名时，该城市名消失。下列在 List_Click 事件过程中能正确实现上述功能的语句是

A. List1.RemoveItem List1.Text

B. List1.RemoveItem List1.Clear

C. List1.RemoveItem List1.ListCount

D. List1.RemoveItem List1.ListIndex

（19）列表框中的项目保存在一个数组中，这个数组的名字是

A. Column　　B. Style

C. List　　D. MultiSelect

（20）有人编写了如下的程序：

```
Private Sub Form_Click()
    Dim s As Integer, x As Integer
    s = 0
    x = 0
    Do While s = 10000
        x = x + 1
        s = s + x ^ 2
    Loop
    Print s
End Sub
```

上述程序的功能是：计算 s=1+22+32+⋯+n^2+⋯，直到 s>10 000 为止。程序运行后，发现得不到正确的结果，必须进行修改。下列修改中正确的是

A. 把 x = 0 改为 x = 1

B. 把 Do While s = 10000 改为 Do While s <= 10000

C. 把 Do While s = 10000 改为 Do While s > 10000

D. 交换 x = x + 1 和 s = s + x ^ 2 的位置

（21）设有如下程序：

```
Private Sub Form_Click()
    Dim s As Long, f As Long
    Dim n As Integer, i As Integer
    f = 1
    n = 4
    For i = 1 To n
        f = f * i
        s = s + f
    Next i
    Print s
End Sub
```

程序运行后，单击窗体，输出结果是

A. 32　　B. 33　　C. 34　　D. 35

（22）阅读下面的程序段：

```
a = 0
For i = 1 To 3
    For j = 1 To i
        For k = j To 3
            a = a + 1
        Next k
    Next j
Next i
```

执行上面的程序段后，a 的值为

A. 3　　B. 9　　C. 14　　D. 21

（23）设有如下程序：

```
Private Sub Form_Click()
    Cls
    a$ = "123456"
    For i = 1 To 6
        Print Tab(12 - i);____
    Next i
End Sub
```

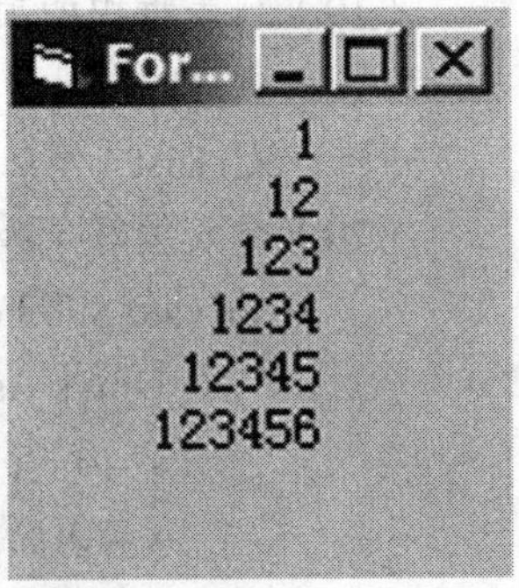

For...
1
12
123
1234
12345
123456

附图3.3

程序运行后，单击窗体，要求结果如附图 3.3 所示，则在____处应填入的内容为

A. Left(a$, i)

B. Mid(a$, 8 - i, i)

C. Right(a$, i)

D. Mid(a$, 7, i)

（24）设有如下程序：

```
Private Sub Form_Click()
    Dim i As Integer, x As String, y As String
    x = "ABCDEFG"
    For i = 4 To 1 Step -1
        y = Mid(x, i, i) + y
    Next i
    Print y
End Sub
```

程序运行后，单击窗体，输出结果是

A. ABCCDEDEFG　　B. AABBCDEFG
C. ABCDEFG　　D. AABBCCDDEEFFGG

（25）设有如下程序：

```
Private Sub Form_Click()
    Dim ary(1 To 5) As Integer
    Dim i As Integer
    Dim sum As Integer
    For i = 1 To 5
        ary(i) = i + 1
        sum = sum + ary(i)
    Next i
    Print sum
End Sub
```

程序运行后，单击窗体，则在窗体上显示的是

A. 15　　B. 16　　C. 20　　D. 25

（26）有一个数列，它的前 3 个数为 0，1，1，此后的每个数都是其前面 3 个数之和，即 0，1，1，1，2，4，7，13，24，…

要求编写程序输出该数列中所有不超过 1000 的数。

某人编写程序如下：

```
Private Sub Form_Click()
    Dim i As Integer, a As Integer, b As Integer
    Dim c As Integer, d As Integer
    a = 0: b = 1: c = 1
    d = a + b + c
    i = 5
        While d <= 1000
        Print d;
        a = b: b = c: c = d
        d = a + b + c
        i = i + 1
    Wend
End Sub
```

运行上面的程序，发现输出的数列不完整，应进行修改。以下正确的修改是

A. 把 While d <= 1000 改为 While d > 1000

B. 把 i = 5 改为 i = 4

C. 把 i = i + 1 移到 While d <= 1000 的下面

D. 在 i = 5 的上面增加一个语句：Print a; b; c;

（27）下面的语句用 Array 函数为数组变量 a 的各元素赋整数值：

a = Array(1, 2, 3, 4, 5, 6, 7, 8, 9)

针对 a 的声明语句应该是

A. Dim a　　　　B. Dim a As Integer

C. Dim a(9) As Integer　　　　D. Dim a() As Integer

（28）下列描述中正确的是

A. Visual Basic 只能通过过程调用执行通用过程

B. 可以在 Sub 过程的代码中包含另一个 Sub 过程的代码

C. 可以像通用过程一样指定事件过程的名字

D. Sub 过程和 Function 过程都有返回值

（29）阅读程序：

```
Function fac(ByVal n As Integer) As Integer
    Dim temp As Integer
    temp = 1
    For i% = 1 To n
        temp = temp * i%
    Next i%
    fac = temp
End Function
Private Sub Form_Click()
    Dim nsum As Integer
    nsum = 1
    For i% = 2 To 4
        nsum = nsum + fac(i%)
    Next i%
    Print nsum
End Sub
```

程序运行后，单击窗体，输出结果是

A. 35　　B. 31　　C. 33　　D. 37

（30）在窗体上画一个命令按钮和一个标签，其名称分别为 Command1 和 Label1，然后编写如下代码：

```
Sub S(x As Integer, y As Integer)
    Static z As Integer
    y = x * x + z
    z = y
End Sub
Private Sub Command1_Click()
    Dim i As Integer, z As Integer
    m = 0
    z = 0
    For i = 1 To 3
```

```
        S i, z
        m = m + z
    Next i
    Label1.Caption = Str(m)
End Sub
```

程序运行后，单击命令按钮，在标签中显示的内容是

A. 50　　B. 20　　C. 14　　D. 7

（31）以下说法中正确的是

A. MouseUp 事件是鼠标向上移动时触发的事件

B. MouseUp 事件过程中的 x，y 参数用于修改鼠标位置

C. 在 MouseUp 事件过程中可以判断用户是否使用了组合键

D. 在 MouseUp 事件过程中不能判断鼠标的位置

（32）假定已经在菜单编辑器中建立了窗体的弹出式菜单，其顶级菜单项的名称为 a1，其“可见”属性为 False。程序运行后，单击鼠标左键或右键都能弹出菜单的事件过程是

A.
```
Private Sub Form_MouseDown(Button As Integer, Shift As Integer, X As Single, Y As Single)
        If Button = 1 And Button = 2 Then
            PopupMenu a1
        End If
End Sub
```

B.
```
Private Sub Form_MouseDown(Button As Integer, Shift As Integer, X As Single, Y As Single)
        PopupMenu a1
End Sub
```

C.
```
Private Sub Form_MouseDown(Button As Integer, Shift As Integer, X As Single, Y As Single)
        If Button = 1 Then
            PopupMenu a1
        End If
End Sub
```

D.
```
Private Sub Form_MouseDown(Button As Integer, Shift As Integer, X As Single, Y As Single)
        If Button = 2 Then
            PopupMenu a1
        End If
End Sub
```

（33）在窗体上画一个名称为 CD1 的通用对话框，并有如下程序：

```
Private Sub Form_Load()
    CD1.DefaultExt = "doc"
    CD1.FileName = "c:\file1.txt"
    CD1.Filter = " 应用程序 (*.exe)|*.exe"
End Sub
```

程序运行时，如果显示了“打开”对话框，在“文件类型”下拉列表框中的默认文件类型是

A. 应用程序 (*.exe)　　B. *.doc

C. *.txt　　D. 不确定

（34）以下描述中错误的是

A. 在多窗体应用程序中，可以有多个当前窗体

B. 多窗体应用程序的启动窗体可以在设计时设定

C. 多窗体应用程序中每个窗体作为一个磁盘文件保存

D. 多窗体应用程序可以编译生成一个 EXE 文件

（35）以下关于顺序文件的叙述中，正确的是

A. 可以用不同的文件号以不同的读写方式同时打开同一个文件

B. 文件中各记录的写入顺序与读出顺序是一致的

C. 可以用 Input# 或 Line Input# 语句向文件写记录

D. 如果用 Append 方式打开文件，则既可以在文件末尾添加记录，也可以读取原有记录

二、填空题（每空 2 分，共 30 分）

请将每空的正确答案写在答题卡【1】至【15】序号的横线上，答在试卷上不得分。

（1）数据结构分为线性结构与非线性结构，带链的栈属于 【1】 。

（2）在长度为 n 的顺序存储的线性表中插入一个元素，最坏情况下需要移动表中 【2】 个元素。

（3）常见的软件开发方法有结构化方法和面向对象方法。对某应用系统经过需求分析建立数据流图 (DFD)，则应采用 【3】 方法。

（4）数据库系统的核心是 【4】 。

（5）在进行关系数据库的逻辑设计时，E-R 图中的属性常被转换为关系中的属性，联系通常被转换为 【5】 。

（6）为了使标签能自动调整大小以显示标题 (Caption 属性) 的全部文本内容，应把该标签的 【6】 属性设置为 True。

（7）在窗体上画一个命令按钮，其名称为 Command1，然后编写如下事件过程：

```
Private Sub Command1_Click()
    x = 1
    Result = 1
    While x <= 10
        Result =      【7】
        x = x + 1
    Wend
    Print Result
End Sub
```

上述事件过程用来计算 10 的阶乘，请填空。

（8）在窗体上画一个命令按钮，其名称为 Command1，然后编写如下事件过程：

```
Private Sub Command1_Click()
    t = 0: m = 1: Sum = 0
    Do
        t = t +     【8】
        Sum = Sum +     【9】
        m = m + 2
    Loop While     【10】
    Print Sum
End Sub
```

该程序的功能是单击命令按钮，则计算并输出以下表达式的值：

1+(1+3)+(1+3+5)+…+(1+3+5+…+39) 请填空。

（9）在窗体上画一个命令按钮（其 Name 属性为 Command1），然后编写如下代码：

```
Private Sub Command1_Click()
    Dim M(10) As Integer
    For k = 1 To 10
        M(k) = 12 - k
    Next k
    x = 6
    Print M(2 + M(x))
End Sub
```

程序运行后，单击命令按钮，输出结果是 【11】 。

（10）在窗体上画一个命令按钮，其名称为 Command1，然后编写如下事件过程：

```
Private Sub Command1_Click()
    Dim n As Integer
    n = Val(InputBox(" 请输入一个整数："))
    If n Mod 3 = 0 And n Mod 2 = 0 And n Mod 5 = 0 Then
        Print n + 10
    End If
End Sub
```

程序运行后，单击命令按钮，在输入对话框中输入 60，则输出结果是 【12】 。

（11）在窗体上画一个命令按钮，其名称为 Command1，然后编写如下事件过程：

```
Private Sub Command1_Click()
    Dim ct As String
    Dim nt As Integer
    Open "e:\stud.txt" 【13】
    Do While True
        ct = InputBox(" 请输入姓名：")
        If ct = 【14】 Then Exit Do
        nt = Val(InputBox(" 请输入总分："))
        Write #1, 【15】
    Loop
    Close #1
End Sub
```

以上程序的功能是，程序运行后，单击命令按钮，则向 e 盘根目录下的文件 stud.txt 中添加记录（保留已有记录），添加的记录由键盘输入；如果输入“end”，则结束输入。每条记录包含姓名（字符串型）和总分（整型）两个数据，请填空。

参考答案

一、选择题（每小题 2 分，共 70 分）

（1）D	（2）C	（3）B	（4）A	（5）C
（6）D	（7）A	（8）D	（9）B	（10）A
（11）B	（12）C	（13）B	（14）D	（15）A
（16）B	（17）D	（18）D	（19）C	（20）B
（21）B	（22）C	（23）A	（24）A	（25）C

（26）D （27）A （28）A （29）C （30）B
（31）C （32）B （33）A （34）A （35）B

二、填空题（每空 2 分，共 30 分）

请将每空的正确答案写在答题卡【1】至【15】序号的横线上，答在试卷上不得分。

【1】线性结构 【2】n 【3】结构化 【4】数据库管理系统
【5】关系 【6】AutoSize 【7】Result * x 【8】m
【9】t 【10】m<40 或 m<=39 【11】4
【12】70 【13】For Append As #1 【14】"end"
【15】ct, nt

附录 4 上机考试试题精选之一

1. 基本操作题

（1）在名称为 Form1 的窗体上绘制一个文本框，名称为 Txt1，字体为“宋体”，文本框中的初始内容为“二级 Visual Basic ”；再绘制一个命令按钮，名称为 Cmd1，标题为“改变字体为楷体”。请编写适当事件过程，使得在运行时，单击命令按钮，则把文本框中文字的字体改为楷体，如附图 4.1 所示。

注意：程序中不得使用任何变量；文件必须存放在考生文件夹中，工程文件名为 vbsj1.vbp，窗体文件名为 vbsj1.frm 。

（2）在名称为 Form1 的 窗体上绘制一个名称为 Cmd1 的命令按钮，其标题为“移动”，位于窗体的左上部。编写适当的事件过程，使程序运行后，每单击一次窗体，都使得命令按钮同时向右、向下移动 100。程序的运行情况如附图 4.2 所示。

注意：不得使用任何变量；文件必须存放在考生文件夹中，工程文件名为 vbsj2.vbp，窗体文件名为 vbsj2.frm 。

附图4.1

附图4.2

2. 简单应用题

（1）在名称为 Form1 的窗体中绘制一个名称为 Lab1 的标签，其标题为“0”，BorderStyle 属性为 1；再添加一个名称为 Tmr1 的计时器。请设置适当的控件属性，并编写适当的事件过程，使得在运行时，每隔 1 秒钟标签中的数字加 1。程序运行时效果如附图 4.3 所示。

注意：程序中不得使用任何变量；文件必须存放在考生文件夹中，工程文件名为 vbsj3.vbp，窗体文件名为 vbsj3.frm 。

（2）在考生文件夹中有一个工程文件 vbsj4.vbp 及窗体文件 vbsj4.frm 。在名称为 Form1 的窗体上有一个名称为 Cmd1 的命令按钮，其标题为“下一个”。要求在窗体上建立一个单选按钮数组 Opt1，含 4 个单选按钮，标题分别为“A ”，“B”，“C” 和 “D”，初始状态下，“A” 为选中状态。程序运行效果如附图 4.4 所示。

要求程序运行时，使得每单击命令按钮一次，就选中下一个单选按钮，如果已经选中最后一个

单选按钮，再单击命令按钮，则选中第 1 个单选按钮。

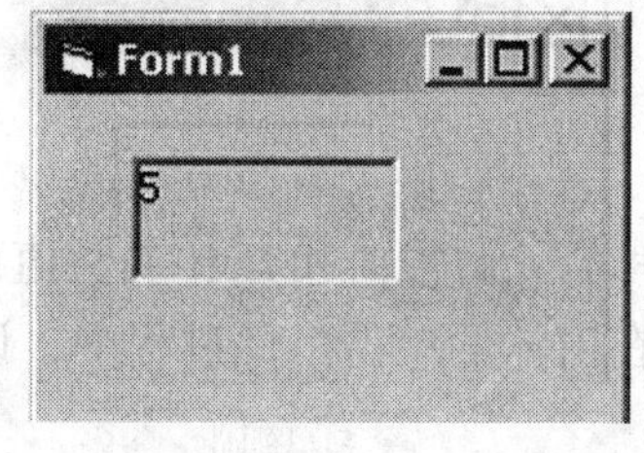

附图4.3

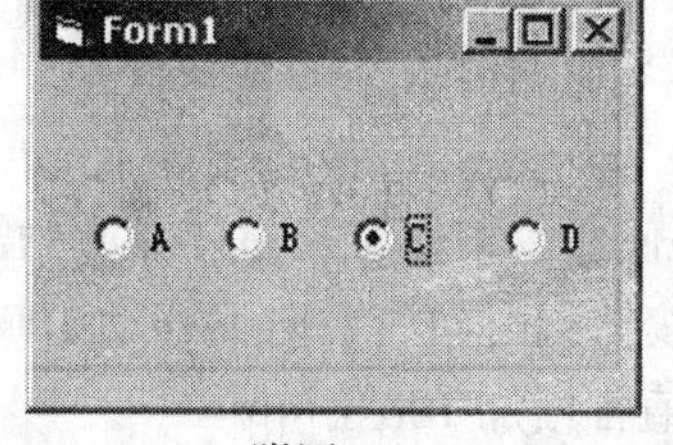

附图 4.4

3. 综合应用题

在名为 Form1 的窗体上建立一个名称为 Txt1 的文本框，其 MultiLine 属性为 True，ScrollBars 属性为 2；3 个名称分别为 Cmd1、Cmd2 和 Cmd3 的命令按钮，它们的标题分别为“读数”、“计算”和“保存”。

要求程序运行后，如果单击“读数”按钮，则读入 dr2.dat 文件中的 100 个整数，放入一个数组中（数组下界为 1），同时在文件框中显示出来；如果单击“计算”按钮，则计算小于或等于 300 的所有数之和，并把结果在文本框 Txt1 中显示出来，如果单击“保存”按钮，把该结果存入考生文件夹中的文件 dw1.dat 中（在考生文件夹下有标准模块 model.bas，其中的 writedata 过程可以把结果存入指定的文件，考生可以把该模块文件添加到自己的工程中，直接调用此过程），如附图 4.5 所示。

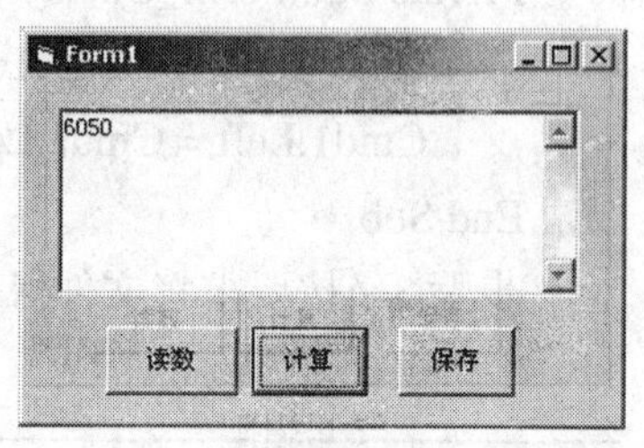

附图4.5

注意：文件必须放在考生文件夹中，窗体文件名为 vbsj5.frm，工程文件名为 vbsj5.vbp，计算结果存入 dw1.dat 文件，否则没有成绩。

试题答案及详解

1. 基本操作题

第（1）小题

【审题分析】本题需在命令按钮的单击事件过程中，通过修改文本框的 FontName 属性值为“楷体_GB2312”来改变文本框中文本的字体。

【操作步骤】

步骤 1：新建一个“标准 EXE”工程，按附表 4.1 在窗体中画出控件并设置其相关属性。

附表 4.1

对 象	属 性	值
文本框	Name	Txt1
	Text	二级 Visual Basic
	Font	宋体
命令按钮	Name	Cmd1
	Capiton	改变字体为楷体

步骤 2：打开代码编辑窗口，编写命令按钮的单击事件过程。

参考代码：

```
Private Sub Cmd1_Click()
```

```
    Txt1.Font.Name = " 楷体 _GB2312"
End Sub
```

步骤 3：按要求将文件保存至考生文件夹中。

第（2）小题

【审题分析】要使命令按钮位于窗体左上角需将其 Top 属性值和 Left 属性值设置为 0；要在单击一次窗体后，命令按钮同时向右、向下移动 100，需在窗体的单击事件过程中，设置命令按钮的 Top 属性值和 Left 属性值各增加 100。

【操作步骤】

步骤 1：新建一个“标准 EXE”工程，按附表 4.2 在窗体中画出控件并设置其相关属性。

步骤 2：打开代码编辑窗口，编写命令按钮的 Click 事件过程。

参考代码：

```
Private Sub Form_Click()
    Cmd1.Top = Cmd1.Top + 100
    Cmd1.Left = Cmd1.Left + 100
End Sub
```

步骤 3：按要求将文件保存至考生文件夹中。

附表 4.2

对　象	属　性	值
命令按钮	Name	Cmd1
	Caption	移动
	Left	0
	Top	0

2. 简单应用题

第（1）小题

【审题分析】根据题目要求，要在程序运行时能每隔 1 秒，标签中的数字加 1，需将计时器的 Interval 属性值设置为 1000 毫秒，Enabled 属性值设置为 True，在计时器的 Timer 事件过程中将标签中的数值加 1。

【操作步骤】

步骤 1：新建一个“标准 EXE”工程，按附表 4.3 在窗体中画出控件并设置其相关属性。

附表 4.3

对　象	属　性	值
标签	Name	Lab1
	Caption	0
	BorderStyle	1
计时器	Name	Tmr1
	Interval	1000
	Enabled	True

步骤 3：按要求将文件保存至考生文件夹中。

第（2）小题

【审题分析】本题源程序在命令按钮的单击事件过程中，首先利用 For 循环语句（循环变量 k 的初值为 0，终值为 3）逐一检查单选按钮数组中的每个元素是否被选中，若选中，则用变量 n 记录下已选中的单选按钮的索引号，即 n=k。循环结束后，取消对当前选中单选按钮的选择，且变量 n 增 1；接着判断 n 的值是否为 4，若是则将 n 的值置为 0，重新从单选按钮数组的第 1 个元素开始；最后设置索引号为 n 的单选按钮被选中。按附表 4.4 在窗口中画出控件并设置其相关属性。

附表 4.4

对　象	属　性	值
命令按钮	Name	Lab1
	Caption	0
对 象	属 性	值
单选按钮 1	Name	Opt1
	Index	0
	Caption	A
单选按钮 2	Name	Opt1
	Index	1
	Caption	B
单选按钮 3	Name	Opt1
	Index	2
	Caption	C
单选按钮 4	Name	Opt1
	Index	3
	Caption	D

步骤 2：参考代码：

```
Private Sub Cmd1_Click()
    For k = 0 To 3
        If opt1(k).Value Then
            n = k
        End If
    Next k
    opt1(n).Value = False
    n = n + 1
    If n = 4 Then
        n = 0
    End If
    opt1(n).Value = True
```

```
End Sub
```

步骤 3：按要求将文件保存至考生文件夹中。

3. 综合应用题

【审题分析】本题源程序已提供 Writedate 自定义过程，需编写“读数”、“计算”和“保存”命令的单击事件过程。程序设计思路：在“读数”按钮的单击事件过程中，用 Open 语句以 Input 方式打开数据文件 dr1.dat，通过 For 循环语句（初值为 1，终值为 100）将数据文件中的数据用 Input 语句依次读出并赋值给数组元素 arr(i)，同时显示在文本框中，为使数据间保持一定间隔，每个数据后用 Space(5) 加入 5 个空格；在“计算”按钮的 Click 事件过程中，利用 For 循环语句（循环变量 i 的初值为 1，终值为 100）依次将数组 arr 中小于或等于 300 的元素的值显示在文本框中（条件表达式为：arr(i)<=300），并将其值累加到变量 Sum，循环结束后将结果显示在窗体上。在“保存”按钮的 Click 事件过程中，通过调用 WriteData 过程将文本框中的值写入数据文件 dw1.dat。

【操作步骤】

步骤 1：新建一个“标准 EXE”工程，按附表 4.5 在窗体中画出控件并设置其相关属性。

附表 4.5

对　象	属　性	值
文本框	Name	Txt1
	MultiLine	True
	ScrollBars	2
	Text	
命令按钮 1	Name	Cmd1
	Caption	读数
命令按钮 2	Name	Cmd2
	Caption	计算
命令按钮 3	Name	Cmd3
	Caption	保存

步骤 2：选择“工程”→“添加模块”命令，打开添加模块对话框，将考生文件夹下的 model.bas 添加到当前工程中。

步骤 3：在代码编辑窗口编写以下事件过程。

参考代码：

```
Dim arr(1 To 100) As Integer
Private Sub Cmd1_Click()
    Txt1.Text = ""
    Open App.Path & "\dr1.dat" For Input As #1
    For i = 1 To 100
        Input #1, arr(i)
        Txt1.Text = Txt1.Text & arr(i) & Space(5)
    Next
    Close #1
End Sub
```

```
Private Sub Cmd2_Click()
    Dim sum As Integer
    For i = 1 To 100
        If arr(i) <= 300 Then
            sum = sum + arr(i)
        End If
    Next
    Txt1.Text = sum
End Sub
Private Sub Cmd3_Click()
    writedata "dw1.dat", Txt1.Text
End Sub
```

步骤 4：按要求将文件保存至考生文件夹中。

附录 5 上机考试试题精选之二

1. 基本操作题

（1）在名为 Form1 的窗体上建立一个名为 Hsb1 的水平滚动条，其最大值为 300，最小值为 0。要求程序运行后，每次移动滚动框时，都执行语句 Form1.Print Hsb1.Value，运行效果如附图 5.1 所示。

注意：程序中不能使用任何其他变量；文件必须存放在考生文件夹中，窗体文件名为 vbsj1.frm，工程文件名为 vbsj1.vbp 。

（2）在窗体绘制一个名为 Pic1 的图片框和一个名为 Cmd1 且标题为“显示”的命令按钮。编写适当的事件过程，使程序运行后，若单击“显示”命令按钮，则在图片框中显示“这是一个图片框”，运行效果如附图 5.2 所示。

注意：不要使用任何变量，直接显示字符串；文件必须存放在考生文件夹中，窗体文件名为 vbsj2.frm，工程文件名为 vbsj2.vbp 。

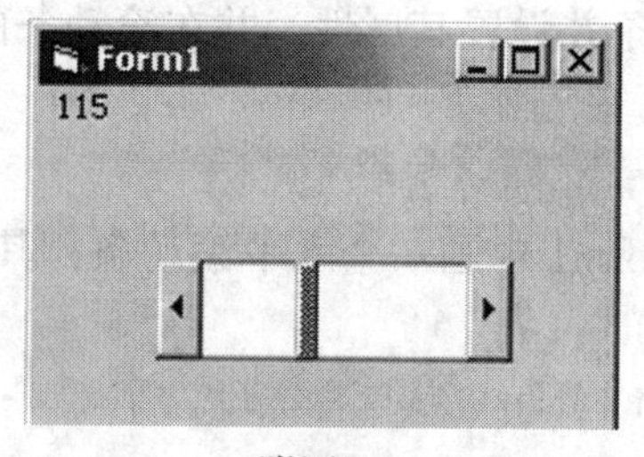

附图5.1

附图5.2

2. 简单应用题

（1）在考生文件夹中有工程文件 vbsj3.vbp 及其窗体文件 vbsj3.frm 。在名为 Form1 的窗体上有 3 个名称分别为 Txt1，Txt2 和 Txt3 的文本框；1 个名称为 Cmd1 的命令按钮，其标题为“计算”。要求程序运行后，在 Txt1 和 Txt2 中分别输入两个整数，单击“计算”按钮后，可把两个整数之间的所有整数（含两个整数）累加起来并在 Txt3 中显示出来，如附图 5.3 所示。

（2）在考生文件夹中有一个工程文件 vbsj4.vbp，相应的窗体文件为 vbsj4.frm 。在名为 Form1 的窗体上有两个名称分别为 Cmd1 和 Cmd2 的命令按钮；一个名称为 Lab1 的标签控件；一个名称为 Tmr1 计时器控件。

程序运行后，在命令按钮 Cmd1 中显示为“开始”；在命令按钮 Cmd2 中显示为“停止”；标签

中字号大小为 18 号、字体为粗体、显示为“欢迎光临”（标签的 AutoSize 属性为 True）；计时器的 Interval 属性设置为 100，Enabled 属性设置为 False。此时如果单击“开始”命令按钮，则该按钮变为禁用，标题变为“继续”，同时标签自左至右移动（每个时间间隔移动 50），

如附图 5.4 所示。当标签移动出窗体右边界后，自动从左边界开始向右移动；如果单击“停止”命令按钮，则该按钮变为禁用，“继续”命令按钮变为有效，同时标签停止移动；再次单击“继续”命令按钮后，标签继续移动。

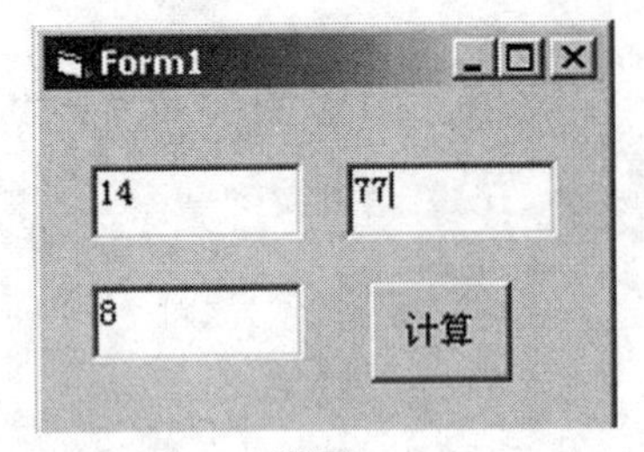

附图5.3

附图5.4

3. 综合应用题

在考生文件夹中有一个工程文件 vbsj5.vbp 和窗体文件 vbsj5.frm。在窗体 Form1 中已经给出了所有控件。

编写适当的事件过程实现以下功能：单击“读数”按钮，则把考生目录下的 dr1.dat 文件中的一个整数放入 Txt1；单击“计算”按钮，则计算出小于该数的最大素数，并显示在 Txt2 中，如附图 5.5 所示；单击“保存”按钮，则把找到的素数存到考生目录下的 dw1.dat 文件中。

注意：在结束程序运行之前必须单击“保存”按钮，把结果存入 dw1.dat 文件，否则无成绩。最后把修改后的文件按原文件名保存。

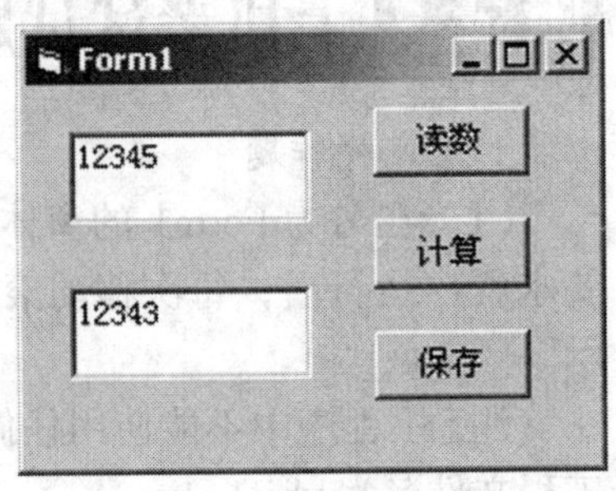

附图5.5

试题答案及详解

1. 基本操作题

第（1）小题

【审题分析】本题只需按要求在窗体上画出滚动条并设置其属性，并在滚动条的 Change 事件过程中执行语句：Form1.Print Hsb1.Value。

【操作步骤】

步骤 1：新建一个“标准 EXE”工程，在窗体 Form1 中画一个水平滚动条，其属性及其值见附表 5.1。

附表 5.1

对　象	属　性	值
水平滚动条	Name	Hsb1
	Max	300
	Min	0

步骤 2：在代码编辑窗口中，编写水平滚动条的 Change 事件过程。

参考代码：

```
Private Sub Hsb1_Change()
    Form1.Print  Hsb1.Value
```

End Sub

步骤 3：按要求将文件保存至考生文件夹中。

第（2）小题

【审题分析】本题只需按要求在窗体上画出控件并设置其属性，并在按钮的 Click 事件过程中用图片框的 Print 语句输出“这是一个图片框”。

【操作步骤】

步骤 1：新建一个“标准 EXE”工程，在窗体 Form1 中画一个图片框和一个命令按钮，其属性及其值见附表 5.2。

附表 5.2

对　象	属　性	值
图片框	Name	Pic1
命令按钮	Name	Cmd1
	Caption	显示

步骤 2：在代码编辑窗口中，编写水平滚动条的 Change 事件过程。

参考代码：

```
Private Sub Cmd1_Click()
    Pic1.Print "这是一个图片框"
End Sub
```

步骤 3：按要求将文件保存至考生文件夹中。

2. 简单应用题

第（1）小题

【审题分析】本题“计算”按钮单击事件过程源代码的设计思路：先用两变量 a 和 b 分别记录在两个文本框输入的数据，并通过比较大小，使变量 b 的值始终大于变量 a 的值，t 为交换变量 a 和 b 值的中间变量。然后利用 For 循环（循环变量 i 的初值为 a，终值为 b），将 i 的值逐个累加到变量 s，循环结束时将变量 s 的值显示在文本框中。

【操作步骤】

步骤 1：打开考生文件下的本题工程文件 vbsj3.vbp，在代码编辑窗口，编写“计算”按钮的 Click 事件过程。

参考代码：

```
Private Sub Command1_Click()
Dim a As Integer, b As Integer, t As Integer, i As Integer, s As Long
    a = Val(Txt1.Text)
    b = Val(Txt2.Text)
    If a > b Then
        t = a
        a = b
        b = t
    End If
    For i = a To b
        s = s + i
    Next i
    Txt3.Text = s
```

End Sub

步骤 2：按要求将文件保存至考生文件夹中。

第（2）小题

【审题分析】本题全部控件已画出，相关属性设置也在程序源码的窗体加载事件中设置，只需按题目要求完善其他相关事件过程。由于标签在窗体上的移动是在计时器的 Timer 事件过程中完成的，单击“开始”按钮时就应启动计时器；要禁用“开始”按钮就应设置其 Enabled 属性值为 False。

单击“停止”按钮时要停止标签移动，就是要停止计时器。在 Tmr1_Timer 事件过程中，要让标签每次自左至右移动 50，可在每个时间间隔使标签的 Left 属性值在原有基础上加 50 来实现；为防止标签移出窗体，在执行移动语句前先用 If…Then…Else 对其位置进行判断。

【操作步骤】

步骤 1：打开考生文件下的本题工程文件 vbsj4.vbp，在代码编辑窗口编写程序。

参考代码：

```
Private Sub Cmd1_Click()
    Cmd1.Enabled = False
    Cmd1.Caption = " 继续 "
    Cmd2.Enabled = True
    Tmr1.Enabled = True
End Sub
Private Sub Cmd2_Click()
    Cmd2.Enabled = False
    Cmd1.Enabled = True
    Tmr1.Enabled = False
End Sub
Private Sub Form_Load()
    Cmd1.Caption = " 开始 "
    Cmd2.Caption = " 停止 "
End Sub
Private Sub Tmr1_Timer()
    Lab1.Left = Lab1.Left + 50
    If Lab1.Left > Form1.Width Then Lab1.Left = 0
End Sub
```

步骤 2：按要求将文件保存至考生文件夹中。

3. 综合应用题

【知识点播】除了 1 和它本身以外，不再有其他约数，这种整数称为素数。判别某数 *m* 是否是素数的经典算法是：对于 *m*，依次判别能否被 *i*（*i*=2，3，4，…，*m*-1）整除，只要有一个能整除，*m* 就不是素数，否则 *m* 是素数。

【审题分析】本题源程序已提供“读数”和“保存”按钮的单击事件过程，只需编写“计算”按钮的单击事件过程。设计思路：先自定义一个能返回某数是否为素数的函数过程 isprime（参数为 m），在该过程中通过 For 循环语句（循环变量 i 的初值为 2，终值为 m-1 ）让 m 依次除以 i，如果两者相除的余数为 0（条件表达式为：m mod i=0），则返回一个布尔型函数值 False，并退出函数过程。否则继续执行循环，当循环正常结束时返回一个布尔型函数值 True。

要找出小于某数（ Val(Txt1.Text) ）的最大素数，可以在“计算”按钮的单击事件过程中定义一个初值为该数的整型变量 k，通过 While 循环语句来找出第 1 个素数，该循环以函数 isprime(k) 返回

值不是素数（即 Not isprime(k)）作为循环条件，并在循环体中执行语句 k=k-1，以使每执行循环体一次变量 k 的值减 1。当循环终止时 k 就是最大素数，将其值显示在文本框 Txt2 中。

【操作步骤】

步骤 1：打开考生文件下的本题工程文件 vbs5.vbp，在代码编辑窗口中编写自定义函数过程 isprime 和“计算”按钮的单击事件过程。

参考代码：

```
Private Sub Cmd1_Click()
    Dim filename As String
    Open App.Path & "\dr1.dat" For Input As #1
    Input #1, filename
    Txt1.Text = filename
    Close #1
End Sub
Private Sub Cmd2_Click()
    Dim k As Integer
    k = Val(Txt1.Text)
    While Not isprime(k)
        k = k - 1
    Wend
    Txt2.Text = k
End Sub
Private Function isprime(m As Integer) As Boolean
    For i = 2 To m - 1
        If m Mod i = 0 Then
            isprime = False
            Exit Function
        End If
    Next
    isprime = True
End Function
Private Sub Cmd3_Click()
    Open App.Path & "\dw1.dat" For Output As #1
    Print #1, Txt2.Text
    Close #1
End Sub
```

步骤 2：按要求将文件保存至考生文件夹中。

参考文献

[1] 王浩 . Visual Basic 从入门到精通［M］. 北京：化学工业出版社，2011.

[2] 王福成 . Visual Basic 6.0 数据库开发指南［M］. 北京：清华大学出版社，2000.

[3] 王晓敏，徐晓敏 . Visual Basic 程序设计［M］. 2 版 . 北京：中国铁道出版社，2008.

[4] 李淑华 . Visual Basic 语言程序设计［M］. 沈阳：辽海出版社，2003.

[5] 赵光峰，崔瑞海 . Visual Basic 程序设计教程［M］. 北京 . 高等教育出版社，2000.

[6] 杨本伦 . Visual Basic 开发技术大全［M］. 北京：清华大学出版社，2010.

[7] 邹先霞，梁文健 . Visual Basic 程序设计教程［M］. 北京：冶金工业出版社，2009.

[8] 高春艳，安剑，巩建华 . 学通 Visual Basic 的 24 堂课［M］. 北京：清华大学出版社，2011.

[9] 吕峻闽，陈斌 . Visual Basic 程序设计与应用［M］. 北京：电子工业出版社，2009.

『十二五』高职高专体验互动式创新规划教材

Visual Basic CHENGXU SHEJI SHIXUNSHOUCE

Visual Basic 程序设计实训手册

主　编 苏　刚

副主编 刘锁仁　迟　松　贺丽萍

编　者 王晓芳　张　笑

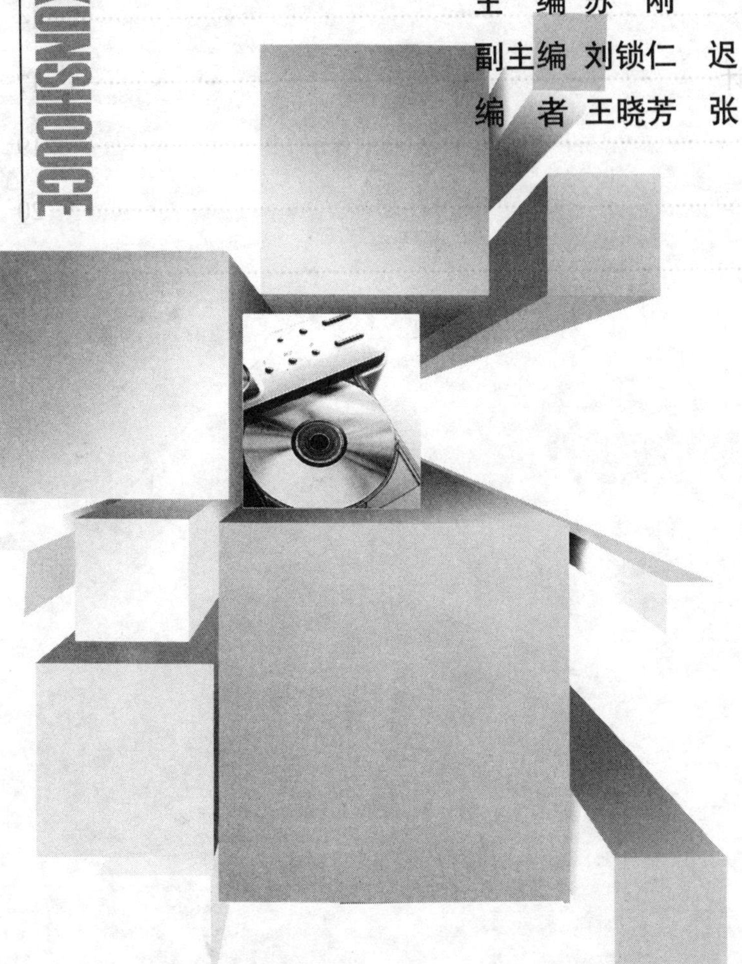

哈尔滨工业大学出版社

HITP

目录 Contents

模块 1 Visual Basic 6.0 概述

【实训 1.1】

在窗体绘制一个名为 Pic1 的图片框和一个名为 Cmd1 且其标题为“显示”的命令按钮。编写适当的事件过程，使程序运行后，若单击“显示”命令按钮，则在图片框显示“这是一个图片框”，运行效果如图 1.1 所示。

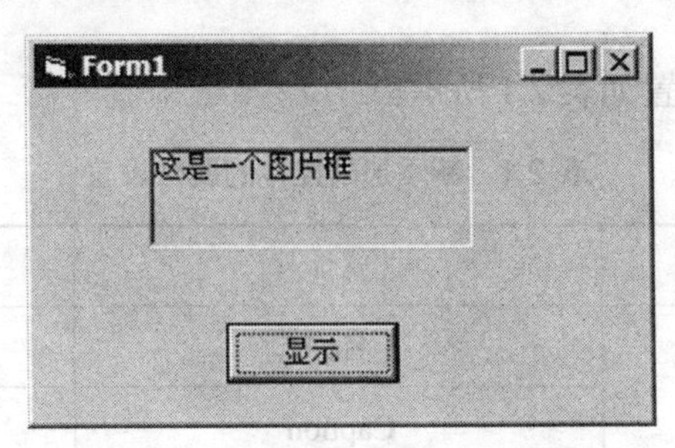

图1.1 【实训1.1】程序运行界面

表 1.1 控件及属性值

控件	属性	属性值
命令按钮 Command1 CommandButton	名称	Cmd1
	显示	Caption
命令按钮 Picture1 PictureBox	名称	Pic1

程序代码如下：

```
Private Sub Cmd1_Click()
    Pic1.Print " 这是一个图片框 "
End Sub
```

模块 2 对象及其操作

【实训 2.1】

对书中【例 2.4】进一步完善。在“唐诗欣赏”和“宋词欣赏”窗体中分别再添加“显示”和“清除”两个按钮控件，用于显示和清除在各自窗体上的唐诗或宋词内容。

1. 创建程序界面

程序主界面如图 2.1 所示，唐诗欣赏界面如图 2.2 所示，宋词欣赏界面如图 2.3 所示。可以看出，在唐诗和宋词欣赏界面分别添加了一个标签控件和两个按钮控件。

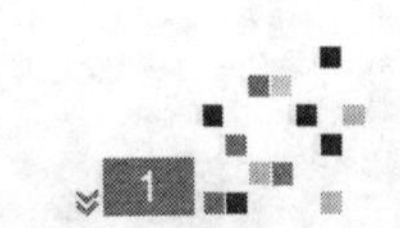

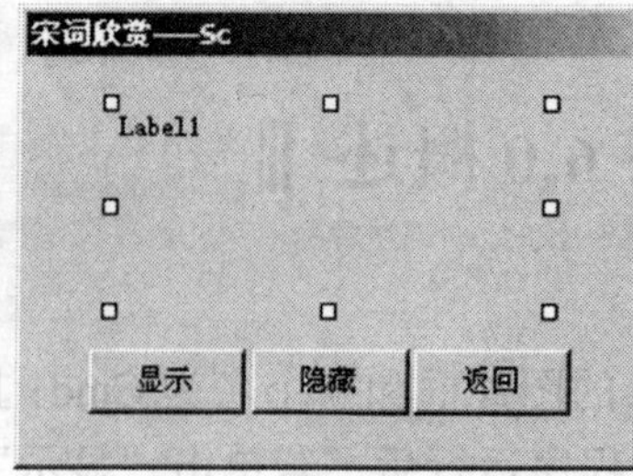

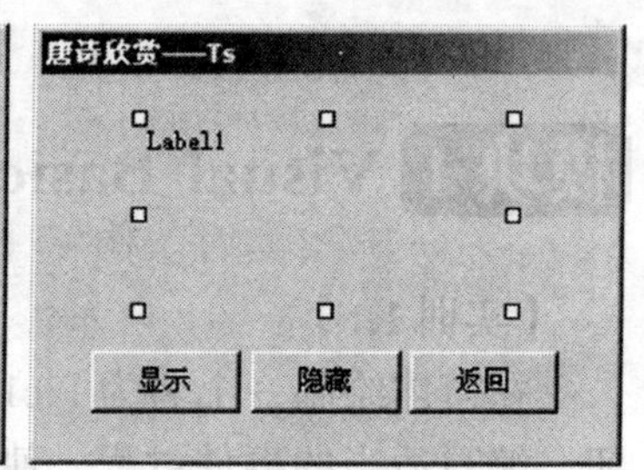

图2.1　主界面　　图2.2　宋词欣赏界面　　图2.3　唐诗欣赏界面

2. 设置对象属性

新添加的控件属性设置如表 2.1 所示。

表 2.1　新添加的控件的属性设置

对象	属性	属性值
按钮	（名称）	ShowCmd
	Caption	显示
按钮	（名称）	HideCmd
	Caption	隐藏
标签	WordWrap	True

3. 编写程序代码

主界面代码：

```
Private Sub ExitCmd_Click()
    End
End Sub
Private Sub ScCmd_Click()
    ScFrm.Show
    Me.Hide
End Sub
Private Sub TsCmd_Click()
    TsFrm.Show
    Me.Hide
End Sub
```

“唐诗欣赏”窗体代码：

```
Private Sub BackCmd_Click()
    MainFrm.Show
    Me.Hide
End Sub
Private Sub Form_Load()
    Label1.Caption = ""
```

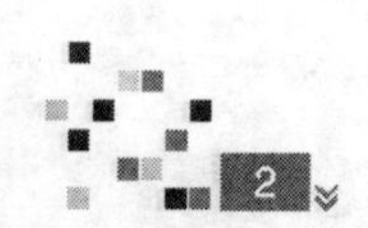

```
End Sub
Private Sub HideCmd_Click()
    Label1.Caption = ""
End Sub
Private Sub ShowCmd_Click()
    Label1.Caption = " 白日依山尽，黄河入海流。欲穷千里目，更上一层楼。——王之涣 "
End Sub
```

“宋词欣赏”窗体代码：

```
Private Sub BackCmd_Click()
    MainFrm.Show
    Me.Hide
End Sub
Private Sub Form_Load()
    Label1.Caption = ""
End Sub
Private Sub HideCmd_Click()
    Label1.Caption = ""
End Sub
Private Sub ShowCmd_Click()
    Label1.Caption = "  明月几时有，把酒问青天。不知天上宫阙，今夕是何年。" &_
" 我欲乘风归去，惟恐琼楼玉宇，高处不胜寒。起舞弄清影，何似在人间 ...——苏轼 "
End Sub
```

4. 运行程序

效果如图 2.4 和图 2.5 所示。

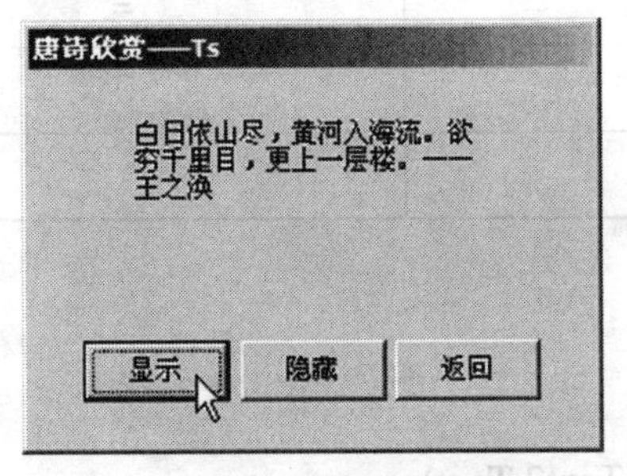

图2.4　唐诗欣赏运行界面

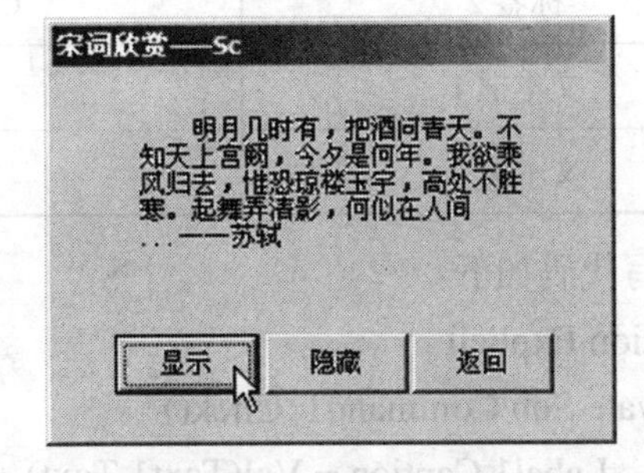

图2.5　宋词欣赏运行界面

模块 3 程序语言基础

【实训 3.1】

设计一个能够进行加、减、乘、除运算的简易计算器，如图 3.1 所示。

要求：首先在两个文本框中输入操作数，然后单击 4 个运算符按钮，其运行结果显示在一个标签中，当单击“清除”按钮时，可清除上次的运算结果。

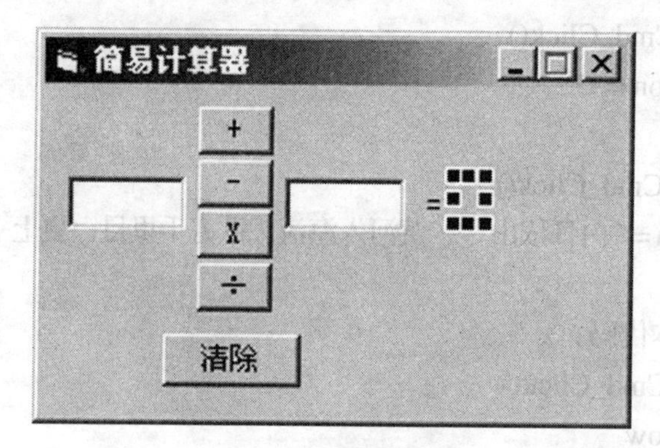

图3.1　简易计算器

属性设置如表 3.1 所示。

表 3.1　控件属性设置

对象	属性	属性值
窗体	Caption	简易计算器
命令按钮 1	Caption	+
命令按钮 2	Caption	-
命令按钮 3	Caption	×
命令按钮 4	Caption	÷
命令按钮 5	Caption	清除
标签 1	Caption	
标签 2	Caption	=
文本框 1	Text	
文本框 2	Text	

编写代码如下：

```
Option Explicit
Private Sub Command1_Click()
    Label1.Caption = Val(Text1.Text) + Val(Text2.Text)
End Sub
Private Sub Command2_Click()
    Label1.Caption = Val(Text1.Text) - Val(Text2.Text)
End Sub
Private Sub Command3_Click()
    Label1.Caption = Val(Text1.Text) * Val(Text2.Text)
End Sub
```

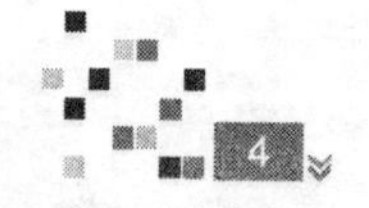

```
Private Sub Command4_Click()
    Label1.Caption = Val(Text1.Text) / Val(Text2.Text)
End Sub
Private Sub Command5_Click()
    Text1.Text = ""
    Text2.Text = ""
    Label1.Caption = ""
End Sub
```

运行程序，检验设计效果。

【实训 3.2】

获取任意小数的整数位。本训练的目的是强化 Int 函数对小数取整的操作。创建程序界面如图 3.2 所示。

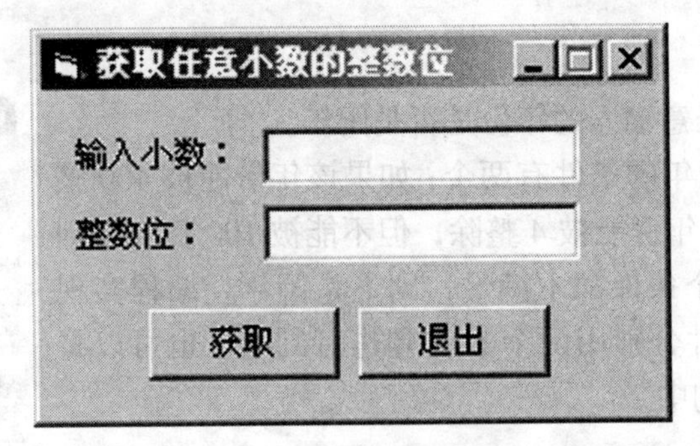

图3.2 获取小数的整数位

属性设置如表 3.2 所示。

表 3.2 控件属性设置

对象	属性	属性值
窗体	Caption	获取任意小数的整数位
窗体	MaxButton	False
命令按钮 1	Caption	获取
命令按钮 2	Caption	退出
标签 1	Caption	输入小数:
标签 2	Caption	整数位:
文本框 1	Text	
文本框 2	Text	
文本框 1	Text	
文本框 2	Text	

程序代码如下：

```
Option Explicit
Private Sub Command1_Click()    '获取
    Text2.Text = Int(Val(Text1.Text))
End Sub
Private Sub Command2_Click()   '退出
    Unload Me
End Sub
```

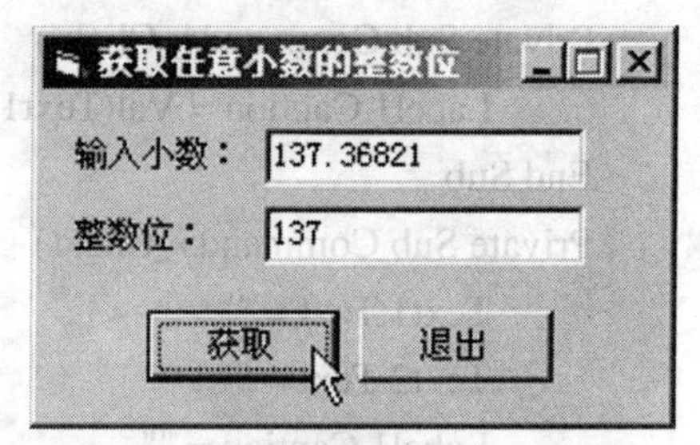

图3.3　获取小数的整数位运行效果

运行程序，效果如图 3.3 所示。

模块 4 程序设计基础

【实训 4.1】

编写程序，判断任意输入的年份是否是闰年。

分析：某一年为闰年的条件有两个：如果该年份能被 400 整除，则是闰年；或者该年份能被 4 整除，但不能被 100 整除，则是闰年。如果以上两个条件都不满足，则不是闰年。编程实现时，可以将这两个条件分别用两个 If 语句进行判断，也可以将条件描述在一个 If 语句中。

程序代码如下：

```
Option Explicit
Private Sub Form_Click()
    Dim Myear As Integer
    Myear = Val(InputBox(" 输入年份：",, ""))
    If  Myear Mod 400 = 0 Or Myear Mod 4 = 0 And Myear Mod 100 <> 0 Then
       MsgBox Str(Myear) + " 年是闰年！ "
    Else
       MsgBox Str(Myear) + " 年不是闰年！ "
    End If
End Sub
```

【实训 4.2】

图4.1　输出的图形

输出图形，如图 4.1 所示。

分析：多重循环结构也称循环嵌套，是指在一个循环的循环体内又出现另一个循环。本例是一个两重循环的结构，通常把外层的循环称为外循环，外循环的循环体内出现的循环称为内循环。使用外循环 i 控制行，所以 i 的终值为 n；使用内循环 j 控制每行输出的“*”，通常内循环的初值或终值会使用到外循环的循环变量，本例中第 i 行应该输出“2*i-1”个“*”，所以内循环变量 j 的终值为“2*i-1”；在第 i 行输出“*”前应该先定位第一个“*”的位置，所以在内循环开始前先用“Print Spc(n-i+1)；”。

程序代码如下：

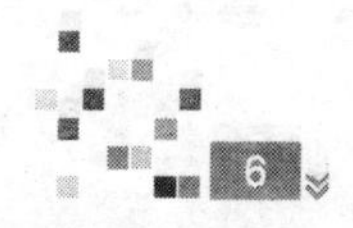

```
Option Explicit
Private Sub Form_Click()
    Dim i As Integer, j As Integer, n As Integer ' 定义变量
    Cls                                  ' 清除窗体
    n = 10                               ' 外循环，控制行数
    For i = 1 To n
        Print Spc(n - i + 1);            ' 先打印空格，用于定位第一个"*"的位置
        For j = 1 To 2 * i - 1           ' 内循环，控制每行输出多少个"*"
            Print "*";
        Next j                           ' 换行
        Print
    Next i
End Sub
```

模块5 常用标准控件

【实训5.1】

请按照图5.1所示添加控件。要求：画两个框架，名称分别为Frame1，Frame2，在Frame1中添加两个单选按钮，名称分别为Option1，Option2，标题分别为"古典音乐"、"流行音乐"。在名称为Frame2中添加两个单选按钮，名称分别为Option3，Option4，标题分别为"篮球"、"羽毛球"。单击"选择"按钮，将把选中的单选按钮的标题显示在标签Label2中，如图5.1所示。

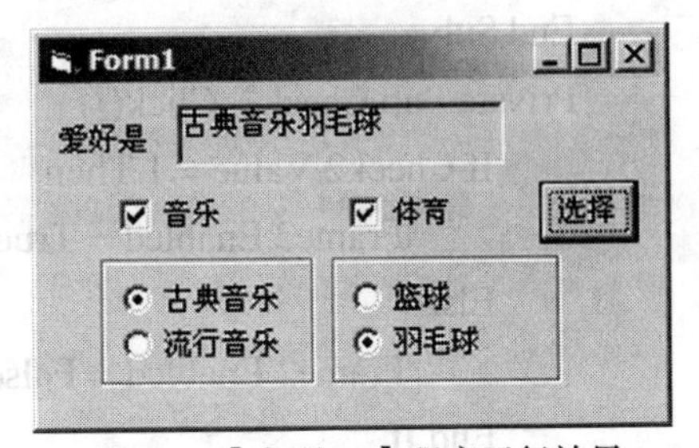

图5.1 【实训5.1】程序运行效果

如果"音乐"或"体育"未被选中，相应的单选按钮不可选。运行程序初始时，"古典音乐"和"篮球"单选按钮为选中状态。

表5.1 图5.1中控件及属性值

控件	属性	属性值
标签 Label1 Label	Caption	爱好是
标签 Label2 Label	Caption	空值
	BorderStyle	1
框架 Frame1 Frame	Caption	空值
	Enabled	False
框架 Frame2 Frame	Caption	空值
	Enabled	False

续表 5.1

控件	属性	属性值
复选框 Check1 CheckBox	Caption	音乐
复选框 Check2 CheckBox	Caption	体育
单选按钮 Option1 OptionButton	Caption	古典音乐
单选按钮 Option2 OptionButton	Caption	流行音乐
单选按钮 Option3 OptionButton	Caption	篮球
单选按钮 Option4 OptionButton	Caption	羽毛球

程序代码如下：

```
Private Sub Check1_Click()
    If Check1.Value = 1 Then
        Frame1.Enabled = True
    Else
        Frame1.Enabled = False
    End If
End Sub
Private Sub Check2_Click()
    If Check2.Value = 1 Then
        Frame2.Enabled = True
    Else
        Frame2.Enabled = False
    End If
End Sub
Private Sub Command1_Click()
    If Check1.Value = 1 Then
        If Option1 = True Then
            s = " 古典音乐 "
        Else
            s = " 流行音乐 "
        End If
    End If
    If Check2.Value = 1 Then
        If Option3 = True Then
            s = s & " 篮球 "
        Else
            s = s & " 羽毛球 "
        End If
```

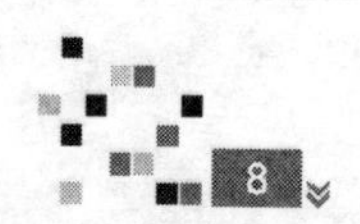

```
        End If
        Label2.Caption = s
    End Sub
    Private Sub Form_Load()
        Check1.Value = 1
        Check2.Value = 1
    End Sub
```

【实训 5.2】

在窗体中绘制两个命令按钮 Command1 和 Command2，标题分别为“开始”和“停止”，一个标签 Label1，标题为“欢迎光临”，AutoSize 为 True。一个计时器 Timer1，Interval 值为 100。程序设计界面如图 5.2 所示。程序运行前，“停止”禁用。单击“开始”，此按钮变为“继续”，且禁用，“停止”按钮被启用；标签自左向右移动 50，当标签移出右边自动从左边界开始向右移动；如果单击“停止”，此按钮被禁用，“继续”按钮被启用；单击“继续”，该按钮被禁用，“停止”按钮被启用，标签自当前位置向右移动……

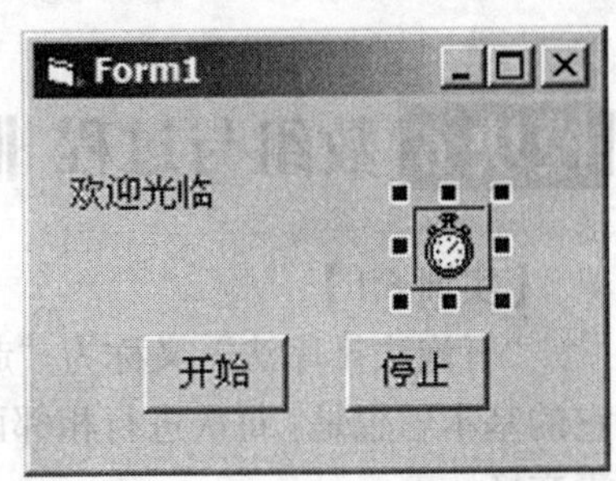

图5.2 【实训5.2】程序设计界面

表 5.2 图 5.2 中控件及属性值

控件	属性	属性值
标签 Label1 Label	Caption	欢迎光临
	AutoSize	True
计时器 Timer1 Timer	Interval	100
	Enabled	False
命令按钮 Command1 CommandButton	Caption	开始
命令按钮 Command2 CommandButton	Caption	停止
	Enabled	False

程序代码如下：

```
Private Sub Command1_Click()
    Command1.Enabled = False
    Command1.Caption = " 继续 "
    Command2.Enabled = True
    Timer1.Enabled = True
End Sub
Private Sub Command2_Click()
    Command1.Enabled = True
    Command2.Enabled = False
```

```
        Timer1.Enabled = False
    End Sub
    Private Sub Timer1_Timer()
        If Label1.Left > Form1.Width Then
            Label1.Left = 0
        Else: Label1.Left = Label1.Left + 50
        End If
    End Sub
```

图5.3 【实训5.2】程序运行效果

运行程序，效果如图 5.3 所示。

模块 6 数组与过程

【实训 6.1】

“冒泡法排序法”又称为“起泡法排序法”，是一种比较简单、易懂的交换排序方法。它的基本思想是：每次进行相邻两个元素的比较，凡为逆序（即 a(i)>a(i+1)），则将两个元素交换。

整个的排序过程为：先将第 1 个元素和第 2 个元素进行比较，若为逆序，则交换之；接着比较第 2 个和第 3 个元素；依此类推，直到第 *n*-1 个元素和第 *n* 个元素进行比较、交换为止。如此经过一趟排序，使最大的元素被安置到最后一个元素的位置上。然后，对前 *n*-1 个元素进行同样的操作，使次大的元素被安置到第 *n*-1 个元素的位置上。重复以上过程，直到没有元素需要交换为止。

例如，对 49　38　76　27　13 进行冒泡排序的过程如下：

初始状态：　　[49　　38　　76　　27　　13]

第一趟排序后：[38　　49　　27　　13]　　76

第二趟排序后：[38　　27　　13]　　49　　76

第三趟排序后：[27　　13]　　38　　49　　76

第四趟排序后：13　　27　　38　　49　　76

下面的代码是随机生成 10 个两位数，并且对它们使用冒泡法排序，程序代码如下：

```
Option Explicit
Option Base 1
Private Sub Command1_Click()
    Dim a(10) As Integer, i As Integer, j As Integer, temp As Integer
    Randomize
    Print " 排序前：" 
    For i = 1 To 10
        a(i) = Int(90 * Rnd + 10)
        Print a(i);
    Next i
    For i = 1 To 10
```

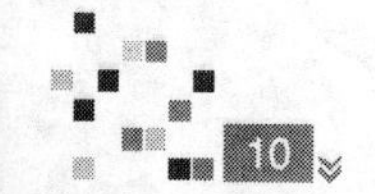

```
            For j = 1 To 9
                If a(j) > a(j + 1) Then
                    temp = a(j + 1)
                    a(j + 1) = a(j)
                    a(j) = temp
                End If
            Next j
        Next i
        Print
        Print " 排序后："
        For i = 1 To 10
            Print a(i);
        Next i
        Print
    End Sub
```

模块 7 键盘事件与鼠标事件

【实训 7.1】

设计画笔程序。运行程序，当用户按住鼠标左键移动鼠标时，在窗体上以黑色画出痕迹，如同使用铅笔在纸上画图。

程序代码如下：

```
Option Explicit
Private Sub Form_Load()
    Me.AutoRedraw = True
    Me.Caption = " 小画笔 "
End Sub
Private Sub Form_MouseDown(Button As Integer, Shift As Integer, X As Single, Y As Single)
  If Button = 1 Then
    CurrentX = X
    CurrentY = Y
  End If
End Sub
Private Sub Form_MouseMove(Button As Integer, Shift As Integer, X As Single, Y As Single)
  If Button = 1 Then
    Me.Line (CurrentX, CurrentY)-(X, Y)  ' 表示在两点之间画一条直线，默认为黑色
    CurrentX = X
    CurrentY = Y
  End If
```

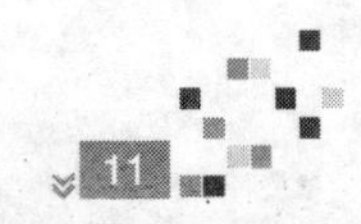

```
End Sub
Private Sub Form_MouseMove(Button As Integer, Shift As Integer, X As Single, Y As Single)
  If Button = 1 Then
    Me.Line (CurrentX, CurrentY)-(X, Y)  ' 表示在两点之间画一条直线，默认为黑色
    CurrentX = X
    CurrentY = Y
  End If
End Sub
```

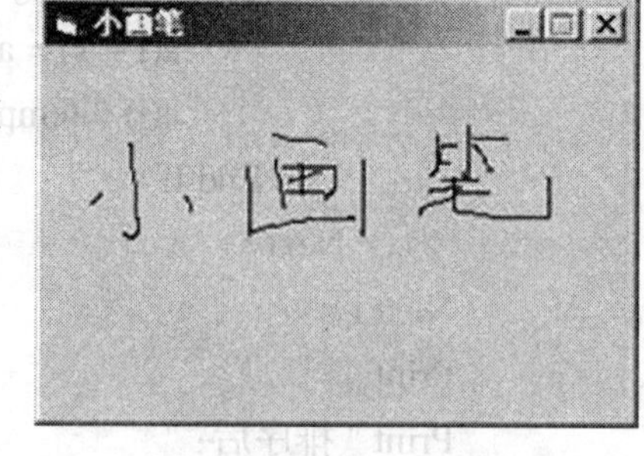

图7.1 画笔运行效果

运行程序，效果如图 7.1 所示。

【实训 7.2】

设计一输入学生基本信息的程序。设计应用程序界面，如图 7.2 所示。程序功能如下：

（1）在 Text1 文本框中输入学号时必须保证所输入的是数字，否则弹出消息框予以警告。当单击“确定”命令按钮，弹出消息框显示用户所输入的学号与姓名；单击“退出”命令按钮，结束运行；单击“重新输入”命令按钮，清空学号及姓名文本框内容，学号文本框 Text1 获取焦点，等待重新输入。

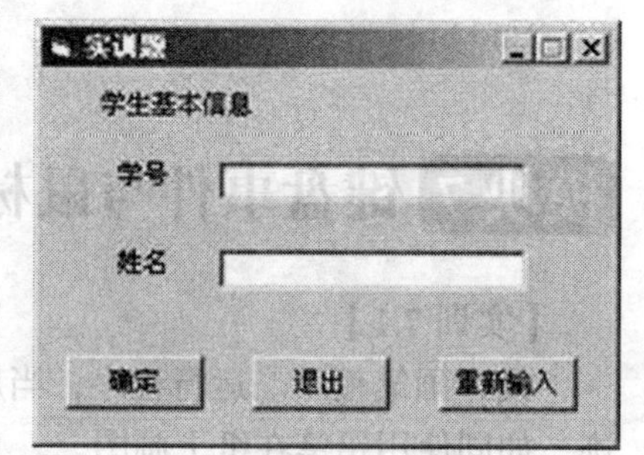

图7.2 学生基本信息

（2）在运行程序中不管什么时候，只要同时按下 Alt，Shift 和 F10 键时，窗体上便显示“谢谢你的使用，再见！”消息框。在消息框中，若选择单击“确定”，则结束程序；若选择单击“取消”，则返回程序界面继续执行。

程序代码如下：

```
Option Explicit
Private Sub Command1_Click() '确定命令按钮
  If Text1.Text <> "" And Text2.Text <> "" Then
    MsgBox " 学  号 " & Text1.Text & Chr(13) & " 姓  名 " & Text2.Text & Chr(13), vbOKCancel + vbInformation, " 学生基本信息 "
  End If
  If Text1.Text = "" Then
    Text1.SetFocus
  Else
    Text2.SetFocus
  End If
End Sub
Private Sub Command2_Click() ' 退出命令按钮
  End
End Sub
Private Sub Command3_Click() ' 重新输入命令按钮
  Text1.Text = ""
```

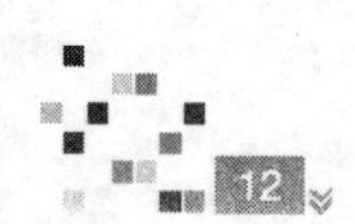

```
    Text2.Text = ""
    Text1.SetFocus
  End Sub
  Private Sub Form_KeyDown(KeyCode As Integer, Shift As Integer)
    Dim p As Integer
    If KeyCode = 121 And Shift = 5 Then
      p = MsgBox(" 谢谢您的使用，再见！", vbOKCancel + vbInformation, " 学生管理信息系统 ")
      If p = 1 Then End
      If p = 2 Then
        Text1.Text = ""
        Text2.Text = ""
        Text1.SetFocus
      End If
    End If
  End Sub
  Private Sub Form_Load()
    Form1.KeyPreview = True
  End Sub
  Private Sub Text1_KeyPress(KeyAscii As Integer)  ' 保证在 Text1 文本框中输入学号时必须是数字
    If (KeyAscii < 48 Or KeyAscii > 57) And KeyAscii <> 13 Then
      KeyAscii = 0
      MsgBox " 学号必须为数字！ ", vbOKCancel + vbExclamation, " 学号信息 "
    End If
    If KeyAscii = 13 Then
      If Text1.Text <> "" Then
        KeyAscii = 0
        Text2.SetFocus
      End If
    End If
  End Sub
```

运行程序，效果如图 7.3 和图 7.4 所示。

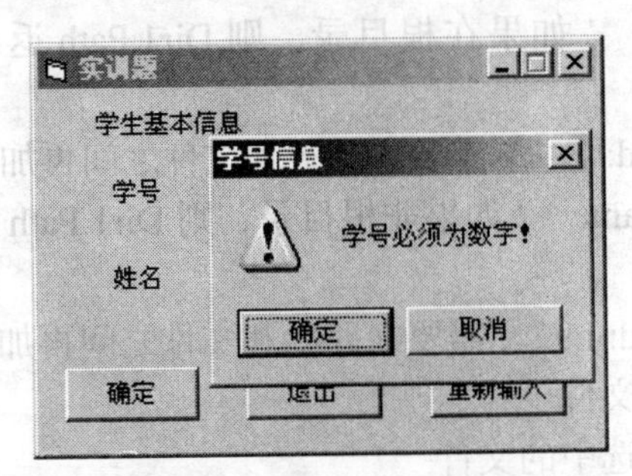

图7.3　学号输入错误提示

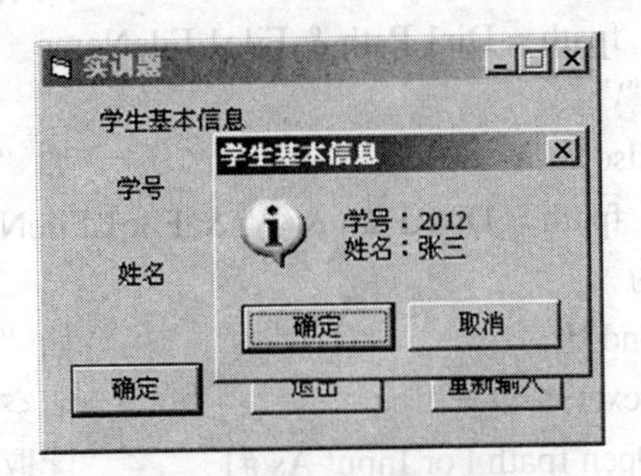

图7.4　学生信息显示

模块8 文件处理

【实训 8.1】

本例题利用文件控件制作一个简易文件浏览器。其中文件控件驱动器列表框（DriveListBox）、目录列表框（DirListBox）用于选择文件，文本框（Text）用于浏览文件内容。

创建程序界面如图 8.1 所示。

设置对象属性：文本框设置多行显示并加上垂直滚动条。

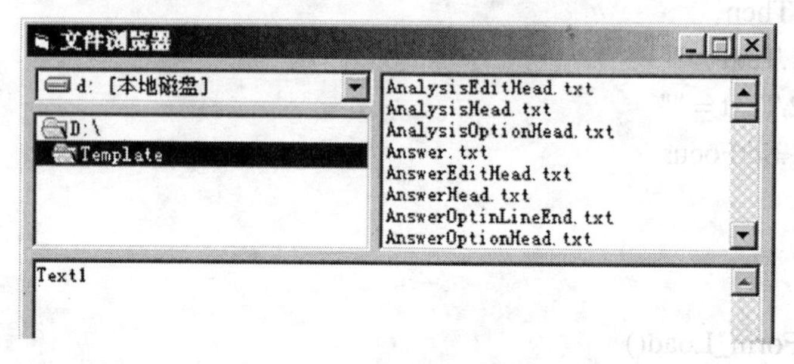

图8.1　文件浏览器界面

程序代码如下：

```
Option Explicit
Private Sub Combo1_Click()            '单击 Combobox 控件内容时发生
  File1.Pattern = Combo1.Text         'File1 的文件扩展名随 Combo1 的文件扩展名选择
变化
End Sub
Private Sub Drive1_Change()           '触发 Drive1 的 Change 事件
  Dir1.Path = Drive1.Drive            'Drive1 改变时，Dir1 的路径与 Drive1 保持一致
End Sub
Private Sub Dir1_Change()             '触发 Dir1 的 Change 事件
  File1.Path = Dir1.Path              'Dir1 改变时，File1 的路径与 Dir1 保持一致
End Sub
Private Sub File1_Click()             '单击文件列表
  Dim st As String, fpath As String
  If Right(Dir1.Path, 1) = "\" Then   '判断选择的文件是否在根目录
    fpath = Dir1.Path & File1.FileName      '如果在根目录，则 Dir1.Path 返回的路径
已包含“\”
  Else                                '如“d:\”，不需要在路径和文件之间再加“\”
    fpath = Dir1.Path & "\" & File1.FileName    '如果非根目录，则 Dir1.Path 返回的路
径样式为
  End If                              '如“d:\mr”，需要在路径和文件之间再加“\”
  Text1.Text = ""                     '清空文件
  Open fpath For Input As #1          '读取选中的文件
  Do While Not EOF(1)                 '循环至文件尾
```

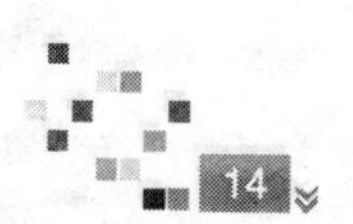

```
        Line Input #1, st                    '读取一行数据到变量 st
        Text1.Text = Text1.Text + st + vbCrLf  '将读取的赋值给 Text1
    Loop
    Close #1                                  '关闭文件
End Sub
```

运行程序，效果如图 8.2 所示。

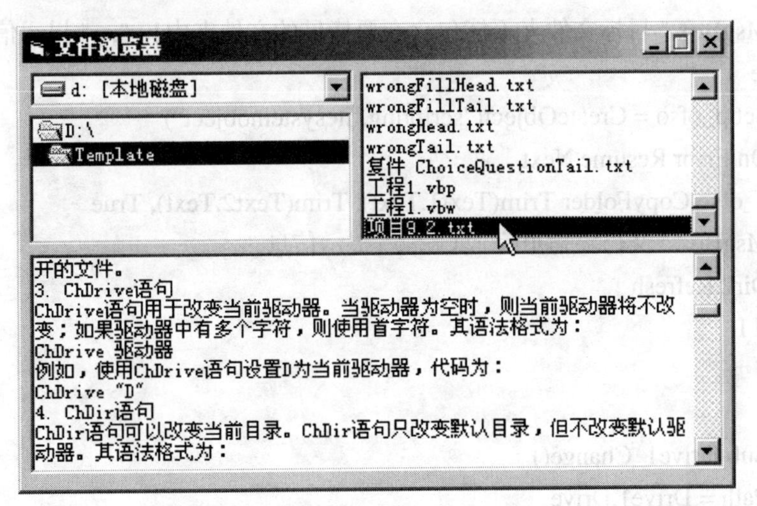

图8.2　读取文本文件

【实训 8.2】

本例主要通过 FSO 对象讲解如何进行文件夹的批量复制。使用 CreateObject("script-ing.filesystemobject") 创建 FSO 对象，并利用 CopyFolder 方法从一个地方复制到另一个地方。

创建程序界面，如图 8.3 所示。

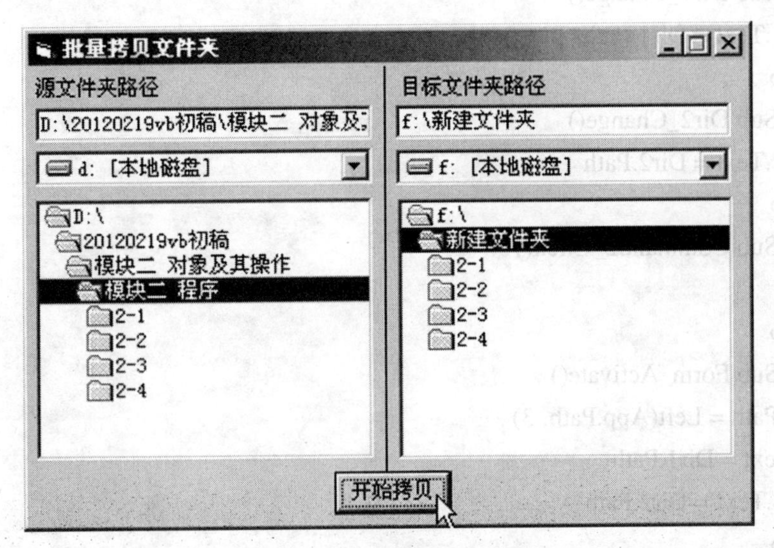

图8.3　批量拷贝文件夹

引用“Microsoft Scripting Runtime”，编写程序代码如下：

```
Dim i As Integer
Dim p_ofso
```

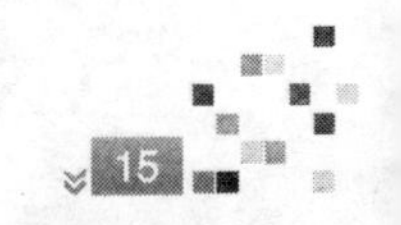

```
Dim MyStr As String
Private Sub Command1_Click()
  If Text1.Text = "" Or Text2.Text = "" Then
    MsgBox " 请输入文件夹所在路径和文件夹存放路径！ ", , " 提示信息 "
  Else
    If InStr(Dir2.Path, Dir1.Path) > 0 Then
      MsgBox " 目标文件夹不能包含在要拷贝的文件夹中！ ", , " 提示信息 "
    Else
      Set p_ofso = CreateObject("scripting.filesystemobject")
      On Error Resume Next
      p_ofso.CopyFolder Trim(Text1.Text), Trim(Text2.Text), True
      MsgBox " 文件夹拷贝完成！ ", , " 提示信息 "
      Dir2.Refresh
    End If
  End If
End Sub
Private Sub Drive1_Change()
  Dir1.Path = Drive1.Drive
End Sub
Private Sub Drive2_Change()
  Dir2.Path = Drive2.Drive
End Sub
Private Sub Dir1_Change()
  Text1.Text = Dir1.Path
End Sub
Private Sub Dir2_Change()
  Text2.Text = Dir2.Path
End Sub
Private Sub Command2_Click()
  End
End Sub
Private Sub Form_Activate()
  Dir2.Path = Left(App.Path, 3)
Text1.Text = Dir1.Path
  Text2.Text = Dir2.Path
End Sub
```

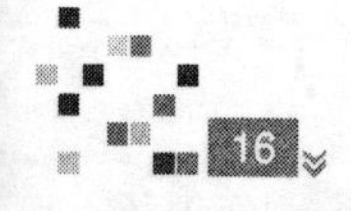

模块 9 Visual Basic 界面设计 Ⅲ

【实训 9.1】

设计一简单算术运算的应用程序，程序运行界面如图 9.1 所示。

程序运行时，用户在文本框 1 和文本框 2 中输入两个数，单击工具栏上的“加”、“减”、“乘”、“除”按钮，或选择运算菜单中的“加法”、“减法”、“乘法”、“除法”菜单项，将会在结果后的标签区域显示出结果。当除法运算除数为零时，显示消息提示框，并返回主界面。

设计步骤如下：

第一步：设计界面。

第二步：设计菜单，菜单的有关属性值见表 9.1。

第三步：设计工具栏，工具栏的有关属性值见表 9.1。

第四步：编写代码。

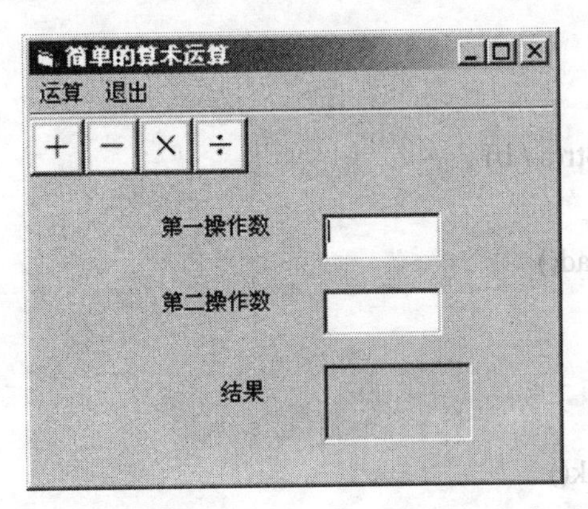

图9.1 简单的算术运算

表 9.1 各级菜单及工具栏按钮的有关属性

菜单的有关属性			工具栏的有关属性			
菜单层次	菜单标题	菜单名称	ToolBar 控件各按钮的索引	按钮标题	按钮关键字	ImageList 控件的图像索引
第一层	运算	Yunsuan				
第二层	加法	Jiafa	1	2	Jiafa	1(图标 jia.bmp)
第二层	减法	Jianfa	2	2	Jianfa	2(图标 jian.bmp)
第二层	乘法	Chengfa	3	2	Chengfa	3(图标 cheng.bmp)
第二层	除法	Chufa	4	2	Chufa	4(图标 chu.bmp)
第一层	退出	Tuichu				

程序代码如下：

```
Option Explicit
Private Sub chengfa_Click()
   Dim a As Integer, b As Integer
   a = Val(Text1.Text)
   b = Val(Text2.Text)
   Label4.Caption = Str(a * b)
End Sub
Private Sub chufa_Click()
   Dim a As Integer, b As Integer
   a = Val(Text1.Text)
   b = Val(Text2.Text)
   If b = 0 Then
      MsgBox (" 除数不能 ' 零 '！ ")
      Text2.Text = ""
      Exit Sub
   End If
   Label4.Caption = Str(a / b)
End Sub
Private Sub Form_Load()
   Text1.Text = ""
   Text2.Text = ""
End Sub
Private Sub jiafa_Click()
   Dim a As Integer, b As Integer
   a = Val(Text1.Text)
   b = Val(Text2.Text)
   Label4.Caption = Str(a + b)
End Sub
Private Sub jianfa_Click()
   Dim a As Integer, b As Integer
   a = Val(Text1.Text)
   b = Val(Text2.Text)
   Label4.Caption = Str(a - b)
End Sub
Private Sub Toolbar1_ButtonClick(ByVal Button As MSComctlLib.Button)
   Select Case Button.Key
      Case "jiafa"
         jiafa_Click
```

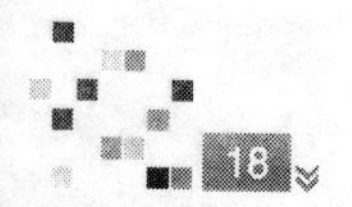

```
        Case "jianfa"
          jianfa_Click
        Case "chengfa"
          chengfa_Click
        Case "chufa"
          chufa_Click
      End Select
    End Sub
    Private Sub tuichu_Click()
      End
    End Sub
```

模块10 多媒体编程

【实训 10.1】

Flash 动画的播放控制。

要求：有“播放”、“暂停”、“停止”、“退出”控制按钮，同步显示动画总长度和当前播放进度。播放工程文件夹中的 Flash 动画文件。

创建程序界面，如图 10.1 所示。

设置控件属性：ShockwaveFlash 控件名称修改为 swf1；4 个按钮控件是控件数组，数组名称是 cmd；PictureBox 控件的 BorderStyle 属性值设为 0；Timer 控件属性在代码中设置。

程序代码如下：

图10.1 程序界面

```
Option Explicit
Private Sub cmd_Click(Index As Integer)
  Select Case Index
    Case 0        ' 播放
      swf1.Play
    Case 1        ' 暂停
      swf1.Stop
    Case 2        ' 停止
      swf1.Stop
      swf1.GotoFrame 0
    Case 3
      End
  End Select
End Sub
Private Sub Form_Load()
  swf1.Movie = App.Path & "\" & " 东北人 .swf"
```

```
    Timer1.Enabled = True
    Timer1.Interval = 1000
End Sub
Private Sub Timer1_Timer()
    Picture1.Cls
 Picture1.Print " 共有 :" & swf1.TotalFrames & " 帧; " & " 当前播放第 :" & swf1.CurrentFrame
& " 帧 "
End Sub
```

运行程序，效果如图 10.2 所示。

图10.2　运行效果

模块 11 数据库编程初步

【实训 11.1】

编写简易通讯录程序，使该程序具有浏览记录、添加记录、删除记录、修改记录、查找记录等功能。

1. 数据库设计

表名：联系人信息表，如表 11.1 所示。

表 11.1　联系人信息表字段设置

字段名	类型	大小
姓名	文本	20
手机号码	数字	20
电子邮件	文本	50
QQ 号码	数字	20
联系地址	文本	150
照片	数字	30

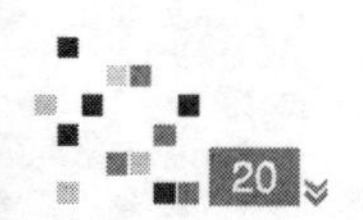

添加记录见表 11.2

表 11.2　联系人信息

姓名	手机号码	电子邮件	QQ 号码	联系地址	照片
张三	13901012345	123456789@qq.com	123456789	北京市海淀区幸福大街 20 号	20120211172242.jpg
赵六	18604161246	24622748@qq.com	24622748	陕西市青年大街 66 号	20120211155141.jpg
王五	18802401199	52413251@qq.com	52413251	珠海市永昌路 4785.15 号	20120211165458.jpg
张七	13302401213	63451578@qq.com	63451578	沈阳市青年大街 3355.27 号	20120211165458.jpg

2. 主界面设计

主界面设计如图 11.1 所示。各个控件属性设置如表 11.3 所示。

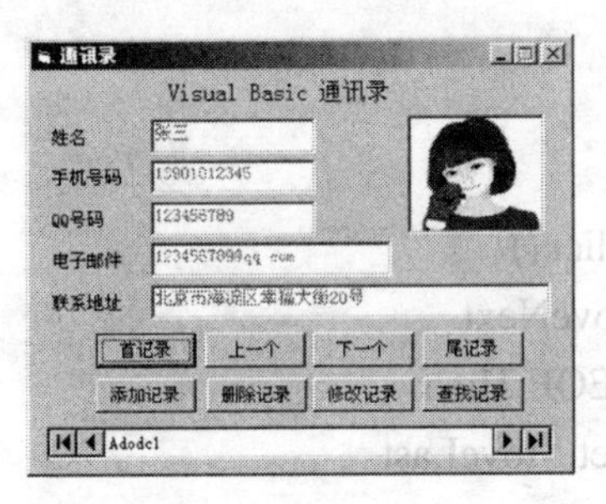

图11.1　通讯录主界面

表 11.3　各控件属性设置表

控件	属性	值
Label1	Caption	Visual Basic 通讯录
Label1	Font	黑体、加粗、小三
Label2~Label6	Caption	学号 ~ 联系地址
Command1~Command8	Caption	首记录 ~ 查找记录
Text1~Text5	Enable	False
Text1~Text5	Text	空
Image1	Appearanch	1.3D
Image1	Stretch	True

3. 主界面 (mainfrm) 代码编写

（1）自定义过程 show_images()。

```
Public Sub show_images()
    mainfrm.Image1.Picture = LoadPicture(App.Path & "\imgs\" & _
```

```
    Adodc1.Recordset(" 照片 "))
End Sub
```

此处 Image1 控件的图片路径从数据库中读取，后面再介绍如何向数据库中存储图片路径。

在使用 ADO 控件打开指定的数据库后，开始编写代码。

（2）首记录。

```
Private Sub Command1_Click()
    Adodc1.Recordset.MoveFirst
    Call show_images                        '操作完成后，Image 控件显示图片
End Sub
```

（3）上一个。

```
Private Sub Command2_Click()
    Adodc1.Recordset.MovePrevious
    If Adodc1.Recordset.BOF Then
        Adodc1.Recordset.MoveFirst
    End If
    Call show_images
End Sub
```

（4）下一个。

```
Private Sub Command3_Click()
    Adodc1.Recordset.MoveNext
    If Adodc1.Recordset.EOF Then
        Adodc1.Recordset.MoveLast
    End If
    Call show_images
End Sub
```

（5）尾记录。

```
Private Sub Command4_Click()
    Adodc1.Recordset.MoveLast
    Call show_images
End Sub
```

（6）添加记录。

要在新的窗体中添加记录，所以代码为：addfrm.show。

4. 添加联系人

界面 (addfrm) 如图 11.2 所示。

（1）添加记录。

在 addfrm 窗体里添加记录，添加数据前要对空记录进行验证。

图11.2　添加联系人

```
Private Sub Command1_Click()
  Dim newfilename As String                '定义变量，接收新文件名
  If Image1.Picture = 0 Then
```

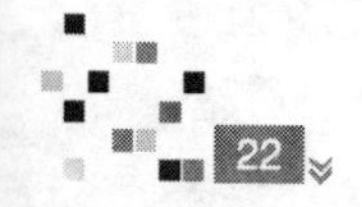

```
        MsgBox " 请选择图片 ", vbCritical        ' 没有照片不允许添加记录
        Exit Sub
    End If
    ' 首先拷贝 CommonDialog1 控件所选择的文件到程序文件夹下的 imgs 文件夹下，并
且重命名。命名方法是现在计算机时间的 “年月日小时分秒” 的形式
    FileCopy CommonDialog1.FileName, App.Path + "\imgs\" & _
    Format(Now, "yyyymmddhhmmss") + ".jpg"
    ' 新文件的路径 ,Format 函数将现在系统时间格式化成 yyyymmddhhmmss 模式
    newfilename = App.Path + "\imgs\" & _
    Format(Now, "yyyymmddhhmmss") + ".jpg"
    ' 如果 Text1 为空，则不继续进行，光标停留在 Text1 上
    If Text1.Text = "" Then
        MsgBox " 请填写姓名 ", vbCritical
        Text1.SetFocus
        Exit Sub
    End If
    ' 如果 Text2 为空，则不继续进行，光标停留在 Text2 上
    If Text2.Text = "" Then
        MsgBox " 请填写手机号码名 ", vbCritical
        Text2.SetFocus
        Exit Sub
    End If
    If Text3.Text = "" Then
        MsgBox " 请填写 QQ 号码 ", vbCritical
        Text3.SetFocus
        Exit Sub
    End If
    If Text4.Text = "" Then
        MsgBox " 请填写电子邮件 ", vbCritical
        Text4.SetFocus
        Exit Sub
    End If
    If Text5.Text = "" Then
        MsgBox " 请填写联系地址 ", vbCritical
        Text5.SetFocus
        Exit Sub
    End If
    ' 如果都符合条件，添加记录
    mainfrm.Adodc1.Recordset.AddNew
```

```
    mainfrm.Adodc1.Recordset(" 姓名 ") = Text1.Text
    mainfrm.Adodc1.Recordset(" 手机号码 ") = Text2.Text
    mainfrm.Adodc1.Recordset("QQ 号码 ") = Text3.Text
    mainfrm.Adodc1.Recordset(" 电子邮件 ") = Text4.Text
    mainfrm.Adodc1.Recordset(" 联系地址 ") = Text5.Text
    '仅将文件名以字符串形式，存放在“照片”字段里
    mainfrm.Adodc1.Recordset(" 照 片 ") = Trim(Mid(newfilename, InStrRev(newfilename,
"\") + 1))
    mainfrm.Adodc1.Recordset.Update
    MsgBox " 添加成功 ", vbOKOnly
    Text1.Text = ""
    Text2.Text = ""
    Text3.Text = ""
    Text4.Text = ""
    Text5.Text = ""
End Sub
```

（2）浏览照片。

首先在窗体上添加 CommonDialog 控件。

```
Private Sub Command2_Click()
    CommonDialog1.Filter = "jpg 文件 (*.jpg)"
    CommonDialog1.ShowOpen
    Image1.Picture = LoadPicture(CommonDialog1.FileName)
End Sub
```

此处设计思路是：只有点击“添加”按钮时，才将图片拷贝到 imgs 文件夹下；拷贝后的文件名用 Format 函数以当前计算机系统时间 +“. JPG”形式存储，并把新的文件名以字符串形式存储到数据库的“照片”字段里。当浏览记录时，Image1. Picture=LoadPicture(" 地址 ")，这个地址就从数据库中读取。

5. 删除记录

```
Private Sub Command5_Click()
    Dim rec
    rec = MsgBox(" 您真的要删除该记录？ ", vbYesNo)
    If rec = vbYes Then  ' 删除记录的同时，也把 imgs 文件夹下的对应图片删除掉
        Kill App.Path + "\imgs\" + Adodc1.Recordset(" 照片 ")
        Adodc1.Recordset.Delete
        Adodc1.Recordset.MoveNext
        If Adodc1.Recordset.EOF Then
            Adodc1.Recordset.MoveLast
        End If
        Call show_images
    End If
End Sub
```

6. 修改记录

在 Mainfrm 里通过 editfrm.show 调用“修改联系人”窗体，我们要在该窗体里进行记录修改，如图 11.3 所示。

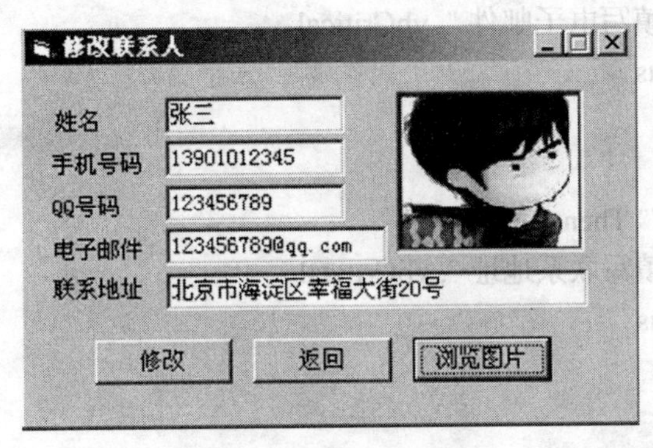

图11.3　修改联系人窗体

用户在 Mainfrm 窗体里浏览记录时，当发现某条记录需要修改时，那么点击 Mainfrm 窗体里的“修改记录”。此时在弹出的 Editfrm 窗体里应该显示的 Mainfrm 窗体里的当前记录。所以在 Editfrm 窗体加载时，有以下代码：

```
Private Sub Form_Load() '窗体加载
    Text1.Text = mainfrm.Text1.Text
    Text2.Text = mainfrm.Text2.Text
    Text3.Text = mainfrm.Text3.Text
    Text4.Text = mainfrm.Text4.Text
    Text5.Text = mainfrm.Text5.Text
End Sub
```

点击修改命令与添加类似，只有一点，修改记录不需要判断图片是否为空，如果为空，将保留原来图片，具体代码如下：

```
Private Sub Command1_Click()
    If Text1.Text = "" Then
        MsgBox " 请填写姓名 ", vbCritical
        Text1.SetFocus
        Exit Sub
    End If
    If Text2.Text = "" Then
        MsgBox " 请填写手机号码名 ", vbCritical
        Text2.SetFocus
        Exit Sub
    End If
    If Text3.Text = "" Then
        MsgBox " 请填写 QQ 号码 ", vbCritical
        Text3.SetFocus
```

```
        Exit Sub
    End If
    If Text4.Text = "" Then
        MsgBox " 请填写电子邮件 ", vbCritical
        Text4.SetFocus
        Exit Sub
    End If
    If Text5.Text = "" Then
        MsgBox " 请填写联系地址 ", vbCritical
        Text5.SetFocus
        Exit Sub
    End If
    If Image1.Picture <> 0 Then
        Dim newfilename As String
        FileCopy CommonDialog1.FileName, App.Path + "\imgs\" + _
        Format(Now, " yyyymmddhhmmss") + ".jpg"
        newfilename = App.Path + "\imgs\" + Format(Now, " yyyymmddhhmmss") + ".jpg"
        mainfrm.Text1.Text = Text1.Text
        mainfrm.Text2.Text = Text2.Text
        mainfrm.Text3.Text = Text3.Text
        mainfrm.Text4.Text = Text4.Text
        mainfrm.Text5.Text = Text5.Text
        mainfrm.Adodc1.Recordset(" 照片 ") = Mid(newfilename, InStrRev(newfilename,
"\") + 1)
        mainfrm.Adodc1.Recordset.Update
        MsgBox " 修改成功 ", vbOKOnly
        Call mainfrm.show_images
    Else
        mainfrm.Text1.Text = Text1.Text
        mainfrm.Text2.Text = Text2.Text
        mainfrm.Text3.Text = Text3.Text
        mainfrm.Text4.Text = Text4.Text
        mainfrm.Text5.Text = Text5.Text
        mainfrm.Adodc1.Recordset.Update
        MsgBox " 修改成功 ", vbOKOnly
        Call mainfrm.show_images
    End If
End Sub
```

7. 查找记录

在 Mainfrm 窗体里点击“查找记录”按钮，将显示查找联系人窗体，如图 11.4 所示。在该窗体中进行查询操作，然后把查找到的结果带回给 Mainfrm。

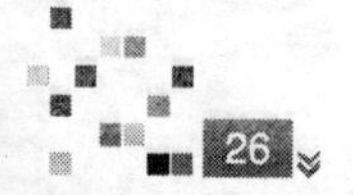

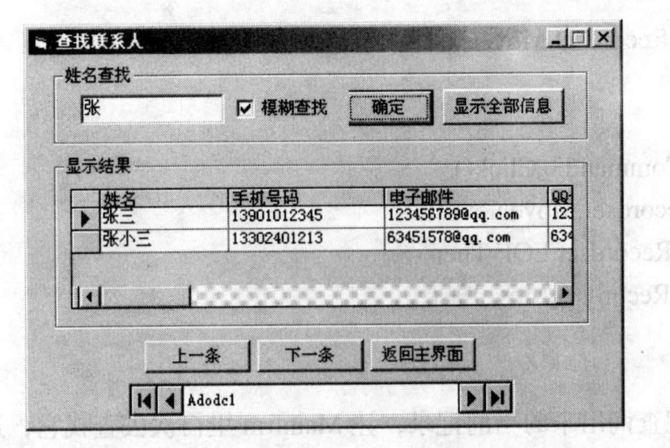

图11.4　查找联系人窗体

第一步：应该设置 ADODC1 控件的数据源，本窗体通过代码方式连接数据库。将 ADO 控件拖放到窗体适当位置后，在 From_Load 事件里编写下面代码：

```
Private Sub Form_Load()                    '窗体加载时
    Adodc1.ConnectionString = "Provider=Microsoft.Jet.OLEDB.4.0;Data Source=" _
     & App.Path & "\ 通讯录 .mdb;Persist Security Info=False"
    Adodc1.RecordSource = "select * from 联系人信息表 "
    Adodc1.Refresh
End Sub
```

第二步：编写实现模糊查询功能。设置 DataGrid 控件的 DataSource 属性为"ADODC1"之后，程序代码如下：

```
Private Sub Command1_Click()
  If Check1.Value = 0 Then
    Adodc1.RecordSource =
    "select * from 联系人信息表 where 姓名 ='" '& Text1.Text & "'"
    Adodc1.Refresh
  Else
    Adodc1.RecordSource = _
    "select * from 联系人信息表 where 姓名 like "%" & Text1.Text & "%'"
    Adodc1.Refresh
  End If
End Sub
```

第三步：编写"显示全部功能"。

```
Private Sub Command5_Click()
  Adodc1.RecordSource = "select * from 联系人信息表 "
  Adodc1.Refresh
End Sub
```

第四步：编写"上一条"、"下一条"功能。

```
Private Sub Command2_Click()
  Adodc1.Recordset.MovePrevious
  If Adodc1.Recordset.BOF Then
```

```
            Adodc1.Recordset.MoveFirst
        End If
    End Sub
    Private Sub Command3_Click()
        Adodc1.Recordset.MoveNext
        If Adodc1.Recordset.EOF Then
            Adodc1.Recordset.MoveLast
        End If
    End Sub
```

第五步：要把查询出来的当前记录，让 Mainfrm 里再次去查找它，这样才能在 Mainfrm 主界面里唯一显示一条记录。因为 DataGrid 绑定 ADO 数据源，通过模糊查询可能是多条记录，而 Mainfrm 里的数据绑定控件，只能显示当前记录，所以要将查询出来的当前记录返回给主界面，只能通过主界面再次查找的方式进行。“返回主界面”命令代码如下：

```
Private Sub Command4_Click()
    mainfrm.Adodc1.Recordset.MoveFirst
    mainfrm.Adodc1.Recordset.Find _
    " 姓名 ='" & findfrm.DataGrid1.Columns(0).Text & "'"
    Call mainfrm.show_images
    Unload Me
End Sub
```

模块 12 程序的调试与发布

【实训 12.1】

完成求 1 ～ 5 这 5 个数的阶乘，并且将这 5 个数的阶乘分别存放到数组 a（1）-a（5）的 5 个元素中。

创建程序界面：新建工程并在窗体上添加一个 Command Button 控件。将 Command Button 控件的 Caption 属性设置为“计算”。

程序代码如下：

```
Private Sub Command1_Click()
    Dim a(5) As Integer
    Dim k As Integer, o As Integer
    For k = 1 To 5
        a(k) = factor(k)
    Next
    For o = 1 To 5
        Print a(0)
    Next
End Sub
Function factor(x As Integer) As Integer
```

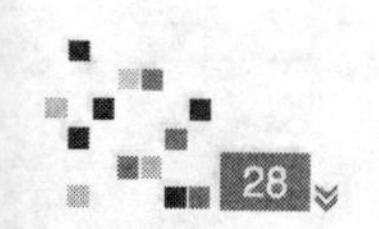

```
    Dim i, t As Integer
    t = 1
    For i = 1 To x
      t = t * i
    Next
  factor = t
End Function
```

运行该程序，并单击“计算”按钮，运行结果如图 12.1 所示。

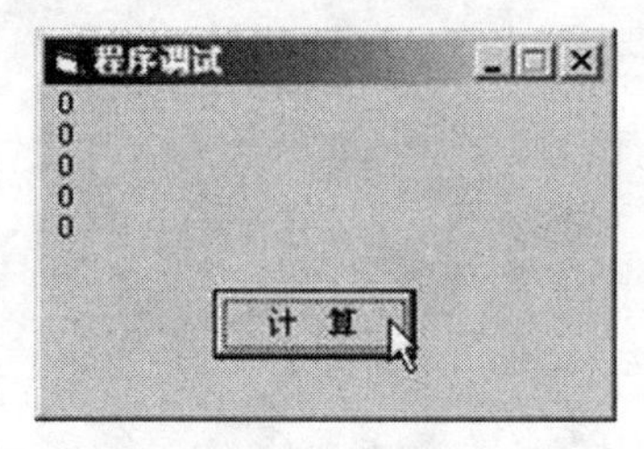

图12.1　运行结束

从运行结果可以看出，结果是不正确的，肯定出现逻辑错误，如图 12.2、图 12.3 所示。

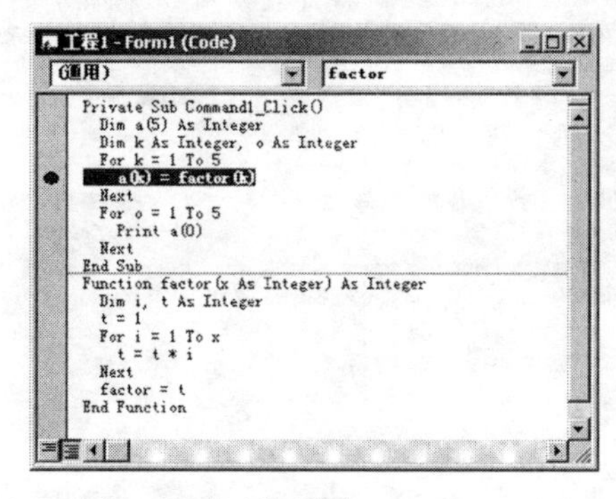

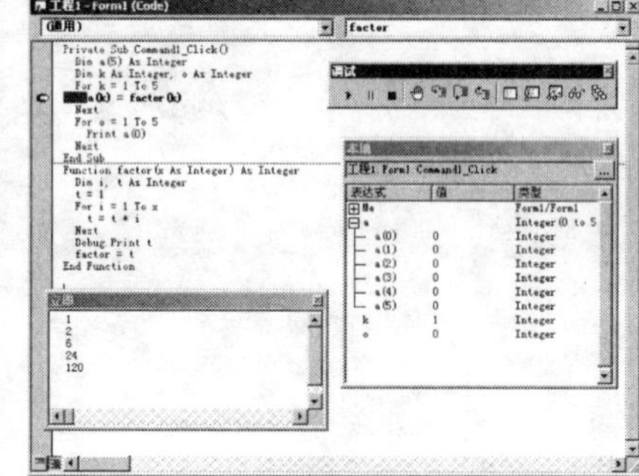

图12.2　代码调试窗口一　　　　图12.3　代码调试窗口二

调试程序：可采取如下步骤调试程序。

① 打开代码窗口设置断点。将断点设置在发生函数调用的语句，即将 a(k)=factor(k) 语句设置为断点。

② 设置断点后，重新运行应用程序。单击“计算”按钮，程序在断点处中断运行，进入中断模式，如图 12.2 所示。

③ 打开调试工具栏、本地窗口和立即窗口，用于监视程序的运行，如图 12.3 所示。

④ 在 Factor 函数体中加入调试语句“Debug.print t”，单击调试工具栏上的“逐语句”按钮，让程序逐句执行。观察被调用函数 Factor 的变化情况，经认真分析后，发现被调用函数 Factor 没有出现错误。

⑤ 在流程回到 Command1_Click（ ）中时，我们利用立即窗口显示一下 a（k）的值，也未发现错误。

⑥ 经过上述跟踪检测，发现前面的语句、函数及参数均没有错误，那么错误一定在 Click 事件过程中的第 2 个 For 语句中。经仔细排查发现，在 Print a（0）语句中，将 o 写成了 0。修改后，程序运行正确。

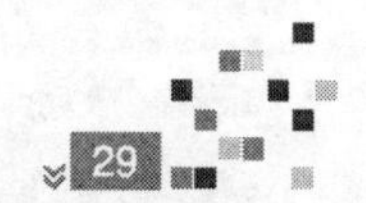